北京高等教育精品教材
BEIJING GAODENG JIAOYU JINGPIN JIAOCAI

实验动物学

Laboratory Animal Science

第2版

何 诚 主编

中国农业大学出版社
China Agricultural University Press

内 容 简 介

本教材自2006年第1版出版后，受到了实验动物研究领域和生命科学专家的关注。本次修订版本重点增加了实验动物科学新的研究进展、相关法规以及新版国家标准，丰富了动物实验的操作内容。修订版本由11章和附录组成，内容包括绪论，国内外实验动物管理机构及法规简介，实验动物遗传学及质量控制，常用实验动物，实验动物设施与设备，实验动物营养与饲料的质量控制，人类疾病的动物模型，实验动物常见疾病和微生物学质量控制，影响实验动物和动物实验的因素，动物实验基本技术和动物实验的管理以及动物实验操作视频。本教材适用于人类医学、动物医学、食品科学、动物营养、动物遗传、检疫检验等专业的本科、专科教学，也适用于从事动物实验的工作人员上岗培训。本书全体作者旨在介绍如何科学规范应用实验动物为精密仪器来解释生命科学的奥秘，同时掌握如何善待实验动物，提高3R(替代、减少和优化)意识。

图书在版编目(CIP)数据

实验动物学/何诚主编. —2版. —北京：中国农业大学出版社，2013.2(2024.5重印)
ISBN 978-7-5655-0673-4

Ⅰ.①实…　Ⅱ.①何…　Ⅲ.①实验动物学-教材　Ⅳ.①Q95-33

中国版本图书馆CIP数据核字(2013)第024204号

书　名　实验动物学(第2版)
作　者　何　诚　主编

策划编辑　宋俊果　高　欣　魏　巍
责任编辑　田树君
封面设计　郑　川
责任校对　陈　莹　王晓凤
出版发行　中国农业大学出版社
社　址　北京市海淀区圆明园西路2号
邮政编码　100193
电　话　发行部 010-62818525，8625
编辑部 010-62732617，2618
读者服务部 010-62732336
出　版　部 010-62733440
网　址　http://www.cau.edu.cn/caup
e-mail　cbsszs @ cau.edu.cn
经　销　新华书店
印　刷　涿州市星河印刷有限公司
版　次　2013年2月第2版　2024年5月第5次印刷
规　格　787×1 092　16开本　20.25印张　499千字
定　价　48.00元

图书如有质量问题本社发行部负责调换

第 2 版编写人员

主　编　何　诚

编　者　(按姓氏笔画排序)

田　枫(北京大学医学部)
任晓明(北京农学院)
李　军(北京大学实验动物中心)
何　诚(中国农业大学)
张　冰(中国农业大学)
张　阔(北京大学医学部)
庞万勇(赛诺菲研发中心)
赵立红(中国农业大学)
郑振辉(北京大学医学部)
徐立新(南京农业大学)
郭　玮(北京农学院)
康爱君(北京大学医学部)
熊家军(华中农业大学)

审　校　王兆绰

第1版编写人员

主　　编　何　诚

参 编 者　赵立红（中国农业大学）
张　冰（中国农业大学）
杨建民（中国农业大学）
田　枫（北京大学医学部）
张　阔（北京大学医学部）
熊家军（华中农业大学）
徐立新（南京农业大学）
何　诚（中国农业大学）

审　　校　王兆绰　赵德明

第2版序言

实验动物作为临床医学和基础生物学研究的重要工具，已经有100多年的历史。19世纪初，以动物试验为基础的医学实践开始挑战已有千年历史的传统的经验医疗。用实验动物进行研究，可以对疾病的诊疗进行验证，更加科学地分析疾病的发生现象和验证疾病的本质、阐明生命活动在正常条件和异常条件下的表现与规律，摆脱传统经验和迷信。自1901年诺贝尔生物医学奖创立以来的100多年里，共有70余奖项涉及基础生物学研究、重大疾病预防和治疗，而这些无疑都是利用实验动物研究取得的突破性进展。因此，生命科学和医学领域的科研成果在很大程度上与实验动物密不可分。

在过去的岁月中，动物的健康，特别是遗传和饲养环境的关系越来越受到科学家的关注。从事生命科学研究的工作者越来越多地利用动物作为研究对象揭示生命活动的基本规律，并为临床医学提供重要的理论基础，如何让所研究的实验动物能够更好地服务于人类，就需要兽医专家为实验动物提供人性化的关怀、科学的饲养和管理。因此，本书旨在为从事生命科学研究的工作者、管理人员以及兽医相关专业的本科生、研究生提供一本通俗易懂的有关实验动物管理的教科书。本书的作者和编辑希望为从事实验动物、生命科学、医学研究、生物制品生产和新兽药研制开发的学生和相关工作者打开实验动物科学的一扇门，了解实验动物的生物学特性以及在生物医学中的应用，提高爱护动物和尊重动物伦理的意识，敬重实验动物为人类医学的进步所做出的奉献。

实验动物科学是生命科学与医学不断发展的重要支撑条件，亦是一门欣欣向荣的综合性新兴学科。本教材秉承立德树人、培养德智体美劳全面发展的建设者和接班人的宗旨，以促进新兴学科建设、提升从业人员的整体能力为目标。本教材由从事实验动物教学的中青年教师编写，借鉴欧洲国家和美国实验动物科学发展的新技术，同时紧密结合我国实验动物教学的实际和未来需要，主要内容包括实验动物对过去、现在和未来生命科学发展的影响；实验动物法规、政策和规章制度；实验动物遗传学命名和遗传学检测；实验动物品种、生物学和应用；实验动物疾病模型和微生物检测；动物实验技术和动物实验管理。此外，还提供了动物试验技术的视频教学内容，学生通过扫描书中二维码或者进入教学服务平台进行扩展阅读。整本教材饱含了作者的艰辛劳动，旨在为读者提供面目一新的内容。

时代的今天，人们用比以往任何时候都更加挑剔和质疑的目光来审视科学家使用实验动物，科研中使用动物受到了动物福利和动物伦理的挑战。生命科学要取得进步，就需要依赖动物试验的成果和获得公众对科学活动的广泛支持。Peter Singer 1975年出版的《动物解放》一书被誉为现代动物保护主义的圣经，动物保护主义开始积极实现他们的目标——终止在生物医学研究、食品以及娱乐活动中使用动物。因此，未来生命科学领域的科研工作者必须加倍了解实验动物科学和动物保护内容，确保不断提高动物的福利和动物伦理意识，才能有效地保证生命科学研究的延续性。

希望本书作为实验动物科学教科书贡献给爱好实验动物的科学工作者、在校研究生和本科生，也可以作为培训教材奉献给从事动物实验的研究人员、实验动物领域工作的专业人士和兽医人员。

教育部长江学者　夏国良教授

2012年11月10日

第 2 版前言

本教材自 2006 年第 1 版出版后，实验动物科学随着生命科学的不断进步也有了较大发展。

本教材吸收了其他教科书的优点，结合世界上实验动物教学的新方法，重点突出实验动物科学的知识性、趣味性以及与生命科学发展的相关性，围绕这些基本特点，重点阐述了实验动物定义、对生命科学的贡献、遗传、繁殖、生物学特性、营养、管理和动物试验技术。主要目的是使读者了解实验动物基本用途，掌握科学的实验方法，树立善待实验动物的意识和确立动物试验的伦理观。第 2 版与第 1 版相比，改动的内容包括如下：第一章增加了 3R 研究的新内容以及目前国家主要实验动物科技公共服务平台介绍。第四章修改了小型猪、实验用鱼在生物医学中的选择应用以及更换了动物图片。第五章根据新的国标定义，修订了实验动物设施的定义、实验动物的环境指标以及生物安全指标。第六章和第八章按照新国标要求，修订了实验动物常规营养成分、实验动物微生物学和寄生虫学监测等级标准。第十章修订并补充了动物试验图片。第十一章增加了实验动物伦理相关内容。本书的扩展资源部分提供了动物试验技术的视频内容，学生通过扫描书中二维码或者进入教学服务平台进行扩展阅读。

本书服务对象是高等院校实验动物学、兽医科学、动物科学、食品加工、兽医卫生检疫、生物制品和兽药工程等专业本科生和研究生。同时，作为实验动物上岗证培训教材，也适用于实验动物生产、检验、管理人员以及从事生命科学研究的研究人员。

本教材修订过程中，感谢我们实验室毕业生李霞、陈曦、杨君敬、陈慧和田德雨同学以及北京师范大学研究生刘新蕾同学帮助拍摄图片，提供文字修改和校对。同时，感谢中国传媒大学毕业生陈季赟、曲希波同志帮助进行动物试验现场的拍摄，没有他们的配合和贡献，无法完成第 2 版的修订。

本教材得到中国农业大学出版社高欣、宋俊果老师的鼓励，在此出版之际，谨表谢意！

由于生命科学日新月异地飞速发展，增加了实验动物科学的新技术和新标准。因作者时间和能力限制，书中尚存在许多不足之处，恳请同行专家和读者批评指正。

主编　何　诚

2012 年 11 月 10 日

第 1 版前言

今天生理学、微生物学、免疫学、药理学和病理学的基础知识近 80%来自于科学家的动物实验成果。不论是有关果蝇的遗传学研究，还是严重威胁人类生命疾病的最新科学成果，若离开实验动物和动物实验将很难想象。让我们首先衷心感激上溯到 14 世纪以来，为生命科学的发展，数以万计牺牲的实验动物，成就人类今天的科学文明和经济繁荣。

1959 年 Russel 和 Burch 教授提出了著名的人性化动物实验理论，即 3R(Replacement, Reduction and Refinement)理论。倡导生命科学实验中尽可能使用其他方法和途径来替代动物实验，减少实验动物的数量和优化实验条件、减少动物的疼痛和不安。此后 3R 理论成为实验动物科学发展的里程碑，被各个国家和地区作为管理和规范动物实验的准则。

目前各国已经颁布了各种规章制度，要求与动物实验相关的任何人员，实验前必须接受系统培训和教育。许多教学和研究机构已经把从事动物实验的研究人员纳入常规培训中，甚至制订了专家培养计划，其中包括硕士、博士学位课程。美国、欧洲、日本把实验动物医学视为兽医学专业领域。

本教材由从事实验动物教学的青年教师编写。主要立足我国实验动物教学的实际和未来需要，同时借鉴欧美实验动物教育的最新内容。内容涉及实验动物法规、政策和规章制度；实验动物遗传学命名和遗传学检测方法、标准；实验动物品种、饲养、设施和管理；实验动物模型、疾病、微生物检测标准；动物实验技术和动物实验基本要求；实验动物相关网上学习资料。语言力求表达通俗易懂、内容详尽丰富，拓展思维空间，旨在为读者打开了解实验动物科学的窗口，开阔读者的视野和满足对知识的渴望，提高科学工作者使用合格动物的意识，倡导善待动物和提高实验动物福利，获得科学的实验结论。

本书在编辑过程中得到英国曼彻斯特大学实验动物中心主任 Terry Priest 提供的许多参考书籍并允许拍摄图片，感谢北京大学医学部实验动物部杨果杰教授提供实验动物图片，王兆绰教授给予细心审阅和指教，感谢北京市实验动物管理办公室荣瑞章研究员的大力帮助，也感谢许多没有列入名单的教师对本书建设性的建议。本书的每个章节注重对实验动物科学各个方面的细致阐述，而且每个章节都可以作为一个独立部分，给读者提供了大量的信息内容。为了方便读者学习和阅读，随书附赠光盘。

希望本书作为实验动物科学教科书贡献给爱好实验动物的科学工作者、在校研究生和本科生，也可以作为培训教材奉献给从事动物实验的研究人员、实验动物领域工作的专业人士和兽医人员。

赵德明

中国农业大学动物医学院

2005 年 12 月 4 日

扩展资源(视频)使用说明

本书扩展资源主要包括动物实验相关的操作内容。操作内容主要采用数码录像机进行拍摄,包括小鼠、大鼠、兔子、犬、鸡等常见实验动物的保定、给药、采血,可以提供给读者以动态操作的感觉,方便读者更好地了解动物实验技术。

读者请用手机扫描以下二维码或登录中国农业大学出版社教学服务平台“中农 De 学堂”查看:

中国农业大学　何　诚

2012 年 11 月 12 日

目　录

第一章 绪　论

内容提要：本章主要阐述了实验动物学的基本概念、研究领域和发展历程；揭示了动物实验从古至今对生物医学、畜牧兽医学等的卓越贡献，同时探讨实验动物学发展趋势和对未来生命科学发展的影响；最后详细介绍了动物实验替代方法(3R)以及我国3R的研究现状。
关键词：实验动物；生命科学；动物福利；动物实验替代方法。

第一节 实验动物科学的概念

一、实验动物的定义

实验动物科学(laboratory animal science)是研究实验动物和动物实验的一门新兴学科。前者主要围绕着实验动物种质资源开发利用和保存，包括新品种、品系的培育和对实验动物进行遗传、营养、环境，以及微生物与寄生虫学等方面的控制，开展有关研究，最终达到实验动物标准化的要求。后者以实验动物为材料，研究实验过程中实验动物的反应、表现及其发生机制、发展规律，以探讨生命科学的疑难问题。

在生命科学领域中，实验动物科学的中心对象就是实验动物，其目标就是保证现代医学的实验研究可以获得质量好、来源充足、经济、安全、方便实用以及符合各种试验要求的实验动物，并从实验动物这一环节出发，探索各种动物试验得以设计、进行并完成的技术和条件，同时也探索与上述目标相关的法制建设、组织管理及人员培训等问题。

实验动物是指经人工饲养、繁育，对其携带的微生物及寄生虫实行控制，遗传背景明确或者来源清楚的，应用于科学研究、教学、生产和检定以及其他科学实验的动物。这样从概念上就确定了实验动物、实验用动物和其他动物的根本区别。凡是以研究、实验、教育、药品生产等为目的而使用的动物，统称为实验用动物(animal for research)，包括实验动物、野生动物、经济动物和观赏动物等。实验动物是一个特定的概念，仅仅是实验用动物中的一个特殊群体，从概念上讲，包括了以下四个基本内涵。

(一)遗传背景明确

不同遗传背景的实验动物对同一实验处理的反应是不同的，这将直接影响到实验结果的准确性和可靠性。因此，从这一点上讲，实验动物必须是遗传背景明确的动物。根据遗传特点的不同，实验动物分为近交系(inbred strain)、封闭群(closed colony)和杂交群(hybrid colony)。

(二)对携带的微生物和寄生虫实施控制

实验动物生产的正常进行和动物实验结果的可靠性与实验动物的健康状态有着直接关

系。因此，在实验动物繁育和使用过程中，必须对其携带的微生物和寄生虫实施监控。根据对微生物和寄生虫的控制程度，我国将实验动物划分为四个等级：普通动物(conventional animal)、清洁动物(clean animal)、无特定病原体动物(specific pathogen free animal, SPF)和无菌动物(germ free animal, GF)，其中也包括悉生动物(gnotobiotics animal,GN)。

(三)在特定的环境条件下，人工培育而成的动物

实验动物是在达到一定标准的环境中，经过科学繁殖和培育的动物，是多学科研究的成果和科技含量高的生物技术产品，也包括利用基因工程技术而制作的基因修饰动物，为医学、遗传学、发育生物学及畜牧兽医学等众多学科提供了丰富的动物模型资源。

(四)应用范围明确

实验动物是用于科学研究、教学、生产、检定以及其他科学实验的动物。其应用领域包括医学、药学、产品质量检验、环保、国防乃至实验动物科学本身等。特别是在人类生命现象的研究方面，实验动物扮演着人类替身的角色，是"活的精密仪器"，最终为科学发展、人类生存和健康服务。实验动物与经济动物、野生动物和观赏动物有着明显的区别，见表 1-1。

表 1-1 实验动物与其他动物的区别和用途

动物	人工培育	繁殖	遗传背景	物种来源	微生物和寄生虫	用途
实验动物	严格	人工	明确	明确	人工控制	科学实验
野生动物	未经	自然	不明确	不明确	自然选择	生态保护
经济动物	一定程度	人工	一般	一般	一般	发展经济
观赏动物	一定程度	人工	一般	一般	一般	观赏

二、实验动物科学研究的范围

(一)实验动物科学研究的内容

实验动物科学自 20 世纪 50 年代诞生以来，逐渐发展成为一门具有理论体系的独立学科。其主要内容包括：实验动物饲养学、实验动物医学、比较医学、动物实验技术、动物实验伦理学、动物实验替代方法学和实验动物福利等。

1. 实验动物饲养学(laboratory animal feeding and breeding science)　主要研究实验动物的生物学特性与解剖生理特点、饲育与管理、育种与繁育、生长与发育、饲料与营养、环境与设施、生态与行为等内容以及实验动物标准化的各种技术、手段和措施。

2. 实验动物医学(laboratory animal medicine)　研究实验动物各种疾病，包括传染性疾病、营养性代谢性疾病、遗传性疾病以及劣质环境所导致的疾病的病因、症状、病理特征、疾病的发生和发展规律、诊断和防治措施等；研究实验动物微生物学质量控制的等级标准、检测方法、控制措施以及微生物对动物试验的干扰；研究人畜共患病的预防、控制及治疗措施。

3. 比较医学(comparative medicine)　是以实验动物为替身来研究人类医学、造福人类。通过建立人类疾病的动物模型，进行人与动物的类比研究，探讨人类疾病的病因、发生发展规律和预防控制措施，最终战胜人类疾病。比较医学又可分成比较解剖学、比较生理学、比较病理学、比较外科学和比较基因组学等。

4. 动物实验技术(animal experiment technique)　是指进行动物实验时的各种实验手段、

技术、方法和标准化操作程序，即在实验室内人为地改变环境条件，观察并记录动物的反应与变化，以探讨生命科学中的疑难问题，获得新的认识，探索新的规律。

5. *动物实验伦理学*(animal research ethics)　是在保证动物实验结果科学、可靠的前提下，针对人的活动对动物所产生的影响，从伦理方面提出保护动物的必要性。它是人类对待实验动物所持有的道德观念、道德规范和道德评价的理论体系，它所关注的是人对与自己的生存和发展密切相关的实验动物抱什么态度的问题。因此，它作为实验动物学和伦理学相结合的产物，是传统伦理学在动物实验和实验动物繁育中的具体体现。

6. *动物实验替代方法学*(alternatives to animal experiments)　在满足人类科技活动最终目的的基础上，应用无知觉材料替代有知觉的脊椎动物进行实验；通过科学的设计，减少实验中的动物数量；在必须使用动物时，优化实验程序，以降低对实验动物造成的不良影响。以上是动物实验替代方法学研究的主要内容。替代、减少和优化是彼此独立而又相互联系的，实验技术的优化、替代方法的采用，客观上都减少了动物使用量，达到了减少的目的。反之，减少动物使用量的要求促进了实验技术的改良，也加快了替代方法的研究进程。

7. *实验动物福利*(animal welfare)　实验动物的福利问题，就是在生产和使用中对实验动物的一种保护，强调的是对各种不良因素的有效控制和条件改善，而不是那种不宰不杀的极端“动物保护”。在兼顾探索科学问题和最大限度地满足动物维持生命、维持健康和提高舒适程度的需求两个方面，动物生活环境条件、动物“内心感受”以及人道的实验技术等是科学的实验动物福利的主要研究内容。

(二)实验动物科学所涉及的领域

根据欧盟 2009 年实验动物使用总量的统计，啮齿动物和兔子使用数量约为 78%，占实验动物使用总量的 3/4。实验动物的应用领域如图 1-1 所示，其中基础生物学研究占 33.3%，人类医学、动物医学产品研发占 31.0%，人类医疗产品质量检验占 11.8%，兽药产品的质量检验占 3.5%，药物和生物制品的安全性评价占 8.0%，教育培训分别占 3.6%，其他应用领域占 8%。

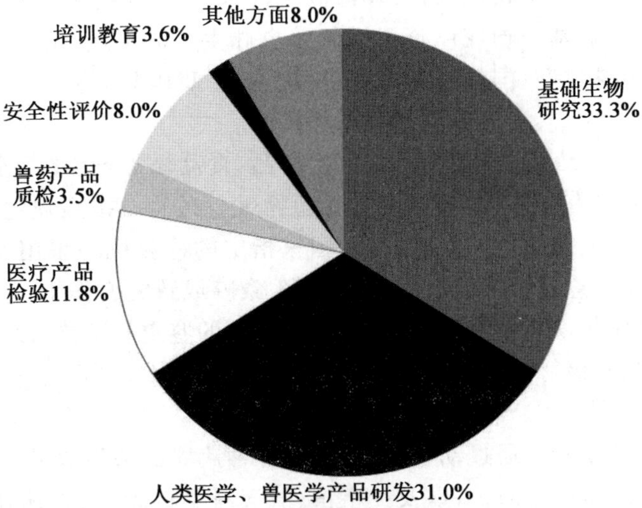

图 1-1　实验动物的应用

1.生命科学领域 在生命科学领域，人类的健康和疾病研究是头等重要的事情，离不开对实验动物的使用。在对人的各种生理现象、病理机制和疾病防治的研究中，实验动物是人的替代者。例如，癌症是威胁人类健康的重大疾病之一，由于在肿瘤移植、免疫及治疗等研究中使用裸鼠、悉生动物和无菌动物，从而对各种恶性肿瘤的致癌原因，尤其是化学致癌物质、病毒致癌、免疫和治疗等方面的研究有了重大的进展。人类各种疾病的发生、治疗与痊愈的机制及其生理、生化、病理及免疫等各方面的机制，都要经过动物实验加以阐明或证实。离开了实验动物和动物实验，生命科学研究就寸步难行。

2.制药工业和化学工业领域 药物和化工产品的不良反应，对生命的影响程度包括致癌、致病、致畸、致毒、致突变、致残及致命，都是从实验动物的试验中获得结果。如果制药和化学工业产品不用实验动物进行安全评价，包括三致（致癌、致畸、致突变）试验，而直接应用于人类，将会造成十分严重的后果。

制药、化工等工业的劳动卫生措施，特别是各种职业性中毒（如铅、苯、汞、锰、矽、酸、一氧化碳、有机化合物等）的防治方法，都必须选用实验动物进行各种动物实验后才能确定。

实验动物也是医学工业上生产疫苗、诊断用血清、某些诊断用抗原和免疫血清等的重要材料。例如，从牛体制备牛痘苗，猴肾制备小儿麻痹症疫苗，马体制备白喉、破伤风或气性坏疽等血清，金黄地鼠肾制备乙脑和狂犬病疫苗，小鼠脑内接种脑炎病毒后的脑组织制备血清学检验用的抗原等。

3.畜牧兽医科学方面 生理试验、胚胎学研究、营养价值的评估及动物生物制品质量检测都要使用实验动物。特别是在畜禽传染病的研究工作中，必须要用合格的实验动物进行实验。在兽医科学研究上，如果所用实验动物或鸡胚不符合标准，质量很差，将严重影响科研效果，甚至在某些疫病的研究工作中，若无 SPF 动物和 SPF 蛋，所制备的疫苗的效果难以保证，将导致大量畜禽发生免疫事故，造成经济上的重大损失。如 1981 年，我国某兽医生物制品厂生产的猪瘟弱毒疫苗混有猪瘟强毒株，结果注射后引起大批猪死亡，造成局部地区养殖业经济损失，其原因是由于安全检验用的实验动物质量和数量都不符合要求。

4.农业科学方面 化学肥料、农药的残毒检测，也要通过动物试验来确定。20 世纪 70 年代，我国从瑞士的汽巴-嘉基公司花巨资引进的杀虫脒生产流水线，由于忽略了动物的安全性试验，投产后发现杀虫脒致癌，国外已经不再使用。此后我国只好停止生产，造成巨大的经济损失。

5.轻工业科学方面 人们的吃、穿、用，包括食品、食品添加剂、皮毛及纤维以及日常生活用品，特别是化学制品等有害成分，都要用实验动物进行试验。按照规定，食品、食品添加剂、皮毛制品以及化妆品等上市销售，都必须先经国家指定的检测机构采用实验动物进行安全性试验，以证明其对人体无急性、慢性毒性，且无致癌、致畸或致突变作用，才能供应上市。

6.重工业和环境保护方面 在重工业上，对有害物的鉴定和防治，以及国土的整个环境保护，包括废弃物、气体、光辐射及声干扰等各方面的研究工作中，实验动物都是监测和研究防治措施的前哨。

7.国防和军事科学方面 通过动物实验，研究各种武器的杀伤效果。例如，化学、辐射、细菌与激光武器对人类的损伤与防护；以及在宇宙、航天科学试验中，人体在太空条件下，失重、辐射和太空环境因素对机体生理状态的影响。在核武器爆炸的试验中，实验动物被预先放置在爆炸现场，以观察光辐射、冲击波和电离辐射对生物机体的损伤。此外，在战伤外科的研究中，在防军事毒剂和细菌武器损伤的研究中，实验动物均被用来代替人类作为战争中的受难者，从而研究对各种战伤的有效防治措施。

8. *商品鉴定和国际贸易方面* 在进出口商品的检验检疫中，许多商品的质量检验都规定必须进行动物实验鉴定，或直接利用警犬、警鼠担任安全警察。直接影响着对外贸易的数量、质量和信誉。

9. *行为科学的研究方面* 实验动物在行为科学的研究中也占有重要地位。例如，汽车设计中的撞击、土木建设中震动的允许程度及灾难性事故的处理等，国外已经采用实验动物模拟人类。

10. *实验动物科学研究方面* 在实验动物科学本身的研究中，由于其综合性很强，涉及数学、物理、化学、生物学、微生物学、遗传学、免疫学、生态学及建筑学等，所以各个学科与实验动物科学相辅相成，相互渗透。虽然它的直接研究目的是取得适用于各种特殊研究需要的实验动物，但对生命科学的微观领域也进行了更为深入的探索，例如，在遗传学、生殖生理学等学科的基础理论以及实用技术方面，都取得了突破。

总之，实验动物科学作为促进医学、兽医学和相关生物学的发展，加速生物药品研制、化学药物筛选和鉴定，提高环境保护的重要工具之一，有力地推动着国民经济的发展。

第二节 实验动物与生命科学的过去、现在和未来

人们在探索生命科学的历程中，最可贵的成果是研究者们成功地找到"替代者"——实验动物。用实验动物进行研究，可以进行验证，可以反复地试验，更加科学地分析疾病现象、验证疾病的本质，阐明生命活动在正常条件和异常条件下的表现与规律，摆脱迷信和愚昧。因此，实验动物科学与人类医学发展密切相关。

一、实验动物对过去生命科学发展的推动作用

人类应用动物从事实验研究最早可追溯到 1 600 年前。到了现代社会，研究方法和技术日趋成熟，实验动物成为生命科学发展中不可缺少的"活仪器"，如麻醉技术、传染性疾病诊断（狂犬病、黄热病）、器官移植技术、疫苗研制、心血管病研究和药物治疗等都会应用实验动物开展相关研究。同时，自 1901 年诺贝尔生物医学奖创立以来，100 多年间，共有 67 项奖涉及实验动物，涉及基础生物学的研究、重大疾病的预防和治疗。

1877 年德国科学家 Robert Koch 通过动物实验提出炭疽杆菌不但从一个发病个体感染给另外一个动物个体，而且从原宿主分离出的炭疽杆菌可以引起另外一个新宿主出现相同症状，从此在微生物学界诞生了普遍认可的 Koch 理论。即使在 100 多年后的今天，Koch 理论仍然适用于病原的分离、鉴定和突发性疾病的确定，如 2003 年香港、广东和北京地区流行的 SARS，后经过猴子发病实验，新型冠状病毒被确认为主要病原。

相反，倘若没有动物实验，人类不可能开发出有效控制传染性疾病的疫苗，天花、狂犬病疫苗就是典型的例证。这两种疫苗的成功开发和应用，打破并消除了一直以来人们对这两种致死性疾病的恐惧。

众所周知，肝炎已成为世界性传染病。在灵长类动物中，对 B 型肝炎病毒敏感的狒狒仍

然被作为动物模型，用于研究疫苗和观察各种药物的疗效。同时作为进化过程中与人类最接近的灵长类动物被广泛应用到其他研究领域中，包括意识、行为和基础神经研究。目前被人们作为宠物的雪貂在研究人类流感病毒方面具有重要的价值，原因在于开发有价值的流感疫苗需要敏感宿主，雪貂无疑是最好的动物模型。

猫和犬在生命科学中的使用数量正在逐渐减少，最主要的原因是啮齿类动物被广泛应用到基础生物学研究中。此外，人们比以往更加关注猫和犬的福利，城市居民甚至视他们为家中的成员，某些发达国家已经立法禁止使用猫和犬做动物实验。

二、实验动物对现代生物医学的推动作用

（一）诺贝尔奖获得者和实验动物

回顾1996—2012年间每一届生理和医学诺贝尔奖获得者的研究工作，无不体现出实验动物对生命科学的贡献。1996年的诺贝尔奖得主Peter Dohrty和Rolf Zinkernagel，他们在应用近交系和远交系小鼠研究病毒和免疫系统关系时，发现了主要组织相容性抗原在免疫系统中的自我信号识别作用，这一研究成果对于探索自体免疫疾病和移植免疫识别具有积极的作用。1997年的获奖者Stanley Prusiner，他发现一种全新的蛋白病原——朊蛋白。朊蛋白能引起绵羊、山羊神经萎缩性失调（痒病）、牛海绵状脑病（疯牛病）、鹿慢性消耗性病和人类克雅氏病，这些发现有助于研究人的老年痴呆症（Alzheimer）。1998年Rebort Furchgott，Louis Ignarro和Ferid Murad在兔大动脉实验中偶然发现内皮生长因子（NO）是心血管系统信号分子，可引起血管扩张，同时参与炎症、细胞凋亡和神经传递活动，因此成为该年的诺贝尔奖得主。2000年Arvid Carlsson，Paul Greeberg和Eric Kandel利用海洋生物鼻涕虫做模型，发现了神经细胞间慢突触传递现象，阐明了学习和记忆神经通路。2001年Leland Hartwell，Timothy Hunt和Paul Nurse又被授予这一殊荣，以表彰他们在细胞生物周期主要调节因子方面所做的研究工作。他们分别使用海胆和无脊椎动物，发现了调节细胞生长和分化的关键基因和产物。德国癌症中心的Harald Zur Hausen用了10年时间发现人类乳头状瘤病毒是造成妇女宫颈癌的主要病原，在此基础上利用小鼠模型成功开发了预防宫颈癌的疫苗。法国科学家Francoise Barré-Sinoussi和Luc Montagnier利用马、山羊和绵羊模型发现了引起人类严重免疫缺陷的艾滋病病毒，2008年他们共同获得了诺贝尔奖。2011年诺贝尔生理医学奖授予美国科学家Jules Hoffman和Bruce Beitler，他们利用果蝇和小鼠模型证明人类先天性免疫受到病原的刺激而开始启动。加拿大科学家Ralph Steinmann利用细胞模型发现了树突状细胞在激发先天免疫应答中的作用。2012年生理医学奖授予英国人John Gurdon和日本人Shinya Yamanaka。John Gurdon在1962年通过实验把蝌蚪的分化细胞的细胞核移植进入卵母细胞质中，并培育出成体青蛙。这一实验首次证实分化了的细胞基因组是可以逆转变化的，具有划时代的意义。2006年Shinya Yamanaka等把4个关键基因通过逆转录病毒载体转入小鼠的成纤维细胞，使其变成多功能干细胞，这意味着未成熟的细胞能够发展成所有类型的细胞。

以上获奖者的研究成果，均源于实验动物和动物实验。他们的贡献推动了生命科学的发展，再次证明了实验动物的重要地位，也充分说明实验动物在生物医学研究中的不可替代性。

（二）啮齿类动物胚胎干细胞和分子生物学发展

过去20年一个最重要的研究发现就是利用组织培养液繁殖胚胎干细胞。如果将早期胚胎移植给受体动物，受精卵就有可能形成复杂的整体动物，这一发现奠定了靶基因技术，产生

了基因敲除动物和转基因动物。小鼠自然成为应用基因敲除技术和转基因技术最重要的群体，动物转基因技术在大鼠及其他种类动物身上也得到了较广泛的研究和应用。

（三）遗传修饰小鼠

遗传工程小鼠的出现是令人瞩目的技术成就之一，这一成就与人类基因图谱、鼠类基因图谱的破译，共同对研究人类疾病的遗传特性产生重要意义。探索基因和基因产物与疾病发生机制的关系有助于早期诊断疾病并及时采取有效的防治措施。遗传修饰动物模型有利于研究单个或多个基因对人类疾病的影响。科学家指出人类疾病很少是由单一基因作用引起的，而是多基因的协同表达、功能上相互作用的结果。因此，要从基因组的破译转向功能基因组分析，从以分子水平为主的研究方法转向以整体动物模型分析为主，研究不同基因组如何发挥作用，以及其所产生的不同表现型或疾病现象。令科学家惊叹不已的是有 30 000～40 000 个人类基因与啮齿类是相似的。利用啮齿类作动物模型，研究这些基因的功能，有利于探索基因组在人类生命中的作用。可以设想，今后将诞生数以万计的基因修饰小鼠，其应用前景会更加广阔。

（四）人类和鼠类基因图谱绘制完成

历经 10 年的艰辛，人类基因组“工作草图”于 2000 年 6 月 26 日面世。该草图破译了人体 97％的遗传基因密码，完成了 85％的基因的碱基对测序，标志着人类在解读自身“生命天书”的历程上走完了第一步。2001 年 4 月，私营企业 Celera Genomics 宣布绘制完成三个品系鼠类基因图谱，共有 15.9 亿个碱基对。在绘制的三个品系鼠类中，Celera 公司发现了 2.5 万单核苷酸多态性。如果利用鼠类做模型，可以确定这种基因的多态性与人类疾病的相关基因功能间的联系。比较基因组学可以使研究者探究人类基因组功能和人类疾病发病机制间的关系，开发治疗性药物。

（五）不同寻常的动物种类——斑马鱼、有爪蟾蜍和果蝇

近年来利用鱼类作动物模型越来越受到关注，其原因多种多样。首先一个重要因素是鱼类属于卵生动物，可生产大量的卵，这些卵比较透明，容易观察，可用于早期监测各种化学成分和刺激物的危害，因此可用于研究畸形发生机制、胚胎早期发育、神经发育和血液病。其次，鱼类单个群体可生产大量的后代，资源比较丰富。绝大多数研究使用的鱼类都是先前水产贸易中常见的品种，包括斑马鱼、剑尾鱼和新月鱼。培育出的大量近交系种类已经用于遗传研究，以探索它们与人类疾病和其他哺乳类动物疾病的遗传对应性。作为动物模型，鱼类也存在着一些其他问题。如水质是比较重要的影响因素，因水质问题带来的疾病难以确定。但在大型实验室进行集中饲养，可以较好地解决上述问题。目前美国斑马鱼国家资源中心可以提供 1 000 多种野生型和突变型斑马鱼的成年鱼、胚胎或冷冻精子，方便各个实验室使用。

非洲有爪蟾蜍（*Xenopus laevis*）属于水生动物，是研究胚胎发育较好的动物模型。其胚胎容易进行外科处理和化学处理，以确定不同处理对胚胎发育的影响，同时，与其他物种相比，其早期胚胎发育比较缓慢，有利于科学家研究不同条件可能对早期胚胎发育的影响。此外，凡是用蛙作为试验材料的都可用有爪蟾蜍来代替，如研究脑垂体对皮肤色泽改变的影响，各种物质对性腺的影响，受孕试验及再生试验等，因此有爪蟾蜍已被广泛应用。

多年来果蝇作为遗传学研究模型，已经获得了许多研究成果，推动了动物遗传学的发展。最近人们开始转向研究特殊基因的表达和描绘基因图谱。如果大量使用这些非哺乳动物种类，单个动物种群保育费用会相应降低。

三、实验动物对未来生命科学发展的影响

(一)遗传工程技术

众所周知,了解和探索相关的基因图谱,包括病理性的基因组和优良的基因组,人类就有可能在基因水平上控制疾病的发生,这与传统的对症治疗、缓解发病症状的治疗方法有明显不同。靶基因技术可以引进特定基因、外源基因,实现基因表达,从而获得预期病理特性的实验动物品类。探索基因组功能有利于开辟基因治疗新方法,毫无疑问这些技术都需要研究和培育更多相关的实验动物模型。因此,未来将会更加关注小鼠、大鼠和其他啮齿类动物的利用和开发,这意味着仍然需要改善实验动物相关设施,促进国际间技术交流和合作。

(二)转基因和基因敲除技术的动物种类与应用

基因敲除技术应用研究中,小鼠是应用数量最多、成功率最高的品种,再次凸显了鼠类实验动物的重要地位。从哺乳类动物上看,小鼠、大鼠、兔子、猪、绵羊和恒河猴都被成功应用到转基因研究方面,而两栖类蟾蜍、鱼类斑马鱼,也应当属于转基因表达的范畴。未来转基因技术的应用会促进实验动物种类的增加,同时也将加速生命科学的发展进程。

转基因动物不仅可生产出医药产品,还可以生产出其他有价值的产品。如加拿大蒙特尔公司以蜘蛛丝蛋白基因构建的转基因山羊可用来生产生物钢(bio-steel),它比任何人造材料都具有优势,不仅强度大、重量轻、可生物降解甚至还可用来制作防弹衣、人造韧带、肌腱、手术胶和航天缆索等。

器官移植是当今世界医学领域所关注的重要课题之一。通过基因工程技术,构建携带人类基因的转基因猪,有可能克服器官移植的排异问题,为人类的器官移植提供新的材料来源。我国是养猪大国,从20世纪60年代初开始,我国一些学者就开始了对小型猪资源的调查和实验动物化的研究。其主要品系和资源有中国小型猪、五指山小型猪、广西巴马小型猪、贵州小型香猪、甘肃蕨麻小型猪和藏猪等。有些品系的近交系数已达到98.3%,而且建立了分子生物学的检测技术。小型转基因猪将成为比较医学和人类异种器官移植研究的热点。

(三)实验动物新资源开发与利用

动物种质资源的综合开发和实验动物化也是实验动物学科发展的重点内容之一。科学家通过不懈的努力,一些动物资源的实验动物化已为医学生物学的发展做出了重要贡献。

未来生命科学的发展需要4种形式的实验动物模型:常规实验动物模型、改进型常规实验动物模型、非传统实验动物模型和新实验动物模型。我国特有的动物资源鼠兔、黑线仓鼠、东方田鼠、小型猪和剑尾鱼等的开发利用,为肝炎、心血管病、血吸虫病和异种器官移植等人类疾病的研究提供了广泛而又丰富的实验材料和研究手段,引起国外相关领域的关注。

未来细胞培养体系将可能代替现有实验动物。胚胎干细胞研究进展和系列技术展示了单个和多个细胞系统对生命科学研究的重要作用。计算机模拟动物的生理、病理变化,无疑让未来的生命科学研究更加模型化。

四、生命科学对实验动物发展的支持

各国政府和各种基金组织强有力的资金支持是保证实验动物科学更好地解读生命科学奥妙的基础。各种来源的基金旨在解决基础生命科学的问题,研究特定疾病发病机理或者疾病模型。广阔的研究领域要求共享研究手段、设施、特殊实验动物、动物种群及基础支持条件。

除了常规的研究资金，各国组织还设立了专项基金支持研究，建立核心动物种群、培养兽医人员，并加大高等教育中相关专业知识的培训教育。支持的范围为微生物研究、无脊椎动物到高等脊椎动物的研究。最终目的就是使实验动物能够随时应对生命科学研究者的旺盛需求，而不能限制生命科学发展。

动物实验研究也依赖不断更新的研究手段，如核磁共振、超声技术和射线技术。这些研究工具虽然是基础科学研究的必要手段，但在科学发展的今天，也促进了疾病的诊断和治疗。计算机平台技术、数据分析系统和数据传输系统等技术的进步必将会影响未来实验动物科学的发展，因此生物信息科学也将成为现在和未来推动实验动物科学发展的一个强有力技术。

第三节　实验动物科学发展概况

一、国外实验动物发展概况

实验动物科学的发展分为两个阶段。20 世纪 50 年代以前仅在几个国家取得进展，50 年代以后世界各国分别从美国引进技术、设备和资料，逐步发展起自己的实验动物科学。如 1909 年美国 Jackson 实验室 Little 教授在研究小鼠毛色基因时首次采用近交方法，培育出 DBA 纯系小鼠。1913 年 Bagg 培育出 BALB/c 小鼠。1928—1930 年美国圣母大学 Lobund 实验室 Reynier 博士成功研制出第一台金属隔离器，并培育出无菌大鼠。1962—1969 年英国 Grist 医师培育出裸鼠，其后科学家进一步确定裸鼠无胸腺，缺少 T 细胞。这种免疫缺陷动物的问世，为医学肿瘤学的研究提供了良好的动物模型。1982 年 Palmiter 等将大鼠生长激素基因导入小鼠受精卵中，成功培育出“超级小鼠”，即第一例转基因小鼠，开辟了实验动物新纪元。目前，国际上公认的近交系小鼠已有 300 多个品系，大鼠 100 多个品系。美国 Jackson 实验室采用转基因技术建立的人类疾病动物模型有 610 余种。与此同时，世界发达国家先后成立实验动物学会、协会及实验动物管理机构，并制定法律、法规，推动了实验动物学科的发展。

二、我国实验动物发展概况

我国实验动物工作始于 20 世纪初。1918 年北平中央防疫处开始饲养繁殖小鼠，其后，陆续有学者从国外引进一些动物品种品系，但仅限于几个大城市的少数科研单位。1955 年中国医学科学院用昆明小鼠培育出中国 1 号(C1)。1956 年天津医学院李漪教授培育出津白 1 低癌系白化小鼠，这是国内第一例近交系小鼠。随后，津白 2 高癌系小鼠、615 小鼠相继问世。20 世纪 80 年代开始，我国实验动物工作有了飞速的发展。1985 年北京农业大学成立实验动物专业，招收本科生。与此同时，我国老一代科学家从国外引进裸鼠繁育成功，并建立实验动物屏障设施。目前，仅北京地区的实验动物屏障设施就有 100 余座。1987 年成立“中国实验动物学会”，编辑出版实验动物学专业杂志，不断加强与国外的技术合作与学术交流。1988 年，经国务院批准，原国家科委发布了《实验动物管理条例》，还先后制定了《实验动物质量管理办法》(1997 年)、《实验动物许可证管理办法》(2002 年)。1996 年 10 月，《北京市实验动物管理条例》经北京市人大常委会审议批准，成为我国第一部有关实验动物管理工作的地方性法规。2004 年 12 月《北京市实验动物管理条例》再次修订。1998 年国家科技部建立了“国家啮齿类实验动物种子中心”，向全国供应实验动物种子。2005 年国家遗传工程小鼠资源库验收通过，成为我国医药研究领域重要实验动物模型的提供基地。虽然我国实验动物工作起步较晚，但由于国家的重视以及实验动物科技人员的努力，发展极为迅速，在某些方面已赶上国际先进水平。

目前我国已建立了啮齿类实验动物种子中心、国家遗传工程小鼠资源库、实验兔种源基地、实验禽类种源基地、实验用犬种源基地、实验用小型猪种源基地以及实验用灵长类种源基地。

第四节 动物替代试验在生命科学中的应用和发展

1954 年，动物福利大学联合会（UFAW）Charles Hume 教授制定了一项有关动物试验人道主义技术的科学研究计划。这项计划由诺贝尔奖获得者免疫学家 Sir Peter Medawar 和英国研究协会秘书长 Lane Petter 领导，美国动物福利委员会奠基人 Christine Stevens 提供研究经费，指定英国动物学家 Russell 和微生物学家 Burch 承担这项工作。1959 年，发表了《人道主义实验技术原理》（the principles of humane experimental technique）一书。在这本书中，他们提供了大量的资料、许多卓越的思路和见解。第一次全面系统地提出了动物实验和实验动物的减少、替代与优化的动物实验替代方法（简称 3R）理论。他们的研究工作和《人道主义实验技术原理》的出版，对启动 3R 研究起到了非常重要的作用。

一、人性化的概念

英国动物福利联合会的专家提出保证最低限度的动物福利至少要满足动物 5 种基础需要，包括足够的饮水和营养良好的食物；任何时间饮水不受限制；免受痛苦和疾病的折磨；免受焦虑和害怕的折磨；能够表达正常生理学行为，如躲藏、互相关照和舔犊等行为。良好的动物福利有助于获得良好的科学结果。开展动物实验时，研究者尽可能为动物提供良好环境来满足良好的动物福利，同时必须清醒地认识到优良的动物生存环境不能与试验操作程序相冲突。

二、3R 的基本内涵

（一）减少

减少（reduction）是指在科学研究中，使用较少量的动物获取同样多的实验数据或使用一定数量的动物获得更多实验数据的科学方法。绝不能以节省时间或为了人员的方便以及其他不科学的原因为理由，使用超过能够获取有意义的实验结果所需要的最少动物数量。要达到这一目的，在实验前进行周密合理的设计，和在取得实验数据后统计学分析是非常必要的。但也不能单纯为达到减少动物使用数量的目的而采取违反科学原则的做法。

在减少动物使用量的问题上，对不同的实验应采用不同的处理方式。如在药品、食品等产品的法定检验中，要减少某一实验中使用动物的数量，则应采取非常慎重的态度和科学的程序。只有经过反复的验证并写入有关规程之后，才可在实际检测工作中应用。相反，在科研工作中，减少动物的使用量则是比较容易做到的。科研与法定检验一个很大的差别就在于研究方案的“多样性”和“可调整性”。不同课题研究的最终目的千差万别，为达到其研究特有的目的，研究手段（或研究方案）各不相同。即使要达到同一目标，也可以采取不同的研究路线。科研人员要尽可能在研究工作开始之前，选择最佳的实验方案，以达到减少实验中动物使用量的目的。

(二)替代

替代(replacement)是指使用其他方法而不用实验动物所进行的试验，或者说是使用没有知觉的试验材料代替神志清醒的活的脊椎动物进行试验的一种科学方法。替代有不同的分类方法：①根据是否使用动物或动物组织，替代方法可分为相对性替代和绝对性替代，前者是指采用人道的方法处死动物或使用细胞、组织及器官进行体外试验研究，或利用低等动物替代高等动物；后者则是在实验中完全不用动物。②按照替代物的不同，可分为直接替代(如志愿者或人类的组织等)和间接替代(如鲎试剂替代家兔热原试验)。③根据替代的程度，又可分为部分替代(利用其他替代实验手段来代替动物实验中的一部分或某一步骤)和全部替代(用新的替代方法取代原有的动物实验方法)。

对于认识和评价某个特定领域的替代方法是否有应用价值，需要认真对待。在生物医学的许多领域中，应用体外方法不仅能够获得与动物实验所能提供的相同的技术资料，而且还能提供最佳的科学途径以解决某些难题。生物医学研究中的动物实验替代方法完全可以通过学术出版物和研讨会等形式进行交流而得到不断的完善和发展。而另外一些人则认为，替代的方法和技术可作为动物研究的补充，有助于减少动物的使用数量和改进以后的工作，但不可能完全取代整体动物实验。以毒理学研究和安全性评价实验中采用的细胞培养方法为例，尽管它具有可用不同类型的细胞(包括人类细胞)和来自特定组织的细胞研究靶器官特性的优点，但它不能像整体动物模型那样作为完整的生物系统，用于评价不同途径(如吸入、摄入、皮肤接触)长期染毒的后果，或用来预测某些毒性作用的可逆性等。

在替代方法使用方面，还需要注意的是，在基础研究、医药、化学试剂和化妆品的安全检测、危险环境的检测及危险物品的检测等领域之间，毕竟存在着差距，在应用替代方法时应具体考虑。特别是在法定的检验工作中，如果非动物实验要作为动物实验的替代方法被采纳的话，则需经过严格的验证后被检验法规所认可，方可在法定检验中使用。

(三)优化

优化(refinement)是指在符合科学原则的基础上，通过改进条件、善待动物、提高动物福利、完善实验程序和改进实验技术，减少或避免给动物造成的与实验目的无关的疼痛和紧张不安的科学方法。

优化包括诸多内容，总体说来是一个科学化、规范化及标准化的过程，包括实验动物和动物实验两个方面。研究内容涉及实验设计、实验技术、仁慈观点、人员的培训、饲养环境及设施、动物运输与动物自然习性等方面，其中动物实验程序的优化是一项主要内容。

在欧美等发达国家，一个动物实验设计方案要经过实验动物管理委员会和伦理审查委员会的审批才能得以实施，主要内容必须包括：①充分阐明实验的必要性，并证明没有任何其他方法可以取代该动物实验。②充分阐明实验的合理性，即所用的实验动物种类、品系、数量、性别及日龄等都是科学合理的。能用小动物进行实验就不能选用灵长类或犬、猫等动物。能用10只动物完成实验就不能用11只动物。③明确实验过程可能给动物造成的疼痛、痛苦，有些国家制定了疼痛等级的评分标准。④如果使用灵长类动物做实验，对实验完成后的动物必须有妥善安置措施。如1999年美国在佛罗里达州的沙漠上建造了一所具有相当舒适度的设施，将经过多年研究之后退役的百只大猩猩放在这里“颐养天年”。

三、3R 研究的意义

(一)3 R 作为提升突破技术壁垒能力的载体,在经济发展和国际贸易中发挥不可替代的重要作用

2002 年 11 月 7 日欧洲议会与欧盟理事会在布鲁塞尔达成协议,决定从 2009 年起在欧盟范围内禁止用动物进行化妆品毒性和过敏实验,也不允许成员国从外国进口和销售违反上述禁令的化妆品。欧盟的这项决定是为了在不损害消费者利益的前提下,尽可能保护动物。欧盟希望化妆品公司在 2009 年以前能够找到替代检测方法。如果出现特殊安全需要,欧盟委员会可以允许成员国在经过特殊程序后,在动物身上进行化妆品成分安全性能测试。目前,英国、奥地利和荷兰已经禁止在动物身上进行化妆品成分测试,但并未禁止进口和销售此类产品。其中法国和意大利是进行动物实验最多的欧盟成员国。

(二)为科学发展提供了新思路和新方法

倡导 3R 一方面是为了适应动物保护主义运动的需要,另一方面也是为了缓和动物保护与动物实验之间日益尖锐的矛盾冲突。从 3R 研究成果的应用来看,对科学的发展起到了很大的推动作用。有许多事例可使我们清楚地了解到 3R 与生命科学研究之间的内在联系。例如,利用携带有人脊灰病毒受体的转基因小鼠(TgPVR),替代猴子做口服活脊灰疫苗的神经毒性试验(安全性试验),不仅解决了灵长类动物的来源问题,也可保证用于疫苗检定的动物质量,检定结果的可靠性也大大提高。在生物学和药学研究中,利用遥测技术测定不同品系高血压大鼠在正常生活条件下的各种生理指标(包括收缩压、舒张压和心率等),解决了必须在动物麻醉和固定的非正常条件下获取动物各种生理参数的问题,获得的数据也更加准确。

(三)开展 3R 研究,从保护动物或是关注动物福利的角度出发,这也是时代发展、社会进步在科学技术上的一种体现

国外从动物保护发展到关注科研用的实验动物,在法规上经历过一个较长的过程。从科学的角度上看,已有许多例子说明,深入研究人类对待实验动物所持有的道德观念、道德规范和道德评价标准与动物实验的关系,善待动物,关注动物实验中的动物福利,有利于科学的发展。从事实验动物相关的研究工作,需要树立“科技活动应当尊重生命权利”的科学伦理意识,严格遵守相关的科技伦理规范,主动接受实验动物管理委员会和伦理委员会的风险评估和审查。为了加强这方面的工作,国家科技部在目前修订的《实验动物管理条例》中增加了动物福利这一章,说明国家开始关注这方面的问题。动物福利也将是今后在实验动物管理当中的重要内容。

四、国外动物替代研究进展

自 1981 年美国霍普金斯动物实验替代法研究中心成立以来,欧洲替代法验证中心、荷兰动物应用替代研究中心等实验动物替代的专门研究机构相继成立。欧美和日本的科学家与化妆品、制药企业合作,也开展了相应领域的研究工作。从 20 世纪 60 年代开始,西方许多人道主义组织和政府开始为替代方法研究提供基金。1969 年英国建立了医学实验动物替代基金,资助“不需用动物的医学研究”,其他国家也有类似的项目,如德国每年提供 600 万美元的研究经费。而 1992 年建立的“欧洲替代方法研究中心”,每年欧盟拨付

900 万美元，以加强替代方法的研究和验证工作，现在几乎每天都会诞生新开发的优化技术和新的替代方法。

（一）怀孕检测

目前一个明显的例证就是人们可以在家中使用试剂盒来确诊是否怀孕，而不再用兔子或青蛙做怀孕实验。这得益于新推出的试剂具有价格低廉、方便快速和灵敏度高的优点，可以实现早期怀孕诊断。

（二）内毒素测定

早期热原的测定，主要依据观察注射被检物质后，家兔 24～48 h 体温的变化。家兔法虽然能直观地反映各种热原的致热程度，但不易标准化，不易定量，重现性差，灵敏度差，受某些药品本身的药理活性及理化性质的影响较大，费用高且费时。如果测定半衰期短的放射性物质，兔子热原试验则无法进行。1968 年 Levin 等创建了微量细菌内毒素的鲎试验检查法（limulus ameboytelysate test，LAT），现称细菌内毒素检查法（bacterial endotoxin test，BET）。由于其具有简便、快捷及稳定等特点，许多学者致力于以细菌内毒素检查法取代家兔热原检查法的尝试。1980 年，美国药典开始正式收载细菌内毒素检查法，随后各国药典也纷纷效仿。1987 年欧洲药典、1989 年英国药典增补本、1988 年日本药典第 11 增补本以及 1993 年《中国药典》(1990 年版增补本)都开始收载细菌内毒素检查法。目前，国外许多科学家致力于用细胞因子法检测热原。其原理是血液单核细胞和巨噬细胞与热原接触后，能够释放出引起机体发热的内源性热原物质，如白细胞介素 1(IL1)、白细胞介素 6(IL6)、肿瘤坏死因子(TNFα)和干扰素。利用血清学试验(如 ELISA)对其进行检测，可以对供试品中有无热原做出判断。

（三）活体组织试验

针对毒理学研究中皮肤、眼睛的 LD_{50} 试验，现在采用腐蚀性替代物，只需 3 只动物即可完成实验。同样，传统的 LD_{50} 测定在经过 50 年的发展后，也采用类似化合物替代实验，减少动物用量。欧洲替代法验证中心和美国替代法确认协调委员会采纳了局部淋巴结试验(LLNA)、Corrositex 和光学毒性试验。最近美国马塞诸塞州的 Mattek 公司主要生产皮肤和眼结膜刺激试验替代用品。法国的 Ethic Skin 公司授权生产皮肤和角膜类似物，以及再生组织如颊部组织、阴道组织和肺泡组织等。

1992 年由日本替代法验证中心(JACVAM)牵头，在日本化妆品企业联合会的指导下，整合 42 个专业实验室的 99 位科学家，研究和评估检测化妆品的体外毒性实验的替代方法，即鸡胚试验、红细胞试验、蛋白变形试验、真皮培养模型及体外细胞毒性实验(家兔角膜，HeLa 或 CHL 等细胞株)。

（四）非介入性图像分析技术

在优化研究领域，应用 MRI、PET 扫描、X 射线等技术手段完全可以做到非介入性测定小动物生理学变化指标。这些手段以动物做自身对照，可以减少 75%～80%的动物使用数量，也消除了大量试验数据产生的差异。例如，使用生物光图像技术，把虫荧光素酶基因插入细胞、细菌或病毒的特定基因片段后，通过虫荧光素酶示踪手段，观察早期肿瘤的治疗效果，也可观察对肿瘤生长期的作用。通过此技术，探索无临床症状的传染病发病特点。虽然这种非介入性手段费用偏高，但总体核算上，这种技术节省时间且节约开支。

(五)各种组学的应用

“组学(-omics)”在生物医学领域被用来与其他词组成新词。基因组学(genomics)、蛋白质组学(proteomics)和代谢学(metabolomics)方面的技术使得检测个体基因和蛋白质的表达成为可能,也使科研工作者对生理过程的认识更为深刻。这些技术都能够在不采用动物试验的情况下,提供有价值的种间或种内信息。

基因组学可用来描述DNA序列特点以及核苷酸的多态性,但无法与生物反应相互关联。因此,2001年荷兰建立了荷兰基因组计划(NGI)。NGI组织多种国际学术会议,从基因组学的角度来探讨如何减少实验动物的用量,降低实验动物所承受的痛苦。NGI采用的是双向渠道,首先通过基因组学手段获得尽可能多的关于实验动物替代物的信息,其次是研究替代手段方面的技术。

转录组学(transcriptomics)用于分析基因表达方式及相关的功能。现在对于全基因组高通量分析所采用的技术包括全基因组微阵列分析和寡核苷酸芯片、cDNA-AFLP、SAGE等技术。蛋白质组学描述的是在代谢过程中合成的蛋白质以及在体液中可检测到的蛋白质。

(六)体外试验

体外试验的主要对象是器官、组织、细胞、细胞器和蛋白质。体外试验为科研工作者提供了研究特定细胞的条件,可以不使用实验动物。因为体外试验和体内试验的条件差别很大,所以在体外试验后,必须进行体内试验来进一步验证。体外试验的条件是可控制的,必须根据之前体外试验的结果为相应的分子设定特殊的条件。

(七)无血清培养基

传统的体外细胞培养需要添加动物和人的一些成分以保证微生物的生长和繁殖。如果在培养基中缺乏某些成分,这些添加成分的作用也随着降低,微生物受到污染的几率减少。此外,人为添加动物和人的一些成分成本高昂,不同的生产批次其功效也有波动。其次,收集初生动物血清对于动物本身的损伤很大,引起了动物福利学家的关注。尽管市场上已经出现了人工合成的添加物以代替初生动物血清,人工添加物替代后可以提高实验动物福利。尽管如此,学术研究领域,血清依然是首选。

欧洲替代方法验证中心的科学顾问委员会(ESAC)推荐使用非动物血清替代物来替换胎牛血清和其他动物源性添加物。委员会推荐采用更多的策略来发展无血清培养基,以及使细胞适应无血清的生长条件的技术,利用这些技术逐步减少新生动物血清的使用,而且鼓励研究人员共享血清替代物的研究成果。

(八)人性化的研究

在人体进行药物试验中获得的副作用信息可以用来评估人体处于此种环境中的危险程度。如果不进行副作用的监测,这样的试验被认为是不符合伦理学要求的。目前,在志愿者或病人身上进行的临床药物试验中,应用生物标记物来监测药物副作用已经被广泛采用。对于化学药品而言,可以采用生物监测技术、环境监测技术及问卷调查等相结合的手段来收集药物副作用的信息。

(九)教育中的替代方案

教育中的替代方案可以被划分为多种领域。一些学生选择接受某种特定教育课程是为了学习生物理论知识。另一些学生则希望通过动物实验来学习实际操作技能。对于第一类学生,很多互联网网站可以成为教育中的替代方案(http://www.interniche.org),Interniche是这个领域中一个非常活跃的机构。

虚拟大鼠模型可以为实验中的必须步骤提供良好的预备工作，比如 Kohen 鼠，常被用来进行操作训练、灌胃练习以及尾部静脉注射。在一只虚拟大鼠模型上进行操作训练，可以降低操作者的恐惧心理，增强自信心。

3R 在常规检测、研究和教育中的应用见表 1-2。

表 1-2 3R 在常规检测、研究和教育中的应用

	常规检测	研究	教育
优化	人性化终点检测	职业教育	演示
	常规操作	影像技术(早期病理检测)	模拟
		系统审查	技能训练
		信息共享和网络平台	
		培训/强化应用低等动物	
减少	国际协调合作	系统审查	技能训练
	常规操作	统计/试验设计	
	统计、综合分析	联合试验	
	综合处理(如血清学检查)	蛋白/基因组学应用	
	基因组/蛋白组/代谢组学	应用低等动物	
替代	体外试验	体外试验	影片/DVD/CD-ROM
	风险评估	剂量-效应关系	交互式 DVD
	剂量-效应关系	计算机生物学	模拟
	低等动物	系统审核	
		替代种类(果蝇替代脊椎动物)	

五、目前国家主要的实验动物科技公共服务平台

(一)国家啮齿类实验动物种子中心(北京中心)

国家啮齿类实验动物种子中心是 1998 年由国家科委批准建立的，设在中国药品生物制品检定所实验动物中心。国家啮齿类实验动物种子中心主要任务是引进、收集和保存实验动物品种、品系；研究实验动物保种新技术；培育实验动物新品种、品系；为国内外用户提供标准的实验动物种子。目前，国家啮齿类种子中心主要保种品种有 SPF 级小鼠、大鼠、豚鼠和家兔。

(二)国家啮齿类实验动物种子中心(上海分中心)

国家啮齿类实验动物中心(上海分中心)设在中国科学院上海实验动物中心。该中心的工作目标是引进、收集和保存我国常用啮齿类实验动物资源，向全国实验动物生产单位提供标准化的啮齿类实验动物种源，以推进我国实验动物许可证制度的落实和国际标准化进程。中心目前开展的工作涵盖：我国常用啮齿类实验动物资源的引进、收集和保存；常用啮齿类实验动物的育种、生物净化和遗传质量鉴定；常用啮齿类实验动物的供种；保种、育种人员的培训；遗传工程小鼠的活体保存和冷冻胚胎、精子库的建立；相关研究(遗传质量检测新技术的建立、无菌动物的开发、低温生物学研究、啮齿类实验动物的生殖工程技术研究、啮齿类疾病动物模型

的开发和保存）和国际交流与合作。

目前，该中心已成为国内保持啮齿类实验动物品种品系最多，供应种子地区和辐射面最广的啮齿类实验动物资源中心，拥有 SPF、CL 级小鼠以及 SPF 级大鼠、豚鼠、地鼠和仓鼠。

（三）国家遗传工程小鼠资源中心

由南京大学、扬州大学承担科技部“十五”科技攻关项目而建成。遗传工程小鼠资源库已经成功繁育出 68 种品系小鼠，这些小鼠包括糖尿病、肥胖症、白内障、肢体残废、发育缺陷及心血管系统障碍等多种人类疾病的动物模型。国家遗传工程小鼠资源中心的主要工作任务一是为国内外小鼠疾病模型研究和应用单位小鼠种质资源的构建、鉴定、引进和保种的技术服务；二是培养相关技术研究的专业人才；三是开展小鼠疾病模型领域的科学研究。

（四）国家实验用小型猪种质资源基地

国家实验用小型猪种质资源基地位于中国农业科学院南口中试基地，是科技部规划建设的实验动物领域九大实验种质资源其他之一，该基地整合了五指山小型猪、广西巴马小型猪和贵州小型猪等封闭群，实现了病原微生物和寄生虫的净化，是国内第一家具有 SPF 级小型猪设施单位。年生产实验用小型猪 2 000 头，其中 SPF 级小型猪 3 000 头，清洁级猪 200 头、普通级实验用猪 1 500 头。生产的普通级、清洁级和 SPF 级小型猪具有完整的系谱记录和生物学特性等资料。基地还承接小型猪人类疾病动物模型、新药安全评价、食品安全和异种移植等方面的实验。至今已向北京、山东、天津、河北、辽宁等地 50 多个单位提供实验用小型猪上千头。

（五）国家实验兔种质资源中心

国家实验兔种质资源中心落户于中国科学院上海生命科学院九亭园区，其核心任务是：建立我国常用的 3 种实验兔的种源保存基地；建立 SPF 级和清洁级实验兔群体；在全国建立若干繁育单位和普通级或清洁级保种站；建立实验兔血缘交换体系和实验兔标准化繁育体系；向全国实验兔生产单位提供实验兔种源，以推进我国实验动物许可证制度的落实和国际标准化进程。目前中心拥有 SPF 级和 CL 级新西兰白兔（NZW）、日本大白兔（JW）及青紫蓝兔。已建立了我国常用的三种实验兔的 SPF 级和清洁级种群，并在国内 4 个地区建立了 5 个二级保种站。

（六）国家实验灵长类种质资源中心

国家实验灵长类种质资源中心落户于军事医学科学院，主要任务包括以下内容：①建立来源清楚的恒河猴亚种繁殖群，建成后每年可向国内其他饲养场提供 1 000 只左右的恒河猴种子。②从食蟹猴的原产地引进食蟹猴，建成后每年可提供 700 只左右的食蟹猴。③建立实验灵长类质量控制实验室；建立引种、检疫、选种、选育、饲养管理及共享供应的标准操作规程（SOP）；建立符合实验动物国家标准的饲养、检疫设施；对引进种猴和新生仔猴进行检疫，并对生理生化指标等生物学特性进行检测。④建立 SPF 猴繁育种群。通过质量控制，掌握种猴的微生物背景资料数据，对于带有致病菌、阳性寄生虫的个体进行灭菌、驱虫处理，根据病毒检测结果分群饲养，建立 SPF 猴群（如 BV free 猴群）。

（七）国家实验禽类种子中心

国家实验禽类种子中心落户于中国农科院哈尔滨兽医研究所，中心的主要任务是引进、收集和保存国内外优质禽类实验动物品种、品系，利用胚胎干细胞技术、转基因技术等开展 SPF 禽保种新方法的研究，培育禽类实验动物新品种、新品系，为国内外用户提供标准的实验动物种子。

目前是国内最大的 SPF 基地，每年可生产鸡卵 300 万枚，为国内生产和使用单位提供 SPF 鸡(鸭)种卵、胚和雏鸡等产品。今后将逐步增加鹌鹑、鸽等禽类种质资源，完善国家实验禽类种子中心建设。中心的建设目标是使 SPF 鸡种群数量达到 5 000 羽，SPF 鸭种群数量达到 2 000 羽；SPF 禽生产设施饲养规模达 25 000 羽，年生产 SPF 禽种卵达 500 万枚。

(八)实验用 Beagle 犬种源基地

国家实验用 Beagle 犬种子中心是依托广州医药工业研究院实验动物研究开发中心，全国第一家以 Beagle 犬为对象的种质资源研究机构，其主要任务是进行 Beagle 犬的保种、育种及种质资源的开发研究。其任务是保存 Beagle 犬资源、实现资源及数据的共享。该基地率先在全国建立了全面可信、开放共享的 Beagle 犬基础数据库，目前已建立正常生理生化等数据 1 301 项；研究制定共性描述标准 155 项，并在中国实验动物 E 平台实现了共享。基地生产的 Beagle 犬均符合国家实验动物质量标准，现有 Beagle 种犬群 500 多头，存栏量 1 300 多头，年生产能力 2 000～2 500 头。近年来，向国内药物安评机构(上海医工院、浙江医科院、国家成都中药-安评中心、湖北医工院、山东医工所、云南药物所等)提供了高质量的实验用 Beagle 犬，为上海新药安全评价中心等新药安评机构承接国外的药物安评实验提供了符合国际标准的实验用犬。

思考题：

1. 实验动物和动物实验的概念是什么？
2. 实验动物科学研究范畴包括哪些方面？
3. 按照遗传学控制分类，实验动物主要分为哪三大类？
4. 动物替代理论中的 3R 原则是什么？研究 3R 的主要意义是什么？
5. 按照动物福利法，动物具有哪几种自由？

(何 诚，郑振辉)

第二章　国内外实验动物管理机构及法规简介

内容提要：本章主要介绍了欧洲、北美洲、澳洲和亚洲主要国家相关的实验动物管理机构及法律、法规和条例，以及立法和监督机制；分析了各国在实验动物饲养管理、使用和动物福利方面的差异；介绍了我国实验动物有关管理条例和管理体制；最后简要介绍了我国在实验动物教育、培训上的不同特点。目的在于树立爱护和保护实验动物的意识，自觉在法规要求下开展动物实验。
关键词：实验动物；法规；条例；培训；教育。

第一节　国外实验动物管理与法规

法规是以立法的形式管理实验动物，以确保实验动物质量和动物实验质量。它带有强制性，是行之有效的管理办法。随着国际间实验动物研究、检验和教学相关的交流不断增加，必须加强对国际间普遍认可的实验动物相关标准与法规的熟悉与了解。

一、国际实验动物科学协会
(international council for laboratory animal science, ICLAS)

1956 年，联合国教科文组织（UNESCO）、国际医学组织联合会（CIOMS）和国际生物学协会（IUBS）共同发起成立了国际实验动物委员会（ICLA）。1961 年，ICLA 的活动得到 WHO 的合作，并于 1979 年更名为国际实验动物科学协会（ICLAS）。ICLAS 的组成包括国家会员、团体会员、科学家会员、学会会员和荣誉会员。ICLAS 的决议由常务理事会和管理委员会决定。常务理事会四年一届，管理委员会由常务理事会从国家会员、团体会员和科学家会员中选出并对其负责，每年召开一次工作会议。

ICLAS 提出了微生物学、寄生虫学和遗传质量控制的参考标准，并先后在日本、韩国、泰国、西班牙和巴西设立了遗传、微生物检测中心，并依据有关标准开展检测工作。1988 年我国加入 ICLAS，现有国家会员和科学家会员各 1 名，并在第十二届理事会担任常务理事。

二、欧共体实验动物法规

1876 年英国政府颁布实行的《反虐待动物法》（cruelty to animal act）是欧洲第一部有关动物实验法规。法规颁布后引发了科学家和动物权益积极分子的长期争论。在历史上，英国率先成为第一个立法保护用于科学研究的动物的国家。1985 年，经过长期的争论，欧洲 26 国在法国斯特拉斯堡达成了《科学实验和其他科研用脊椎动物保护公约》（convention for the protection of vertebrate animals used for experimental and other scientific purposes），简称为

ETS123。起初这项公约并不是法规性文件，仅用于指导动物实验。1986 年欧洲经济共同体在上述公约的基础上，颁布了《欧洲实验和科研用脊椎动物保护公约》(86/609/EEC)。各个国家签约加入欧盟后，各成员国议会认可这项公约，并在国际法的框架下遵守这项协议。其目的旨在保证各个成员国所从事的动物实验遵从相应的法规和条例，以避免影响欧共体的运行，特别是防止不正当竞争或贸易壁垒。

欧共体公约原则内容如下。

1. 适用范围　适用于科学研究中可能造成脊椎动物痛苦、疼痛、不安或持续性伤害的行为，某些成员国的适用范围还涉及无脊椎动物的科学实验。该协议还同时涵盖了基因修饰研究中可能引起动物不适或痛苦的行为。无痛法处死动物不属于动物实验范畴。在法国、荷兰和瑞典，处死动物的程序比较宽松，处死动物前无需做太多的前处理。公约严格限定药物实验和其他产品的动物试验，保护自然环境。

1987 年欧洲议会通过决议要求所有成员国必须遵从动物实验的相关公约，包括基础研究和教学目的的动物实验。公约在各个成员国历经多次修改和补充，多数国家通过政府授权的权威部门保证公约的实施。运行机制取决于权威部门的工作方式，如控制发放许可证控制研究经费的资助等。

2. 动物饲养设施和条件　公约要求在实验前、实验中及实验后，必须保证实验动物获得人性化的爱护。这些指导性原则适用于常规饲养的实验动物。一旦发现新的方法能改进动物居住环境或改善动物饲养条件，可随时进行修改。

3. 动物实验人员资质　公约规定兽医或具有相应资格证书的人员必须承担起保护动物和动物福利的责任。承担实验、参与动物实验的人员和项目负责人必须首先获得相应的教育和培训，掌握如何爱护动物和进行动物实验操作。各成员国保证在各自法规框架下，确定如何培训合格的人员。欧洲实验动物科学联合会提出相关的指导性建议，其他国家在此基础上，制订严格的资格认证制度。

4. 其他试验方法　法规明确提出尽量选择其他方式替代动物实验。如果不需要动物实验就可以推导出或从实践中获得结论，职能机构就有权拒绝任何有关动物实验的行为。若除了动物实验别无选择，研究者必须遵从把动物的痛苦减少到最低程度的原则。除非必须使用，一般实验应禁止使用野生动物。公约鼓励欧盟国家投入研究经费和人员，开展有效的动物替代方法研究。1991 年欧盟动物替代研究中心成立，每个成员国都要求建立相应的研究机构，加强相互合作，推动动物替代方法的发展。

5. 动物的供应　只有经过权威机构认证的单位方可繁殖或供应实验动物，必须保留买卖动物数量、种类、客户名单和地址等详细记录。犬、猫和非人灵长类动物的供应必须保留有每个个体的许可记录。

6. 动物设施　动物设施的运行必须获得权威机构的许可或注册资格。同时动物设施的运行必须由训练有素的工作人员和相应数量的兽医来完成。只有权威机构认可的动物中心提供的实验动物方可使用。不允许使用来路不明的动物进行实验，所有使用的动物必须保留记录。

7. 监督机制　大多数成员国中由政府监督员负责监督法规的执行。监督员主要由经验丰富并且受过良好训练的兽医或生物学家担任。为了维护公众利益，一些成员国每年向议会汇报生命科学研究中动物使用状况。

8. 伦理委员会　欧洲科学基金会(ESF)包括欧盟 24 个国家的 67 个研究成员，要求所有的67个成员必须遵守动物伦理标准。根据欧洲科学基金会的调查，每个研究团体中都成立了伦理评估委员会。由于公约属于最低要求标准，每个成员国有权制定更加严格的规章制度，因此在立法程序上各成员国出现了不同。此外，各成员国主管部门也并不相同，如芬兰、德国和葡萄牙由农业部主管实验动物。英国内务部、丹麦司法部、法国科学和教育部、荷兰公共卫生部则分别主管其实验动物事务。

三、北美洲实验动物法规

(一)美国

美国农业部、美国公共卫生署出台了诸多法规、条例、政策和指导手册来规范用于科学研究、检测和教学的实验动物的饲养及使用。每年根据具体的条款更新联邦法律，以美国联邦法律形式发布执行。

1. 美国农业部　1866年美国防虐待动物组织(ASPCA)成立，1877年美国善待动物组织(AMA)成立。1873年美国国会通过了家畜运输过程中善待动物的相关法规，也被称为"28小时法规"，是指家畜在运输前到再次得到食物、饮水和休息的最大时间间隔。联邦曾废除了这条法律，1906年"28小时法规"重新被国会通过，并付诸实施，延续到今天仍然有效。1966年联邦通过了第一个实验动物福利法，授权美国农业部执法，由其下属的动植物检疫局的动物管理部门监督实施。这项法律最初主要适用于犬和猫，要求个人或组织必须获得许可才能买卖犬、猫用于动物试验，饲养和使用犬、猫进行动物实验的条件不能低于最低标准。《实验动物福利法》在1970年、1976年、1985年和1990年进行了修订。1970年《实验动物福利法》扩大了动物种类，法律适用于所有的温血动物；规定了动物在设施中停留的时间；该法令中的动物不包括专门培育的用于实验的大鼠、小鼠和鸟类，以及非实验用马和其他用于生产肉、用于研究以提高动物营养、繁殖的农业动物(但生物医学研究或展览所涉及的马和其他的农业动物除外)。1966年起，美国国会授予农业部具有实施和宣传《实验动物福利法》的双重权利，要求农业部每年不定期、不预先通知地检查各个动物设施，不间断检查那些有缺陷的设施并督促其达到要求。研究机构、中间商、实验动物展览商和用户必须在美国农业部注册，除属于豁免注册的机构，各个研究机构、政府机构必须从有执照的机构购买动物，违反联邦法规的行为将受到罚款、暂停设施运行资格和永久吊销运行资格等处罚。

2. 美国公共卫生署　美国公共卫生署(PHS)是联邦内另一个负责管理和监督研究用动物的饲养和使用的机构。公共卫生署于1973年制订了《人性化饲养和使用实验动物法规》(PHS政策)，1979年和1986年重新修订，基本覆盖了研究、检测或教学用脊椎动物。公共卫生署的授权来自于"公众法99～158"号条款，即1985年健康研究法规第495章和研究用动物使用条例。公共卫生署授权国立卫生研究院(NIH)来指导动物研究，它要求基金申请单位及个人需提交动物福利保证书，而且必须保证符合《美国政府有关研究、检测和培训用脊椎动物的使用和保护原则》。有关单位为了能赢得公共卫生署的研究资助，遵循该政策和《实验动物管理和使用指南》(guide for the care and use of laboratory animals)，并按要求提交实验动物管理和使用保证书，以及年度自查报告。除了确保动物的福利外，还必须列出机构内部的动物福利监管框架，动物管理和使用的机构负责人；主管兽医的情况；职业健康安全计划；人员培训计划及动物设施相关情况。使用保证书中还需表明其动物管理和使用是否受到第三方的监督和评估。该保证书有效期为5年。

基金获得者或机构如果违反了 USDA 动物福利法规和 PHS 政策中的相关内容，保证书可能被限制（单位和个人的基金申请受到限制）。连续违反 PHS 的相关规定可能导致吊销保证书，停止提供有关动物实验的经费支持。获得基金的单位必须提供年度报告，报告实际动物实验工作与保证书不一致的内容，还需附加实验动物管理和应用委员会（IACUC）半年工作评估和设施检查的日期。如果有少数 IACUC 委员对上述的半年度报告有异议，则应在报告上签署意见，并随年度报告一起提供。IACUC 在实验动物管理和使用中所起的监管作用是 PHS 政策中的一项重要内容。农业部动植物检疫局、美国食品药品管理局和公共卫生署之间用备忘录的形式在实验动物管理和使用监管方面建立了协调机制，因此尽管 PHS 和农业部在 IACUC 组成方面的要求有所差异（表 2-1），但 IACUC 的基本职能是相似的。公共卫生署下属的实验动物福利办公室负责检查和评估获得经费支持单位的动物使用情况，通过“有原因”、“无原因”的方式进行检查，并且通过杂志稿件、评论、NIH 公告等形式通报情况以提供督导。

表 2-1　实验动物管理和使用委员会的组成和职责

	农业部（最少 3 名成员）	公共卫生署（最少 5 名成员）
组成	1 名主席，1 名兽医，1 名外单位人士	1 名兽医，1 名实验动物科技人员， 1 名外单位人员和 1 名非科研人员
职责	每 6 个月至少 1 次向委员会汇报人性化管理和使用实验动物的情况 每 6 个月 1 次检查单位动物设施（包括动物研究区域和附属设施） 评估和调查有关动物管理和使用情况 对单位的动物实验研究、动物设施或人员培训提出建设性意见 根据动物管理和使用情况作出批准、评估、要求改进、暂停使用等决策 行使权利停止动物实验活动	

3. 美国食品药品管理局（FDA）颁布的药物非临床研究质量管理规范　1978 年，美国 FDA 颁布的《药物非临床研究质量管理规范》（good laboratory practice, GLP）规定，凡向 FDA 申请临床研究许可证或销售许可证的所有新药临床前实验研究项目，均要遵守 GLP 原则。GLP 从组织机构、人员、设施运行、记录和报告等方面提出了明确的要求和规定，对具体的操作要求制定明确的工作规程（SOP），规定了对实验动物的要求以及实验室的特殊要求。此后，荷兰、瑞士、瑞典、加拿大、意大利、联邦德国、英国、日本和欧共体等相继效仿，颁布了各自的“GLP”，并由此衍生出药品生产质量管理规范（GMP）、药品临床试验管理规范（GCP）等一系列规范，从而有力地推动了实验动物及其相关科学的发展与进步，为广泛开展国际交流与合作奠定了基础。

4. 美国实验动物评估和认证协会　1965 年美国实验动物饲养管理认证协会成立，1996 年更名为国际实验动物评估和认证协会（AAALAC International），是一个民营的非盈利性的机构，其使命是通过自愿认证方法促进人道的、负责任的动物管理和使用，旨在提升科研、教学和检测的质量。对申请认证的单位提供建议，并进行独立的评估。对达到相关标准的单位授予认证证书。其理事会负责确立协会的发展规划方向。AAALAC 没有自己制定的标准，主要以《实验动物管理和使用指南》以及现有的法律、法规、规则和科学标准作为参考。不仅接受美国本土研究机构的申请，而且还接受其他国家有关机构的申请，并按照认证规则，结合当地法规及惯例来开展认证工作。对于首次申请的单位，认证结果分为 3 种，即完全认证（full ac-

creditation)、暂定临时认证(provisional)、不予认证(withhold)。对于已认证单位的再认证则有以下5种可能的结果,即连续完全认证(continued full accreditation)、有条件的连续完全认证(continued full accreditation with condition)、延迟认证(deferred accreditation)、察看(probation)、撤销认证(revoke accreditation)等。

(二)加拿大

加拿大实验动物管理委员会(canadian council on animal care, CCAC)成立于1968年,1982年改组为独立社团组织,是加拿大有关动物使用的主要咨询和评审机构。地方政府负责制定对实验动物饲养和使用进行指导及评价的法规,有6个省制定了上述法规,其中有5个省参考了CCAC的指南和政策。除了自愿接受CCAC评估外,一些基金组织要求基金申请单位必须遵守CCAC的规章制度并获得CCAC认证。虽然政府没有强制单位进行CCAC评估,但是要求受资助单位遵循CCAC的原则。CCAC核心任务就是通过培训、评估和劝说的方式敦促使用动物单位按照科学方法人道地进行动物实验,提倡更高的科学意识和道德伦理标准。因此,CCAC两个主要功能是:起草指南和制订政策对实验动物饲养和使用进行管理;监督相关单位落实政策和指南。CCAC是由"加拿大自然科学和工程委员会(NSERC)"和"加拿大医学研究委员会(MRC)"资助的独立单位。它所制定的《实验动物管理与使用指南》(guide to the care and use of experimental animals)一直作为管理和使用实验动物的基本准则。附加指南包括动物实验方案审批、转基因动物、实验终点的选择以及开发动物使用者的培训课程等内容。CCAC也制订了许多相关政策,如"动物研究伦理"、"实验科学性的审评"、"实验动物的社会性和行为学要求"、"认可的免疫程序"和"实验对动物伤害分级"等。

现场评估团队主要由实验动物饲养、使用方面的专家和1名经加拿大联邦人道社团提名的人士组成,每3年评估一次。被CCAC认证的单位会获得CCAC颁发的"良好动物操作证书"(GAP)。如果CCAC的评估结论中认为某机构尚需重大整改,但改进后可通过文件材料进行确认而不需要现场验证,如可以提供CACC认为满意的整改报告,可获得或保持认证。如果评估结论中认为有重大问题,则会导致有条件的认证(即整改合格后方可获得认证)。不合规定的单位将被通报给所有相关的基金委和政府部门。持续违反CCAC指南和政策的行为将导致该单位的基金资助被取消。

四、澳洲和新西兰实验动物法规

(一)澳大利亚和新西兰

澳大利亚、新西兰研究和教育用动物管理委员会(Australian and New Zealand council for the care of animal in research and teaching, ANZCCART)制定了《澳大利亚用于科研目的动物管理和使用条例》,目前使用的第七版(2004年)。1988年成立"动物福利委员会",负责修订和完善《澳大利亚用于科研目的动物管理和使用条例》,制定了有关动物福利等许多规章、条例和政策。发布的规章内容包括成立动物伦理委员会;单克隆抗体生产指南;科研试验中有关犬的管理政策;培养外科医生、使用新外科设备及演示新技术所涉及动物的指南;非人灵长类动物的管理政策;最大限度地减少研究用动物痛苦和不适的基本方法。

法规基本覆盖了非人脊椎动物,并明确下述6个方面的内容:强调使用动物的科研人员、教师和研究机构所承担的责任;必须保证考虑到动物福利问题;确信使用动物是合理的;避免科研用、教学用动物遭受痛苦和不适;研究中尽量减少使用动物的数量;促进实验动物替代研究和推广。

澳大利亚没有国家层面的动物福利立法(这是与新西兰不同的),但有 8 个州和地区的立法。实验动物的使用是由每个州和地区的动物福利办公室来管理的。新南威尔士是唯一的一个制定科研用动物法(即动物研究法 1985)的州。《动物研究法》授权动物伦理委员会来监督动物研究项目的实施情况,要求委员会有一名代表与动物研究无关,与研究机构无隶属关系,非动物供应商。每 3 年由外部的动物伦理专家组进行评估。新南威尔士州依据法规成立动物研究评价组,组员由企业、政府和动物福利组织提名,然后由州政府部长任命。12 个成员组成专家组,分别来自科研机构、动物福利组织和政府机构。监督动物伦理委员会的工作,并通过现场检查来确保动物得到妥善照顾。国家卫生和医学研究理事会也对接受其动物实验相关研究资助的机构及动物伦理委员会进行检查。

除了上述法规外,州政府和地方政府也制订了用于规范科研用实验动物的条例,如《澳大利亚野生动物保护法》(1982 年)和《出口控制法》(1982 年)等。法规要求企业竭尽所能为员工提供安全的工作环境,为员工提供培训机会,同时监督员工的工作行为。同样要求员工必须遵从安全规章制度,使用保护性设施设备,与企业共同合作保护个人的安全和健康。

(二)新西兰

新西兰最初使用 1960 年颁布的《动物保护法》,1983 年修订后,增加了研究用和教学用动物的伦理准则,法规适用范围包括捕捉到的野生动物及饲养的动物。同时成立了国家动物伦理顾问委员会。

1999 年为了适应人们对动物使用的关注,新起草的《动物福利法》代替了《动物保护法》。这项法规要求任何一个研究机构在利用动物实验进行研究、检测或教学前,必须事先制订《伦理道德准则》。1999 年新颁布的法规要求成立一个独立的动物伦理委员会,定期检查以确保研究机构的动物实验符合《动物伦理准则》和其他相关规章制度。除了内部高级成员和动物护理人员,动物伦理委员会必须包括 3 名独立代表公众和动物利益的重要成员,即 1 名动物福利组织的代表、1 名代表公众利益的由当地政府提名的非专业人士和一名由新西兰兽医协会提名的兽医。动物伦理委员会有权监督研究机构的实验,包括:审批项目申请书,监督项目的实施,监督动物饲养管理和动物设施及资源是否符合要求,以及向法规制定部门推荐动物伦理专家组人选等。每个申请项目都应包括利弊分析报告,必须提出替代、减少和优化实验动物的方案。依据 1999 年的《动物福利法》,制订了虐待动物的举报机制。每 5 年则有一个强制性的独立审查,以评估机构的动物伦理委员会的工作,以及科学家和其他工作人员是否遵循所有的动物伦理指南和原则。全国动物伦理咨询委员会确保《伦理道德准则》和动物伦理委员会制度正常运作,并且保证整个动物福利监管系统及时更新,以适应时代的发展需求。

五、亚洲国家实验动物法规

(一)日本

日本在 2005 年对《动物保护和管理法》进行了进一步的修订,并更名为《人道对待和管理动物法》。1980 年制定的《实验动物饲养及保管基准》,2006 年由环保部修订并更名为《实验动物饲养保管及苦痛减轻的规则》,是各个高校及公共、私立研究机构使用实验动物的准则。这项准则旨在减少虐待动物，提倡“奉献爱心”和“关爱生命”。一旦教学、研究中使用实验动物，必须尽量采取方法减轻动物的疼痛，采用安乐死来最大限度减少动物的痛苦。这项法规内容涉及哺乳动物、鸟类以及运输、隔离检疫、实验操作、职业健康、废物处理、育种和环境保护等内容。目前日本虽没有出台相关法律规定实验前对研究计划进行审核和批准，但实验动物委员会负责向各个机构提供技术咨询和指导。委员会包括兽医人员、研究人员、协调员和伦理专家。日本实验动物科学委员会制定了《动物实验指导纲要》，供各研究机构参考。

(二)韩国

1991年《韩国动物保护法》规范了在教学、研究或其他科学研究中使用动物的行为。法规鼓励人们使用减少动物疼痛的实验方法，实验结束后及时使用安乐死以结束动物的痛苦，以避免动物长时间的疼痛。韩国实验动物协会也提出了动物实验的指导纲要，为动物技术员提供资格培训项目。韩国医学科学院制订了《动物实验指南》，规定任何一种韩国医学领域的杂志文章，都必须遵守该指南的要求。

六、国外有关法规分析

国外法规大致可以分为国际法和国家法两类。国际法(包括国际条约和公约)是各个国家和组织之间的协议，主体可以是国家，也可以是国际组织。制定条约的目的是确立一定的国际权利、义务和关系，缔约国家和组织应受到条约的约束。比如，欧共体各成员国共同签署的《欧洲实验和科研用脊椎动物保护公约》(1986年)。而国家法是指由各国政府制定的，旨在保护和合理利用本国动物，是法律效力的规则和制度的总称。目前，国际实验动物界的立法焦点主要是围绕着保障动物福利和满足科学研究对高质量实验动物的需求这两个方面。

(一)侧重于动物保护和动物福利

19世纪初，欧洲的一些社会人士就开始了他们捍卫动物权力的努力和行动。1809年，有人在英国国会提出一项禁止虐待动物的提案，该提案虽然在上院获得了通过，但在下院被否决。虽然在当时背景下，这样的提案遭到了很多人的嘲笑，但随着时间的推移和社会的发展，13年后人们关于动物利益的思考已经渐趋成熟。1822年马丁提出的禁止虐待动物的议案即“马丁法令”获得了通过。这是首次以法律条文的形式规定了动物的利益，保护动物免受虐待，是动物保护史上的一座里程碑。1911年英国通过现行的《动物保护法》，陆续出台了很多专项法律，如《野生动物保护法》、《动物园动物保护法》、《犬的繁殖法》和《家畜运输法》等。美国在1966年由农业部制定了《动物福利法》，旨在要求善待、保护动物，防止偷盗动物，搞好动物的管理、运输和销售，改善动物的生存条件，其中包括有关实验动物或动物实验的条款。加拿大、日本也分别于1966年和1973年先后颁布了有关法律规定，要求在实验过程中不准虐待动物，要正确地使用麻醉、安乐死以减少动物的痛苦。自1980年以来，欧盟、澳大利亚等都先后进行了动物福利方面的立法。动物福利组织也在世界范围内蓬勃发展起来，WTO的规则中也写入了动物福利条款。

欧盟的86/609(EEC)法令制定了实验动物饲养管理和设施条件的最低标准，并要求保证实验中使用的动物都能够享受到适宜的居住环境、必要的运动时间、充足的食物饮水以及适合于健康与福利的照料，保证所有实验动物能享受其机体及“精神”权利。现在世界上许多国家都逐渐取消了小学和中学的动物活体实验，这是近几十年来动物伦理观念和道德进步的佐证。

美国的《动物福利法》和公共卫生署法规中明确规定兽医有权监督和管理动物饲养和使用，包括监督动物的来源、运输、隔离检疫及健康状况等；负责检查、诊断、治疗和预防动物疾病；施行或指导监督外科手术；施行或指导监督止痛方案和麻醉药物的选择；监督动物饲养和营养状况；监督卫生状况；控制人畜共患病和危险排查。兽医必须具有丰富的工作经验，熟悉实验动物培训工作，胜任常用动物品种的管理。兽医服务包括以下内容：亲临动物设施，提供服务；使用正确的预防方法，防止动物疾病发生；每日观察动物外观，评价动物的健康状况；为研究人员提供如何保定、运输、麻醉动物的方法及动物止痛方法；为动物的营养状况提供指导；减少病原微生物对动物和动物实验的影响；实验前和实验后依据法规施行动物保护措施等。

各国动物保护法规的诞生一方面是顺应动物保护主义者的需要，另一方面要求科学家在生物医学研究中要改进实验动物工作，保障动物福利，提高动物实验质量。

(二)强化实验动物饲养管理和使用

在实验动物使用与管理方面，许多发达国家诸如美国、日本、加拿大、德国和英国等都有立法明文规定。1963 年，美国国家学术研究委员会、生命科学专业委员会和实验动物资源研究所制定了《实验动物设施和饲养管理手册》，后更名为《实验动物饲养管理与使用手册》，分别于1965 年、1968 年、1972 年、1978 年、1985 年、1996 年和 2011 年 7 次修订。主要包括研究机构的政策与职责，动物的环境、饲养和管理，兽医护理和设施 4 个部分。

1985 年，美国公共卫生署颁布了《人道饲养和使用实验动物的公共卫生服务方针》。针对政府制定的《测试、科研和培训中脊椎动物使用和管理原则》和《动物福利法》作了全面的补充和完善，要求各研究单位的动物管理委员会积极参与监督动物使用计划、使用程序和动物设施的运行，对每一个申请应用和饲养动物的部门进行审核，并向卫生署报告检查结果。

1986 年，英国议会通过了适用于科学程序的《动物法》。以此法作为母法，英国各级政府部门、各行业分别制定了适用于本部门本行业的法规、条例、指南、准则、手册和标准等。在《动物法》中，明确提出了许可证制度，即开展与动物有关的科研工作需要具备房屋及设施许可证、项目许可证和人员资格许可证。同时要求研究人员在每个研究项目开始前，必须进行利弊分析，要考虑实验给动物造成的任何不良影响。英国内务部还颁布了《科研用动物饲养和管理操作规程》、《繁育和供应单位动物饲养和管理操作规程》、《动物设施中的健康与安全规定》及《废弃物的管理操作规程》等。此后，意大利、法国、芬兰及比利时等国也发布了类似的法令法规。

第二节　国内实验动物管理与法规

目前，我国实验动物工作的管理模式是统一规划、条块结合、共同管理。国家科学技术部主管全国实验动物工作，统一制定我国实验动物的发展规划，确定发展方向、发展目标和实施方案。省、自治区、直辖市科技厅(委、局)主管本地区的实验动物工作。国务院各有关部门负责管理本部门的实验动物工作，有关部门和地区设立实验动物管理委员会(办公室)，专门负责实验动物管理工作。

国家科学技术部作为实验动物工作主管部门，先后颁布了许多针对实验动物工作的管理法规和行政规章。各地区、各行业根据国家的整体管理，结合自己的特点，也制定了各自的管理办法和实施细则。

一、国家管理法规

(一)实验动物管理条例

1988 年，经国务院批准，国家科委以 2 号令发布了我国第一部实验动物管理法规《实验动物管理条例》(以下简称《条例》)。该《条例》共八章、三十五条，从管理模式、实验动物饲育管理、检疫与传染病控制、实验动物的应用、实验动物的进口与出口管理、实验动物工作人员以及奖惩等方面明确了国家管理准则，标志着我国实验动物管理工作开始纳入法制化管理轨道。《条例》全方位推动了我国实验动物科学事业的发展，在国内外引起极大的反响，使我国实验动物科学及医学、药学乃至整个生命科学有了长足进步，为我国医学生物学及现代生命科学与国际接轨奠定了坚实的基础。

(二)实验动物质量管理办法

1997 年，由国家科委、国家技术监督局联合发布了《实验动物质量管理办法》(国科发财字[1997]593 号)，共五章二十五条。明确提出了我国实验动物生产和使用将实行许可证制度，对许可证的申请和管理也做出了规定；为进一步加强实验动物质量管理，保证实验动物和动物实验质量，提出建立“国家实验动物种子中心”和“检测机构”，明确两者的组织构成、任务、条件要求、申请和审批程序。该管理办法的发布和实施，极大地推动了我国实验动物管理科学化和规范化的发展进程。

为落实《实验动物质量管理办法》中提出的任务，科技部先后制定和发布了《国家实验动物种子中心管理办法》(国科发财字[1998]174 号)、《国家啮齿类实验动物种子中心引种、供种实施细则》(国科发财字[1998]048 号)、《关于当前许可证发放过程中有关实验动物种子问题的处理意见》(国科财字[1999]044 号)、《省级实验动物质量检测机构技术审查准则》和《省级实验动物质量检测机构技术审查细则》(国科财字[1998]059 号)。这些管理办法的出台，有力地促进了实验动物种子的保存利用和资源共享，推动了国家和地方两级检测机构的建设和全国实验动物质量检测体系的形成。

(三)实验动物许可证管理办法(试行)

2001 年，科学技术部与卫生部等七部(局)联合发布了《实验动物许可证管理办法(试行)》(国科发财字[2001]545 号)，共五章二十三条。规定了申请许可证的行为主体、条件、标准、审批和发放程序，强调了许可证的管理和监督。通过认证这一法制化管理模式，既能规范科学研究行为，又能促进实验动物事业的发展(表 2-2)。

表 2-2 我国实验动物管理政策法规标准体系

类别	文件名称	发布机构
国家法规文件	实验动物管理条例，1988	国务院批准，国家科委发布
	中华人民共和国野生动物法，1998	全国人大

续表 2-2

类别	文件名称	发布机构
行业主管部门、地方政府及其职能部门	北京市实验动物管理条例,1996/2004	北京市人大常委会
	湖北省实验动物管理条例,2005	湖北省人大常委会
	云南省实验动物管理条例,2007	云南省人大常委会
	黑龙江省实验动物管理条例,2008	黑龙江省人大常委会
	广东省实验动物管理条例,2010	广东省人大常委会
	重庆市实验动物管理办法,2006	市长令发布
	实验动物质量管理办法,1997	科技部
	实验动物种子中心管理办法,1998	科技部
	国家啮齿类实验动物种子中心引种、供种实施细则,1998	科技部
	实验动物许可证管理办法,2001	科技部等七部局联合发布
	善待实验动物指导性意见,2006	科技部
技术标准	实验动物国家标准,1994/2001/2008/2010	国家技术监督局/国家质检总局
	各地方实验动物质量、检测等标准	各地方技术质量管理部门

二、地方管理法规

(一)北京市实验动物管理条例

为加强北京地区实验动物管理,北京市政府有关部门根据《实验动物管理条例》的要求,结合北京地区实验动物管理工作特点,在先后制定的有关地方规章及地方标准的基础上,经过充分酝酿、讨论与协商,以立法形式制定了《北京市实验动物管理条例》并在全国率先提交地方人大常委会讨论通过,最后经审议批准于 1997 年 1 月 1 日开始实施,这是我国第一个地方性实验动物法规。条例的制定与实施对北京市实验动物管理工作起到了积极的推动作用。《北京实验动物管理条例》于 2004 年 12 月进行了修订,2005 年 1 月 1 日起施行。

修订后的《北京市实验动物管理条例》(以下简称《北京条例》)包括八章、三十八条。条例明确了北京市实验动物管理部门的隶属关系、从业单位及其人员的业务要求、实验动物饲养繁育技术程序、实验动物应用条件标准、实验动物质量检测机构条件以及防疫制度和法律责任、动物福利及生物安全等有关内容。

为了便于《北京条例》的实施,北京市科学技术委员会(以下简称北京市科委)同时发布了三个配套规章。这三个配套规章的主要内容包括:①《北京市实验动物许可证管理办法(试行)》。该办法规定许可证由北京市科委负责管理和发放,其日常管理工作由北京市实验动物管理办公室承担。②《北京市实验动物质量检测机构管理办法(试行)》规定北京市科委和技术监督行政管理部门负责管理北京市行政区域内的实验动物质量检测机构,其日常管理由北京市实验动物管理办公室负责。③《北京市实验动物从业人员培训考核管理办法(试行)》,按规定要求实验动物从业人员必须在北京市科委指定的“北京市实验动物培训机构”按培训内容要求，参加不少于25 h的有关法律、法规及专业知识培训，并参加由北京市科委组织的统一考核，考核合格并取得北京市科委颁发的"北京市实验动物从业人员岗位证书"后，方可持证上岗从事相关科学实验与研究。目前，该项职能由北京市实验动物行业协会负责管理和证书发放。

(二)北京市贯彻实验动物许可证管理办法(试行)的实施办法

为贯彻国家《实验动物许可证管理办法(试行)》(国科发财字[2001]545号)和《北京市实验动物管理条例》，加强本市行政区域内实验动物许可证的管理，北京市科学技术委员会制定了《北京市贯彻〈实验动物许可证管理办法(试行)〉的实施办法》(以下简称《实施办法》)，共二十五条，并于2003年3月1日起实施。《实施办法》明确了北京市实验动物管理办公室是具体负责实验动物许可证日常管理的机构，明确了申请许可证的类别、申请条件、审批程序及年检制度等，特别强调没有取得许可证的组织或个人不得申报涉及动物实验的科研计划项目，不得从事实验动物及相关产品的生产和经营活动。

(三)其他省、自治区、直辖市

为了更好地贯彻实施《实验动物管理条例》和科技部等七部局共同发布的《实验动物许可证管理办法》，使我国实验动物工作步入法制化管理轨道，推动我国实验动物整体水平的发展，使各地方实验动物管理工作更加严格和规范，江苏、福建、山西、山东、河南、河北、四川、上海、广东、安徽、湖南、湖北和重庆等省市先后制定了《实验动物管理办法》、《实验动物许可证管理办法》和《实验动物许可证管理办法实施细则》，根据这些管理法规加强本地区的实验动物和动物实验的管理。

(四)部门规章和办法

根据本部门的工作特点和管理需要，政府不同部门也制定了管理办法或实施细则，包括卫生部《医学实验动物管理实施细则》(1998年)、《中医药科研实验室分级登记管理办法(试行)》(国家中医药管理局，1998年)、《军队医学实验动物管理实施细则》(总后卫生部)、《关于加强药品研究用实验动物管理的通知》(国家药品监督管理局，2000年)、《广东省医药行业实验动物管理试行条例》(1998年)等。如在国家中医药管理局发布的《中医药科研实验室分级登记管理办法(试行)》中，明确规定中医药科研实验室分为一、二、三级，实行分级登记管理。要求在使用实验动物进行实验研究时，所用的动物应为合格的实验动物；动物实验的环境和设施应和实验动物的级别相匹配。在《关于加强药品研究用实验动物管理的通知》中，要求开展药物研究用的实验动物要具有许可证；动物质量、品种等要达到要求；动物设施要达到国家标准以及药品研究的特殊要求；达不到要求的，研究结果无效，研究资料不予承认。这些规定和管理措施从不同的侧面和层次，都极大地加强了实验动物工作的管理力度，保证了科研和生产用实验动物的质量。

第三节 中国实验动物培训和教育

一、法律基础

我国实验动物培训是依据1988年发布《实验动物管理条例》中第六章第26、27条规定，"从事实验动物工作的人员必须接受培训和实行资格认证制度"。1997年科技部发布的《实验动物质量管理办法》中第三章规定申请实验动物生产许可证和使用许可证的单位的工作人员必须经培训持证上岗，实验动物上岗证书的有效期为 5 年，到期后必须接受新的培训，续换新的证书。同时规定申请动物设施合格证的单位和个人，相关人员必须获得上岗证书。动物设施使用许可证和动物饲养许可证有效期均为 5 年，到期后需要及时申请换发新的许可证。

国内有些省市出台了地方性法规，如北京市出台了《北京市实验动物从业人员培训考核管理办法》(试行)，该《办法》规定凡从事实验动物和动物实验的科技人员、专业管理人员和技术工作者都必须进行有关法律、法规及专业培训，并取得由市科委颁发的"北京市实验动物从业人员岗位证书"，然后方可上岗(现在改为由北京市实验动物行业协会颁发)。

《实验动物管理条例》明确规定实验动物从业人员是指从事实验动物和动物实验的科技人员、专业管理人员和技术工人。从形式上分为实验动物管理人员、实验动物饲养繁育人员和动物实验人员三种。从组成成分上覆盖了在校大中专学生、研究生、医生、科研人员、动物饲养员和管理员。实验动物从业人员应严格遵守国家及地方颁布的相关法规，在提升自身工作技能的同时，不断加强日常管理和操作的规范性，强化底线思维，提高实验动物生物安全风险意识。

为了满足我国对高级动物实验人才的培养需求，建立完善的本科和研究生教育体系。1985 年北京农业大学(现中国农业大学)开设我国第一个实验动物本科专业，之后江苏农学院(现扬州大学农学院)、首都医科大学相继设立实验动物学本科专业和专科。1987 年起北京农业大学、江苏农学院、第四军医大学开始招收实验动物学硕士和博士研究生，为我国培养了大批的高级实验动物学专业人才。

二、培训和教育内容

根据《北京市实验动物从业人员培训考核管理办法》规定，从业人员必须了解实验动物的基本概念、动物福利、动物保护及相关政策法规；实验动物的环境与设施；实验动物遗传与繁殖；实验动物生产与管理；常用的实验动物品种与选择应用；影响动物实验的因素和动物实验安全防护；动物实验技术等。同时要求加强实验动物从业人员的职业道德修养，包括专业技术素质与敬业精神。参加培训机构举办的专业知识和技术培训，并经考试合格方可获得"岗位证书"。各地有关培训的时间和培训内容，依据具体情况而定，对培训收费标准未有明确规定。

实验动物本科的教育设置为 4 年，教学内容主要注重实验动物基础知识、实验动物管理、实验动物资源开发研究和疾病研究。研究生教育设置为 3 年，主要注重研究能力的培养，包括实验动物质量控制研究、人类疾病模型研究和替代研究等。

三、培训和教育的实施

对非实验动物专业的大学生和研究生的教育，主要在国内的综合性大学、医学院校和农业院校开设实验动物学必修课和选修课。课程学时一般在 25～30 学时，包括试验课程。针对研究生水平，主要开设高级实验动物学、高级动物实验技术，提高研究生的动物实验技术水平。

对于从事与实验动物有关的生命科学研究的科技人员，委托实验动物培训机构进行上岗培训。北京市科委于 1998 年 3 月认定了 7 家"培训机构"，承担北京地区的实验动物从业人员的培训任务，"培训机构"经认证后积极开展工作，有计划地对北京地区的实验动物从业人员进行了培训。到目前为止，已接受培训并获得"岗位证书"的人员共有 9 600 余人。国内其他省、市也相继建立或委托建立了实验动物从业人员培训机构，开展了大量的人员培训工作。

培养敬业精神，要求实验动物从业人员能够善待动物，不断研究 3R 新途径，发展实验动物科学，更加人性化地对待动物。在管理上，需将实验动物工作与其他学科和领域的工作摆在同等的地位，认识到实验动物工作是科技发展的一个重要组成部分，是最精密的活仪器。积极探索和解决科技工作中出现的有关问题（包括动物质量、动物福利与伦理等），为科技发展创造有利环境。在实验动物人才建设上应当尊重实验动物从业人员的自身价值、尊严和权益。在技术职务评定和工资待遇上，要与其他学科同等对待。实验动物从业人员为科技发展所做出的努力和奉献应该得到单位和社会的承认与认可。

思考题：

1. 欧共体和美国颁布的相关实验动物法规主要有哪些？
2. 国外实验动物法规主要侧重哪些方面立法？
3. 我国实验动物管理条例中规定哪些人员必须取得实验动物上岗证？
4. 实验动物上岗证和实验动物设施许可证有效期有多长？

（何　诚，庞万勇）

第三章 实验动物遗传学及质量控制

内容提要：本章简要介绍了实验动物遗传学的基本知识，实验动物的遗传分类和命名方法；近交系、封闭群、杂交群动物、转基因动物及克隆动物等的基本概念及其在生物医学上的应用；实验动物遗传质量控制，包括遗传监测的主要方法和遗传质量标准。通过本章的学习，了解实验动物遗传学上的分类和不同遗传类别实验动物的用途。

关键词：近交系；封闭群；杂交群；质量控制。

第一节 实验动物遗传学发展历史

一、遗传学研究的经典时代

在过去的100年中，遗传学的进展与实验动物科学发展紧密相关。从1900年发现孟德尔规律到1980年间，分子生物学技术的发展使得鼠类基因图谱的绘制、克隆和序列测定更加简便可行，生物学进入鼠类遗传学研究的经典时代。同时鼠类遗传学也为分子生物学技术的发展奠定了基础。“实验动物遗传学”研究的重点是“啮齿类实验动物遗传”，原因在于啮齿类动物具有体重小、繁殖性能高、占用空间少和资源容易获得等特点。

自孟德尔发现植物学遗传规律之后，美国的Castle、英格兰的Bateson和法国的Cuennot先后从白化小鼠的毛色证实孟德尔遗传规律的正确性。从此之后任何眼观上显著变异的实验鼠，即使突变无生物学价值都被饲养和保留下来。1906年Rommel开始了近交系豚鼠的培育工作，后来Sewall Wright接替进行。1909年Clarence Cook Litter和Whelmina Dunning分别培育出近交系小鼠和大鼠，这标志着实验动物历史上首次培育出近交系动物。经历长时间、多代次的兄妹交配，同一品种个体间形成了基因固定。相反，不同品种间的基因差异显著，被培育成不同生物学特性的实验动物，如高肿瘤发病群、高乳腺癌的DBA和H3小鼠、白血病模型AKR和肺癌模型A系，今天这些品系仍然还在肿瘤学研究中被广泛使用。

1903年在一次偶然育种中出现能跳华尔兹舞的日本小鼠。把这种小鼠身上的肿瘤移植到同一种群小鼠身上，不产生排斥反应。相反，若肿瘤移植到不同种群，则出现排斥反应。Litter和Tyzzer深入研究发现肿瘤排斥反应主要由控制遗传变异的几个关键基因决定。美国Jackson研究所George Snell观察到移植的排斥反应来源于一个基因位点不同基因的同源排斥，由小鼠的H2基因位点确定，即“同源排斥”，从而诞生了著名的“主要组织相溶性系统（MHC）理论”。这项重大发现促使研究工作纷纷采用“回交”方法来固定基因，以深入研究基因的功能，Snell 的移植免疫理论诞生了上百种“同源排斥”品种。

另外一个重大的发现是 1971 年 Donal Balley 培育出“重组近交系”小鼠。用两个标准近交系小鼠杂交，然后其后代兄妹交配，这样两个近交系父母代基因形成重组。利用 RI 小鼠可以探索由一个或两个基因位点确定的遗传学特点，但是不利于研究多个位点基因的遗传学特性。Deamnt 培育出“重组同源系”小鼠解决了以上难题。

为了协调同一品种不同培育者的命名，国际命名委员会确定了普遍接受的小鼠、大鼠命名原则，适用于近交系动物和遗传变异动物的命名。

饲养和维护不断增加的大鼠、小鼠品种，无论在空间上还是在研究资源上都是很昂贵的负担，这在某种程度上也加速了冷冻胚胎技术的发展。胚胎冷冻相关技术的开发，推动了后来转基因动物的发展，也宣告鼠类研究经典时代的结束。

二、分子生物学技术在遗传学领域的发展

分子生物学技术起源于 20 世纪 80 年代，人类基因组计划极大地促进了分子技术的开发和利用。克隆技术、DNA 序列分析测定和早期胚胎处理技术的成功，促使科学家开发了把外源基因注入胚胎的显微注射技术，这样带有外源基因的胚胎如同细胞培养一样容易实现，利用基因重组技术培育基因敲除小鼠，同时为研究功能基因提供了一个很好的动物模型。

1990 年前后，生物信息学技术把大量的遗传信息编制成遗传序列、多形态基因标记、遗传图谱和基因型，供科学家参考使用。如今大量的网站通过本地接口向全世界传输生物信息，包括：数量遗传资源（http://nitro. biosci. arizona. edu/zbook/book. html）、遗传相关网站（http://www. sidewell. edu/sidewell. resourse/bio/virtuallbsocieties. ncl. ac. uk/asab/websites. html）和动物行为网站（http:// www. societies. ncl. ac. uk/asab/websites. html）。一个命名为“老鼠”的计算机软件可以使数据自动记录，研究机构可以免费下载使用。

第二节　实验动物遗传学分类

实验动物是动物学的分支，实验动物的自然分类依循动物学的分类法则，但由于其特殊的研究价值和使用价值，要求实验动物的每一品种和品系有一标准的、国际通用的名称。实验动物命名规则受国际实验动物科学委员会（ICLAS）指导和管理。

一、实验动物品种、品系概念

（一）种

种是生物学分类系统中最基本单位。可分为以形态特征为主的分类学种（tasonomic species），也称为形态学种（morphological species）和生物学种（biological species），后者强调种内成员间可以杂交繁殖，不同种间有生殖屏障（reproductive barrier）或生殖隔离（reproductive isolation）。实验动物学科中，“种”是指的生物学种，同种间可相互交配且后代有繁殖能力的同一类的动物。

（二）品种

实验动物的品种（stock，breed）是研究者根据不同需要而对同一“种”的动物进行改良和

选择(即定向培育),使其具有某种特定外形和生物学特征,并能较稳定地遗传。品种指具有一些容易识别和人们所需要的性状,而且其性状可以基本稳定地遗传的动物群体。如新西兰白兔、青紫蓝兔、Wistar 大鼠和 KM 小鼠等。

(三)品系

在实验动物学中,把基因高度纯合的动物称作品系(strain)动物。品系动物往往是指动物群体来源明确,在其内部采用某种交配方法繁殖,个体间具有相似的外貌,群体内都有独特的生物学特征和基本稳定的遗传特性,可用于不同实验目的的动物群体。通常是指近交系和突变系的动物,例如,C57BL/6 小鼠是近交系动物中的一个品系。又如肌萎缩症(dystrophia muscularis)小鼠是带有突变基因(*dy*/*dy*)的品系动物,裸鼠也是带有突变基因(*nu*/*nu*)的品系动物。

二、遗传学分类

从遗传学角度讲,实验动物是具有明确遗传背景并受严格遗传控制的动物。从一定意义上讲实验动物是遗传限定的动物(genetic defined animal),根据遗传特点的不同,实验动物分为近交系、封闭群和杂交群。不同的实验要求使用不同品种、品系的实验动物。另外,根据群体间基因类型,实验动物可以分为相同基因型和不同基因型,相同基因型包括近交系和杂交群(F1),不同基因型包括封闭群和突变系等动物。

将常用的实验动物大鼠、小鼠的实验结果外推到人类一直是引起争议的焦点。但随着人类基因组计划的实施,小鼠基因组研究取得了划时代的成果。据 2002 年发表的小鼠基因组草图显示,小鼠的 20 对染色体上共有约 25 亿个碱基对,与人类 23 对染色体上的 30 亿个碱基对相当接近。人类和小鼠各有 3 万个基因,其中 80%相互对应。参与研究的科学家戏言,人类甚至和老鼠一样,都有着“长尾巴的基因”。与人类相比,小鼠拥有更多繁殖、免疫和嗅觉基因,并且前两种基因的进化也比人类快得多。目前,小鼠基因组已向全世界科研人员免费公开,供科学家共享。科学家认为小鼠基因图谱破解后揭示出小鼠与人类基因的高度相似性,将小鼠与人类基因进行对比研究,有可能获得其差异的内在原因。

第三节　近交系动物的特点和应用

一、基本概念

近交系(inbred strain)是在一个动物群中,任何个体基因组中 99%以上的等位位点为纯合时定义为近交系。经典近交系经至少 20 代的全同胞兄妹或亲子交配,品系内所有个体都可追溯到起源于第 20 代或以后代数的一对共同祖先。近交系动物的近交系数(inbreeding coefficient)应大于 99%。近交系动物经过 20 代近交后,个体有 98.6%的遗传位点是纯合的,个体间杂合基因仅仅剩余 1.4%(表 3-1)。不同近交系之间由于近交所固定的基因不同,相互间的遗传差异会很大。每个近交系都有各自特有的遗传组成和生物学特性,在标准的饲养条件下能长期繁育传代而性状基本保持不变。

表 3-1 全同胞交配的近交系数 %

世代	F	世代	F	世代	F
0	0	7	78.5	14	95.1
1	25	8	82.6	15	96.1
2	37.5	9	85.9	16	96.8
3	50.0	10	88.6	17	97.4
4	59.4	11	90.8	18	97.9
5	67.2	12	92.5	19	98.3
6	73.4	13	94	20	98.6

二、近交系的命名

近交系的命名一般以大写英文字母命名，也可以用大写英文字母加阿拉伯数字命名，符号应尽量简短。如 A 系、CBA 系等。近交系小鼠的命名均应参照国际标准化遗传命名委员会(international committee on standardized genetic no-menclature for mice)的规则命名，并以发表在 Mouse New Letter、Inbred Strain of Mice 及 Cancer Research 等刊物上公布的品系名录为准，其他种属动物的命名多数效仿小鼠命名法则进行。近交系的近交代数用大写英文字母 F 表示。例如，当一个近交系动物的近交代数为 57 代时，写成(F57)。常用近交系小鼠名称、缩写见表 3-2。

表 3-2 常用近交系小鼠名称缩写

品系名	缩写	品系名	缩写
AKR	AK	C57BL/10	B10
BALB/c	C	C57BR	BR
CBA	CB	DBA/1	D1
C3H	C3	DBA/2	D2
C57L	L	HRS/J	HR
C57BL/6	B6	STS	S

亚系(substrain)：一个近交系内各个分支的动物之间，因遗传分化而产生的差异，称之为近交系的亚系。育成的近交系可能由于残余杂合性和突变而导致部分遗传组成改变，从而形成亚系。近交系的亚系分化是指一个近交系内各个分支的动物之间，已经发现或十分可能存在的遗传差异。通常下述三种情况会发生亚系分化。

(1)在兄妹交配代数达 40 代以前形成的分支(即分支发生于 F20～F40 之间)，此时形成分支的主要原因是残留杂合(residual heterozygosity)。

(2)一个分支与其他分支分开繁殖超过 100 代。此时突变是亚系分化的主要原因。

(3)已发现一个分支与其他分支存在遗传上差异。产生这种差异的原因可能是残留杂合、突变或遗传污染(genetic contamination)(即一个近交系与非本品系动物之间杂交引起的遗传改变)。由遗传污染而形成的亚系，通常与原品系之间遗传差异很大，因此对这样形成的亚系应重新命名。例如，由 Glaxo 培养的 A 近交系在发生遗传污染后，重新命名为 A2G。

亚系的命名方法是在原品系的名称后加一道斜线“/”，再在斜线后标明亚系的符号。其符号可以是数字，如 DBA/1、DBA/2 等；可以是培育或产生亚系的单位或人的缩写英文名称，第一个字母用大写，以后的用小写，如 A/He；也可以用数字加培育者的缩写英文名称，如 C57BL/6J、C57BL/10J 等；当然还有一些为国际上广泛沿用的、人们所熟知的亚系，如 BALB/c、C57BR/cd 等。有些近交系的不同亚系之间遗传差异较大，对实验处理的反应会不同，因此在实验报告或论文中应注明所使用的亚系名称。

常用亚系代号：

An：美国国立肿瘤研究所的 H. B. Andervont 博士。

Bir：Birmingham 大学肿瘤研究所。

Cd：比利时 Libre 大学 Albert Claude 博士。

Crgl：美国伯克莱加利福尼亚州大学肿瘤研究所遗传实验室。

CRJ：Charles River Japan. Inc.

Fo：美国密执安州底特律大学生物系 P. Forsthoefel 博士。

Gr：英国伦敦大学动物系 H. Grunebery 博士。

Gro：荷兰 Groningen 大学遗传研究所。

H：英国医学研究协会放射医学部门所在地 Harwell。

Han：德国 Hannover Linden Versuchstierzueht 中心研究所。

He：美国国立肿瘤研究所的 W. E. Heston 博士。

H-2：Histocompatibility Complex ClassⅡ Alleles 组织相容性抗血清Ⅱ型的特性。

ICLAS：International Committee on Laboratory Animals Science，国际实验动物科学委员会。

ICR：美国国立肿瘤研究所（Institute for Cancer Research）。

ICRC：印度癌肿研究中心（India Cancer Research Centre）。

J 或 Jax：美国杰克逊实验室（Jackson Laboratory）。

Ka：美国加利福尼亚 Stanford 大学医学院放射原系 H. S. Kaplan 博士。

Lac：英国实验动物中心（Laboratory Animals Centre. Carshalton，Surrey，England）。

Mcl：英国苏格兰爱丁堡动物遗传研究所 A. Mclaren 博士。

MS：日本（Misima）国立遗传学研究所（吉田俊秀）。

N 或 NIH：美国国立卫生研究院（National Institute of Health）。

Scr：美国 Scripps 研究所。

支系（subline）：品系或亚系经过人工技术处理后称为支系。如将实验动物引种到另一实验室或经过某种技术处理，包括代乳、受精卵、卵巢移植、人工喂养和冷冻保存等，都可视为支系。主要的原因是饲养环境改变或技术处理，可能对动物的某些生物学特征产生影响。这些特征可能是遗传性或非遗传性的，因此有必要对这一类品系进行区分。

支系命名是在原品系后附加 1 个小写英文字母，表明处理方式。代乳后的品系：在代码后加“f”（foster nursing），再写上代乳品系名称；C3HfC57BL：表示 C3H 品系由 C57BL 近交系代乳；受精卵（egg，e）和卵巢（ovary，o）移植后培育的品系是在品系全称后加“e”或“o”，再写上接受受精卵或卵巢移植术的品系名称，如 AeB6：代表 A 系的受精卵在 C57BL/6J 母鼠子宫孕育的品系；经冷冻保存(freeze preservation)的移植胚胎品系是在品系名称后加“p”，再加“e”，并写上接受受精卵移植术的品系名称，如 C57BL/6peCBA：表示 C57BL/6 的受精卵经冷冻保存后，移植到 CBA 母鼠子宫内，并代乳培育而成。

三、近交系动物的特点及其应用

(一)近交系动物的特点

用实验动物进行各项科学研究的关键问题是如何保证实验的结果正确、可靠，有规律性和可重复性。普通的实验动物是采用任意交配的繁殖方法，所产生的动物个体差异较大，必然会影响实验结果的均一性，有时难以判定实验结果。而选用近交系实验动物就能克服这些缺点，满足实验研究的需要。采用近交系动物做实验，主要具有以下几方面优点。

1. 基因纯合性和同基因性　近交系实验动物具有相同的基因型，表现型也一致，所以其反应是一致的，实验结果正确、可靠。由于连续近交繁殖，同一近交系的各个个体具有相同的基因型，在相同的环境条件下又具有相同的表现型，故其性状及其各种生物学特性比较一致，对外来刺激反应也一致。

2. 各品系均具有独特的特性　近交系各品系有特异性，根据实验目的可选用不同品系来做实验。例如，在动物的异体器官移植中，因为生物具有多样性，故要求能提供体型大小不同的动物，近交系实验动物能做到这一点，且实验重复性好，所用动物少，实验周期短，节省人力、物力和时间等。

3. 研究结果的一致性　不同国家不同的科研单位由于使用同一近交系动物所取得的研究结果是相似的，便于国内和国际间学术交流和实验重复，也成为其他研究者研究的重要参考资料。

4. 可作为有价值的动物模型　近交系实验动物是良好的实验模型。如心脏功能疾病、肿瘤、风湿性关节炎、胃溃疡、肾脏、胰脏、眼睛、皮肤等疾病及各种营养缺乏等症状都可用近交系实验动物作为人类的模型进行实验。

5. 具有标准实验材料特性　动物生长发育到一定阶段就有一定的生理学标准，可以根据不同的需要选择不同阶段的近交系实验动物进行实验。它又是基因测定和进行转基因动物研究最理想的实验材料。因近交系的基因纯合度极高，许多隐性致死和有害基因已在近交过程中被排除，有助于各种实验的顺利进行。

6. 遗传背景清楚　近交系实验动物每个品系均有其详细的遗传学资料，遗传背景明确，其生物学特性、生理生化特点及常见疾病(包括自发性疾病)等都有过系统的研究，便于研究者查阅和选择应用。

(二)近交系动物的应用

实验动物科学发展的最终目的，是要通过对动物本身生命现象的研究，最后推用到人类，探索人类的生命奥秘，控制人类的疾病、衰老及死亡。近交系实验动物科学是伴随着生物医学科学，通过漫长的动物实验过程形成的。它的迅速发展，使得它的研究价值已经不仅在生物科学方面，而且在其他科学领域方面也创造了重要的价值，成为保证现代科学实验研究的一个重要支柱。

1. 生命科学方面　人类的健康研究离不开近交系实验动物的应用。在对人的各种生理现象、病理机制和疾病防治的研究中，近交系实验动物可作为人的实验动物模型。近交系动物可用于遗传学、肿瘤学和免疫学等方面的研究。且在肿瘤的研究工作中应用最广泛。其他各种疾病，如高血压、动脉硬化和心脏病等都可利用近交系实验动物来研究。

2. *畜牧兽医科学方面* 疫苗的制备和鉴定、生理试验、胚胎学研究、饲料营养的分析、保持健康群体以及淘汰污染动物等工作，特别是在畜禽传染病的研究工作中，常需要用合格的实验动物来进行实验。目前在兽医科学研究上，由于所用实验动物不符合标准、质量差等原因，严重影响着科研的进展。所制备的疫苗等的效果难以保证，常常导致大量畜禽死亡，在经济上带来重大损失。如果使用近交系实验动物就可以避免很多不必要的损失。

3. *农业科学方面* 近交系实验动物可以用于化学肥料、农药的残毒检测，粮食、经济作物品质的优劣等的检测。化肥和农药是提高农业生产的重要材料，由于未经严格的动物试验而发生的问题很多。在合成的多种新农药化合物中，真正能通过动物试验证明对人体和动物没有危害的只占 1/30 000，其余都因发现对人的健康有危害而被禁用。

四、特殊类型的近交系及应用

近交系动物在培育过程中，还可以采用一些特殊的繁育方式，由此产生一些特殊类型的近交系，如重组近交系、重组同类系、同源突变近交系和同源导入近交系，还有通过生物技术手段产生的动物群如转基因动物、嵌合体小鼠及克隆动物等。

(一)重组近交系和重组同类系

1. *定义* 重组近交系(recombinant inbred strain，RI)是指由两个近交系杂交后，经过连续 20 代以上兄妹交配育成的近交系。

重组同类系(recombinant congenic strain，RC)是指由两个近交系杂交后，子代与两个亲代中的一个进行数次回交(通常回交 2 次)，再经过对特殊基因进行选择的连续兄妹交配而育成的近交系。

重组近交系、重组同类系中提供亲代的两个近交系称为祖系(progenitor strains)。

2. *命名* 重组近交系的命名是在两个祖系的缩写名称中间加大写英文字母 X，母本在前，父本在后。由相同双亲交配育成的一组近交系用阿拉伯数字予以区分。例如，由 BALB/c 与 C57BL 两个近交系杂交育成的一组重组近交系，分别命名为 CXB1、CXB2……。

重组同类系的命名是在两个祖系的缩写名称中间加小写英文字母 c 命名，其中做回交的祖系(称受体近交系)在前，供体祖系在后。由相同双亲育成的一组重组同类系阿拉伯数字予以区分。如 CcS1，表示由以 BALB/c(C)为亲代受体近交系，以 STS(S)品系为供体近交系，经 2 代回交育成的编号为 1 的重组同类系。

3. *应用* 重组近交系在对祖系之间有差异的性状和基因的遗传分析中是非常有用的实验动物，尤其是针对因测试需要而使动物不能繁殖的性状，以及需要对多个个体进行平均估计的性状。虽然一组重组近交系中每个品系是独立的近交系，但在遗传组成上，一组重组近交系中的每个又是一个相互关联的整体。如果一组重组近交系的品系数量较多的话，就可以同时进行以下分析：

(1)分离分析。一组重组近交系用于测试某个性状的遗传性和遗传规律。如果是单基因决定的性状，在重组近交系系列中就有一半品系有类于一个祖系的性状。若是两个或多个基因控制的性状，则在重组近交系系列中祖系的性状就会出现分级过渡的性状。

(2)连锁分析。重组近交系用于对未知基因进行染色体定位，估计该未知基因与其他基因的连锁关系。把未知基因的品系与一些已知的标记基因进行比较，就能进行基因定位。连锁的基因趋向于固定在同一个重组近交系中。

（3）功能分析。重组近交系用于分析单基因多效性或决定基因型和表型的关系。如果在重组近交系中没有发现两个性状的交换，这两个性状就有可能由同一基因所控制，或者由两个紧密连锁的基因所控制。

重组近交系在应用中也有一定局限性，只能用于祖系中存在的、有差异的性状和基因的分析。若在一组重组近交系中，品系太少，所做的分析就不可靠，且维持重组近交系的费用也较大。

（二）同源突变近交系、同源导入近交系和分离近交系

同源突变近交系（coisogenic inbred strain）、同源导入近交系（congenic inbred strain）和分离近交系（segregation inbred strain）三者都是在近交系内对个别位点上的基因进行控制的问题。

在一个近交系中，几乎所有基因位点上都带有相同的基因。如果两个近交系除了个别位点上携带不同的基因外，其他位点上的基因都一样，我们就称这两个近交系是同源的，即遗传上相同，而个别不同的基因为差异基因。要获得同源的近交系动物，通常所采用的方法有基因突变、基因导入和强制基因杂合三种。

1. 定义

（1）同源突变近交系。指两个近交系，除了在一个指明位点等位基因不同外，其他遗传基因全部相同的品系，简称同源突变系。同源突变近交系和原近交系的差异只在发生突变的基因位点上带有不同的基因，而其他位点上的基因完全相同。这里的基因突变是点突变。同源突变近交系有别于通常所说的近交系亚系分化，因为这里的突变相当明确地改变了原近交系的遗传组成，而且研究者更加注意的是对突变基因的研究。

（2）同源导入近交系（又称同类近交系）。指通过回交（backcross）方式形成的一个与原来的近交系只是在一个很小的染色体片段上有所不同的新的近交系。这种培育方法培育成的新近交系和原近交系几乎是同源的状态。为基因提供背景的近交系称为配系（partner strain），提供目的基因的品系称为供系（donor strain）。配系必须是近交系，供系可以是带有目的基因的任何一种基因类型的动物。在基因导入过程中，与目的基因紧密连锁的其他基因很可能随目的基因一起导入到近交系的基因组中，这些随之带入的基因称为乘客基因（passenger gene）。因此在实际应用中，必须记住可能存在的乘客基因。

同源导入系与同源突变系的不同之处在于与原来近交系相比较，前者是一个染色体片段的差异，后者是一个基因位点上单个基因的差异。

（3）分离近交系。指在培育近交系中，采取一定的交配方法，迫使一个或者几个已知位点上的基因处于杂合状态，从而培育成的近交系。在这样的近交系中有个别基因位点保持杂合状态，通过特殊的育种方法把这种处于杂合状态的基因加以分离纯化，就能分离出该基因位点上带有不同等位基因的两个近交系。

从以上的定义可以看出三种近交系的遗传组成极为相似，尤其是同源导入系和分离近交系间有时会难以区分，只能用培育过程的不同加以区分。例如，当一个已育成的近交系某个基因位点发生突变后，如果保持这个突变基因的杂合状态，则其遗传组成特征和分离近交系是一样的，只是培育方式不同。

2.命名 同源突变系由发生突变的近交系名称后加突变基因符号(用英文斜体印刷体)组成,二者之间以连接号分开,如:DBA/*Ha*-D。

同源导入系名称由以下三部分组成。

(1)接受导入基因的近交系名称。

(2)提供导入基因的近交系的缩写名称,并与 a 之间用英文句号分开。

(3)导入基因的符号(用英文斜体),与 b 之间以连字符分开。例如,B10.129-*H-12b* 表示该同源导入近交系的遗传背景为 C57BL/10sn(=B10),导入 B10 的基因为 *H-12b*,基因提供者为 129/J 近交系。

分离近交系的命名是在品系名称后面加上连字符和杂合基因的符号。如 DW-dw/+。

3.应用 这三种近交系主要应用在以下几个方面:

(1)在同一遗传背景下比较某基因位点上不同等位基因的遗传效应。例如,在小鼠中不同的组织相容性基因(H-Ⅱ系统)对免疫反应、动物寿命和繁殖有不同的影响。

(2)在不同遗传背景中,研究同一基因与遗传背景及其他基因的关系。例如,不同遗传背景对小鼠糖尿病基因(db)的表达影响。

(3)清除杂合遗传背景对某些突变基因表达的影响,以获得更为稳定的实验动物模型。例如,在杂合背景的小鼠群中发现裸基因(nu),将裸基因导入近交系后,能获得重复性更好的免疫和肿瘤研究模型。

(4)对复杂的多基因性状进行遗传分析。例如,小鼠组织相容性性状是由多个位点上的基因所决定。自从 Snell 博士培育成涉及组织相容性位点的同源近交系以来,已发现 30 多个位点与小鼠组织相容性有关。

(三)转基因动物

通过实验手段将新的遗传物质(外源性的基因片段)导入到动物的胚细胞中,并能稳定地遗传,由此获得的动物称为转基因动物(transgenic animals)。即通过基因工程手段导入已知的基因片段。转基因动物常用于进行特殊研究和药物的生产。常用的方法有显微注射法、逆转录病毒载体法、胚胎干细胞介导法、精子载体法、电转移法和基因直接导入法等。

(四)嵌合体小鼠

嵌合体小鼠(chimeric mice)技术最初是 Tarkowski 和 Mintz 用两对不同毛色的近交系小鼠,即白毛色的 SJL 小鼠和黑毛色的 BL/10 小鼠,分别在华沙和费城培育成功。当受精卵分裂为 8 个分裂球时,分别从各自母体子宫分离下来,使之结合形成双倍体早期胚胎,继续培养至 128~256 个细胞的囊胚。不同毛色品系的细胞相互混杂发育在一起。然后,把囊胚移植到寄生母鼠的子宫内,让其继续生育,直至出生。新生小鼠长出毛后,其毛色表现为既不像父亲 SJL 品系的全白色,也不像母系 BL/10 品系的全黑色,而是表现出黑、白条或块状的毛色。这说明新生鼠的组织是由“黑色”细胞和“白色”细胞嵌合而成的,是一只嵌合体小鼠。研究嵌合体小鼠的性状,发现其将双亲的各种不同性状都嵌合起来。近年来,嵌合体动物已广泛应用于动物细胞和组织的动力学研究,如研究小肠上皮细胞移行规律及其定位等,其重要性日益突出。

(五)克隆动物

随着 1996 年 7 月克隆羊多莉的诞生,克隆动物(clone animals)成了 20 世纪生命科学的重大突破。继克隆羊之后,出现了克隆鼠、克隆猪、克隆牛等各种克隆动物。基本过程是先将含有遗传物质的供体细胞的核移植到去除了细胞核的卵细胞中，利用微电流刺激等使两者融合为一体，然后促使这一新细胞分裂繁殖发育成胚胎，当胚胎发育到一定程度后，再将其植入动物子宫中使动物怀孕，便可产下与提供核者基因相同的动物。在这一过程中如果对供体细胞进行基因改造，那么无性繁殖的动物后代基因就会发生相同的变化。克隆可根据其研究或操作的对象分为基因克隆、细胞克隆和个体克隆三大类。基因克隆是在分子水平上开展研究工作以获得大量的相同基因及其表达产物。细胞克隆则是在细胞水平上开展研究工作以获得大量相同的细胞。个体克隆则是经过一系列的操作产生一个或多个与亲代完全相同的个体，这种克隆所用的生物材料可能是一个细胞，也可能是一个组织。很显然，基因克隆、细胞克隆和个体克隆是在三个不同的层次上所开展的工作。有一些克隆是天然的，比如同卵双胞胎，就是一个胚胎，由于某种原因裂为两个，它们各自形成一个个体。胚胎切割也是一种克隆的方法。将一个有几十个细胞的胚胎切成两份、四份甚至八份，每份都可以成长为一个个体，他们的遗传结构是完全相同的。克隆出来的动物个体具有完全相同的遗传结构，是特殊的近交系。克隆动物的意义在于：①用于生物学和医药研究；②获得更多的优秀动物个体用于生产；③成年体细胞克隆可以复制出生产高价药物的动物。

五、近交系动物的繁殖方法

近交系动物繁殖方法的选择原则是保持近交系动物的同基因性及其基因的纯合性。因此从引种到繁殖的整个生产过程，都要始终牢记这一点。

(一)引种

作为繁殖用原种的近交系动物必须遗传背景明确，来源清楚，有较完整的资料(包括品系名称、近交代数、遗传基因特点及主要生物学特征等)。引种动物应来自近交系的基础群(foundation stock)。

(二)繁殖

近交系动物的繁殖可分为基础群(foundation stock)、血缘扩大群(pedigree expansion stock)和生产群(production stock)。当近交系动物生产供应数量不是很大时，一般不设血缘扩大群，仅设基础群和生产群。

1. *基础群* 它是生产群的基础。主要目的一方面是为了保持近交系自身的传代繁衍，另一方面是为了扩大繁殖提供种动物。在基础群中，应该严格以全同胞兄妹交配方式进行繁殖。对动物个体记录要详细，设动物个体记录卡(包括品系名称、近交代数、动物编号、出生日期、双亲编号、离乳日期、交配日期、生育记录)和繁殖系谱等。基础群(包括血缘扩大群)的动物不超过5～7代都应能追溯到一对共同祖先。基础群应定期对遗传特性和均一性、病原微生物和寄生虫、环境等检查和监测。

近交系的基础群动物一般采用平行线式、单线式和综合式三种方式进行保种，也可用于近交系动物的培育，见图3-1。

(1)平行线式。基础群中的每对全同胞作为一个家系，每个家系繁殖一代后选留一对动物进行全同胞交配，依此类推，以保持基础群。

(2)单线式。基础群每对同胞交配繁殖一代后，选留其中一个家系，淘汰其他家系，选中的家系再留数对进行同胞交配繁殖，下一世代仍保留其中一对的后代，淘汰其他后代，如此一代一代繁殖保种。

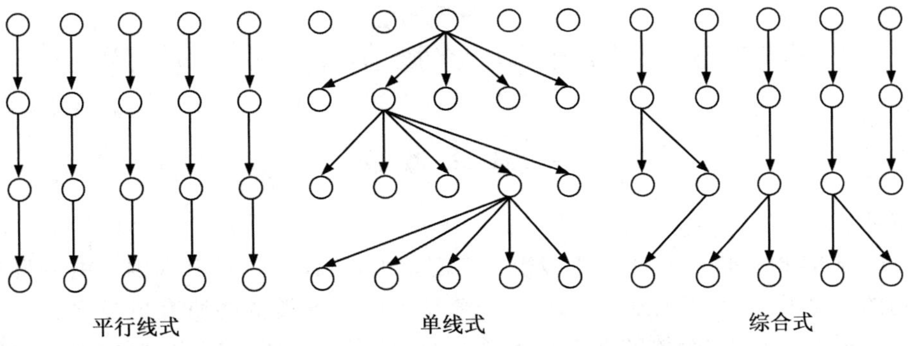

图 3-1 近交系动物基础保种方式示意图

(3)综合式。基础群中每个家系作全同胞交配,每个世代每个家系留一对继续繁殖,若其中某一家系不能继续繁殖下去,则由繁殖力高的一个家系补足,以维持数个家系同步延续,以保证种群的延续。

2. *血缘扩大群* 血缘扩大群的种动物应该来自基础群,以全同胞兄妹交配方式进行繁殖,设个体繁殖记录卡,血缘扩大群动物不超过 5～7 代都应能追溯到其在基础群的一对共同祖先。

3. *生产群* 目的是生产供应实验用近交系动物。生产群种动物来自基础群或血缘扩大群。生产群动物一般以随机交配方式进行繁殖。也应设繁殖记录卡,生产群动物随机交配繁殖代数一般不应超过 4 代。不断从基础群或血缘扩大群向生产群引种动物,确保基础群与生产群动物的血缘关系和遗传一致性。

在生产实际中,对于生产群的维持管理常采用红绿灯法来进行。具体的做法是:从基础群或血缘扩大群中引进的近交系动物饲养在白标签的笼里繁殖作为第一代,产出的第二代放入绿标签的笼里繁殖,产出的第三代放入黄标签的笼里繁殖,产出的第四代放入红标签笼里饲养,不再继续繁殖,全部供给科研实验用,不允许留种。这种方式也称为交通信号灯方式。

基础群、血缘扩大群和生产群的相互关系及动物生产的流程概括如图 3-2 所示。基础群原则上每一代需要有 4～8 只(雌、雄各 2～4 只)为下一代所用,剩余的动物直接供给血缘扩大群,经过血缘扩大群,扩大至一定规模,提供给生产群,用于动物的大量生产。

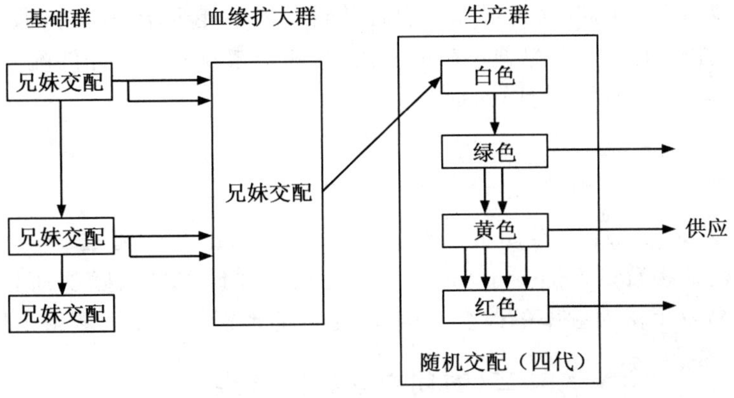

图 3-2 近交系动物的生产过程(→表示动物生产的流程)

第四节　封闭群动物的特点和应用

一、基本概念

(一)群体

群体(stock)是指在自然条件下能够相互交配繁殖,后代共享一个基因库的一群动物。它可以是生物的一个种、一个亚种、一个变种、一个品系或其他类群的所有成员之和。对于有性生殖的生物来说,单个生物个体的存在是无意义的,只有以群体的方式生存,这个物种才能繁衍与发展。在群体遗传学中,个体之间遗传差异来源于等位基因的不同,群体之间的遗传差异则取决于其基因频率的不同。

在随机交配群体中,设一染色体上有两种等位基因 A 和 a 的频率分别为 p 和 q,基因型 AA、Aa 和 aa 的频率分别为 p^2、$2pq$ 和 q^2,则该群体为遗传平衡群体,不随世代变化。在世代间,遗传平衡群体的等位基因频率(群体中一条染色体上某种等位基因数与该染色体上全部等位基因数之比)与基因型频率(群体中某基因型个体数与该群体全部个体数之比)的这种恒定关系,是由英国数学家哈迪(D. H. Hardy)和德国医生温伯格(W. Weinberg)于 1908 年分别独立发现的,称为哈迪-温伯格(Hardy-Weinberg)定律,也称基因平衡定律。

维持基因平衡的条件是:群体无限大,没有突变、选择、迁移和遗传漂变。哈迪-温伯格定律是群体遗传和数量遗传理论的基石。遗传模型和参数估算,也是根据该定律推导出来的。根据该定律我们在实验动物的生产过程中,引种、留种、分群和建立近交系时,就应该不要使群体过小。否则,就会导致群体的等位基因频率和基因型频率的改变,从而导致原品种(品系)“种性”或一些特殊性状的丧失。

(二)封闭群

以非近亲交配方式进行繁殖生产的一个实验动物种群,在不从外部引入新个体的条件下,至少连续繁殖 4 代以上,称为封闭群(closed colony),亦称远交群(outbred stock)。

繁育封闭群动物的关键是不从外部引进新的基因,同时在群体内部进行随机交配,以保持动物群体基因杂合性,这样封闭群动物的生产力和生育力均会超过近交系。

为了保持封闭群的遗传异质性及基因多态性的稳定,引种或留种的动物数量还应达到有效数量。如小型啮齿类封闭群动物群体的引种数目一般不能少于 25 对。假设有一个由 N 个个体组成的群体,能产生 $2N$ 个配子。在下一代中,两个来自同一个体的配子结合成合子的概率为 $1/(2N)$,这就是近交系数的增加量。

即:

$$\Delta F = 1/(2N)$$

国际实验动物委员会规定封闭群每代近交系数增加量不得超过 1%。根据公式 $\Delta F = 1/(2N)$,可知每代动物数量不能少于 25 对。但是从抽样误差导致随机遗传漂变来看,25 对个体的群体极容易发生基因频率的改变。因此,尽可能地保持更多的繁殖个体。

二、封闭群动物的分类

封闭群按其来源和遗传背景不同,可分为以下两大类:

(1)来源于近交系的繁殖群及其子代,不以兄妹交配方式保种生产的实验动物群。

(2)来源于非近交系,不是以培育近交系为目的而生产的实验动物群。

如果来源于近交系的封闭群,虽然对繁殖群的大小不作特殊规定,但应采取群体内不产生隔离状态的方式繁殖。

如果来源于非近交系的封闭群,应经常保持“群体的有效大小”,一般为50只以上,同样应采取群内不产生隔离状态的方法繁殖。

两种封闭群,除了在选择时应考虑繁殖力外,均不采用特殊的淘汰方法进行选种。

三、封闭群动物的命名

封闭群由2～4个大写英文字母命名,种群名称前标明保持者的英文缩写名称,第一个字母须大写,后面的字母小写,一般不超过4个字母。保持者与种群名称之间用冒号分开。例如,N:NIH表示由美国国立卫生研究院(N)保持的NIH封闭群小鼠。

对于已经接受的封闭群动物,名称与上述规则不一致时,仍可沿用其原来的名称。如Wistar封闭群大鼠和日本ddy封闭群小鼠等。

封闭群动物与近交系命名中最显著的区别是把保持者的缩写名称放在种群名称的前面,而二者之间用冒号分开。有的近交系命名中的规则及符号也适用于封闭群动物的命名。

四、封闭群动物的特点及其应用

目前以小鼠为例,国内外使用的大部分是近交系和封闭群。从使用量上封闭群远远超过近交系,这是因为近交品系繁多,不易大量生产,往往仅适于设备条件较好的研究机构或专门科技人员亲自保种使用,大大限制了其使用范围。而封闭群则不然,因具有下面特点,而得到较广泛应用。

1.遗传组成保持一定的杂合性　封闭群动物关键是不从外部引入任何新的基因,同时进行随机交配,群体内的基因不会丢失,就整体而言其遗传特性及反应性能保持相对稳定,但群体内个体间保持着一定的杂合性,个体间的反应性具有一定的差异,某些个体反应性强,某些个体反应性弱,因而与近交系、杂交群动物相比有很大的差异。因此,在遗传中可以作为选择实验的基础群体,用于对某些遗传性状的研究,同时因其可能携带有大量的隐性的有害突变基因,可以用于估计群体对自发或诱发突变的遗传负荷能力。另一方面封闭群动物的这种杂合性具有类似于人类群体的遗传异质性。因此,在人类遗传学研究、药物筛选、安全性评价实验、生物制品和化学制品的鉴定方面起着不可替代的作用。

2.具有较强的繁殖力和生产力　因封闭群动物采用的交配方式避免了近交衰退现象的出现,表现为每胎产仔多、胎间隔短、成活率高、生长快、成熟早、对疾病抵抗力强及寿命长等优点。加之饲养繁殖时无需详细的谱系记录,因此,封闭群动物成本低,可大量生产,充足供应,广泛应用于预试验、教学和一般性试验等。

封闭群中突变种所携带的突变基因常导致动物在某些方面异常,从而可成为生理学、胚胎学和医学生物学研究的模型。

目前,常用封闭群的啮齿类的实验动物有昆明(KM)小鼠、NIH小鼠、LACA小鼠、ICR小鼠、Wistar大鼠、SD大鼠、Hartley豚鼠、大耳白兔和青紫蓝兔等,在我国应用较广的是KM小鼠,约占小鼠用量的70%。

然而，国内或国外对于封闭群的研究，无论在理论上还是实践上，都落后于近交系。其原因在于封闭群是属于群体遗传学理论范畴，不仅群体遗传学本身产生较晚，而且该理论又不能机械地套用于封闭群。到目前为止，对封闭群动物所进行的研究工作大多只限于小鼠和大鼠，而且研究报道甚少。

五、封闭群动物的繁殖方法

封闭群动物繁殖关键是尽量保持封闭群动物的基因异质性及多态性，避免近交系数随繁殖代数增加而上升过快。因而在封闭群繁殖时应该保持封闭群条件，以随机的、非近亲交配方式进行繁殖，每代近交系数上升不能超过1%。

(一)引种

作为繁殖用原种的封闭群动物必须遗传背景明确，来源清楚，有较完整的资料(包括种群名称、来源、遗传基因特点及主要生物学特性等)。

为了保持封闭群动物的遗传异质性及基因多态性，引种动物数量要足够多，但过大的群体又会造成生产成本的增加，因此，引种时要从多方面来考虑，一般啮齿类封闭群动物引种数目不能少于25对。

(二)繁殖

封闭群的种群大小、选种方法及交配方法是影响封闭群繁殖过程中近交系数变化的主要因素。根据封闭群的大小，选用如下的方法进行繁殖交配。

(三)交配方法

1. 最佳避免近交法(maximum avoidance of inbreeding system)　留种时，每只雄性动物和每只雌性动物，分别从子代各留一只雄性动物和雌性动物，作为繁殖下一代的种动物。动物交配时，尽量使亲缘关系较近的动物不配对繁殖，编排方法尽量简单易行。分生殖周期短和长两种情况，采用不同的方式进行繁殖。

一是对某些动物品种，如小鼠，大鼠等，生殖周期较短，易于集中安排交配，可按下述方法编排配对进行繁殖：假设一个封闭群有16对种动物，分别标以笼号1、2、3、…、16。设 n 为繁殖代数(n 为自1开始的自然数)。n 代所生的动物与 $n+1$ 代交配编排见表3-3。

表3-3　最佳避免近交法的交配编排

$n+1$ 代笼号	雌种来自 n 代笼号	雄种来自 n 代笼号
1	1	2
2	3	4
3	5	6
⋮	⋮	⋮
⋮	⋮	⋮
8	15	16
9	2	1
10	4	3
⋮	⋮	⋮
⋮	⋮	⋮
16	16	15

二是对某些动物品种，如犬、猫、家兔等，生殖周期较长，难于按上述方式编排交配。只要保持种群规模不低于 10 只雄种，20 只雌种的水平，留种时每只雌、雄动物各留一只子代的雌、雄动物做种用，交配时尽量避免近亲交配，则可以把繁殖中每代近交系数的上升变化控制在较低的程度。

2. 循环交配法(rotational mating system)　循环交配法广泛适用于中等规模以上的实验动物封闭群。其优点一是可以避免近亲交配，二是可以保证种用动物在整个封闭群有比较广泛的代表性。具体实施办法是将封闭群划分成若干个组，每组包含有多个繁殖单位(一雄一雌单位，一雄二雌单位，一雄多雌单位等)。安排各组之间以系统方法进行交配。

例如一封闭群每代有 48 笼繁殖用种动物(一雄种一雌种，或一雄种多雌种)。先将其分成 8 个组，每组有 6 笼。各组内随机留一定数量的种动物，然后在各组之间按表 3-4 中的排列方法进行交配。

表 3-4　循环交配法组间交配编排

新组编号	雄种动物原组编号	雌种动物原组编号
1	1	2
2	3	4
3	5	6
4	7	8
5	2	1
6	4	3
7	6	5
8	8	7

3. 随选交配法(chance mating system)　当封闭群的动物数量非常多(繁殖种动物在 100 个繁殖单位以上)，不易用循环交配法进行繁殖时，可用随选交配法。即从整个种群中随机选取种动物，然后任选雌雄种动物交配繁殖。

具体的生产过程中，采用何种交配方式，往往是由每代雄种动物数目决定的。当封闭群中每代交配的雄种动物数目为 10～25 只时，一般采用最佳避免近交法，也可采用循环交配法。

当封闭群中每代交配的雄种动物数目为 26～100 只时，一般采用循环交配法，也可采用最佳避免近交法。

当封闭群中每代交配的雄种动物数目多于 100 只时，一般采用随选交配法，也可采用循环交配法。

第五节　杂交群动物的特点与应用

一、基本概念

杂交群(hybrid strain)是指两个近交系之间交配所繁殖的第一代动物，也称杂交一代动物，简称 F_1(first generation)动物(由两个不同近交系杂交产生的后代群体，子一代简称 F_1)。

F_1 动物的遗传组成均等地来自两个近交系品系，属于遗传均一、基因型相同和表型一致的动物，是医学生物学研究中所使用的相同基因型的一种。严格地讲，杂交 F_1 动物不是一个品系或品种，因为它没有育种的意义，主要是它不能繁殖与杂交 F_1 相同基因型的动物。

实验动物的 F_1 与一般遗传学上所谓的杂交一代动物不一样。一般的杂交一代动物个体之间差异很大，因为其亲本本身的基因型是杂合的，即随意交配繁殖的动物。而实验动物的 F_1 虽然基因型也是杂合的，但它们个体之间均一。也就是说，从遗传型上来看是异型接合体，而从它们个体与个体之间来看却一样，所以个体与个体间基本是相同的，并有非常清楚的遗传背景和两个亲本的特征，因为它们的两个亲本本身就是近交系。所以，实验动物的 F_1 代虽然遗传型是杂合，但个体间的遗传组成和表现型是一致的，可用于一般的实验研究，并获得明确的实验结果。但 F_1 动物进行繁育时，其后代会发生遗传上的性状分离。

两个用于生产杂种一代的近交系称为亲本品系，即父系和母系。在 F_1 代动物生产中，两个亲本的互交情况表达所用品系的性别。因为虽然是用同样的两个近交系杂交，由于所用的雌雄不同，则 F_1 因母体环境不同或性染色体的不同而出现差异。例如，C3H 品系小鼠是高发乳腺癌，它与 C57BL/6 交配时，采用 C3H 雄与 C57BL/6 雌交配，得到乳腺癌发病率低的 F_1 动物。因为乳腺癌因子可通过母乳传递给后代，而 C57BL/6 是低发乳腺癌品系，因此可以获得低发乳腺癌的杂交一代。反之，则得高发乳腺癌的 F_1 动物。

二、命　　名

杂交群应按以下方式命名：以母系（雌性亲代）名称在前，父系（雄性亲代）名称在后，二者之间用大写英文字母“X”相连表示杂交。将以上部分用括号括起，再在其后标明杂交的代数（如 F_1、F_2 等）。

对品系或种群的名称可使用通用的缩写名称。

例如：(C57BL/6XDBA/2)F_1＝B6D2F_1

(NMRIXLAC)F_2

三、杂交群的特点

杂交群表现杂交优势，克服了近交系的缺点，对长期实验的耐受性较强，而且由于环境因素所引起变异的可能性也较近交系小。因此 F_1 动物与近交系动物一样具有遗传均一性，但生活力强，经过杂交，从一亲代来的隐性有害基因与另一亲代来的显性有利基因组合，成为杂合子，隐性有害基因的作用被显性有利基因的作用所掩盖，从而出现杂种优势。综合起来 F_1 动物具有以下优点：

1. 遗传和表型上的均质性　虽然 F_1 代的基因型不是纯合子，但个体的遗传物质均等地来自父系和母系，表现型也应该一致。就某些生物学特征而言，杂交一代比近交系动物具有更高的一致性，不易受环境因素变化的影响。

2. 具有杂交优势　杂交一代具有生命力、适应性和抗病力强，繁殖旺盛、寿命长、容易饲养等优点，在很大程度上可以避免因近交繁殖所引起的近交衰退现象的出现。

3. 具有同基因性　杂交 F_1 代虽然具有杂合的遗传组成，但其基因型是整齐一致的，具有亲代双亲的特点，可接受不同个体乃至两个亲本品系的细胞、组织、器官和肿瘤的移植。

4. 国际上应用广泛　已广泛用于各类实验研究，实验结果便于在国际间进行重复和交流。

四、杂交群动物在生物医学中的应用

（一）干细胞的研究

来自 F_1 代小鼠正常的外周血的白细胞能够在受到致死性辐射下存活，产生供体型的淋巴细胞、粒细胞和红细胞，这证明小鼠外周血中存在干细胞。因此，F_1 动物是研究外周血中干细胞的重要实验材料。

（二）移植免疫的研究

F_1 动物是进行移植物抗宿主反应（graft versus host reaction，GVHR）良好的实验材料。可以鉴定出免疫活性细胞去除是否完全。

（三）单克隆抗体研究

杂交瘤合成单克隆抗体是生物医学中一项重大的突破。采用的小鼠骨髓瘤细胞系，一般来自 BALB/c 品系小鼠，由此获得的杂交瘤细胞注入该小鼠腹腔后，即可生长肿瘤，同时产生高效价抗体的腹水。若 BALB/c 小鼠对一特定抗原不产生最适免疫应答反应时，也可改用 C57BL/6 或 NEB 等品系小鼠，也可采用 BALB/c 和 CBA 杂交 F_1 代小鼠作单克隆抗体研究，且比单独用 BALB/c 小鼠要好，其 F_1 代小鼠脾脏比同日龄 BALB/c 小鼠脾脏要大。

（四）作为某些疾病研究的模型

例如，$NZBXNZWF_1$ 是自身免疫缺陷的模型（红斑狼疮），$C3HXIF_1$ 是肥胖病和糖尿病的模型。国际上常用的 F_1 动物见表 3-5。

表 3-5　常用的 F_1 动物

序号	F_1	♀×♂	序号	F_1	♀×♂
1	$AKD2F_1$	AKR×DBA/2	10	CBA-$T6D2F_1$	CBA-T6×DBA/2
2	BCF_1	C57BL×BALB/c	11	$CB6F_1$	BALB/c×C57BL/6
3	$BC3F_1$	C57BL×C3H	12	CCBA-$T6F_1$	BALB/c×CBA-T6
4	$BCBAF_1$	C57BL×CBA	13	$CC3F_1$	BALB/c×C3H
5	$BAZCF_1$	C57BL×A2G	14	$CD2F_1$	BALB/c×DBA/2
6	$B6AF_1$	C57BL/6×A	15	CLF_1	BALB/c×C57L
7	$B6D1F_1$	C57BL/6×DBA/1	16	$C3BF_1$	C3H×C57BL
8	CAF_1	BALB/c×A	17	$C3D2F_1$	C3H×DBA/2
9	$CAKF_1$	BALB/c×AKB	18	$C3LF_1$	C3H×C57L

五、杂交群动物的繁殖方法

杂交群动物的繁殖比较简单，就是将两个用于生产杂交一代的亲本品系或种群进行交配，所得到的第一代即为 F_1 动物（将适龄的雌性亲代品系动物与雄性亲代品系动物杂交，即可得到 F_1 动物。雌雄亲本交配顺序不同，得到的 F_1 动物也不一样）。一般在生产 F_1 动物时，应该有目的地繁殖用于实验，不能留作种用。根据 F_1 动物的需要量来决定亲本规模的大小。

还需要说明的是，F_1 动物互交后的子代为 F_2 动物，由于 F_2 扩大了遗传变异，其表型差异也增多，有时杂种优势消失。因此，除了在个别的特殊科学实验中使用外，其作为实验动物的使用价值很低。

F_1 代动物与亲本之一交配称为回交，与其他品系交配称之为三元杂交或四元杂交。几种杂交的示意图见图 3-3。

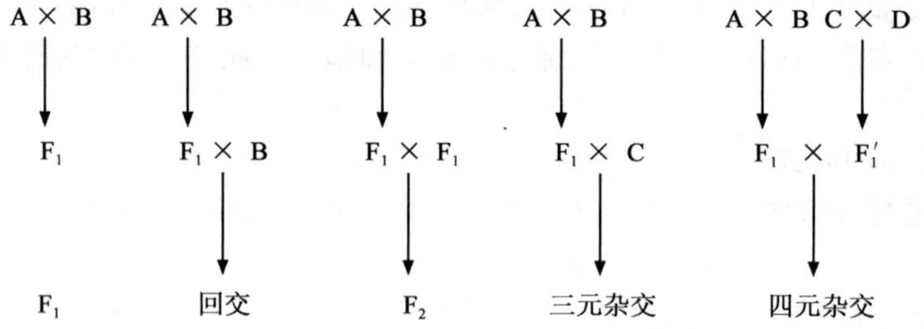

图 3-3　各种杂交方式的示意图（ABCD 分别代表品系名）

第六节　实验动物遗传质量控制

实验动物遗传质量监测是维护监督动物种群标准化、规范化管理的重要措施。采用最有效、最灵敏的方法，检验实验动物种群、品系和个体的基因纯合性和遗传的均一性。严格监视来自各方面因素导致的遗传变异和基因污染，尤其是近交系动物各基因位点上基因的纯合性及品系特征的遗传稳定性。因此，必须对实验动物的遗传质量加以控制，防止品系动物发生遗传污染、基因型及生物学特性改变，以保证实验动物的遗传质量。

一、遗传监测目的

遗传监测的目的是为了证实各品系动物应具有的遗传特性，检查是否发生遗传突变和是否混入其他血缘动物以及是否发生错误交配而造成遗传污染等，以确保被监测对象符合该品系的要求。

首先用于生物医学研究中的许多近交系小鼠、大鼠和豚鼠，育成后扩散分布到世界各地饲养，产生大量的亚系，品系的遗传特性可能发生了很大变异。来自同一起源的亚系间可能出现显著的差异，若使用这些亚系，在不同的实验室得到的试验数据就会不同，造成试验结果无法重复。

其次近交系在近交 20 代后仍有残余的杂合子存在，携带杂合子的个体往往生活力强，易于选留，更易于在群体中扩散而引起遗传特性发生改变。

人为管理是引起群体遗传变异的次要因素。在饲养管理不当、记录方式不正确或记录不完整、经常更换饲养人员、缺乏专业人员的监督和管理等情况下很容易导致群体遗传污染。无菌动物或 SPF 动物生产时，有时需要一个同类雌性动物来代哺剖腹产的幼仔，若代哺幼仔和本身幼仔毛色相同就具有遗传污染的危险。此外，错误交配也是引起遗传群特性改变的常见现象。错误交配是指没有严格按照不同遗传群所要求的交配方式进行交配，如近交系未按连续全同胞交配。

二、遗传监测的主要方法

常用的监测方法包括形态学、免疫学、酶和蛋白质监测。形态学方法主要监测外形特征，如毛色基因检测、下颌骨测定法；免疫学监测方法包括皮肤移植法、混合淋巴细胞培养法、肿瘤移植法和血清反应法。蛋白质和酶通常使用生化标记的方法进行检测。20 世纪 80 年代以后，随着分子生物学技术的飞跃发展，特别是对生命信息物质 DNA 的深入研究，限制性片段长度多态性（RFLP）、DNA 指纹技术和多聚酶链反应开始应用到实验动物遗传监测中来。

（一）形态学监测

1. 毛色基因检测（coat color gene testing）

原理：被毛颜色的变化是一种细胞水平的生化过程，由基因控制。在一个小鼠品系中，小鼠毛色形状，主要受位于不同染色体上 *Aa*、*Bb*、*Cc* 三个位点的基因控制。由于基因效应的相互作用，白化小鼠的 *C* 基因是隐性等位基因，当 *cc* 基因型存在时，可阻止任何色素基因显示颜色反应，而表现白色。

方法：用已知隐性毛色基因的有色近交系小鼠与被测的白化小鼠交配，按照基因分离规律和自由重组规律，观测第一代小鼠显示的毛色，确定毛色基因型，并检查有无污染。此法试验条件简便，容易进行，特别适用于新培育或混杂因素的白化近交系种群纯度测试，但局限性在于只能对同一近交系动物的基因是否纯合做出判断。

2. 下颌骨测定法（mandible measurement）

原理：动物的骨骼形态具有高度的遗传性，而各种骨骼的形态、大小及其出现的差异均可以作为鉴定品系的方法。利用下颌骨分析法来鉴别和检测大、小鼠的亚系变异。

方法：将年龄、性别、体重相当的大、小鼠安乐死，小心剪下脑部，煮沸 2～3 min，加入蛋白酶，恒温保持过夜，去除残余肌肉和牙齿，找到下颌骨，加以标记，在直角坐标系上测量多个形态特征参考点距离，然后将所有测量的平均数做统计分析，利用判别函数确定下颌骨形状。

（二）免疫学方法监测

1. 皮肤移植法（skin grafting）

原理：皮肤移植法的依据是高度纯合的近交系其组织相容性基因也应该是纯合的。由于移植物的接受或排斥取决于组织相容性抗原，若皮肤移植的供体和受体之间的基因是同质的就接受，异质的就排斥。此法是 Billingnam 和 Silvers 于 1959 年提出的用以检查近交系的纯度，亦可检查品系有无遗传污染。常用的皮肤移植根据位置不同，分背部皮肤移植和尾部皮肤移植。

方法：随机取同性别 4～12 周龄，体重 20～22 g 动物 10 只，采用腹腔注射麻醉动物。将其背部朝上放在固定板上，固定动物，剪去被毛。在背部剪下直径 5～10 mm 的皮肤左右各一块（其中一块用做自体移植，另一块用做异体移植）。将剪好的皮片翻转过来放入带少量生理盐水的双碟中，用眼科剪刀，轻轻地切去皮下组织至真皮。两只动物的皮片，除左侧皮片做自体移植外，右侧皮片循环交换，逆毛方向移植并使之吻合。常规消毒包扎固定 15 d 后，可见到新毛长出。移植 1 周后皮肤干瘪、脱落则为技术失败。如皮片脱痂、手术部位平整，1 周后有新毛长出则为手术成功。对照自体移植，技术失败率不得大于 10%。如果皮片在 2～3 周内脱落，则为急性排斥反应，视为遗传污染。如果移植的皮片在 3 周到 100 d 内出现脱落，为慢性排斥反应，应看成是遗传突变所导致。如果皮片在 100 d 内，逆毛生长良好。未见到排斥反应，视为永久接受标记。

2. 肿瘤移植法 使用经过适当选择和培养的肿瘤系株，将肿瘤制成悬液或小块状，接种到受检测的动物体内，品系内肿瘤将被接纳出现生长，最终受体动物死亡。若为品系间动物，则会发生肿瘤排斥。

3. 血清反应法 红细胞凝集试验和细胞毒性试验是主要的常用的两种血清学方法。红细胞凝集试验用于检测红细胞抗原和某些 H-Ⅱ抗原。细胞毒性试验主要用于检测 H-Ⅱ抗原、Ia 抗原和白细胞抗原。

4. 混合淋巴细胞反应 基本原理是不同品系动物或遗传上存在个体差异的动物淋巴细胞混合，或混合培养后，这些淋巴细胞开始增大，合成 DNA、RNA、蛋白质，进一步出现裂解。此反应结果可在 7～9 d 内观察到，定期从动物群体抽取足够量的动物进行检测，可以确定动物遗传质量的稳定。

(三)生化标记监测

原理：生化标记基因检测是近交系动物遗传纯度检测中比较常规、首选的检测方法，也是国际上实验动物检测机构常用的一种方法。由于每个动物体内具有自己特有的不同电荷的同工酶和同种异构蛋白，可以采用电泳方法加以区分，推断其基因型，建立各近交系遗传概貌。该方法敏感性好，当一个品系或亚系发生遗传污染，或交变时，可得到显示。

方法：基础群凡在子代留有种鼠的双亲动物都应进行检测。对于生产群，雌性种鼠数量在 100 只以下的，从每个近交系中随机抽取成年动物 6 只。雌性种鼠数量在 100 只以上的，随机抽取量应≥6%，且雌雄各半。

检测结果与标准遗传概貌完全一致，未发现遗传变异，判定为遗传质量合格。如果发现有一个位点的标记基因与标准遗传概貌不一致，判定为可疑。如果两个或两个以上位点的标记基因与标准遗传概貌不一致，判定为不合格，这就要求淘汰种群，制订重新引种计划。

(四)分子生物学技术应用监测

1. 微卫星 DNA 标记技术(microsatellite) 微卫星 DNA 是指重复单位为 16 bp 重复多次的一类 DNA 序列，其排列类似小卫星的“数量可变的串联重复序列方式”，其长度不超过 300 bp。由于这种杂交图谱像人的指纹一样，故取名为微卫星 DNA 标记(DNA fingerprint，DFP)，又称为遗传指纹图(genetic fingerprint，GFP)，产生 DNA 指纹图的过程则称为 DNA 指纹分析。DNA 指纹图还具有体细胞稳定性，即同一个体中不同组织如血液、精液、毛发、肌肉等产生的 DNA 指纹图完全一致。

2. 限制性片段长度多态性(restriction fragment length polymorphism，RFLP) DNA 分子中，在非蛋白编码区和非功能调节区容易发生一些中性突变，从而形成了 DNA 分子的多态性。由于核酸限制性内切酶能识别并切割特定序列的双链核酸，因此利用限制性内切酶可将 DNA 分子切割成不同长度的限制性片段，这种不同长度的限制性片段类型在生物个体间显现出多态性分布现象，即为限制性片段长度多态性。

20 世纪 80 年代后人们把 RFLP 技术用于实验动物遗传分析研究，目前已发现 200 多个和小鼠相关的限制性片段 DNA 探针，这些探针为小鼠所有染色体提供了良好标记，当然也为其遗传监测提供了良好可能性。在进行 RFLP 分析时，首先进行 DNA 的提取，提取的材料可以是组织细胞，也可以是体液细胞。然后对提取的 DNA 进行酶切及电泳，电泳后进行 South-

ern 印迹转移和探针分子杂交，最后显影和分析结果。

3. 多聚酶链反应技术(polymerase chain reaction，PCR) DNA 的多态性可分为两大类。一类为序列多态性，存在于高度多态性的 HLA 复合物、H-Ⅱ复合物以及线粒体 DNA D-环区的基因中。另一类为长度多态性，如小卫星 DNA 和微卫星 DNA。这两类多态性都可以使用 PCR 技术扩增含有多肽区域的 DNA 片段，然后应用不同的检测手段区分等位基因的变化。

在实验动物遗传检测中，用 PCR 检测 DNA 长度多态性最为普遍。然而序列多态性，例如 H-Ⅱ复合物的 PCR 检测，同样有着广阔的前景。无论使用哪种引物，PCR 和 RFLP 或 DNA 指纹技术相比较，最大的优点是可免去带有污染并需要特殊防护的同位素标记，并使操作简便化。关于应用 PCR 技术对实验动物进行遗传检测，国外已经有很多资料。其中，Welsh 等用随机引物对 B×D 重组近交系小鼠进行扩增，根据其中相互分离的多态性所占比例构建实验动物分子遗传连锁图。Tojo 等用 PCR 技术鉴定携带人 Ar/β 珠蛋白的转基因小鼠，检测手续简便，用少量血且不必处死动物。

三、遗传质量标准

(一)近交系动物的遗传质量标准

近交系动物必须符合以下要求：

(1)具有明确的品系背景资料，包括品系名称、近交代数、遗传组成及主要生物学特性等，并能充分表明新培育的或引种的近交系动物符合近交系定义的规定。

(2)用于近交系保种及生产的繁殖系谱及记录卡应清楚完整，繁殖方法科学合理。

(3)经遗传检测(生化标记基因检测法、皮肤移植法、免疫标记基因检测法等)质量合格。

(二)封闭群动物的遗传质量标准

由于封闭群动物的遗传组成不如近交系稳定，目前尚没有统一的质量标准，但基本要求如下：

(1)作为繁殖用原种的封闭群动物必须遗传背景明确，来源清楚，有较完整的资料(包括种群名称、来源、遗传基因特点及主要生物学特性等)。

(2)保持封闭群条件，以非近亲交配方式进行繁殖，每代近交系数上升不超过 1%。

(3)具有一定的种群规模，保持封闭群的主要生物学特性。

(三)检测时间间隔

近交系动物生产群每年至少进行一次遗传质量检测，封闭群动物每年至少进行一次检测。由于 F_1 动物遗传特性均一，不进行繁殖而直接用于实验，一般不对杂交群动物进行遗传质量监测。

综上所述，建立完善的遗传监测制度非常重要，定期进行遗传检测，按照规定的数量进行送检，是保证实验动物遗传质量的前提。在某些情况下，由于遗传污染造成的损失比微生物污染造成的损失更大，严重的甚至无法弥补，在这方面无论国内国外都有许多深刻教训，绝不可掉以轻心，疏忽大意。

思考题：

1. 试述近交系和重组近交系定义。
2. 近交系的特征和生物医学应用价值是什么？
3. 试述封闭群和杂交群定义。
4. 封闭群和杂交群动物在生物医学上的应用价值是什么？
5. 为什么要进行近交系动物的质量监测？
6. 近交系大小鼠遗传质量监测常用的方法主要有哪些？

（徐立新）

第四章　常用实验动物

内容提要：本章主要介绍了啮齿类(包括小鼠、大鼠、豚鼠、地鼠)、兔、犬、猫、非人灵长类(绒猴、松鼠猴、食蟹猴和狒狒)、鸡、小型猪以及鱼类等实验动物的生物学特点，在生物医学领域的使用价值，选择应用和饲养管理要点等。

关键词：实验动物；生物学；饲养；管理；应用。

第一节　小鼠的生物学特性、选择应用及饲养管理

小鼠(*Mus miusculus*，Mouse)在分类学上属于哺乳纲(Mammalia)、啮齿目(Rodentia)、鼠科(Muridae)、小鼠属(*Mus*)。现在培育出许多各具特色的封闭群和近交系，小鼠基因图谱已经绘制完成，目前小鼠被广泛应用于生物学、医学、兽医学领域的研究、教学、药品和生物制品研究和鉴定工作。

一、小鼠生物学特性

(一)行为学特点

1.性情温顺，胆小怕惊，对环境反应敏感　小鼠性情温顺，易于抓捕，一般不会主动咬人。但逃出野外的小鼠野性恢复后行动敏捷，难于捕捉。小鼠对外界环境的变化比较敏感，如强光、噪声等刺激均可导致小鼠神经紊乱，哺乳母鼠则会发生食仔现象。小鼠不耐冷热，不耐饥饿，对疾病抵抗力低。温度过高或过低时，生殖能力下降，严重时会发生死亡。

2.喜安静环境，昼伏夜出，喜欢啃咬　小鼠白天活动较少，夜间却十分活跃，其进食、交配、分娩多发生在夜间，其中傍晚和黎明最为活跃。小鼠喜欢啃咬硬物以磨损其不断生长的门牙。

3.社会群居性　小鼠为群居动物，过分拥挤会抑制生殖能力。群养时，雌雄要分开，雄鼠群居时容易发生殴斗。

(二)解剖学特点

(1)上下颌各有2个门齿和6个臼齿，齿式为2(门1/1，犬0/0，前臼0/0，臼齿3/3)＝16，门齿终身不断生长，需经常磨损来维持齿端的长度。

(2)小鼠下颌骨的喙状突较小，髁状突发达，具有品系特征，下颌骨测定法可进行近交系小鼠遗传监测。小鼠骨髓为红骨髓，具有终身造血功能。

(3)小鼠无汗腺，尾有4条明显的血管，背腹面各有一条静脉，两侧各有一条动脉。尾有散热、平衡和自卫等功能。

(4)小鼠为杂食动物。食道细长约2 cm，胃分前胃和腺胃。胃容量小(1.0～1.5 mL)，不

耐饥饿。与豚鼠、家兔等草食性动物相比，肠道较短，盲肠不发达，肠内能合成维生素C。

(5)肺由5叶组成，右肺4叶(上、中、下和心后叶)，左肺为一整叶。肝脏分左、右、中、尾4叶组成。雄鼠脾脏比雌鼠明显大，体积超过50%。

(6)淋巴系统很发达，性成熟时胸腺最大。小鼠没有腭或咽扁桃体，外来刺激可使淋巴系统增生，因此易患淋巴系统疾病。

(7)小鼠子宫为双角子宫型，呈"Y"形，左右子宫角在膀胱背部汇合成子宫体。乳腺发达，胸部3对，鼷部2对。雄性幼年时睾丸藏于腹腔，性成熟后下降到阴囊。

(三)生理学特点

1. 生长发育特点　小鼠体型小，刚出生时体重仅仅1.5 g左右，1月龄体重12～19 g，1.5～2月龄时体重可达20～39 g。成年雌性体重为18～40 g，雄性为20～49 g。新生小鼠赤裸无毛，皮肤肉红色，眼闭合，耳廓与皮肤粘连。初生小鼠即有触、嗅和味觉。3日龄仔鼠脐带脱落，皮肤转为白色，开始长毛并长出胡须。4～6日龄有听觉，被毛长齐。12～14日龄睁眼，长出上门齿，开始采食及饮水。3周龄即可独立生活。寿命2～3年。

2. 体温与能量代谢　小鼠体表面积相对较大，环境温度的波动常引起小鼠明显的生理学反应。小鼠对寒冷的应答反应为不发抖产热作用。小鼠汗腺不发达，唾液分泌能力有限，而且不能靠加大喘气来散热。小鼠在21～25℃环境温度下生长较快，产仔多，活力强。

3. 水分代谢　对饮水量不足敏感，水分在体内的周转要比其他哺乳动物快。小鼠饮水量为4～7 mL/d。小鼠尿量较小，一次排尿仅1～2滴，小鼠尿液中含有蛋白质和肌酸酐。

4. 生殖生理　小鼠生长期短、成熟早、繁殖力强，为全年多发情动物。性成熟雌性35～50 d，雄性45～60 d；体成熟雌性为65～75 d，雄性为70～80 d；性周期为4～5 d，妊娠期为19～21 d；哺乳期为20～22 d；有产后发情特点，每胎产仔数为8～15头，1年产仔胎数6～10胎，繁殖率很高，生育期为1年。

5. 正常小鼠生理值　见表4-1。

表4-1　小鼠生理值

项　目	数值	项　目	数值
寿命/年	2～3	体温/℃	38(37～39)
妊娠期/d	19～21	呼吸数/(次/min)	163(84～230)
性周期/d	4～5	呼吸量/(mL/min)	24(11～36)
饮水要求量/[mL/(只·d)]	4～7	心率/(次/min)	625(470～780)
排尿量/(mL/d)	1～3	总血量/(mL/100 g体重)	7.78(4.9～12.1)

二、小鼠主要品系和种群

(一)常用的近交系

1. A系　A/He毛色为白色，血压低，易引起中度听觉性痉挛发作，对X线照射高度敏感。老龄鼠多发肾脏病，有时出现心脏病。

2. AKR系　缺乏补体，淋巴细胞白血病发病率达68%～91%。

3. BALB/c系　白化小鼠，血压较高。易患慢性肺炎，最好不要和其他近交系小鼠同室饲养。大部分雄鼠在20月龄前出现脾脏淀粉样变性。对X线照射极为敏感，对鼠伤寒沙门氏菌敏感,对麻疹病毒中度敏感。老龄小鼠出现心脏病,多发动脉硬化症(图 4-1)。

4. CBA 系　毛色为野生色。易诱发免疫耐受性,血压较高,对维生素 K 不足高度敏感。雌鼠乳腺癌 60%～65%,雄鼠肝癌发生率约为 65%。

5. C3H/He 系　与 CBA 同一起源。毛色为野生色,较易诱发免疫耐受性。红细胞及白细胞数较少。繁殖用雌鼠从较早期(约 5 月龄)便有乳腺癌发生。

6. C57BL/6 系　以 57 号母鼠和 52 号公鼠交配为起源者标为 C57。C57 中毛色固定为巧克力色者称为 C57BR,固定为黑色者称为 C57BL。对百日咳易感因子敏感,嗜酒精性高,乳腺癌低发(图 4-2)。

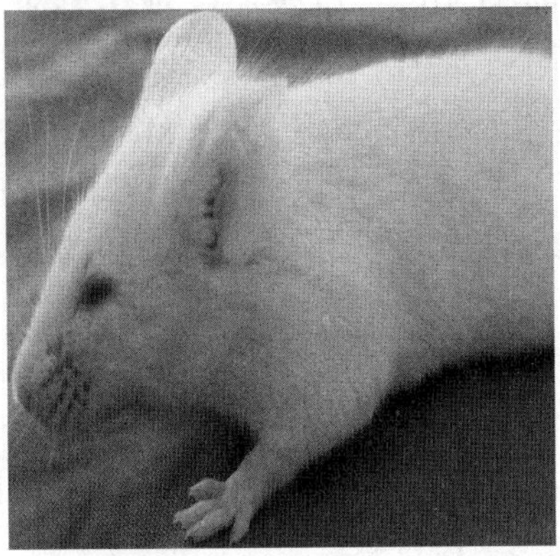

图 4-1　BALB/c 小鼠

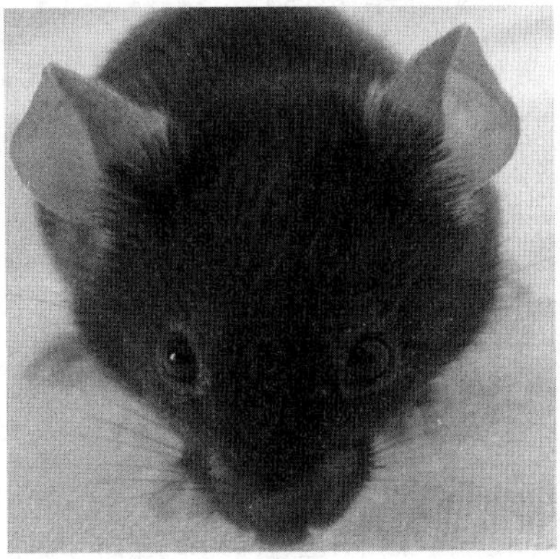

图 4-2　C57BL/6 小鼠

7. DBA 系　浅灰色,对结核杆菌的易感染性高,红细胞压积较高,繁殖用动物大部分出现心脏钙质沉着。DBA/1 经产母鼠的乳腺癌为 61.5%,白血病为 8.4%。DBA/2 经产母鼠乳腺癌发生率为 50%～60%,雄雌鼠白血病分别为 8%和 6% 。

8. NZB 系　黑色,自身免疫性溶血性贫血症、血清免疫球蛋白量异常高,特别是 IgM 和 IgG 量递增显著。哺育和繁殖极为困难,有肥胖的倾向。有咬死自产仔鼠的习性。

9. AFB 系　该品系体质弱,体形中等,繁殖力弱,2 月龄体重 20～22 g,很少有自发性肿瘤。该品系为白色细胞增多症的白色小鼠。

10. C3HA 系　用 C3H 和 A 杂交而育成。野灰色但尾尖部总带有白色,乳腺癌发病率高,生育过或未生育过的雌鼠的肿瘤发病率均为 90%左右。

11. 我国培育的近交品系　见表 4-2。

表 4-2　我国培育的小鼠近交品系

品系名称	培育单位及起源历史	毛色(基因型)	主要特性
中国 1 号 (C-1)	1955 年中国医学科学院实验医学研究所,将昆明小鼠经近亲交配 20 代以上而育成	白化	繁殖力中等,2 月龄体重 17 g,肿瘤自发率低
津白 1 号 (TA1)	1955 年天津医学院昆明市售白化小鼠经近亲交配而成	白化 (aabbcc)	繁殖力中等,2 月龄体重 20～25 g,肿瘤自发率低
津白 2 号 (TA2)	1963 年天津医学院将昆明种小鼠经近亲交配 20 代以上而育成	白化 (aabbcc)	高乳腺癌,繁殖力中等

续表 4-2

品系名称	培育单位及起源历史	毛色(基因型)	主要特性
615	1961年中国医学科学院输血和血液研究所将普通小白鼠与C57BL/6杂交所生子代经亲代交配20代以上而育成	深褐色(aabbcc)	肿瘤发生率为10%～20%(♀乳腺癌,♂肺癌)对津638白血病毒敏感
AMMS/1号	1974年军事医学院科学院将昆明种小白鼠经亲代交配20代以上而育成	白化(aabbcc)	对炭疽弱毒株比较敏感,骨髓多向性造血干细胞测定较规律

(二)封闭群

1. 昆明小鼠(KM) 毛色为白色,1946年我国从印度Haffkine研究所将瑞士种小鼠引入云南昆明,1952年由昆明引入北京生物制品研究所,1954年推广到全国各地。该小鼠特点是高产,抗病力强,适应性强,常见的自发肿瘤为乳腺癌,发病率约25%。目前由KM小鼠已培育成C-1(中国1号)、615、TA2、AMMS/1等近交系。KM小鼠广泛应用于教学、生殖生理、肿瘤、毒理、药理、免疫和微生物的科研工作以及药品、生物制品的制造和鉴定工作(图4-3)。

2. NIH 白化,由美国国立卫生研究院培育而成。特点是繁殖力强,产仔成活率高,雄性好斗。广泛用于药理和毒理研究以及生物制品检定。

3. ICR 白化,起源于美国Hauschka研究所饲养的瑞士小鼠。我国现在饲养的ICR小鼠是1973年从日本国立肿瘤研究所引进的,生育能力高。

4. CFW 白化,起源于Webster小鼠,1935年英国Carworth公司由美国Rockfeller研究所引进,经20代近交培育后,采用随机交配繁殖。我国于1973年从日本国立肿瘤研究所引进。

5. LACA 白化,CFW引入英国实验动物中心(LAC),改名为LACA。我国1973年由英国实验动物中心引进。

(三)突变系

小鼠几种常见的突变基因如下:

1. nu(nude)裸鼠 裸鼠表皮无毛,胸腺先天性缺陷发育不全,T淋巴细胞缺损,缺乏免疫应答性,致使免疫机能低下,易受外界细菌和病毒的侵染而发生疾病。新生仔鼠无鼻毛或有少量卷曲鼻毛,普通环境下存活14～30 d,SPF及无菌条件下寿命达1年以上,最长2年。

许多不同类型的组织可在裸鼠身上移植成功,而不发生免疫排斥反应,适于免疫生物学、免疫病理学、移植免疫、肿瘤免疫、微生物学、免疫学和胸腺功能研究。同时裸鼠也是寄生虫感染、疫苗、菌苗安全性和免疫源性检测的较好的动物模型。

2. dw(dwarf)侏儒小鼠 缺乏脑下垂体前叶的生长激素和促甲状腺激素,生长发生障碍。两性均不育,可用于研究内分泌。

3. HR(hairless)无毛鼠 出生后14 d左右上眼睑、下腭部、四脚趾背部开始脱毛,随后是尾背部及全身,只留下一些散在的毛,但触须还保留,几乎成裸体,雌性母性差或不育(图4-4)。

4. ob(obese)肥胖小鼠 体重可达60 g,小鼠出生后4～6周即显示肥胖症,9～10周出现高血糖、不育,可作为人类肥胖症的动物模型。

5. db(diabetes)糖尿病小鼠 db小鼠3～4周龄腋下和腹股沟皮下组织出现脂肪异常沉

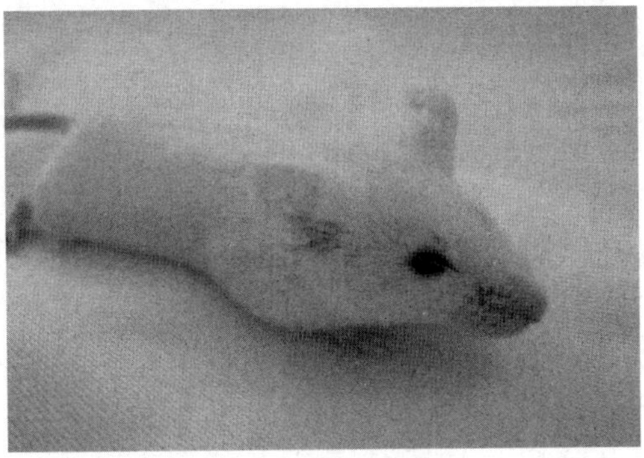

图 4-3　昆明小鼠

图 4-4　HR 无毛小鼠

积。此时血糖升高，可高达 6.82 mg/mL。雌鼠无生殖能力，可作为人类糖尿病模型。

三、小鼠在生物医学中的应用

小鼠因其自身的特点，目前是在生物医学领域中应用最广泛和需求量最大的哺乳类实验动物，被广泛应用于生殖生理、药物研究、肿瘤、免疫学、微生物学和内分泌等方面的研究。

(一)药物研究

1. 药物毒性和安全评价试验　小鼠由于体小、价廉易得且对多种药物反应灵敏，常用于药物急性、亚慢性毒性试验、半数致死量和最大耐受量的测定。还广泛用于药物“三致”(致畸、致癌、致突变)试验。

2. 药物筛选性试验　小鼠适合用于药物对疾病治疗效果的筛选试验，如抗肿瘤药物、抗微生物药物的药效试验。

3. 生物药品和制剂的效价测定　用于血清、疫苗等生物鉴定工作，辐射剂量与生物效应实验，各种药物效价测定等实验。

(二)肿瘤学研究

许多近交系小鼠自发性肿瘤发病率很高，与人肿瘤病接近，为研究各种类型肿瘤的发生、生物学特性以及治疗提供了良好的动物模型。如 AKR 小鼠白血病发生率可达 90%，C3H 小鼠乳腺癌发病率达 97%。此外小鼠对致癌物质敏感，可诱发各种肿瘤，如二乙基亚硝胺可诱发小鼠肺癌，甲基胆蒽可诱发小鼠胃癌和宫颈癌等，都是研究人类肿瘤较好的模型。另外，严重免疫缺陷小鼠，如裸鼠、SCID 小鼠可接受各种人类肿瘤细胞的植入，直接用于人类肿瘤生长、转移及治疗的研究。

(三)病毒、细菌和寄生虫学研究

小鼠对多种病原体和毒素敏感，适宜复制多种细菌性和病毒性疾病模型，特别适用于疟疾、血吸虫病、马锥虫病、流行性感冒、狂犬病及其他许多细菌性疾病的感染研究及治疗。

(四)遗传学研究和遗传工程研究

(1)小鼠毛色变化多样，其遗传学基础已研究得比较清楚，因此常用小鼠毛色做遗传学分析。此外，许多小鼠具有遗传疾病，如小鼠黑色素瘤、家族性肥胖、遗传性贫血及尿崩症等。这些疾病与人类发病相似，可用作人类遗传疾病的动物模型。

(2)小鼠是继人类之后第二个完成基因组测序的哺乳类动物，与人类功能基因的同源性在90%以上，利用遗传工程技术将外源基因导入小鼠染色体基因组中。建立的转基因小鼠，用于研究基因的功能、表达和调节，探索疾病的分子遗传学基础以及基因治疗的可能性和措施。

(五)免疫学研究

(1)使用BALB/c、AKR、C57BL等小鼠免疫后的脾细胞与骨髓瘤细胞融合，进行单克隆抗体的制备和研究。

(2)利用免疫功能缺陷的小鼠进行免疫学研究。SCID小鼠是一种先天性T细胞和B细胞联合免疫缺陷的突变系动物，可用于研究LAK细胞、巨噬细胞等自然防御细胞和免疫辅助细胞的分化和功能。NZB小鼠具有自发性的自身免疫贫血症，用于自身免疫疾病的研究。

(六)老年病学的研究

由于小鼠寿命短，高龄鼠中老年病明显增多，是老年学研究的良好模型。常用于研究衰老的起因和机理。

(七)内分泌疾病的研究

小鼠内分泌腺结构的缺陷常引起类似人类内分泌疾病。如肾上腺皮质肥大造成肾上腺功能亢进，类似人类柯兴氏综合征。肾上腺淀粉样变性造成肾上腺激素分泌不足可引致Addison病症状。此外，还用于研究糖尿病和抑尿素缺乏造成的尿崩症，胰岛发育不全引起的肥胖症等。

(八)其他

小鼠还可以用于多方面的医学实验研究，如计划生育、物理损伤性疾病、营养学和悉生学等。另外，烧伤、冻伤、放射性胰腺炎和肝硬化等疾病也常使用小鼠复制疾病动物模型。

四、小鼠饲养管理

(一)环境

小鼠临界温度为低温10℃，高温37℃，温度适应范围为30～33℃。饲养环境控制应达到18～29℃，相对湿度40%～70%；最佳温度为20～26℃，相对湿度50%～60%。一般小鼠饲养盒内温度比环境高1～2℃，湿度高5%～10%。日温差不超过3℃。为了保持室内空气新鲜，氨浓度不超过20 mL/mm^3，换气次数应达到10～20次/h。

(二)笼具和垫料

现在我国普遍采用无毒塑料鼠盒，不锈钢丝笼盖，金属笼架。保证小鼠有活动的空间，又阻止其啃咬磨牙咬破鼠盒逃逸，同时便于清洗消毒。饮水器可使用玻璃瓶、塑料瓶，瓶塞上装有金属或玻璃饮水管。一般垫料以刨花或锯末为宜，也可用玉米芯加工粉碎除尘后使用。切忌用针叶木(松、柏、杉)刨花做垫料，这类刨花发出具有芳香味的挥发性物质，对肝细胞产生损害，影响药理和毒理方面的实验结果。

(三)饲料及饮水

1.饲料　小鼠应饲喂全价营养颗粒饲料，成型饲料具一定的硬度，以便小鼠磨牙。不同种类的小鼠有不同的营养标准，如近交系小鼠和种鼠的饲料所含蛋白质成分高于一般小鼠，DBA小鼠需要高蛋白质低脂肪的饲料。饲料中蛋白质含量应在18%～22%，补充维生素A。

2.饮水　小鼠的水代谢相当快，应保证足够的饮水。清洁级动物的饮水须经灭菌处理。

也可用酸化水(pH 2.5～3.0)，酸化水在一定程度上可抑制或杀灭细菌。SPF级和无菌动物使用高压灭菌水。为避免微生物污染水瓶，换水时应清洗水瓶和吸水管。

(四)小鼠的繁殖

1.性别鉴定　成年小鼠性别容易鉴别。雌鼠生殖器与肛门之间有一无毛小沟，距离较近。雄鼠可见明显的阴囊，生殖器突起较雌鼠大，肛门和生殖器之间长毛。幼年鼠则主要靠肛门与生殖器的距离远近来判别，距离近的为雌性，距离远的为雄性。

2.留种　种鼠应符合该品系的遗传学特征，无变异且身体健康。初选时选留2～5胎的仔鼠，适当延长哺乳期到23 d，然后雌雄分开，同时做好记录，育成期中出现异常者应立即淘汰。配种前按健康标准和生殖器情况进行选种。小鼠初配的适龄期为60～90 d。应选择体质强壮、活泼、被毛有光泽、尾部血管明显、眼鼻无异物、外生殖器发育良好和生长发育正常的小鼠作为种鼠。

3.繁殖方法　按照配种方案置于繁殖盒中，建立繁殖卡。配种方案因小鼠的种类品系不同而不同。广义的繁殖如大群生产，有两种方法：

(1)长期同居法。1只雄鼠与1只雌鼠同居，雌鼠分娩后几小时内可再行交配受孕。

(2)定期同居法。1只雄鼠与6只雌鼠编为一繁殖单元，每周向雄鼠笼放入1只雌鼠，即依周次使雄鼠与1只雌鼠同居，同时将受孕雌鼠提出，置单笼分娩、哺乳、离乳，依此类推。每只雌鼠生产周期为42 d，比长期同居法要长。

(五)日常管理

小鼠胃容量小，随时采食，饲喂时应每周添料3～4次，在鼠笼的料槽内应经常有足够量的新鲜干燥饲料。每周应固定2 d添加饲料，其他时间可根据情况随时添加。每周应至少更换2次垫料。换垫料时将饲养盒一起移去，在专门的房间换垫料。清洁级以上动物的垫料在使用前应高压消毒灭菌处理。

第二节　大鼠的生物学特性、选择应用及饲养管理

大鼠，学名 *Rattus norvegicus*，Rat，属于哺乳纲(Mammalia)、啮齿目(Rodentia)、鼠科(Muridae)、大鼠属(*Rattus*)。实验大鼠由野生褐色大鼠驯化而成。目前大鼠是最常用的实验动物之一，品种品系多，用量仅次于小鼠。

一、大鼠生物学特征

(一)一般特性

1.昼伏夜行性动物，喜安静环境　在人工饲养条件下白天大都喜欢挤在一起休息，晚上活动量大，采食量大且食性广泛。

2.喜欢啃咬，性情温顺，抗病力强　饲喂大鼠的饲料应做成颗粒料，软硬适度，以符合其喜啃咬的特性。哺乳期的母鼠性格变得比较敏感，常会主动咬相关人员的手。

3.嗅觉灵敏　对环境中的粉尘、氨气和硫化氢等极为敏感。一旦饲养室内空气卫生条件较差，长期慢性刺激可引起肺部大面积的炎症。

4. 对噪声敏感 噪声容易使其内分泌系统紊乱，性功能减退，导致吃仔行为或死亡。不适光照对其繁殖影响也很大。

5. 对饲养环境中湿度要求严格 相对湿度低于40%时易患环尾病，还会引起哺乳母鼠食仔现象发生。因此，一般饲养室湿度应保持在50%～65%。

6. 汗腺极不发达 仅在爪垫上有汗腺，尾巴是散热器官。

(二)解剖学特点

(1)齿式为2(门1/1，犬0/0，前臼0/0，臼齿3/3)=16，门齿终生不断生长，需磨损维持其恒定。

(2)大鼠食道细长，为3～5 cm，胃分为前胃(非腺胃)和胃体(腺胃)两部分。两部分由一个界限嵴隔开，食管通过此嵴的一个褶进入胃小弯，皱褶收缩时会堵住贲门口，这是大鼠不会呕吐的原因。肠道较短，盲肠较大，长6～8 cm，具有一定的消化功能。

(3)大鼠肝脏约占体重的4.2%，肝脏可分为6叶，再生能力强，切除60%～70%后仍可再生。无胆囊，来自各肝小叶的胆管形成胆总管，胆总管开口于距幽门括约肌25 mm处十二指肠乳突上。胰腺分散，位于十二指肠和胃弯曲处。

(4)心脏和外周循环与其他哺乳动物稍有不同。心脏的血液供给既来自冠状动脉，也来自非冠状动脉的右心动脉和左心动脉。

(5)大鼠的泌尿系统由一对肾脏、一对输尿管、单一膀胱和尿道组成。右肾比左肾靠近头侧，肾为单乳头肾，肾脏前端有一米粒大的肾上腺。

(6)雌性生殖器呈圆形，有凹沟，子宫为Y形双角子宫，左右子宫角的腔是完全分开的。两个子宫颈独立地开口于阴道。胸部和腹部各有3对乳头。

(三)生理学特点

1. 生长发育 生长发育快，新生鼠周身无毛，两耳关闭，体重5.5～10 g，8～10 d长出门齿，14～17 d睁开眼睛，16 d被毛长齐，20～21 d断奶。一般成年雄鼠300～600 g，雌鼠250～500 g(表4-3)。大鼠寿命为2.5～3年。

表4-3 Wistar和SD大鼠的体重与日龄的关系 g

品种		日龄							
		21	28	35	42	49	56	63	70
Wistar	雄	56	97	134	187	233	297	325	370
	雌	54	91	134	166	209	214	232	246
SD	雄	52	101	150	206	262	318	365	399
	雌	50	86	130	172	210	240	258	272

2. 生殖生理 雄鼠2月龄、雌鼠2.5月龄达到性成熟。大鼠妊娠期为19～23 d，平均21 d或22 d，初产鼠的妊娠期略长于经产鼠。平均窝产仔6～14只。适配鼠龄，雄性为90日龄，雌性为80日龄，一般大鼠繁殖生产使用期为90～300 d。成年雌鼠在动情周期不同阶段，阴道黏膜可发生典型变化，可分为动情前期、动情期、动情后期和动情期间。此外，大鼠心电图中没有S—T段，甚至有的导联也不见T波，这一点与小鼠相同。

3. 大鼠生物学　生理学参数见表 4-4。

表 4-4　大鼠生理值

项　目	数　值	项　目	数　值
染色体/条	42	妊娠期/d	21
体温/℃	38.2(37.8～38.7)	呼吸数/(次/min)	85(66～114)
呼吸量/(mL/次)	0.86(0.60～1.25)	心率/(次/min)	352(260～450)
/(mL/min)	73(50～101)	血压/kPa	13.07(10.93～16.00)
总血液量/(mL/100 g)	6.41(5.75～6.99)		

二、大鼠主要品种和品系

(一)近交系

目前大鼠近交系达上百种。

1. ACI 系　该品系大鼠血压低。背毛黑色，腹部和脚呈白色。平均雄鼠寿命 113 周、雌鼠 108 周，容易发生先天性畸形。雄鼠睾丸肿瘤自发率 46%，肾上腺肿瘤 16%，脑下垂体肿瘤 5%，雌鼠脑垂体瘤 21%，子宫瘤 13%，乳腺瘤 11%，肾上腺瘤 6%。

2. F344/N 系　背毛白色，雄鼠寿命为 31 个月、雌鼠 29 个月。原发性和继发性的脾脏红细胞的免疫反应性低。该品系可允许多种肿瘤移植生长。

3. LEW　背毛白色，由 Wistar 远交群大鼠培育而来，血清中甲状腺素、胰岛素和生长激素含量高。对诱发自身免疫心肌炎高度敏感，可诱发过敏性脑脊髓炎、过敏性关节炎和自身免疫复合物血管球性肾炎等。可移植多种肿瘤，高脂肪食物容易引起肥胖症(图 4-5)。

4. LOU/C 和 LOU/M　背毛白色，1972 年 Bazin 和 Becker 选出浆细胞瘤高发系培育成 LOU/C，以及浆细胞瘤低发系培育成 LOU/M。两系大鼠均为白化，具有相同的组织相容性。70%的免疫细胞瘤合成并分泌单克隆免疫球蛋白。Y3 骨髓瘤细胞系就是来自于 LOU 系大鼠。因此，LOU/C 大鼠广泛用于免疫学研究，特别是单克隆抗体的制备。LOU/M 大鼠浆细胞瘤发病率雄性为 0.7%，雌性为 2.1%。

5. SHR　背毛白色，又称为自发性高血压大鼠，属于突变系大鼠。从 Wistar 大鼠通过近交而育成。10 周龄以后动脉收缩压雄鼠为 26.7～46.3 kPa，雌鼠为 24.0～26.7 kPa。心血管疾病发病率高，可作为高血压动物模型用于药物筛选(图 4-6)。

图 4-5　LEW 大鼠

图 4-6　SHR 大鼠

6. WKY 1971 年美国 NIH 从日本引进 Wistar 大鼠，以后通过近交培育而成。为 SHR 正常血压对照动物，雄鼠动脉收缩压为 18.7～20.0 kPa，雌鼠为 17.3 kPa。

（二）封闭群

1. Wistar 背毛白色，1907 年由美国 Wistar 研究所育成。我国从日本、前苏联引进。头部较宽，耳朵较长，尾长小于身长。该种群性周期稳定，繁殖力强，产仔多，生长发育快，性情温顺，对传染病的抵抗力较强，自发肿瘤发生率低。

2. SD 背毛白色，1925 年由美国 Sprague Dawley 农场育成。头部狭长，尾长度近于身长，产仔多，生长发育较 Wistar 快，对呼吸系统疾病的抵抗力强，自发肿瘤率较低，对性激素感受性高。常用作营养学、内分泌学和毒理学研究。

3. Long-Evans 头颈部为黑色，背部有一条黑线。1915 年 Long 和 Evnas 用野生褐家鼠（♂）与白化大鼠（♀）交配育成。

（三）突变系

大鼠突变系符号及其特点是：ca—白内障，cb—丰满，cr—爬行（后肢麻痹），di—糖尿病，dw—侏儒，fa—肥胖，Hd—缺趾，hy—稀毛，in—无门齿，j—黄黄疸，op—骨质石化病，r—红眼、毛浅色，rdy—视网膜营养不良，sk—皮包骨，sp—痉挛，tr—震颤，Tu—显性肾肿瘤，vb—无须亦无毛。此外，还有血胆红素过多症大鼠（jaundice），睾丸雌性化（testicular feminization）或假两性畸形大鼠（pseudo-hermaphroditism）、隐睾症大鼠（cryptorchidism），肾盂积水大鼠（hydronephrosis），肾缺失大鼠（renal agenesis），牛眼、青光眼大鼠（buphthalmos glaucoma），癫痫大鼠（audiogenic seizures），该大鼠随铃声旋转起舞数秒，然后一侧倒地发癫痫。

三、大鼠在生物医学中的应用

（一）药物学研究

大鼠广泛应用在各种药物的毒理学研究中，如急性毒性试验、长期毒性试验、生殖毒性试验和药物依赖试验等。

（二）行为学研究

大鼠体型大小合适，行为表现多样，情绪反应灵敏，适应新环境快，探索性强，可人为唤起和控制其动、视、触、嗅等感觉，神经系统反应与人有一定的相似性，所以在行为学研究中应用较多。如迷宫训练、奖励、惩罚效应和药物效应等。

（三）内分泌学研究

大鼠垂体—肾上腺系统发达，垂体摘除比较容易，可用来进行肾上腺、垂体、卵巢等内分泌研究。

（四）营养学研究

大鼠对营养缺乏比较敏感，是营养学研究的重要动物，如维生素和蛋白质缺乏，氨基酸和钙、磷代谢研究，动脉粥样硬化，淀粉样变性，酒精中毒，十二指肠溃疡和营养不良等研究。大鼠无胆囊，但胆总管较粗大，可采用胆总管插管收集胆汁进行消化功能的研究。

（五）肿瘤研究

大鼠对化学致癌物敏感，可复制出各种肿瘤模型，是研究肿瘤的常用实验动物。如二乙基亚硝胺或二甲基氨基偶氮苯诱发的肝癌，甲基苄基亚硝胺诱发的食管癌等。

(六)遗传疾病研究

某些大鼠品系具有自发性遗传疾病,如白内障、尿崩症、肥胖、高血压和癫痫等,这些疾病具有与人类相似的特征,可作为人类这些遗传性疾病良好的动物模型。

(七)细菌、病毒和寄生虫病学研究

大鼠对流感病毒、麻风、支原体、巴氏杆菌、葡萄球菌、念珠菌、黄曲霉菌、烟曲菌等真菌病等比较敏感,适合复制多种细菌性和病毒性疾病模型。此外,旋毛虫、吸血虫和锥虫等病也可用大鼠诱发寄生虫病模型。

(八)口腔医学研究

用变异链球菌接种大鼠口腔,然后喂给含蔗糖食物,大鼠牙齿上的珐琅质蛀损在宏观和微观上同人的蛀齿相似,可用来研究龋齿病。

(九)肝脏外科研究

由于大鼠肝脏的枯否氏细胞 90%有吞噬能力,所以肝切除 60%～70%后仍能再生,常用于肝外科实验。

四、大鼠繁殖

(一)性别鉴定

成年大鼠的性别容易区分,雄鼠阴囊明显,外生殖器呈圆柱状突起,肛门和生殖器之间长毛。雌鼠外生殖器离肛门较近,有一无毛小沟,仔鼠或幼鼠主要从外生殖器与肛门的距离判定。距离近者为雌性,距离远者为雄性。

(二)配种

大鼠最适交配日龄为雄鼠 90 日龄,雌鼠 80 日龄。交配后,雌鼠的阴道口形成一种特殊的阴栓。阴栓一般在交配后 12～24 h 自动脱落。所以,阴栓的有无是判断是否交配的重要标志。

(三)妊娠和分娩

大鼠的妊娠期因品种不同略有差异,一般为 19～21 d。大鼠的分娩昼夜均有发生,但以夜间居多。分娩结束后 12～24 h 母鼠出现产后发情。雌鼠一般可以哺乳 8～10 只仔鼠,不足 8 只的仔鼠,可将其他产窝多余的仔鼠移入窝内代乳。哺乳期满的仔鼠要与母鼠分开,雌雄分笼饲养。

(四)配种繁殖

根据留种计划和生产用量,按时进行配种。封闭群动物一般采用长期同居交配法和循环交配法进行繁殖。

1. *长期同居交配法*　一雄一雌终身同居进行交配生产。该方法的优点是雌雄长期同居,雌鼠生产后雄鼠与之交配,哺乳期雌鼠又能继续怀孕,雌鼠每月可生 1 胎。缺点是雌鼠既哺乳又怀孕,负担太重,雌鼠和仔鼠体质都会下降,直接影响大鼠的质量。

2. *循环交配法*　一雄多雌同居进行繁殖。按 1∶(2～4)交配,确认雌鼠怀孕后,可单独放一笼内进行饲养,待其产仔哺乳、仔鼠离乳后,把雌鼠放回原笼交配。其优点是雌鼠受孕后单独饲养,有利于仔鼠生长发育,母鼠泌乳好,仔鼠健壮。缺点是近 2 个月 1 胎,生产周期长。应用这种方法时要注意发现雄鼠体质有无下降的现象,做到及时发现及时更换,以保持较高的怀孕率。

(五)计划生产

根据使用计划确定配种日期非常重要,动物实验对大鼠体重或日龄要求较为严格,如不按使用计划配种,可能延误实验或造成大鼠超重而被迫淘汰。

五、大鼠饲养管理

(一)环境

大鼠听觉灵敏,对噪声耐受性低,饲养环境应保持安静。光照对大鼠生殖生理和繁殖行为影响较大,封闭的饲养室多采用光照定时装置,提供适当的(12 h 光照 12 h 黑暗或 14 h 光照 10 h 黑暗)昼夜光变化周期。

大鼠对氨气和硫化氢敏感,应每周 2～3 次定时换窝,加强通风换气。大鼠不耐高温,温度过高易中暑死亡。湿度过低可导致大鼠环尾症。一般饲养室温度应保持在 20～26℃,相对湿度应以 40%～70%为宜。

(二)饲料和饮水

大鼠的饲料应保证其营养需要,并符合各等级动物饲料的卫生质量要求。生长发育的阶段不同,饲料的成分也应有所不同。刚离乳的幼鼠需加喂软料,哺乳期加喂葵花籽。

大鼠具有随时采食的习惯,应保证其充足的饲料和饮水。饲料按照少量多次的原则添加,软料则应每日更换。饲料添加量宜保证全部吃完。饲料在加工、运输、储存过程中应严防污染、发霉、变质,一般的饲料储存时间夏季不超过 15 d,冬季不超过 30 d。

SPF 大鼠用高压灭菌水。大鼠饲料与水的消耗比例为 1∶2,即吃 1 g 饲料要饮 2 mL 水。

(三)笼具和垫料

饲养大鼠的盒笼有两种,一种是盒底装铺垫物的塑料盒,另一种是金属丝底带接粪盘的笼子。塑料盒用于饲养繁殖及实验观察。目前采用的垫料主要是刨花、锯末、碎木屑、玉米轴或秸秆。垫料要求干燥、吸水性强、无毒、无味、无污染,需经过消毒灭菌处理。

(四)卫生消毒措施

饲养员进入饲养室前必须更衣,洗手消毒,戴上消毒过的口罩、帽子、手套后方可进入。饲养室内保持整洁,门窗、墙壁、地面、鼠盒、架子每天擦洗。每周二、周五用 0.1%新洁尔灭或其他消毒剂消毒,隔周更换消毒剂品种,每月进行 1 次大消毒。

第三节　豚鼠的生物学特性、选择应用及饲养管理

豚鼠(*Cavia porcellus*,Guinea Pig),属哺乳纲(Mammalia)、啮齿目(Rodentia)、豚鼠科(Caviidae)、豚鼠属(*Cavia*)。实验豚鼠由野生豚鼠驯化而育成,又称天竺鼠、荷兰猪、海猪等。

一、豚鼠生物学特性

(一)一般特性

1. 生长发育　身体短粗,头大,耳朵和四肢短小,尾巴只有残迹,上唇分裂。前足 4 趾,后足 3 趾,趾端有甲,脚形似豚。毛色多种多样,呈白色、白花、黑花,沙色或两到三种杂色。

2. 采食行为　豚鼠是草食性动物,喜食禾本科嫩草或纤维素多的干饲料。胃壁薄、盲肠特

别发达，约占腹腔容积的1/3，粗纤维需要量比家兔多，不易患腹泻病。豚鼠食量较大，对变质的饲料敏感。

3.行为习性 豚鼠喜活动、爱群居。需较大活动场地，单笼饲养时易发生足底溃疡。豚鼠胆小、温顺、对外界刺激极为敏感。一般不伤人，不互相打斗。喜欢安静、干燥、清洁的环境。突然的声响、震动可引起四散奔逃，甚至引起孕鼠流产。与大鼠和小鼠相反，夜间少食少动。

4.听觉敏锐 豚鼠听觉发达，能识别多种不同的声音。当有尖锐的声音刺激时，常表现耳廓微动，称为普勒反射或听觉耳动反射。

5.抗生素敏感性 投药后容易引起死亡和肠炎，如使用青霉素易引起小肠和结肠炎，甚至死亡，对青霉素的敏感性比小鼠高1 000倍。

(二)解剖学特点

(1)全身骨骼由头骨、躯干骨和四肢骨组成。齿式为2(门1/1，犬0/0，前臼1/1，臼齿3/3)=20，门齿呈弓形，终身生长。

(2)胃壁薄，胃容量20～30 mL，肠管约为体长的10倍，盲肠发达，约占腹腔容积的1/3。

(3)肝脏呈黄褐色，肝分四个主叶和四个小叶。肺分七叶(右肺四叶左肺三叶)，有胆囊。胰脏粉红色横位于胃的后面。脾脏位于胃大弯处。淋巴系统发达，对侵入的病原微生物极其敏感。豚鼠的胸腺全部在颈部，位于下颌骨角到胸腔入口中间。

(4)豚鼠大脑半球没有明显的回纹，较其他动物发达。大脑在胚胎期42～45 d发育成熟。

(5)雌雄鼠腹股沟部都有一对乳腺，但雌性乳头比较细长，位于鼠蹊部。雌鼠有左右两个完全分开的子宫角，连接输卵管末端，两个子宫角会合后形成子宫颈，开口于阴道。

(三)生理学特点

1.生长发育 新生仔体重约80 g(50～115 g)，胚胎在母体发育完全，出生后即已完全长成。眼睁开，耳竖立，并已具有恒齿，产后1 h即能站立行走，数小时能吃软饲料，2～3 d后即可在母鼠护理下一边吸吮母乳，一边吃青饲料或混合饲料，迅速发育生长。2月龄体重可达350 g，5月龄雌鼠体重可达700 g，雄鼠体重可达750 g。寿命一般4～5年，最长可达8年。

2.生殖特点 性成熟早，雌鼠30～45日龄，雄鼠70日龄性成熟。性周期15～17 d，妊娠期为68(65～72) d，一般产仔3～4只，哺乳期2～3周。豚鼠泌乳力强，且有相互哺乳的习惯。

3.体温调节 自动调节体温能力较差，饲养最适温度为18～22℃。

4.营养特点 体内(肝脏和肠内)不能合成维生素C，所需维生素C必须来源于饲料中，需在饲料或饮水添加维生素C或给新鲜蔬菜，当维生素C缺乏时出现坏血症，其症状之一是后肢出现半瘫痪，冬季易患，补给维生素C后症状消失。

5.免疫学特点 豚鼠易引起变态反应，血清诊断学上的“补体”即是由豚鼠血清制成的。

二、豚鼠常用品种和品系

(一)近交品系

豚鼠目前世界上有12个近交品系。由于豚鼠妊娠期较长，每胎产数少，培育一个近交品系需要20～30年，所以近交品系较少。用于科研的近交系有2系和13系。

1.近交系2系 毛色为三色(黑、红、白)，大部分在头部，体重小于13系，但脾脏、肾脏和肾上腺大于13系。老龄豚鼠的胃大弯、直肠、肾脏、腹壁横纹肌、肺脏和主动脉等部位都有钙质沉着，对结核杆菌抵抗力强，并具有纯合的GPLA-B1(豚鼠主要组织相容性复合体)抗原，血清中缺乏诱发迟发超敏反应的因子，对实验诱发自身免疫性甲状腺炎都比13系敏感。

2.近交系13系　其毛色呈三色(黑、白、红)，大部分在头部，这个品系对结核杆菌抵抗力强，体型较大，GPLA-B1抗原与2系相同，而主要组织相容性复合体1区与2系不同，对诱发自身免疫性甲状腺炎的抵抗力比2系和Hartley远交群强。生存期1年的豚鼠其白血病自发率为7%，流产率为21%，死胎为45%，血清中缺乏诱发迟发超敏反应的因子。

(二)封闭群豚鼠

在已有的30多种远交群豚鼠中，使用最广泛的是Hartley品系1，它是1926年Dunkin-Hartley用英国种豚鼠繁育而成。豚鼠经过人工驯化后，分为4个变种。

1.英国种　毛短，健壮，毛色有纯白、黑色、棕黑色、棕黄色和灰色等。英国种豚鼠主要有4个品种：顿金哈德莱(Dunkin Hartley)、哈德莱(Hartley)、勃莱特哈德莱(Pirbright Hartley)和短毛种(Shorthair)。

2.安哥拉种　毛细而长，能把脸部、头部、身体覆盖住。对寒冷和潮湿特别敏感，不易饲养繁殖，雌鼠一般一胎只生一只仔鼠，而且仔鼠成活率较低。这种豚鼠不适于做实验。

3.秘鲁种　毛细长有卷，体质较英国种差。与安哥拉种有血缘关系。

4.阿比西尼亚种　短毛，但毛长成后似蔷薇花状的卷涡毛。这种豚鼠极易感染各种疾病，因而亦不适于用做实验。

目前我国各研究教学单位使用的豚鼠多为短毛的英国种豚鼠。不同毛色的英国种豚鼠杂交可形成不同的变种，如纯白色、黑色、棕色等，因此这些非纯种短毛豚鼠，被毛颜色是多样的，但基本是棕黄、黑、白三种颜色，形成不规则的斑点，称三色豚鼠，也可有二色或单色豚鼠。安哥拉种、秘鲁种、阿比西尼亚种豚鼠抵抗力较差，很容易感染疾病，均不适宜做实验，可用来作观赏动物。

三、豚鼠在生物医学中的应用

(一)药理学研究

豚鼠对某些药物极其敏感，如豚鼠对组织胺极其敏感，所以很适合做平喘药和抗组织胺药的研究。豚鼠对人型结核杆菌具有高度的敏感性，因此常用于抗结核病药物的药理学研究。还有镇咳药、免疫抑制药和抗风湿药等的研究。

(二)传染病研究

豚鼠对结核杆菌、布鲁氏杆菌、钩端螺旋体、白喉杆菌、Q热病毒、淋巴细胞性脉络丛脑膜炎病毒等很敏感，常用于病原的分离及诊断。

(三)免疫学研究

老龄雌鼠的血清中含有丰富的补体，是补体含量最多的一种动物，而且补体含量非常稳定。因此，免疫学实验中所用的补体多来源于豚鼠血清。

豚鼠是速发型过敏性呼吸道疾病、过敏性休克和变态反应研究的首选实验动物。由于致敏的豚鼠再次接触抗原会引起支气管平滑肌收缩甚至死亡，因而豚鼠适合用于研究速发型过敏性呼吸道疾病。此外，豚鼠迟发性超敏反应与人类相似，可用于皮内结核菌素试验。

(四)营养学研究

由于豚鼠体内不能合成维生素C，可以利用豚鼠进行维生素C缺乏引起的坏血病的研究。豚鼠也可用于叶酸、硫胺素和精氨酸的生理功能研究。

(五)耳科学研究

豚鼠耳壳大、耳道宽,血管延伸到中耳腔,方便进行手术操作和耳循环的观察。常用于听觉和内耳疾病的研究,如噪声对听力的影响,药物对听神经的影响。

(六)其他研究

(1)豚鼠是胚胎发育完全动物,采食早,容易成活,是最早获得无菌品种的实验动物,所以经常用于悉生生物学的研究。

(2)豚鼠对缺氧耐受力强,适合做缺氧耐受性和测量耗氧量的实验。

(3)豚鼠也适用于妊娠毒血症、自发性流产、睾丸炎以及畸形等方面的研究。

四、豚鼠饲养管理

(一)性别鉴定

用一手抓住豚鼠的颈部,另一手扒开靠生殖器孔的皮肤,雄性在圆孔中露出性器官的突起,雌性则显出三角形间隙。

(二)饲养环境

1. 环境　豚鼠听觉好,对外来的刺激,如突然的震动、声响较敏感,甚至可引起流产,因此环境应保持安静。饲养室温度应控制在 18～29℃,最适为 20～26℃,相对湿度 40%～70%。保持饲养环境中有足够的新鲜空气,换气次数每小时 10～15 次。

2. 笼具　豚鼠不能登高,跳跃能力差,笼具一般不需加盖。豚鼠活动性强,空间要求比其他啮齿类大。抽屉式箱子、托盘式笼架和大塑料盒是繁殖豚鼠较好的笼具。

3. 垫料　豚鼠的垫料可用干草或稻草,这样既可以在豚鼠受惊奔逃时藏身,也可以让豚鼠补充纤维素。但在进行营养方面研究时则不宜采用。

(三)饲料和饮水

颗粒饲料之外加喂一次干草或青饲料,补充粗纤维。对于清洁级以上豚鼠采用维生素合剂代替青饲料来控制微生物指标。豚鼠自身体内不能合成维生素 C,饲料中一定要注意维生素 C 的补充。如将维生素 C 溶于饮水中(200～400 mg/L,新鲜配制)喂给。豚鼠的唾液和食物会经常污染饮水,因此,要特别注意保持饮水的卫生。

第四节　地鼠的生物学特性、选择应用及饲养管理

地鼠(*Phodopus sungorus*,Hamster),又名仓鼠,属哺乳纲(Mammalia)、啮齿目、仓鼠科(Cricetidae)。实验用地鼠由野生地鼠驯养而成。常用的实验动物地鼠主要有金黄地鼠(*Golden hamsters*)和中国地鼠(*Cricetulus griseus*)。

一、地鼠生物学特性

(一)一般特性

1. 生活习性　地鼠属于昼伏夜行动物,白天基本上睡眠,行动笨拙,一般在夜晚 8～11 点最为活跃,运动时腹部着地,行动不敏捷,牙齿十分坚硬,可咬断细铁丝,兴奋时发出强烈的金属性音响。地鼠好斗,雌性比雄性大而且凶猛,受惊时会咬人。除发情期外,雌鼠不易与雄鼠

同居，且雄鼠易被雌鼠咬伤。

2. 采食性　地鼠有很强的贮食习性，可将食物存贮于口腔内侧的颊囊内。其颊囊可充分扩张，贮藏能力极大，通过颊囊将大量食物搬于巢中，便于冬眠时食用。

3. 嗜睡性　睡眠很深时全身肌肉松弛，且不易弄醒，有时误认为死亡。室温低时出现冬眠，一般于 8～9℃时可出现冬眠，此时体温、心跳、呼吸频率、基础代谢率均降低。室温低于 13℃则幼仔易于冻死，室温最好保持 20～25℃，相对湿度 40%～70%。

（二）解剖学特点

（1）头骨较长，门齿孔小，臼齿呈三棱形，齿式为 2（门 1/1，犬 0/0，前臼 0/0，臼齿 3/3）= 16，门齿能终生生长，脊椎为 43～44 节，其中颈椎 7，胸椎 13，腰椎 6，荐椎 4，尾椎 13～14。

（2）口腔内两侧各有一个颊囊，深为 3.5～4.5 cm，直径 2～3 cm，一直延伸到耳后颈部，由一层薄而透明的肌膜构成。颊囊缺少腺体和完整的淋巴通路，因此对外来组织不产生免疫排斥反应，封闭群内个体间皮肤移植常可存活，并能长期生存下来，但不同群体间移植则 100% 被排斥。

（三）生理学特点

1. 生长发育　金黄地鼠初生体重 2～3.3 g，全身无毛，眼、耳紧闭，约 5 d 后耳张开，15 d 睁眼。两个多月的成年金黄地鼠，体重可达 80～100 g。4 周后雌鼠体重超过雄性，雌鼠成年体重 140 g，雄鼠成年体重 130 g。中国地鼠成年体重约为 35 g，雄鼠则比雌鼠大。寿命一般 2～3 年。

2. 繁殖特性　性成熟一般 30 日龄，性周期 4～5 d，妊娠期平均 16（14～17）d，是妊娠期最短的哺乳类实验动物。哺乳期 21 d，平均窝产仔 6～8 只。为全年发情动物，有产后发情特点。生育期从 6～8 周起可延续到 15 月龄，每年可产 7～8 胎。地鼠雄性比雌性腺体发育完全。

3. 中国地鼠（黑线仓鼠）与金黄地鼠解剖生理特点　基本相似，但也存在一些差异，如中国地鼠的染色体少而大，二倍体细胞 $2n=22$，大多数能相互鉴别，定位明确，尤其 Y 染色体在形态上是独特的，极易识别。无胆囊，大肠长度是金黄地鼠的一半。

二、地鼠主要品种和品系

（一）金黄地鼠

现有近交系 38 种，突变系 17 种，远交群 38 种。目前常用的金黄地鼠大部分属于封闭群，繁殖性能良好。

（二）中国地鼠

现有群、系 20 个。我国已育成的有山西医科大学的山医群体近交系中国地鼠，军事医学科学院的 A:CHA 白化黑线仓鼠突变群。

三、地鼠在生物医学中的选择应用

常用的实验动物中金黄地鼠的用量和使用范围比较大，而中国地鼠应用范围较窄小。

（一）肿瘤学移植、筛选、诱发和治疗研究

由于金黄地鼠的颊囊是缺乏组织相容性抗原的免疫学特区，诱发肿瘤的病毒易感性高，还能成功地移植某些同源正常组织细胞或肿瘤组织细胞，因而广泛应用于研究肿瘤的增殖、致

癌、抗癌、移植、药物筛选和 X 线治疗等。

(二)生殖生理和计划生育研究

成熟早，动情周期准确，可确切得知其怀孕日期，妊娠期短，繁殖快，适用于生殖生理研究。人的精子能穿透金黄地鼠卵子的透明带，完成受精过程，用于计划生育研究。

(三)糖尿病研究

近交系中国地鼠易产生真性糖尿病，血糖可比正常高出 2～8 倍，胰岛退化，是Ⅰ型糖尿病的良好动物模型。

(四)传染病学研究

金黄地鼠常用于狂犬疫苗、乙型脑炎疫苗的制备及检定。中国地鼠是利氏曼原虫、阿米巴、旋毛虫和结核杆菌较好的动物模型。

四、地鼠饲养管理

(1)地鼠可用小鼠饲料饲喂。每周加喂含 20%鸡蛋的玉米粉 1 次，青绿饲料每周 3 次或每天 1 次。种雄鼠和幼鼠饲料的蛋白质含量不应低于 20%，注意补充维生素，给予充足清洁的饮水。

(2)地鼠应该单笼饲养，垫料每周更换 1 次。仔鼠离乳后，雌、雄分开饲养，种鼠从春夏季出生的 2～3 胎仔鼠中选择。

(3)保持室内安静，空气流通，温度 20～26℃，相对湿度在 10%～70%。

(4)地鼠发情交配时应将发情雌鼠放入雄鼠笼内，交配完毕取出单养。也可以采取长期同居的方式，但要注意雄鼠易被雌鼠咬伤。

第五节　兔的生物学特性、选择应用及饲养管理

兔(*Oryctolagus cuniculus*，Rabbits)，起源于欧洲野生穴兔，属哺乳纲(Mammalia)，兔形目(Lagomorpha)，兔科(Leparidae)，穴兔属(*Oryctolagus*)。家兔是由野生穴兔经过驯养选育而成的。

一、兔生物学特性

(一)一般特性

1. 生活习性　听觉、嗅觉灵敏，胆小怕惊。家兔能凭嗅觉辨别非亲生仔兔，并拒绝给其哺乳。兔子喜躺卧在清洁干燥的地方，被粪尿污染的饲料兔子拒绝食用。

2. 群居特性　家兔群居性很差，好咬斗，特别是公兔间和新组成的群体之间，因此，实验兔适于笼养。家兔喜干怕热，汗腺不发达，当气温超过 30℃或湿度过高时，易引起母兔减食、流产和拒乳。

3. 夜行性　家兔在笼内白天安静，夜间较活跃。家兔晚上的采食量和饮水量占全日量的 70%以上，应当合理安排家兔的饲养管理日程。

4. 嗜眠性　白天很容易进入睡眠状态。除听觉外，其他刺激不引起兴奋，如视觉消失、痛觉迟钝或消失。

5.有食粪特性　家兔排出的粪便有两种：一种是粒状的硬粪，量大，粪干，表面粗糙，依草料种类而呈现深浅不同的褐色；另一种是团状的软粪，多时呈念珠状，量少，质地软，通常呈黑色。家兔排出软粪时会自然吃掉，是一种正常的生理行为。

(二)解剖学特点

(1)口腔小，上唇分开，齿式为2(门2/1，犬0/0，前臼3/2，臼齿3/3)=28。唾液腺有4对，即腮腺、颌下腺、舌下腺和眶下腺。

(2)家兔为单胃，小肠和大肠的总长度为体长的10倍。盲肠非常大，占腹腔的1/3。在回肠与盲肠相连接处膨大形成一个厚壁的小囊，这就是兔特有的圆小囊，囊壁富有淋巴滤泡，其黏膜不断分泌碱性液体，中和盲肠中微生物分解纤维素所产生的各种有机酸，有利于消化吸收。

(3)雄兔睾丸可以自由地下降到阴囊或缩回腹腔。雌兔为双子宫，有乳头3～6对。兔为单乳头肾。

(4)兔的胸腔构造与其他动物不同，纵隔将胸腔分左右两室，互不相通。暴露心脏时，动物不需做人工呼吸。颈神经血管束中减压神经易于分离，其末梢分布在主动脉弓血管内，属于传入性神经。

(5)幼兔的消化道发生炎症时，消化道壁即成为可渗透的，消化道中的有害物质易被吸收，这就是幼兔腹泻时容易自身中毒死亡的原因。

(6)家兔是双子宫动物，两子宫颈间有间膜固定，不会发生像其他家畜那样在受精后受精卵由一个子宫角向另一个子宫角移行。在生产上偶有妊娠期复妊娠的现象发生。

(三)生理学特点

1.生长发育　家兔初生时全身裸露，眼睛紧闭，耳闭塞无孔，趾趾相连，不能自由活动，出生后3～4日龄开始长毛，4～8日龄脚趾分开，6～8日龄耳孔开放，10～12日龄眼睛睁开，21日龄能正常采食，30日龄被毛形成，家兔初生时体重50 g左右，不同品种不同性别的家兔，其生长速度和成年体重有一定差别，中型兔成年体重4～5 kg。

2.繁殖特性　家兔不同品种、性别，性成熟时间不同，一般小型品种3.5～4.5月龄，中型品种5～6月龄，大型品种6～7月龄，母兔性成熟比公兔早，体成熟年龄比性成熟平均推迟1个月左右。一年四季均可交配繁殖，家兔属刺激性排卵动物，一般在交配后10～12 h排卵。若在发情期内没有进行交配，母兔就不排卵，其成熟的卵泡就会老化衰退，经10～16 d逐渐被吸收。妊娠期30～33 d，产仔数为4～10只，哺乳期40～45 d。繁殖年龄5～6年。平均寿命8年。

3.换毛特性　家兔在正常生命活动中有两种换毛现象，一种是年龄性换毛，一种是季节性换毛。年龄性换毛是指仔兔30 d乳毛长齐，到100 d左右第一次脱去乳毛，130～190 d第二次换毛，此次换毛后就意味着发育到成年。季节性换毛是指成年兔每年春和秋季均有一次换毛现象，换毛期间兔抵抗力差，易患疾病。

4.家兔属恒温动物可用于热原检测　正常体温在38.5～39.5℃，对致热物质反应敏感，适于用作热原实验。汗腺不发达，在高温环境下主要通过浅而快的喘式呼吸和耳部血管扩张来散热。适宜的环境温度因年龄而异，初生仔兔窝内温度30～32℃，成年兔保持(20±2)℃。

5.家兔具有产生阿托品酯酶的基因　即使吃了含有颠茄的饲料后，亦不会引起中毒症状。

二、兔常用的品种和品系

目前，在国际上实验用兔多达数十个品种，我国比较常用的实验家兔品种有新西兰白兔、日本大耳白兔、青紫蓝兔和中国白兔4个品种。

(一)新西兰白兔

肉用兔品种，20世纪初在美国培育而成，也是美国用于实验研究最多的品种，已培育成近交品系。被毛全白，头宽圆而粗短，耳较宽厚而直立，臀圆，腰肋部肌肉丰满，四肢粗壮有力。体型中等，成兔体重4～5 kg，繁殖力强，平均每胎产仔7～8只。该品种性情温顺，易于管理，广泛用于皮肤反应试验、热源试验(图4-7)。

(二)日本大耳白兔

日本使用中国白兔和日本兔杂交选育而成的。兔体格强健，较耐粗饲，适应性强，体型较大，生长发育较快。该兔头大小适中，额宽，面凸，被毛全白且浓密而柔软，眼红色，颈较粗，母兔颈下有肉髯。体型中等偏大，成兔体重4～5 kg。繁殖力强，每胎产仔8～10只，初生重60 g左右。兔母性好，泌乳量大。生长发育较快，2月龄平均重1.4 kg，4月龄3 kg。耳大、耳根细、耳端尖、耳薄，形同柳叶并向后竖立，血管明显，适于注射和采血(图4-8)。

图4-7　新西兰白兔

图4-8　日本大耳白兔

(三)青紫蓝兔

原产于法国，属于皮肉兼用型兔，其外貌特征是被毛整体为蓝灰色，耳尖及尾面为黑色，眼圈、尾底、腹下和后额三角区呈灰白色。单根毛纤维自基部至毛梢的颜色依次为深灰色、乳白色、珠灰色、雪白色和黑色，被毛中夹杂有全白或全黑的针毛。眼睛为茶褐色或蓝色。耳下垂，母兔颌下有肉髯。大型体重可达4～6 kg。体健壮，耐寒，适应性强，生长快。

(四)中国白兔

我国各地均有分布，以四川等地饲养较多，体型偏小，但全身各部结构紧凑而匀称，头型清秀，嘴端较尖，耳短小而直立，被毛洁白而紧密，眼睛红色。中国白兔为早熟小型品种，性成熟较早，约3月龄。仔兔初生重40～50 g，30日龄断奶体重300～450 g，3月龄体重1.2～1.3 kg。成年母兔体重2.2～2.3 kg，公兔1.8～2.0 kg，繁殖力较强，年产4～6胎，母兔有乳头5～6对，平均每胎产仔6～8只，最多达15只以上。

三、兔在生物医学中的选择应用

(一)发热研究和热原实验

家兔对细菌内毒素、化学药品、异性蛋白会产生发热反应，广泛用于制药工业及人、畜禽用生物制品等各类制剂的热原检定。

(二)微生物学研究和兽用生物制品的制备

家兔对许多病毒和致病菌非常敏感，适用于各种微生物学的研究，如狂犬病、天花和脑炎等。猪瘟兔化疫苗、猪支原体乳兔疫苗等生物制品都是通过家兔研制而成。

(三)免疫学研究

家兔可用来制备高效价和特异性强的免疫血清。如细菌、病毒、立克次氏体等免疫兔血清等；兔抗人球蛋白免疫血清，羊抗免疫血清，兔抗大白鼠肝组织免疫血清和兔抗大白鼠肝铁蛋白免疫血清等。

(四)心血管和肺心病的研究

家兔颈部神经血管和胸腔的特殊构造，很适合作急性心血管实验，如直接法记录颈动脉血压、中心静脉压，间接法测量冠脉流量、心搏量、肺动脉和主动脉血流量等。也可采用兔耳灌流，离体兔心等方法来研究药物对心血管的作用。

(五)生殖生理和胚胎学的研究

家兔属于刺激性排卵的动物。如雄兔的交配动作或静脉注射绒毛膜促性腺激素均可诱发排卵，在兔人工授精后进行生殖生理学的研究。也可用于避孕药的筛选研究。

(六)眼科的研究

家兔的眼球甚大，几乎呈圆形，眼球体积 5～6 cm^3，重 3～4 g，便于进行手术操作和观察。因此，家兔是眼科研究中最常用的动物。同时在同一只家兔的左右眼进行疗效观察，可以避免动物年龄、性别、产地、品种等产生的个体差异。

(七)皮肤反应实验

家兔对皮肤刺激反应敏感，近似于人。常选用家兔皮肤进行毒物研究。此外，兔耳可进行实验性芥子气皮肤损伤和冻伤烫伤的研究。

(八)胆固醇代谢和动脉粥样硬化症的研究

将纯胆固醇溶于植物油中喂饲家兔，可以复制家兔典型的高胆固醇血症、主动脉粥样硬化症和冠状动脉硬化症。

四、兔饲养管理

实验兔的生产目的与各种经济兔不同。前者对外界环境条件的敏感性强、适应性差，并且要求背景资料齐全，所以在繁育生产和试验研究过程中，不仅要按着兔群的微生物学控制的等级提供相应的环境条件，还必须按照家兔的生物学特性进行科学的程序化管理。

(一)性别鉴定

仔兔一般可通过观察阴部生殖孔形状和与肛门间距来识别。孔洞扁形而略大，与肛门间距较近者为母兔。孔洞圆形而较小，与肛门间距较远者为公兔。

青年兔、成年兔公兔已经性成熟，阴囊明显，按压生殖器则可见到阴茎；母兔则无。

(二)饲养环境和笼具

饲养室温度应控制在16～29℃,相对湿度40%～70%。噪声控制在60 dB以下。室内保持安静、清洁、干燥和通风。

实验用家兔笼具一般采用不锈钢笼具,并设有自动冲洗粪尿装置。食槽采用可以转动和自由取下的簸箕式食槽,饮水一般采用乳头式自动饮水器。

(三)饲养管理一般原则

1.保证纤维素的供应　实验兔一般采用颗粒全价配合饲料饲喂,应注意的是,在家兔的配合饲料中保证足够量的纤维素的供应。

2.饲料的喂给　采用定时定量、少喂勤添的方法,这样既可养成家兔良好的进食习惯,有规律地分泌消化液,便于对饲料的消化和吸收,也可以提高饲料的利用率。

3.掌握适宜的喂量　一般种公兔每天的饲料供应量为130～150 g,种母兔的供应量为160～250 g。

4.要保证充足的饮水　一年四季均应保证有充足的水供应,并注意水的质量应符合相应微生物控制级别的要求。

5.保持安静　家兔胆小易于受惊,因此在管理中应注意饲养操作尽可能轻、稳、静,保持安静的环境,还要防止其他动物对其造成骚扰。

第六节　犬的生物学特性、选择应用及饲养管理

犬(*Canis familiaris*,Canine),属哺乳纲(Mammalia)、食肉目(Carnivora)、犬科(Canidae)、犬属(*Canis*)动物。犬是人类最早驯化的动物之一,从20世纪40年代开始,犬才作为实验动物,近年来,已培育出专用于实验的几个品种。

一、犬生物学特征

(一)一般特性

(1)犬喜接近人类,易于驯养,有服从人的天性,并能领会人的简单意图,经短期训练能很好地配合实验。

(2)犬喜吃肉类和脂肪,同时喜咬骨头,经过人类长期驯养,成为偏爱动物性食物的杂食性动物。

(3)犬的嗅觉和听觉灵敏,能辨别空气中的细微气味。犬的听觉是人的16倍,能辨别频率为7～10 000 Hz的声音,辨别出来自12个方向的音响。

(4)犬的视力很差、味觉退化。犬对固定目标,50 m能看清。对移动物体感觉灵敏,视野仅20～30 m,在100 m以外就不能辨别主人的动作。犬是红绿色盲,但暗视野发达,在夜晚微弱光线下,辨别物体的能力很强,故具夜行性。犬味觉也退化,犬对口中的食物不能辨别其味道。

(5)犬具有合群欺弱的特点,管理不当容易恢复野性。作为家畜长期与人类一起生活,有服从主人的天性,能领会人的简单意图。

(6)犬寿命10～20年,品种个体差异很大。根据成年体重,习惯分为袖珍型(3 kg以下)、

小型(10 kg 以下)、中型(10～25 kg)和大型(25 kg 以上)。

(二)解剖学特点

(1)乳齿齿式为2(门 3/3,犬 1/1,前臼 3/3,臼齿 0/0)=28。成年齿式为2(门 3/3,犬 1/1,前臼 4/4,臼齿 2/3)=42。臼齿发达;无锁骨;阴茎骨是犬科动物特有的骨头。

(2)眼球晶体较大,嗅脑、嗅觉器官、嗅神经发达,鼻黏膜上布满嗅神经。

(3)具有发达的血液循环和神经系统,内脏与人相似,比例也近似。胸廓大,心脏较大。肠道短,约为体长的5倍。肝较大,占体重的3%,胰腺小,分左右两支,扁平长带状,于十二指肠降部各有一胰腺管开口处,胰腺向左横跨脊柱而达胃大弯及脾门处,因犬胰腺是分离的,易摘除。

(4)脾脏是犬最大的储血器官,当奔跑需要更多的血动员出来参加循环代谢时,依靠丰富的平滑肌束收缩将脾中的血挤到周围血管中。犬胃较小,相当于人胃长径的一半,容易做胃导管手术。

(5)犬的汗腺不发达,仅鼻尖有一种鼻镜腺和脚(枕部)有汗腺。犬夏天散热主要依靠张口伸舌增加呼吸频率调节体温。

(三)生理学特点

1.神经类型　多血质(活泼的)、黏液质(安静的)、胆汁质(不可抑制的)和忧郁质(衰弱的)。

2.血型　犬有五种血型,即A、B、C、D、E型,只有A型血(是有A抗原),可引起输血反应,其他四型血可以任意供血。

3.繁殖特性　犬性成熟280～400 d。为每年春秋季单发情动物。性周期180(126～240) d,发情期13～19 d,妊娠期60(58～63) d,哺乳期45～60 d。

4.犬生理学指标　染色体数 $2n=78$,正常体温39(38.5～39.5)℃,心率80～120次/min,呼吸频率18(15～30)次/min,潮气量320(251～432) mL,通气量5 210(3 300～7 400)mL/min,耗氧量580 mm^3/g 活体重,72 mL/min(10 kg),收缩血压19.86(17.77～25.20) kPa,舒张压13.33(10.00～16.27) kPa,总血量为体重的7.7(5.6～8.3)%,心输出量14 mL/次,红细胞数680(550～850)$\times 10^4/mm^3$,血红蛋白14.8(11～18) g/100 mL,白细胞11.5(6.0～17.0)$\times 10^3/mm^3$,全血比重1.054～1.062,红细胞比重1.090,血浆比重1.023～1.028,血小板(21.86±9.22)$\times 10^4/mm^3$,血浆总蛋白7.1(6.3～8.1) g,尿量25～41 mL/(kg·24 h),尿pH值为6.1。

二、犬的主要品系和种群

国际上用于医学科学研究的犬主要有小猎兔犬、墨西哥无毛犬、四系杂交犬、Boxer黑白斑点短毛犬等。这些品种犬的主要特征和用途如下。

(一)小猎兔犬(Beagle)

小猎兔犬又叫比格犬,原产英国。1880年引入美国,我国在20世纪80年代初引进,并在全国各地繁殖。体型小(成年体重为7～10 kg,体长为30～49 cm),短毛形态,体质均一,禀性温和,性成熟期(8～12个月)早,产仔数多。尤其适合药理、循环生理、眼科、毒理、外科学等研究,而且对环境的适应力强、抗病力强,被公认为是较理想的实验用犬(图4-9)。

(二)四系杂交犬(4-Way Cross)

四系杂交犬是为科研工作需要而培养出的一种外科手术用犬，它可由两种以上品系犬进行杂交而成。如 Gveyhound、Labrador、Samoyed 及 Basenji 四品系动物交配，取 Labrador 较大体躯、极大胸腔和心脏等优点，取 Samoyed 耐劳和不爱吠叫的优点(图 4-10)。

图 4-9　比格犬

图 4-10　四系杂交犬

(三)黑白斑点短毛犬

可进行特殊的嘌呤代谢研究及中性白细胞减少症、青光眼、白血病、肾盂肾炎、Ehers-Danols 等病的研究。

(四)墨西哥无毛犬

由于无毛可用于特殊研究，如用于粉刺或黑头粉刺的研究。

此外，还有做外科实验研究用的 Labrador 犬、用于生理研究的大猎犬、做红斑结节狼疮和淋巴肉瘤研究用的 Boxer 犬等。

我们国家繁殖饲养的犬品种也很多，如中国猎犬、西藏牧羊犬、狼犬、四眼犬、华北犬和西北犬等。

三、犬在生物医学中的选择应用

(一)实验外科学研究

主要广泛应用于外科研究，如心血管外科、脑外科、断肢再植、器官和组织移植等。此外，用于麻醉方法的筛选实验。

(二)基础医学研究

犬的神经、血液循环系统发达，适合做失血性休克和弥漫性血管内凝血。脂质在动脉中的沉积、急性心肌梗塞、心律失常、急性肺动脉高血压、肾性高血压、脊髓传导实验、大脑皮层定位实验、条件反射实验、内分泌腺摘除实验、各种消化道和腺瘘(食道瘘、肠瘘、胃瘘、胆囊瘘、唾液腺瘘、胰液管瘘)等都用犬做模型。

(三)药理、毒理学实验

犬常用于各种新药临床前的药理实验、代谢试验和毒性实验。如磺胺类药物代谢研究。国际上规定，新药使用前必须经过 Beagle 犬的药理实验。

(四)某些疾病研究

如蛋白质营养不良、高胆固醇血症、动脉粥样硬化、糖原缺乏综合征、先天性白内障、胱氨酸尿、遗传性耳聋、血友病A、先天性心脏病、先天性淋巴水肿、家族性骨质疏松和视网膜发育不全。此外,还应用于黑头粉刺病、淋巴肉瘤、红斑狼疮病、嗜中性白细胞减少症、肾盂肾炎、青光眼和狂犬病等。

(五)慢性病实验研究

犬易于调教,通过短期训练即可较好地配合实验,适合于进行慢性试验研究,如做条件反射试验、各种疗效效果试验、内分泌试验和慢性毒性试验。犬的消化系统发达,与人的消化过程比较接近,特别适合做消化道的慢性试验。如可用无菌手术方法做成唾液瘘管、食道瘘、胰液瘘、胃瘘、胆管瘘等来观察胃肠运动和消化吸收、分泌等的变化。

四、犬饲养管理

(一)实验犬的输入和检疫

购买实验用犬要到有资质的实验犬饲养繁育机构购买。选购健康活泼、短毛、性情温顺者,然后按大小不同分别装入运输笼中。每批新来的犬,在检疫期不与其他犬混放。

(二)犬体清洁

繁殖用犬或长期饲养的实验犬则经常保持清洁,夏天可用水冲洗犬笼,同时用水缓缓冲洗犬身(不可用强水冲)。用刷子或特制金属梳子梳刷犬身,除去浮毛和污秽物。手术前若能用肥皂清洗犬的身体,则可以减少继发感染,提高手术成功率。

(三)饲养环境

犬饲养场所应在独立区域,室内饲养应有隔音设备,犬场和犬舍需要双重门设施,实验用犬一般采取笼养,笼长和宽各80 cm,笼高100 cm,笼底为可拆卸的不锈钢网,网格为2.5 cm×2.5 cm,此笼可养实验用犬一只。

保持犬舍和犬笼清洁,每天要打扫粪便并冲洗清洁,冬天勤除粪,适当减少冲洗次数,以保持相对干燥。夏天每周喷消毒除虫剂1次,冬天则换一批犬时彻底消毒1次。

(四)饲养及营养要求

犬全价营养膨化饲料可以饲喂繁殖犬、断奶仔犬和实验用犬。按犬体重的4%供给,分2次喂食,可干喂也可湿喂。

育成犬每天需水量为150 mL/kg体重,成年犬每天需水为100 mL/kg,在正常情况下,全天供应任其饮用。

(五)调教

调教繁殖用犬和慢性实验用犬,最低要求是能做到叫得来,牵得走,抱得起。要达到此要求一般需要调教7~14 d。陌生犬与人接触,可通过喂食进行调教。

第七节 猫的生物学特性、选择应用及饲养管理

猫(*Felidae catus*,Cat),属于哺乳纲(Mammalia)、食肉目(Carnivora)、猫科(Felidae)和猫属(*Felis*)。自19世纪末开始应用于实验,近年来,不少国家开始以供实验为目的,进行专门的繁殖饲养。有的国家已纯化和培育出了无菌猫和SPF猫。我国也有一些单位进行了专门饲养,开展了品种固定工作。

一、猫生物学特性

(一)一般特性

1. *生活习性* 牙齿和爪十分尖锐,善于捕捉鼠、鸟类和其他小型动物。如果抓捕和处置不当,容易被抓伤、咬伤。善于攀登,脚底有较厚的肉垫,行走时悄然无声,捕捉猎物时大都采用偷袭的方式。

2. *饲养特点* 猫白天喜欢舒适、明亮、干燥的环境,固定地点大、小便,便后立即掩埋。在笼或室内一角,放一有铺垫物的便盆,即可以收集全部猫的大、小便。每年春夏和秋冬,各换毛1次。

3. *猫的视觉特点* 按照光线强弱的程度灵敏地调节瞳孔,白天光线强时,瞳孔可以收缩成线状,晚上视力很好,所以猫喜欢在晚上出来捕食野鼠。

4. *猫对环境变化敏感* 食物和生活环境变化后,猫需要较长时间适应环境,经调教对人有亲切感。

5. *猫的群居性* 猫因不易成群饲养,繁殖较为困难。喜爱孤独而自由的生活,除发情和交尾外,很少三五成群在一起栖息。哪里有较好的生活环境,充足的食物,就会在哪里定居下来,没有固定的栖息地方,不认特定的主人。

6. *猫的寿命* 雄性育龄 6 年,雌性 8 年,寿命 8～14 年。雌性体重 2～3 kg,雄性体重 2.5～3.5 kg。

(二)解剖学特点

(1)猫的骨骼结构和人类骨骼十分相似。猫的椎骨并不像人类的椎骨紧密连接,因而猫的脊柱特别柔软,猫能将背变成“U”形,或者扭转身体,挤过极窄小的空隙。猫没有锁骨,而是在胸肌里埋有一块缩得很小的锁骨组织。

(2)前肢 5 趾,后肢 4 趾,爪发达而尖锐,呈三角钩形,能伸开缩回,趾垫间有少量汗腺。猫的牙齿与其他动物不同,共有 30 个牙齿,齿式为 2(门 3/3,犬 1/1,前臼 3/2,臼齿 1/1)=30。4 个锐利的犬齿,其余为锐利的假臼齿和真臼齿。通常上颌的后假臼齿和下颌的第一真臼齿特点粗大,因而命名为食肉齿。猫的牙齿特点,使猫便于吃鱼骨头等硬性食物。

(3)猫是单室胃,肠较兔稍长,盲肠很细小,只能见到盲端有一个微小的突起。胸腔较小,腹腔很大。肝分五叶(右中叶、右侧叶、左中叶、左侧叶和尾叶)。肺分七叶(右肺四叶,左肺三叶)。

(3)猫的大脑和小脑较发达,其头盖骨和脑的形态特征固定,对去脑实验和其他外科手术耐受力也强。平衡感觉、反射功能发达,瞬膜反应敏锐。

(4)循环系统发达,血压稳定,血管壁较坚韧。红细胞大小不均匀,细胞边缘有一环状灰白结构,称为红细胞折射体。血型有 A、B、AB 型。

(三)生理学特点

(1)猫对呕吐反应灵敏,受到机械和化学刺激易发生咳嗽,猫的呼吸道黏膜对气体或蒸汽反应敏感。猫对吗啡的反应和一般动物相反,犬、兔、大鼠、猴等主要表现为中枢抑制,而猫却表现中枢兴奋。

(2)性成熟 6～10 月龄,季节性多发情动物,除夏季外,全年均可发情,但多发于秋季,属典型的刺激性排卵。妊娠期 63(60～68) d,分娩一般需 2～3 h。产仔数 1～6 只,常 3～5 只。哺乳期 60 d。适配年龄雄性 1 岁，雌性 10～12 月龄。

(3)猫正常体温 38.7(38.0～39.5)℃，心率 120～140 次/min，呼吸频率 26(20～30)次/min，潮气量 12.4 mL，通气率 322 mL/min，耗气量 710 mm^3/g 活体重，食量 113～227 g/(只·d)，饮水量 100～200 mL/(只·d)，排便量 56.7～227 g/d，排尿量每天 20～30 mL/kg 体重，收缩压 16.00～20.00 kPa，舒张压 10.00～13.33 kPa，红细胞 8.0(6.5～9.5)×10^6/mm^3，血红蛋白 11.2(7～15.5) g/100 mL，白细胞 16(9～24)×10^3/mm^3，血小板 25 万/mm^3，血量占体重的 5%，全血容量 55.5(47.3～65.7) mL/kg 体重，血沉 3 mm(1 h)，循环血量(57±1.9) mL/kg 体重。

二、猫主要品系和种群

实验用猫分为家猫和品种猫两大类。

1.家猫　一般属于随机交配繁殖，家庭饲养。目前我国实验中使用的猫绝大部分为收购来的家养杂种猫(图 4-11)。

2.品种猫　现有 35 种以上，分长毛种和短毛种两类。每个品种都具有特定的遗传特征。实验用猫应选用短毛猫，因长毛猫易污染实验环境，且体质较弱，实验耐受性差，不宜选用(图 4-12)。

图 4-11　家猫

图 4-12　波斯猫

三、猫在生物医学中的选择应用

(一)中枢神经系统研究

猫具有极敏感的神经系统，头盖骨和脑的形状固定，是脑神经生理学研究的绝好实验动物。可在清醒条件下研究神经递质等活性物质的释放和行为变化的相关性，研究针麻、睡眠、体温调节和条件反射及周围神经和中枢神经的联系。还可进行大脑僵直、交感神经的瞬膜及虹膜反应实验等。

(二)药理学研究

用脑室灌流研究药物的作用部位，药物如何通过血脑屏障。观察用药后呼吸，心血管系统的功能效应和药物代谢对血压的影响。猫血压恒定，血管壁坚韧，心搏力强，便于手术操作，能描绘完好的血压曲线，适合进行药物对循环系统作用机制的分析。还可通过瞬膜反射，分析药物对交感神经的影响。

（三）疾病研究

猫是炭疽病和阿米巴痢疾研究的动物模型，同时也可以用于弓形体病、艾滋病、Kinefelters综合征、先天性吡咯紫质沉着症、白化病、急性幼儿死亡综合征，先天性心脏病、草酸尿和卟啉病等的研究。

四、猫饲养管理

（一）饲养条件

饲养环境最适温度为16～28℃，相对湿度为40%～70%。猫爱清洁、明亮的环境。饲养室内应保持干燥、清洁，地面及用具应定期洗刷消毒。室内消毒时要将猫移到室外，避免药物对猫的刺激和影响。因猫对所有酚类都敏感，所以避免使用酚类消毒剂。

（二）驯养

成年猫具野性，易弃家出走，因此养猫须从小养起，初养的猫可用布带拴养几天，安排1个固定的猫窝，猫窝用饲养笼或木箱，垫上松软的干草或棉絮。可在猫窝旁边放置一浅皿，底面铺上吸湿性较强的沙土等，猫会自动在此大、小便。雌、雄猫应分开饲养，笼养单只猫应用0.4 m^2 的面积。

（三）哺乳和断奶

猫一年可产2～3胎，平均每胎产仔3～5只。猫有很强的护仔习性。小猫10日龄左右睁眼，20日龄可爬行，40日龄可觅食，50日龄后可以独立生活，此时可断奶。在实验室内批量繁殖的猫，往往由于与人接触较少，缺乏调教，而野性较大，对人有恐惧感，不易抓捕和配合实验。

（四）饲喂管理

猫是肉食动物，喜腥食，有偏食习性，猫的饲料配方中动物性饲料应占30%～40%，以保证猫的营养需要。断奶的小猫可吃些含蛋白质丰富的鱼、虾、肉、蛋等饲料。猫不能利用β-胡萝卜素作为维生素A的来源，可经常喂猪肝以补充维生素A。小猫在3月龄左右换牙，这是猫的生死关，应饲喂易消化、蛋白质含量高的食物。

第八节　非人灵长类的生物学特性、选择应用及饲养管理

非人灵长类包括除人以外所有灵长类动物，属于哺乳纲（Manmmalia）、灵长目（Primates）。灵长目下分原猴亚目（Prosimiae）和猿亚目（Simiae），猿猴亚目下分树鼩下目（Tupaiiformes）、狐猴下目（Lemuriforms）、懒猴下目和眼镜猴下目（Tarsiidae）。猿亚目下分阔鼻组下目（Platyrrhini）和狭鼻组下目（Catarrhini）。

由于非人灵长类是人类的近属动物，其组织结构、生理和代谢功能同人类相似，应用此类动物进行研究和试验，是研究人类健康和疾病问题的理想动物模型。在探讨困扰人类的艾滋病、肿瘤、麻疹、疟疾和肝炎等疾病时，非人灵长类是首选或者唯一可选的实验动物。目前实验用猕猴已经从野外捕捉转变为人工饲养繁殖为主。

一、非人灵长类生物学特征

(一)一般特性

1. *猕猴生活习性* 一般栖居于树木和岩石坡面上,少数在平原地面上。一般难于驯养,常呲牙、咧嘴、暴露野性,通常怕人,不容易接近。捕捉时可能抓、咬人。猕猴喜欢清洁卫生,经常整饰自己的皮毛,清除皮屑、异物和寄生虫,并把这些东西塞进嘴里吃下去或吐出来。

2. *猕猴采食特性* 主要以植物果实、嫩叶、根茎为主,某些种类兼食某些昆虫(尤其是新大陆猴)。缺乏维生素C合成酶,自身不能合成维生素C,所需维生素C来源于饲料。

3. *猕猴聪明伶俐,模仿力极强* 具有发达的大脑,有大量的脑回和脑沟,善攀登、跳跃,会游泳。有较发达的智力和神经控制。能用手操纵工具。猴之间经常斗架,受惊吓发出叫声。

4. *猕猴视觉较人类敏锐,嗅觉不灵敏* 猴的视网膜有黄斑,有中央凹,视网膜与人类十分相似,有立体感,能辨别物体的形状和空间位置。有色觉,能辨别各种颜色,并有双目视力。嗅脑不发达,嗅觉不灵敏,而听觉敏锐,有发达的触觉和味觉。

5. *敏感的病原体* 猕猴对痢疾杆菌和结核杆菌高度敏感,并且携带可感染人的B病毒。

6. *群居性* 其活动和觅食均在白天,群居性较强,每群猴均有1只最强壮、最凶猛的雄猴为“猴王”。从拂晓开始采食活动,夜晚回到大树和岩石上过夜。

(二)解剖学特点

(1)猕猴的牙齿在大体结构和显微解剖方面,在发育的次序和数目方面与人类牙齿有共同之处。乳齿齿式为:(4204/4204)=40,恒齿齿式为:(4246/4246)=64。根据长出牙齿的顺序及齿的磨损程度可判断其年龄的大小。

(2)猕猴胃为单室,呈梨形。肠长度与身长的比例为(5～8)∶1,盲肠发达,无蚓突。肝分6叶,胆囊位于肝脏的右中央叶。肺分为左右两肺(左肺分上叶、中叶和下叶,右肺分为上叶、中叶、下叶和奇叶)。猴的血液循环系统与人类相似。

(3)猿猴类的共同特征是前指能握物,掌面上有各种不同的指纹和掌纹,圆环状的眼窝外缘,双眼并列向前,视物有立体感,能辨识颜色等。

(三)生理学特点

1. *繁殖特点* 雄猴性成熟为4.5岁,雌猴为3.5岁。雌猴为单子宫,月经周期为28 d(变化范围为21～35 d),月经期多为2～3 d。雌猴在交配季节,生殖器官周围区域发生肿胀,外阴、尾根部、后肢的后侧面、前额和脸部等处的皮肤都会发生肿胀,这种肿胀称为“性皮肤”。雄猴精液射出1 min内形成凝块。雌猴怀孕期为164 d。哺乳期为7～14个月。每年可怀1胎,每胎产1仔。

2. *血型特点* 血型分两类。一类同人的A、B、O和Rh型相同,有A、B、C、Lewis、MN、Rh、Hr型等,其Rh系统全是RhO(又叫Rh1)。另一类是猕猴属特有的,有Arh、Crh、Drh、Erh、Frh、Grh、Hrh、Irh、Xrh、Yrh、Zrh、Krh、Jrh型。这些血型抗原可产生同族免疫,在同种异体间输血时要做血型配合试验,但不会发生新生仔溶血和成红细胞增多症。

3. *猕猴的生理学指标* 正常体温白天为38～39℃,夜间为36～37℃。心率(168±32)次/min,心率随年龄增长而减慢。收缩压(16.00±3.47) kPa,舒张压(11.20±1.60) kPa,年龄大,体重大的猕猴血压较高,雄性比雌性高1.33～2.00 kPa。呼吸频率40(31～52)次/min,潮气量21.0(9.8～29.0) mL。通气率860(310～1 410) mL/min。饲料要求量100～300 g/

（只·d），发热量 1 060.6～3 269.5 J/（只·h），饮水量 450（200～900）mL/（只·d），排尿量 110～550 mL/min，排便量 110～300 g/d，红细胞数 5.2（3.6～1.8）×10^6/mm^3，血红蛋白 12.6（10～16）g/100 mL，白细胞数 10 100（5 500～12 000）/mm^3，血小板数（21.72±1.79）万/mm^3，全血容量 54.1（44.3～66.6）mL/kg 体重，血浆容量 36.4（30～48.4）mL/kg 体重，血比容 39.6（35.6～42.8）。

二、非人灵长主要品种和品系

非人灵长类动物用于研究工作最多的是旧大陆猴，其中猕猴最为重要，其主要品种为恒河猴、熊猴和断尾猴。其次是新大陆猴和少量原猴亚目人猿上科的动物。

（一）恒河猴

又名罗猴、广西猴等。学名为 *Macaca mulatta*，Rhesus monkey。最初发现于孟加拉的恒河河畔，所以称恒河猴或孟加拉猴。我国广西的这种猴很多，所以俗称“广西猴”。恒河猴是目前在生理学、行为学、免疫学、药理学和毒理学等领域使用最为广泛的非人灵长类动物（图 4-13）。

（二）熊猴

学名 *Macaca Assamensis*，Assamese monkey，分类所属同恒河猴。熊猴又称阿萨密猴或蓉猴。产于阿萨密、缅甸北部以及我国的云南和广西。熊猴和蓉猴是广西的本地名。形态和恒河猴很相似，身体比恒河猴稍大，面部较长；毛色较褐，腰背部的毛色和其他部分相同，缺少恒河猴那种橙黄色的光泽，毛也较粗。面部、两耳为肉色，老猴面部常生雀斑。头皮薄，头顶有旋，头毛向四面分开。雄猴身长约 65 cm，尾长 23～25 cm，体重 12～14 kg，雌性较小。其行动不如恒河猴敏捷和活泼，也不如恒河猴聪明易驯，叫声和恒河猴不同，声哑，有时如犬吠。

（三）红面断尾猴

学名 *Macaca speciosa melli*，Stump-tailed monkey，分类所属同恒河猴。产于广东、广西、福建等地。模式亚种（L. S. Speciosa）产于泰国、缅甸、印度和我国云南等地。红面断尾猴又称华南断尾猴，土名叫黑猴和泥猴。尾巴有的已退化到几乎没有，有的已缩至仅占身体的 1/10～1/8。毛色一般为黑褐色，但随年龄和性别稍有不同，有的几乎全黑，有的较褐，略似朱古力色。面部大多数发红，但红的深浅不同，这与发育有关，幼年不红，越接近成熟面色越红，到老年红色又渐消退，转为紫色或肉色，还有少数变成黑面的。雌猴乳头为红色，因为色素的关系，有时为一红一蓝。雄猴身长 60～65 cm，尾长 5～7 cm。红面断尾猴常用于眼科和行为学研究（图 4-14）。

（四）四川断尾猴

学名 *Macaca speciosa thibetana*。又称藏酋猴。是红面断尾猴的一个亚种，产于四川的西部、西藏的东部。毛色和红面猴差不多，也为乌黑色，但稍浅，褐色较多，没有纯黑色的，胸腹部浅灰色的毛很多，毛的长度也和红面猴差不多，但被毛比红面猴为厚。面色偶尔也有红色的，但较少，老年猿在两颊和颏下常生出相当长的大胡子。身体比红面猴略大，雄猴身长 70 cm 以上，尾长在 7～10 cm。聪明伶俐，可以驯养。

（五）台湾岩猴

学名 *Macaca cyclopis*。产于我国台湾。肩毛长，有花纹，体大。

图 4-13 恒河猴

图 4-14 红面断尾猴

(六)平顶猴

学名 *Macaca nemestrina*，日本称猪尾猴，主要产于东南亚各国。尾圆粗，4 岁性成熟，妊娠期 170(162～168) d，哺乳期 8～10 个月，雌猴 4.5～10 kg，雄猴 10～14 kg。

(七)日本猕猴

学名 *Macaca fuscata*。体大，成年雄猴重 11～18 kg，雌猴重 8.3～16.3 kg，月经 28 d，妊娠期 170～180 d，性成熟时，雄猴为 4.5 岁，雌猴为 3.5 岁。刚出生的仔猴重 400～500 g，哺乳期 6～8 个月，每年 3～8 月份为繁殖生育时间。

(八)食蟹猴

学名 *Macaca lrus* 或 *Macaca fuscicularis*，又称爪哇猴。月经期 29(22～33) d，妊娠期 167(153～179) d，哺乳期 14～18 个月，性成熟为 4.5 岁(图 4-15)。

(九)头巾猴

学名 *Macaca simica*，月经周期平均 29.5 d，成熟雄猴体重 4.5～8.5 kg，雌猴 3.5～4.5 kg。

(十)戴帽猴

学名 *Macaca radiata*，主要产于印度。月经周期平均 31 d，妊娠期 163(153～169) d，哺乳期 8 个月，成年雄猴体重 5.5～8.8 kg，雌猴 3.4 kg，性成熟年龄 3～4 岁，每年 1～4 月份为繁殖生育期，初生仔猴体重 330～370 g。

(十一)狮尾猴

学名 *Macaca silenus*，成年雄猴体重 6.5～7 kg。

(十二)叟猴

学名 *Macaca sylvana*，又称蛮猴，主要产于摩洛哥和阿尔及利亚。月经期 27～33 d，妊娠期 210 d，成年雄猴体重 11 kg。

(十三)苏拉威西猴

学名 *Macaca maurus*，又称圣猴，产于印度尼西亚。成年雄猴体重 8.5～10 kg，雌猴 5～5.5 kg。

其他用于医学科学研究的猴品种有：

1. 懒猴　学名 *Loris tradigradus*，适于做视觉生理研究。

2. 狨猴　学名 *Hapale jacchus* 或 *Callithrix jacchus*，英文名 Marmoset。狨科有 3 属 35 种之多，是产于中南美洲的小型低等猿类，特点是体小尾长，尾不具有缠绕性，头圆、无颊囊、鼻孔侧向。各种狨皆活泼温顺脆弱，易驯养。狨又名"囊猴"，因小狨可以放在衣袋或手笼中而得名。需经常食虫，不然难以长期存活。妊娠期为 146(140～150) d，性成熟为 14 个月，有月经，性周期为 16 d。交配不受季节限制，可以在笼内人工繁殖，每胎 1～3 仔，双胎率约为 80%。主要用于生殖生理、避孕药物研究和甲型肝炎病毒和寄生虫病的研究(图 4-15)。

狨猴又名绢毛猴、普通狨(*Callithrix jacchus*)、银狨(*Callithrix argentata*)、倭狨(*Cebuella pygmaea*)和棉顶狨(*Cottontop pinche*)。

3. 夜猴　学名 *Dmroucouli nachtaffe*，主要用于视觉研究和疟疾研究。

4. 松鼠猴　英名 *Saimiri sciurea*，主要用于视觉研究、脑神经和药理学研究。

5. 金丝猴　学名 *Rhinopithecus roxellanae*，又称黄金猿、皮氏瘠猴。主要产于我国四川、贵州、云南和陕西。

6. 树鼩　学名 *Tupaia belageri chinensis*，又名树膘鼠、树仙。一般称作猿猴类动物。外形似松鼠，体小，吻尖细，成年时体重 120～150 g。前、后肢各有 5 趾。犬齿细小，前臼齿宽大。普通树鼩尾蓬松似松鼠，但另有细尾树鼩和笔尾树鼩。树鼩为昼夜活动的食虫类，栖息活动于灌木林地区，行动敏捷。体小，易受惊，如长时间受惊、处于紧张状态时，体重下降，睾丸缩小，发育受阻。当臭腺缺乏时，母鼩会在产后吃掉仔鼩，母鼩生育力丧失，甚至死亡。一般单独活动，食物以虫类为主，也可食用幼鸟、鸟蛋、谷类、果类、树叶等。每年 4—7 月份为繁殖季节，妊娠期约 45 d，每胎 2～4 仔，繁殖力高，存活率低(图 4-16)。

图 4-15　绒猴

图 4-16　树鼩

由于树鼩是一种体小、价廉的灵长类动物，它的新陈代谢远比犬、鼠等动物更接近于人，大体解剖也近似于人，因此在医学生物学上用途很广，受到广大科学工作者的重视。现已用于化学致癌的研究、黄曲霉素致肝癌的研究，人疱疹病毒感染的研究、乙型肝炎病毒的研究、睡眠生理的研究等。这种动物长期饲喂高胆固醇食物时不易诱发动脉粥样硬化病变，其食入的胆固醇都以胆盐的形式排泄掉。

三、猕猴在生物医学中的选择应用

由于猕猴解剖生理学特点与人类近似，尤其高级神经活动比较发达，是其他实验动物无法比拟的,所以是现代生物学、医学和药物学等科学研究中最重要的动物模型。

(一)传染病学的研究

几乎感染人类的疾病都能感染猕猴，常用于人的痢疾杆菌和结核杆菌动物模型,其他动物不能复制的传染病猕猴也可复制。猕猴的肝炎、结核病、痢疾、沙门氏菌病以及疱疹病毒等会传播给人,造成人类发病。

(二)营养、代谢的研究

可用于制备胆固醇代谢、脂肪沉积、肝硬化、铁质沉着症、肝损伤、维生素 A、维生素 B_{12} 缺乏症、镁离子缺乏伴随的低血钙、葡萄糖利用降低等的模型。用添加胆固醇的饲料饲喂猕猴,可发生严重而广泛的粥样硬化症,且可产生心肌梗死,还可出现冠状动脉、脑动脉、肾动脉及股动脉的粥样硬化。猕猴也可做老年性白内障、慢性气管炎、肺气肿、老年性耳聋、牙龈及牙科口腔疾病的研究。

(三)生殖生理的研究

猕猴的生殖生理与人类非常接近，是人类研究避孕药物极为理想的实验动物,可作为胆固醇型避孕剂、非类固醇型避孕剂、子宫内留置器研究的动物模型。还可作为宫颈发育不良、胎儿发育迟滞、妇科病理学、妊娠肾盂积水、胎粪吸引术、前列腺发育、妊娠毒血症、孪生、子宫肿瘤及输精管切除等模型。猕猴也可作为性周期、性行为研究的动物模型。

(四)环境卫生、公害方面的研究

一氧化碳、二氧化碳、臭氧、矽肺病和肺石棉沉着症均可采用猕猴作动物模型。

(五)药理学和毒理学的研究

猕猴对麻醉药与毒品的依赖表现与人类接近,戒断症状又较明显,且易于观察,已成为新麻醉剂和其他新药进入临床试用前必须使用的实验动物。猕猴也是研究致畸的良好动物模型。

(六)器官移植的研究

非人灵长类是研究人类器官移植的重要动物模型。猕猴的主要组织相容性抗原同人的 HLA 抗原相似,有高度的多态性,是灵长类动物组织相容性复合体基因区域的主要研究对象,基因位点排列同人类有相似性。

四、猕猴饲养管理

(一)饲养方式

主要有笼养和舍养两种。笼养主要用于检疫驯化群、隔离群和急性实验群。舍养主要用于繁殖群和慢性实验群,包括内室和外室,内室用于猕猴的休息、避风雨和防寒,外室主要采用露天封闭铁栏或网眼结构,供室外活动。

(二)饲养食物

饲喂食物由谷类主食和瓜菜等组成,配合蛋类、鱼粉、牛奶等。食物要煮熟或加工成饼干颗粒料,也可微火焙制某些谷物,豆类可用盐水浸泡 12 h 以加强适口性。喂食时应先粗后细,每日将定量分 3 次以上投喂。饮水必须全日满足,无自动饮水设备时,更要注意保持水质清洁,每日更换。

(三)新入场猴必须进行隔离检疫

在完全隔离情况下至少要有 1 个月以上的检疫。在此期间要登记、编号,做好临床观察记录和有关生理生化项目的检验。同时，需进行结核菌素试验，驱除体内外寄生虫，进行人畜共患病检查。

(四)繁殖方法依饲养方式而不同

舍养时 1 只雄猴配置 3～12 只雌猴。笼养时，待雌猴月经后第 11～17 天，性皮肤肿胀最明显时转入雄猴笼。经过观察相合后，任其自行交配，交配后分笼饲养。母猴通常有很好的带仔性，但单笼饲养产第一胎的母猴往往母性较差。仔猴 3 月龄开始采食，需增加饲喂量。6～7 月龄可完全采食成年猴食物。母猴缺奶或不愿带仔时需要人工哺乳。特别注意室温维持 20℃左右，喂给大米粥或加糖牛奶。

第九节　鸡的生物学特性、选择应用及饲养管理

禽类实验动物属鸟纲(Aves)，分为鸡形目(Galliformes)、雁形目(Anseriforms)和鸽形目(Columviformses)3 个目，其中较为常用的实验动物有鸡、鸽、鸭、鹌鹑等多个品种。家鸡(Gallus domesticus，Chicken)，属于鸟纲(Aves)、鸡形目(Gauiformes)、雉科(Phasianidae)。实验鸡近交程度很高，生产和饲养环境控制水平高，SPF 鸡和鸡胚已广泛用于研究生产和检定。

一、鸡生物学特征

(一)鸡的一般生物学特征

1. 鸡行为特性　白天视力敏锐，听力灵敏，常常对色彩很敏感，如鲜红的血会对鸡形成刺激，引起鸡追随啄食，造成严重损伤。环境和管理不良易产生异嗜癖。家鸡还具有神经质的特点，极易惊恐，突然的声响和突然发出的光都会使其惊恐万状。

2. 鸡仍然保持鸟类某些生物学特性　体表被覆丰厚的羽毛，没有汗腺，通过呼吸散热，怕热更甚于怕冷。生长快，代谢旺盛。

3. 采食习性　鸡属于杂食性动物，散养的鸡习惯于四处觅食，不停活动，采食时喜爱用脚爪向后刨食。

4. 群居性　鸡具有成群结队采食的习性，不同群体一般不出现斗殴现象。

(二)生理学特征

1. 消化系统　由口、咽、食管、嗉囊、胃(腺胃和肌胃)、小肠、大肠和泄殖腔以及唾液腺、肝、胰等器官组成。特点是没有唇、齿，颊也严重退化。由上、下颌形成喙。唾液腺种类多而体积小。没有软腭，食管宽大，在入胸腔前扩大成嗉囊。有两个胃，肠道短，小肠分十二指肠、空肠和回肠，大肠包括两条盲肠和直肠。直肠后接泄殖腔。肝体积较大，分左、右两叶，胆囊位于右叶。胰位于十二指肠袢内。胆囊和胰都有管道通向十二指肠腔。

2. 呼吸系统　由鼻腔、眶下窦、喉、气管、支气管、肺、胸膜腔和气囊等器官组成。肺为海绵状，紧贴于肋骨之上，无肺胸膜和隔膜，肺上有小气管直通气囊。

3. 母鸡生殖系统　由卵巢和输卵管两部分组成，左侧的卵巢和输卵管发育，右侧的退化。发育的输卵管可分漏斗部、蛋白分泌部、峡部、子宫部和阴道部，其末端和输尿管共同开口于泄殖腔。

4. 生理学指标　鸡性成熟年龄 4～6 个月，鸡蛋的孵化期为 21 d，体温 41.7(41.6～

41.8)℃,呼吸频率 12～21 次/min,潮气量 4.5 mL,心跳频率 120～140 次/min,血压(颈动脉压)20.00 kPa,总血量占体重的 8.5%,红细胞 335(306～344)万/mm^3,白细胞 32 600/mm^3,血小板 13 万～23 万/mm^3,血红蛋白 10.3(7.3～12.9) g/100 mL,红细胞比重 1.090,血浆比重 1.029～1.034,血液 pH 7.42。

二、SPF 鸡的主要品种和品系

1950 年首个商业化 SPF 鸡群在美国 Sunrise 建立,1993 年 Charies River 成为全球最大 SPF 鸡及相关产品供应商。主要品种有莱杭鸡,原产意大利,现已分布于世界各地,是世界上著名的蛋鸡品种。白莱杭鸡体型小而清秀,白羽、单冠、喙、胫、皮肤均为黄色,耳叶白色。雏鸡出壳 140 日龄左右产蛋,72 周龄产蛋 220 枚以上,高产的可超过 300 枚。平均蛋重 56 g 以上。成年公鸡体重 2.5 kg,成年母鸡体重 1.75 kg 左右,该品种是生物医学研究中常用的品种(图 4-17)。

SPF 鸡主要的近交系如下:

1. CSIRO(澳大利亚联邦科学与工业研究组织)系列　现在维持的有 13 个白莱杭鸡系和 4 个澳大利亚系,全同胞交配 17～18 代,其中 WL 列已命名为 B1 ,它有 3 个携带不同主要组织相容性位点的亚系(AA、BB、CC),这个系列主要用作移植物抗宿主反应的材料。

2. IU(美国艾奥瓦州立大学)系列　现在维持的有 7 个系,均采用全同胞或半同胞交配,近交代数 9 代以上,其中 IU-19、IU-GH、IU-HN 带有 3 个不同的 B 基因。

3. PR(捷克布拉格分子遗传研究所)系列　来自 RH 系列,白莱杭鸡具有 B1、B2、B13、B6、B9、B10 6 种 B 基因型,现维持 10 个系列,全同胞交配 20 代,用于血型研究。

4. PRC-R(英国爱丁堡家禽研究中心)系列　棕莱杭鸡,半同胞交配 20 代以上。

5. RH(英国国家家禽研究所北方繁育站)系列　有 4 个系列,其中 3 个是白莱杭鸡,全同胞交配 20 代以上。

6. RPRL(美国农业部地区家禽研究所)系列　现维持 13 个近交系,正在发展 7 个同类系,均为白莱杭鸡,全同胞交配 15 代以上,具有 B2、B5、B13、B15、B19、B21 6 种 B 基因型,主要用于鸡的马立克氏病和白血病的研究。

7. UCD(美国加利福尼亚大学)系列　白莱杭鸡,现仅有 3 个系列,兄妹交配 20 代以上,具有 B2、B4、B6 3 种 B 基因型,用于先天性肌营养不良的研究。

三、鸡在生物医学中的选择应用

(一)疫苗生产和鉴定

鸡胚是生物制品生产的重要原料。鸡胚常用于病毒的培养、传代和减毒,因此常用于病毒类疫苗生产鉴定和病毒学研究。根据农业部 2006 年公告要求,新兽药研究和检定要使用 SPF 鸡和鸡胚。人类疫苗生产中,鸡胚是生产小儿麻疹疫苗、狂犬疫苗和黄热病疫苗的主要材料。鸡和鸡胚还是研究生产和检验鸡新城疫苗、马立克疫苗、鸡法氏囊苗、山羊传染性胸膜炎培养浓缩苗的主要材料和实验手段。通过鸡胚传代还可以使某些病毒毒力减弱(图 4-18)。

(二)药物评价

在某些药物评价试验中要用鸡或鸡的离体器官。利用 1～7 日龄鸡膝关节和交叉神经反射,可评价脊髓镇静药的药效。6～14 日龄雏鸡用来评价药物对血管功能的影响。鸡的体外

图 4-17　SPF 白莱杭鸡

图 4-18　白莱杭鸡胚

药物评价系统有离体嗉囊评价药物对副交感神经肌肉连接的影响；离体直肠评价药物对血清素的影响。还可用于筛选抗癌药及抗寄生虫药等。

(三)传染病研究

用于研究支原体感染引起的肺炎和关节炎，链球菌感染以及衣原体引起的眼炎。

(四)内分泌研究

研究公鸡阉割后引起的内分泌性行为改变，如斗殴少，性情温顺，啼鸣少，利用这个特点，进行雄性激素、甲状腺机能减退及垂体前叶囊肿等内分泌性疾病研究。

(五)营养学研究

研究 B 族维生素，特别是维生素 B_{12} 和维生素 D 缺乏症。其高代谢率适合于研究钙磷代谢的调节，嘌呤代谢调节。同时，也可作为高脂血症、动脉粥样硬化的动物模型。

四、鸡饲养管理

基本上分为孵化、出雏、育雏和成年鸡管理几个阶段。

(一)孵化出雏

鸡蛋的孵化器为 21 d，在鸡蛋孵化期内，保持温度和相对湿度适宜极为重要(温度 37.8℃，湿度 60%～75%)。18 d 后将蛋转入出雏盘，21 d 时出雏，出雏的小鸡在破壳后 24 h 内转入育雏室。

(二)育雏

1 日龄雏鸡应保持其环境温度为 32～33℃，然后每周降 3℃，直到 5 周龄降到 18℃保持。光照随日龄改变进行节段性调节(第一周光照 16 h，第二周 14 h，第三周以后保持光照 12 h)。育雏期间根据不同发育阶段给予不同的饲料，0～6 周龄饲喂小雏饲料，6～10 周龄饲喂中雏饲料，10～18 周龄饲喂大雏饲料，18 周龄后饲喂成鸡饲料。

(三)成年鸡

人工光照能满足生殖要求，繁殖时可采取雄雌比 1∶(10～16)自然交配或人工授精方式。应重视近交系数的上升，合理进行遗传控制。一般成年鸡养至 65～70 周龄需更新生产鸡群。

第十节 小型猪的生物学特性、选择应用及饲养管理

小型猪(*Sus scrofa*, *Miniature swine*),属于哺乳纲(Mammmalia)、偶蹄目(Artiodactyla)、野猪科(Suidae)、猪属(*Sus*)动物。家猪用于动物实验,因体躯肥大,不便于饲养和管理,同时遗传控制也不符合实验动物的要求。20 世纪 50 年代后,培育出用于动物实验的实验小型猪和微型猪。

一、小型猪生物学特征

(一)一般特性

1. 食性 小型猪为杂食性动物,吃得多,消化快,有择食性,能辨别口味,特别喜爱甜食。

2. 行为习性 性格温顺,易于调教,喜群居,嗅觉灵敏,有用吻突到处乱拱的习性。具有翻拱天性,力气较大,常常翻拱料槽和饮水器具。对外界温、湿度变化敏感。

3. 与人类生理结构的相似性 心血管系统、消化系统、皮肤、营养需要、骨骼发育以及矿物质代谢等都与人类的情况极其相似。

4. 小型猪的寿命 寿命最长达 27 年,平均 16 年。通常成年小型猪体重在 30 kg 左右(6 月龄),而微型猪最小在 15 kg 左右。

(二)解剖学特点

(1)齿式为 2(门 3/3,犬 1/1,前臼 4/4,臼齿 3/3)=44,有发达的门齿和犬齿,齿冠尖锐突出,也有发达的臼齿,齿冠有台面,上有横纹,既便于食肉,又便于食草。颈椎 7 枚,胸椎 13~16 枚,腰椎 5~6 枚,荐椎 4 枚,尾椎 21~24 枚。吻突,唾液腺发达。

(2)肺、肝均分 5 叶。单胃。消化器官发达。汗腺不发达。有上皮绒毛膜型胎盘。

(三)生理学特点

1. 消化特点 唾液腺可分泌含量较多的淀粉酶,胃分泌各种消化酶,胆囊浓缩胆汁能力低。盲肠内含大量微生物,在消化中起重要作用。母源抗体不能通过胎盘屏障。初生仔猪体内缺少母源抗体,只能从初乳中获得。

2. 繁殖特点 性成熟雌性 4~8 月龄,雄性 6~10 月龄,为全年性多发情动物,性周期 21(16~30) d,发情期 2.4(1~4) d。排卵在发情开始后 25~35 h,最适交配期在发情后 10~25 h,妊娠期 114(109~120) d。

3. 生理指标 心率 55.60 次/min,呼吸数 12~18 次/min, 收缩压 22.5(19.2~24.7) kPa,舒张压 14.4 (13.1~16.0) kPa,红细胞总数 6.4×10^{12} 个/L,白细胞总数$(7.5\sim16.8)\times10^{9}$ 个/L,血红蛋白 100~160 g/L,血小板 2.4×10^{8}/L。

二、小型猪主要品系和种群

(一)明尼苏达小型猪

美国明尼苏达大学的 Homel 研究所从 1949 年用亚拉巴马州的几内亚猪、加塔里那岛的

卡塔利猪和路易斯安那州的皮纳森林猪4种猪杂交培育而成。毛色有黑白斑。成年猪体重平均80 kg,遗传性质较稳定。

(二)毕特曼-摩尔系小型猪

毕特曼-摩尔系小型猪由毕特曼-摩尔制药公司从佛罗里达野生野猪和加利夫岛的猪育成。毛色有各种各样斑纹。

(三)海福特小型猪

海福特研究所用白色帕洛斯猪和毕特曼-摩尔系小型猪,再导入墨西哥产的拉勃可种育成。白皮肤,成年体重70～90 kg。

(四)葛廷根系小型猪

葛廷根大学用明尼苏达-荷曼系小型猪和缅甸的Vier-namese小型猪交配,再导入德国改良长白种而育成。成年猪体重40～60 kg(图4-19)。

(五)中国小型猪

中国小型猪是由中国农业大学近几年培育出来的,已广泛应用于动脉粥样硬化、口腔科、糖尿病和皮肤移植等研究(图4-20)。中国小型猪的主要特点:

图4-19 葛廷根系小型猪

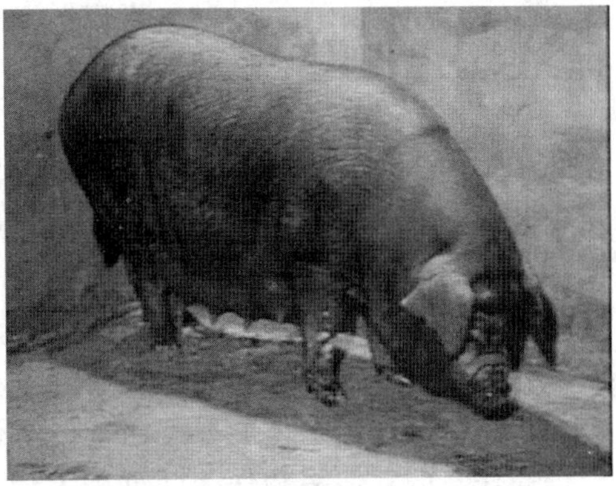

图4-20 中国小型猪成年母猪

(1)体型小,6月龄体重只有20～40 kg,相当于普通猪体重的1/5～1/3,便于试验操作。

(2)遗传性状稳定,后代中不产生分化现象,体型均一。

(3)耐粗饲,对青饲料有较强的消化能力,易于饲养,节省饲料。

(4)猪只健康,已达到国家实验动物二级标准,肠道菌丛正常,能保证试验正常进行。

(5)属早熟品种,性成熟在4月龄左右,6月龄即可配种。

中国小型猪有Ⅰ、Ⅱ、Ⅲ3个品系,Ⅰ系小型猪体型小,6月龄后生长缓慢,12月龄体重只有45～50 kg,适用于较长时间的研究;Ⅱ系小型猪比较耐受寒冷,适于北方寒冷地区选用;Ⅲ系小型猪毛色为白色,适用于皮肤试验研究。

此外还有辛克莱小型猪,制作血友病动物模型的冯·温里布莱猪,用于糖尿病研究的乌克坦猪,以及聂布拉卡猪,贵州小型猪(图4-21)、五指山小型猪(图4-22)、广西巴马小型猪和版纳微型猪,以及日本用我国东北小体型黑猪培育成的欧米尼猪。

图 4-21 贵州小型猪

图 4-22 五指山小型猪

三、小型猪在生物医学中的选择应用

(一)皮肤烧伤的研究

烧伤和烫伤是临床上常见的疾病。由于猪的皮肤结构与人非常相似,如体表毛发的疏密,表皮厚薄,表皮具有的脂肪层,表皮形态和增生动力学,烧伤皮肤的体液和代谢变化机制等,故猪是进行实验性烧伤研究的理想动物。

(二)器官移植研究

将猪的组织和器官移植给人被认为是最合适的选择,需要克服急性期和慢性期的组织排斥以及一些社会问题,小型猪尤其适用,具有与人相似的体重、器官大小,同时其生理学也与人类相似。此外,大量的研究数据表明,猪的器官移植能产生最小的排斥反应。目前,猪和狒狒之间器官移植的建立为猪与人之间器官移植提供了技术可能。

(三)免疫学研究

小型猪的母源抗体能通过初乳传给仔猪。分娩后 6 h 内的初乳中富含 IgG,这些抗体对于提高仔猪的存活率和仔猪增重是十分重要的。初乳中的白细胞主要是中性粒细胞和 T 细胞,也能通过细胞间的相互迁移而被吸收。肠道对初乳的吸收在 24～48 h 完成,之后便关闭。

此外,猪的淋巴因子和细胞因子作为研究炎症的指标,如脓毒病、关节炎和病毒感染。猪的细胞因子调节功能与人的相似,具有一定的同源性。猪的淋巴细胞在体外能对人的白细胞介素 2 产生应答。因此,可利用这些特点进行免疫学研究。

(四)心血管病研究

猪的解剖结构和血液生理学与人的相似。如猪容易患动脉粥样硬化、冠状动脉狭窄、梗死、先天性心脏病和心率衰竭。猪动脉粥样硬化与摄入高胆固醇和高脂肪的食物有关。老龄猪动脉、冠状动脉和脑血管的粥样硬化与人的病变特点非常相似。因此,猪成为研究动脉粥样硬化最好的动物模型。此外,猪的冠状动脉,不存在侧支循环,这使得冠状血流占 90%,与人类相似,而其他动物则不同,如犬。

(五)营养学研究

仔猪和幼猪与新生婴儿的呼吸系统、泌尿系统、血液系统很相似。仔猪像婴儿一样,也患营养不良症,如蛋白质、铁、铜和维生素 A 的缺乏症。因此,仔猪可广泛应用于儿科营养学研究。

(六)遗传疾病研究和其他疾病研究

如先天性红眼病、卟啉病、先天性小眼病、先天性淋巴水肿等遗传性疾病。猪的病毒性胃肠炎可作婴儿病毒腹泻动物模型。支原体关节炎可作人的关节炎动物模型。双白蛋白血症只见于人和猪,更是特有的动物模型。此外,还可用猪研究十二指肠溃疡、胰腺炎、食物源性肝坏死等疾病。小型猪的自发性人畜共患病有几十种,可以作为人或者其他动物的疾病模型,

(七)悉生猪和无菌猪的应用

悉生猪和无菌猪可以用来研究各种病毒、细菌、寄生虫以及各种代谢疾病等,它完全排除了其他猪病抗原、抗体对所研究疾病的干扰作用。无菌、悉生猪还能提供心瓣膜供人心瓣膜修补使用。

(八)牙科研究

猪牙齿的解剖结构与人类相似,给予致龋菌丛和致龋食物可产生与人类一样的龋损,是复制龋齿的良好动物模型。主要用于口腔基础医学、牙齿发育规律、比较医学研究、口腔细菌分布、龋齿及牙颌疾病、口腔新药物、植牙、整畸及牙齿钙质沉积规律等研究内容。

(九)外科手术方面的研究

在猪腹壁安装拉链是可行的,且对猪正常生理机能无较大干扰,保留时间可达 40 d 以上。这为解决治疗和科研中需进行反复手术的问题提供了较好的方法。猪的颈静脉插管可保留 26～50 d,这为进行频繁采血提供了良好而方便的手段。

四、小型猪饲养管理

(一)小型猪的饲养

小型猪的饲料可以用配合饲料,配合饲料中不得添加抗生素和激素类添加剂,饲喂量为体重的 2%～3%。分两次饲喂。生长期料含蛋白质 16%、脂肪 3%、粗纤维 5.5%,维持期料含蛋白质 16%、脂肪 2%、粗纤维 14%。有些小型猪品种,尤其是有肥胖特型的需采取限食措施。对供实验用小型猪,若每天采食量大于 1 kg 时,开始限食。微型猪 2 月龄后开始限食,每天 0.5 kg。饮水要充分供给,最好用自动饮水器。

(二)饲养环境

保持清洁卫生的环境,注意防寒、防暑,每天更换垫草 1 次。定期进行必要预防注射及驱虫。小型猪多采用围栏饲养。室内最少 8 h 低度光照,新生仔猪需保暖,24 h 给予光照。

(三)繁殖管理

繁殖用猪,雌、雄需分开饲养,每只雄猪可配 5～7 只雌猪。仔猪断奶后约 1 周,母猪会再度发情,要适时配种。妊娠母猪产前进入产房,单圈饲养。

(四)分娩和新生儿护理

小型猪妊娠期在 114～115 d。产子时间在 1～8 h,母猪体力消耗很大。母猪一般保持横卧的姿势,偶尔会站立或腹卧。

初生仔猪的存活能力主要取决于其在 12 h 内食用初乳的能力、充足的营养和良好的环境条件。在 1 d 内,将较大仔猪取出 3～4 次以便较小的仔猪也能吃到奶。

第十一节　实验鱼的生物学特性、选择应用及饲养管理

鱼纲是脊椎动物亚门最大的纲，主要分软骨鱼亚纲（Chondrichthyes）和硬骨鱼亚纲（Osteichthyes）。鱼是一类变温水生脊椎动物，是脊椎动物中种类最多的一类，种类达 21 700 多种。其种类数量远非哺乳类、鸟类等其他脊椎动物所能比。鱼类动物作为实验材料确系取之不尽的资源。作为低等脊椎动物的代表，鱼类有终生生活在水中、材料易得、绝大部分体外受精和体外发育等特点，是环境监测、发育生物学、生理学、生态学和遗传学等研究常用的实验材料，在各个领域得到广泛应用。

目前，鱼类实验动物没有统一的标准，按照实验动物的要求，大多数作为实验材料的鱼类动物只能称为“实验用动物”。虽然一些有应用价值的小型鱼类进行了培育，这些品系已经有较高的遗传均一性，但在微生物控制和饲养与应用方面的标准化与陆生动物仍有差距。目前被用做动物实验的鱼类有上百种，除了十余种已经实验动物化了的鱼类外，绝大多数实验用鱼仍需从自然水域捕获或从市场购买。常用于实验研究的鱼类多为淡水、冷温带鱼。近年，国内也开发出了剑尾鱼（*Xiphophorus helleri*）、稀有鮈鲫（*Gobiocypris rarus*）、红鲫（*Carassius auratus* red variety）3 种鱼类实验用动物。

一、实验用鱼生物学特性

（一）一般特性

（1）鱼类生活于水中，具有适应水生环境的形态特征和生理机能。用鳃呼吸，具鳔，有成对的鳍，体形多为纺锤形或流线形，鱼能自由地在水中游泳。用鱼类作实验，实验条件易于模拟和控制。

（2）鱼类属于变温动物，消耗能量少，可在 10～30℃的温度范围内生存，青鳉可以耐受 40℃的温度，稀有鮈鲫可在 14～30℃的温度下自然产卵和胚胎发育。鱼类游泳所需的能量只有拖曳鱼体所需能量的 10%，这种运动机制是游泳动力学问题最好的生物学模型。

（3）体外产卵、体外受精。多数鱼类体外产卵、体外受精，研究单个的受精卵从受精开始直至发育成幼体的过程变得简单，也便于直接观察周围因素以及一些处理因素对受精卵的发育影响。

（4）产卵量大、卵径大。如红鲫年产卵量达 8 万枚以上，鱼类繁殖的同胎仔鱼的数量大，一方面有利于鱼类品系选育与保种，另一方面使得实验选材的均一性强，并有足够的选择余地。鱼的卵径大，获取容易，便于核移植以及单细胞注射等单个细胞的操作。

（5）世代周期短，繁殖快。在实验室条件下，青鳉传代时间为 6～8 周，斑马鱼为 8～10 周，稀有鮈鲫为 4 个月左右。

（二）解剖学特性

（1）鱼是两腔心，只有一个心房和一个心室，网状内皮系统无淋巴结，胸腺是中央淋巴器官，淋巴细胞从胸腺游走。脾中有 B 细胞和 T 细胞，肾中只有 B 淋巴细胞，心房和鳃板内皮内有吞噬细胞，肝、脾、肾中有巨噬细胞积聚。红细胞具有细胞核。

（2）鱼类有完整的消化器官，包括口腔、咽、食管、胃、肠和肛门等。鲤科鱼类的肝脏呈弥

散状分散在肠管之间的肠系膜上，因混杂有胰细胞而称肝胰脏。各种鱼类有不同的肾结构，已应用于生物学研究，鱼的肾小管已被用作研究肾小管功能的活体外模型，肾脏除具有排泄功能外，还是主要的造血器官。

二、实验用鱼主要品种和品系

(一)红鲫(*Carassius auratus* red variety)

红鲫为鲫鱼(*Carassius auratus*)的变种，主要分布在江南一带，其食用、观赏价值较高。近年来，不少学者用红鲫作为实验材料，进行过遗传育种、受精生物学、肿瘤学和毒理学等科学研究。由于红鲫作为实验动物具有生活力强、性成熟早、繁殖力强、体型适当及杂食性等优点，已将红鲫实验动物化，采用雌核发育技术建立了红鲫近交系。近交系红鲫体色全红，身体侧扁，全鳞，口端位，无须。1 龄鱼即达性成熟，平均体重 11.6 g，平均体长 65.35 mm；2 龄鱼平均体重 33.73 g，平均体长 112.48 mm。

(二)稀有鮈鲫(*Gobiocypris rarus*)

稀有鮈鲫是我国特有的一种小型鲤科鱼类，分布于四川省汉源县、石棉县、双流县、都江堰市和彭州市等地。从 1990 年开始，中国科学院水生生物研究所将其实验动物化，先后对其分布区、其生活习性、形态与分类地位、繁殖、胚胎发育、胚后发育、生长、摄食、对生态因子的适应性、核型与同工酶、饲养方法、繁殖技术、麻醉方法和近交系培育等方面进行了系统的研究。现在，我们已对其饲养管理进行了规范化，并获得了全兄妹近交 21 代的鱼，离培育标准实验动物的目标已非常接近。

(三)斑马鱼(*Brachydanio rerio*)

斑马鱼是淡水物种，原产自印度恒河。斑马鱼是鲤科的成员，成年斑马鱼具有性别二态性。成年鱼体长 3～4 cm，雌鱼稍微大一点儿，银白色，稍圆形。雄鱼较雌性修长且颜色鲜艳。健康成年鱼体覆盖着一些蓝色或紫色的横纹，这些横纹从头部延伸至尾鳍的后端，臀鳍和尾鳍上同样也有这种条纹，背部呈浅橄榄黄。雄鱼从头部到尾鳍有一个明显的暗黄棕色的条带。胸腹部呈均匀的黄白色，下颌有两对触须。斑马鱼通常一次产卵数百只，雌斑马鱼每周产卵一次。卵在体外能自行发育，卵黄营养能够维持数天。卵是可视透明的，能够观察到活卵内的细胞变化。斑马鱼的卵发育迅速，受精后 24 h 就可发育出斑马鱼的形状，所以针对于组织器官功能研究的试验在 1～2 d 就可以完成(图 4-23 和图 4-24)。

图 4-23 斑马鱼

图 4-24 斑马鱼

(四)青鳉(*Oryzias latipes*)

青鳉起源于东亚的一种小型鱼类,易于饲养。因为有突变个体存在,鳉最早被作为遗传学的分析工作。鳉有伴性的体色基因 *r*,利用其等位基因可制出通过体色差异区别雌雄的系统,这系统进行人工性转换时,能靠体色分清遗传的雌雄,非常方便。由于产卵是可控的,1994 年鳉作为脊椎动物的代表被送上太空,完成了从受精到个体的整个发育过程,实现了真正意义的"太空育种"。

(五)剑尾鱼(*Xiphophorus helleri*)

剑尾鱼属热带鱼,产于墨西哥、危地马拉等地的江河流域。成鱼体长可达 10 cm,杂食性,性格温和,易和别的热带鱼混养。剑尾鱼 6~8 月龄性成熟,每隔 4~5 周繁殖 1 次,每次产鱼苗 20~30 尾,适宜繁殖的水质为 pH7~7.2,硬度 6~9 mg/度。

剑尾鱼对多种农药、重金属等毒物较敏感,对某些鱼类病原体敏感性强,并存在盲眼、畸形等诸多突变性状,适合作为动物模型。1987 年,我国就开始了剑尾鱼的实验动物化工作,从近交培育、营养与饲料、人工生态、微生物控制各方面进行系统研究。主要培育 BY-F、RW-H、RR-B 3 个剑尾鱼品系。目前,培育的设施和饲养管理基本做到了标准化、规范化,保证其作为试验材料的反应一致性和可重复性。

三、斑马鱼在生物医学中的选择应用

比较医学研究证明,鱼类的器官系统无论在解剖上还是生理上都类似于哺乳动物,鱼类的生物学性状完全可以与人类的相应性状类比。鱼类作为实验动物已广泛用于胚胎学、遗传学、内分泌学、毒理学、药理学、行为科学、比较病理学、环境科学等实验研究领域。

(一)发育生物学研究

鱼类的胚胎发育与哺乳动物非常相似,许多重要的调控蛋白的表达类似哺乳动物。体型小、生长快及繁殖力强的鱼类备受青睐,因此,斑马鱼和青鳉成为发育学研究的优良模型动物。斑马鱼 3 个月达到性成熟,条件合适隔几天就可产卵一次,在受精后 10~24 h,内部器官开始形成。受精 24 h 后,心脏开始跳动,血液开始循环,神经肌肉间的连接开始出现。胚胎在体外 1d 的发育程度就相当于人类胚胎 3 个月的发育水平。结合嵌合克隆和颜料示踪等分析法,可跟踪细胞的发育命运,进行细胞的谱系分析,组织器官的起源研究。

(二)基因功能分析研究

人们试图从斑马鱼上分离到新的生物学功能基因,通过瞬时或稳定的基因表达来研究基因的功能。获取和缺失方法也通常被用于研究基因的功能,这种方法同样也适用于斑马鱼。获取功能通常是指将特异性的野生型基因过表达,或者是将已知功能的基因进行突变,使其表达受到抑制。同样的功能缺失分析是指将过表达的基因进行负向调节,如通过注入微量的抗体将蛋白功能失活,达到干扰靶蛋白功能的目的。另一个方法是利用抗体来调节目的蛋白的生物活性。

(三)遗传学与育种学研究

鱼类种类繁多,还存在着很多突变体,基因资源丰富。鱼类繁殖能力强,繁殖周期短,数量性状基因丰富,易于属内杂交,人工性别控制可行,核移植、单倍体育种等技术也发展成熟,是遗传研究不可多得的好材料。稀有鮈鲫染色体组操作极为方便。红鲫在遗传育种、鱼类多倍体形成机理以及染色体组操作等方面有重要应用价值。

(四)人类疾病模型

斑马鱼是一种脊椎动物,由于所有的脊椎动物在早期的发育过程中器官和生理都很类似,斑马鱼血液和皮肤系统发育也类似于人类。

(五)毒理学研究

斑马鱼用于鉴定各种毒素的功能和用于研究早期发育。斑马鱼目前既可以作为哨兵动物来探究各种化合物的毒性,也可以作为模式生物来鉴定各种化合物的毒性。斑马鱼的卵和早期胚胎可以用于检测存活率和畸形率。成年斑马鱼可以作为研究致癌化合物的毒性。各种斑马鱼组织的细胞系也被用于分析细胞对于各种毒素的应答反应。

(六)转基因动物研究

脊椎动物的克隆技术是从鱼类核移植发展起来的。转基因技术也应用于实验鱼,转入荧光蛋白基因的斑马鱼已开始出现于观赏鱼市场。在国外,斑马鱼和河豚鱼已成为人类基因组研究的有用工具。由于稀有鮈鲫具有繁殖力高、一年四季都可繁殖及性成熟快等特点,因而可以作为转基因、克隆等研究的理想动物。

四、实验用鱼饲养管理

实验用鱼由于来源、饲养条件不同,对受试物的敏感性、反应一致性有很大差别,这影响了试验结果的准确性,目前最大的问题是能保证可靠、重复性好的实验鱼类。

(一)温度

温水性鱼类适宜温度为20～28℃，斑马鱼的最适温度在24～28℃。冷水性鱼类为12～18℃，一般变动范围不要超过4℃,室温应高于水温1～2℃。稍高的温度有益于斑马鱼产卵和胚胎的发育。在一定范围内升高温度能够加快代谢,增加氧的消耗量。幼鱼对温度变化适应性低于成年鱼,温度下降会影响其发育速度。此外,温度的变化会影响成年鱼的繁殖能力和降低诱导激素的分泌活动。室温高于27℃时,会影响氧气的溶解度,加速鱼的代谢,也会影响实验室工作人员的舒适性。

(二)溶解氧

当鱼离开水时,鳃片由于缺少骨架的支撑就会黏在一起,吸收氧气的表面积减少将导致鱼窒息死亡。因此,将鱼类拿出水做实验的时间应尽可能短。鱼会躲避氧气稀薄的地方,利用这一点可以观察水中氧气的含量。相反,当大量鱼群聚集在增氧机、空气石或其他提供氧气的地点时提示已经严重缺氧。同样,当鱼集中在水表面时也说明缺氧。

(三)水生动物健康

水生动物精力旺盛,产卵量大,对疾病具有抵抗力。健康状态不仅与饲养和育种有关,而且还与水的质量、水生生物系统有关。经常观察保持水系健康,应用药物进行治疗可以使鱼维持在健康水平,减少动物的损失。用水生动物作动物模型时,疾病造成的意外损失十分常见。损失发生的速度、规模与疾病的流行情况有很大关系。动物发生疾病时会对实验数据有很大影响,会干扰试验结果,影响试验进度。

(四)饲料

成年鱼每天饲喂1或2次,幼鱼在发育的前7 d要多次喂食。亲自投食物方法比任何自动投食更可取,可以及时观察鱼的变化和发现问题。

(五)pH 值

斑马鱼和其他淡水鱼一样,适合 pH 值是 6.8～7.2。当温度变化后,pH 值迅速变化对动物的健康不利。较高的 pH 值(pH 值大于 8.0)也会导致非离子形式的氮富集。较低的 pH 值(小于 5.0)也会降低硝化细菌的能力,同时也会增加氮水平。此外,水系统的 pH 值直接影响鱼对有毒物质的抵抗力。常规金属,如锌、铜、铁和铝更容易在酸性条件下溶解,因此,较低 pH 值会造成水中有毒物质超标。

(六)水的硬度

斑马鱼被认为是一种硬水鱼类,其最适钙和镁例子浓度为 80～200 μg/L,软水(0～10 μm/L)对于幼鱼发育不利,其发育需要水中的矿物质。水的硬度较低或钙离子浓度过低往往造成胚胎的存活率较低,水的质量下降导致实验鱼患病的几率变大。

思考题:

1. 小鼠和大鼠在生物学中的主要应用价值有哪些?
2. 小鼠和大鼠饲养管理需要注意哪些主要事项?
3. 猪作为实验动物模型,常用于研究哪些科学研究?
4. 简述兔的生物学特性。
5. 鸡在生物医学中应用有哪些特殊用处?
6. 简述猕猴的重要应用价值和使用原则。
7. 简述斑马鱼生物学特性和科学用途。

(何　诚,熊家军,李　军)

第五章 实验动物设施与设备

内容提要：本章主要介绍了实验动物设施的分类和实验动物设施的组成，重点讨论开放环境、屏障环境和隔离环境的结构特点和实验动物设施使用特点，以及生物安全和感染实验设施的使用特点。

关键词：设施；开放环境；屏障环境；隔离环境；特殊环境。

实验动物科学一个重要的研究目标是控制实验动物的环境。环境因素的变化常常引起实验动物生物学特征的改变，进而有可能影响研究结果。同时，实验动物环境的问题也不可避免地涉及动物福利问题。合理设计和建造实验动物标准设施有利于高效管理，使实验动物生产和动物实验条件达到最优水平。

第一节 实验动物设施的分类

一、实验动物设施的概念

实验动物设施是指实验动物和动物实验设施的总和。一个设施可以大到动物中心或生产繁殖机构，小至某一实验动物室。总体的原则是提供实验动物最适宜的环境，保障实验动物的质量和动物实验的准确性。

二、实验动物设施的分类

(一)按其功能分类

1. 实验动物生产设施(breeding facility for laboratory animal) 指用于实验动物生产的建筑物和设备的总和。

2. 实验动物实验设施(experimental facility for laboratory animal) 指以研究、试验、教学、生物制品、药品及相关产品生产、鉴定等为目的而进行实验动物实验的建筑物和设备的总和。

3. 实验动物特殊实验设施(hazard experimental facility for laboratory animal) 包括感染动物实验设施和应用放射性外物质或有害物质等进行动物实验的设施。

(二)按微生物控制程度分类

1. 普通环境(conventional environment) 符合实验动物居住的基本要求，控制人员和物品、动物的出入，不能完全控制传染因子，适用于饲育普通级实验动物。

2. 屏障环境(barrier environment) 符合动物居住的要求，严格控制人员、物品和空气的进出，适用于饲育清洁级和/或无特定病原体（specific pathogen free，SPF）级实验动物（图5-1）。

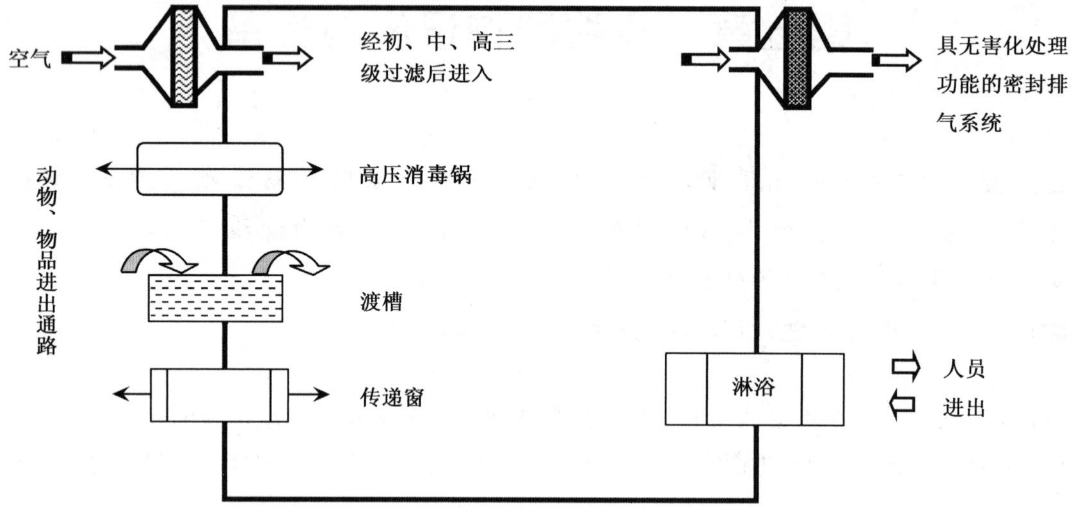

图 5-1 屏障环境

3. 隔离环境（isolation environment） 采用无菌隔离装置以保持无菌状态或无外源污染物。隔离装置内的空气、饲料、水、垫料和设备应无菌，动物和物料的动态传递须经特殊的传递系统，该系统既能保证与环境的绝对隔离，又能满足转运动物时与内环境保持一致。适用于饲育无特定病原体级、悉生（gnotobiotic）及无菌（germ free）级实验动物。

表 5-1 实验动物环境分类

环境分类		使用功能	使用动物等级
普通环境	—	实验动物生产、动物实验、检疫	普通动物
屏障环境	正压	实验动物生产、动物实验、检疫	清洁动物、SPF 动物
	负压	动物实验、检疫	清洁动物、SPF 动物
隔离环境	正压	实验动物生产、动物实验、检疫	SPF 动物、悉生动物、无菌动物
	负压	动物实验、检疫	SPF 动物、悉生动物、无菌动物

（三）按洁净度分类

根据空气的洁净度分为洁净度 5 级、洁净度 7 级和洁净度 8 级。

洁净度 5 级 空气中≥0.5 μm 的尘粒数为 352～3 520 pc/m³，空气中≥1 μm 的尘粒数为 83～832 pc/m³，空气中≥5 μm 的尘粒数≤29 pc/m³。

洁净度 7 级 空气中≥0.5 μm 的尘粒数目为 35 200～352 000 pc/m³，空气中≥1 μm 的尘粒数目为 8 320～83 200 pc/m³，空气中≥5 μm 的尘粒数≤2 930 pc/m³。

洁净度 8 级 空气中≥0.5 μm 的尘粒数目为 35 200～352 000 pc/m³，空气中≥1 μm 的尘粒数目为 8 320～83 200 pc/m³，空气中≥5 μm 的尘粒数为 293～29 300 pc/m³。

第二节 实验动物设施的建筑要求

一、选 址

为新建实验动物设施选址，可参照实验动物设施建筑技术示范 GB 14925—2010。考虑如下外部环境因素：

(1)应该选择环境空气质量和自然环境较好的区域。应避开自然疫源地，远离可能交叉感染的动物饲养场所。

(2)选址应远离有严重震动和噪声干扰的铁路、码头、飞机场、交通要道，远离大气含尘浓度及化学污染程度较高的地区。若不能远离上述区域则应布置在当地最大频率风向的上风侧或年最小频率风向的下风侧。

(3)应远离易燃、易爆物品的生产和贮存区，并远离高压线路及其设施。

(4)动物生物安全实验室与生活区的距离应符合 GB 19489—2008 和 GB 50346—2011 的要求。

(5)实验动物设施的总面积设计应符合下列要求：基地的出入口不宜少于两处，人员出入不宜兼作动物尸体和废弃物出口。废弃物暂存处宜设置于隐蔽处。周围不宜种植影响实验动物生活环境的植物。

二、设施布局和建筑设施要求

(一)设施的布局

(1)前区设置：办公室、库房、饲料室和一般走廊。

(2)动物的饲育区：隔离检疫室、缓冲间、风淋室、育种室、扩大群饲育室、待发室、清洁物品储藏室、走廊。

(3)动物实验区：缓冲间、风淋室、检疫间、隔离室、操作间、清洁物品储藏室、消毒后室和走廊。

(4)辅助区：库房、洗刷消毒室、废弃物储藏室、解剖室、密闭式实验动物尸体冷藏间、机械设备室、淋浴室、工作人员休息室和更衣室。

(5)规模较大的实验动物楼，从控制微生物以及方便实验动物使用管理考虑，应将低级别实验动物与高级别实验动物所在的楼层尽量分开。

(6)同等级且性情较温顺的动物可安排在同一套设施或同一楼层内，但对环境易造成较大影响的动物，如犬会制造巨大噪声，应作特别处理。

(7)洁净设施布局设计时，应保证人员、物品和净化空气单向移动，以避免交叉污染。

(8)实施布局要方便日常工作和实验操作，并有足够的空间放置必需物品。

(二)其他设施设置

屏障环境和隔离环境均应在压力变化相交接处设有缓冲设置。动物实验区的设施应与饲养繁育系统分开设置。有关放射性实验操作应参照 GB 4792—84 实施。带烈性传染病、致癌、使用剧毒物质的动物实验，均应在负压隔离设施或有严格防护的设备内操作。此类设施(设备)须具有特殊的传递系统，确保在动态传递过程中与外环境的绝对隔离，排出气体和废物须经无害化处理，应体现“人、动物、环境”的三保护原则。

（三）各个分区设施的功能

1. 饲养室　饲养动物的生存环境，是设施的主体部分，其生产设施应分设有育种室、扩大群饲育室、生产群饲育室、待发室等。

2. 隔离检疫室　外部引进的动物需隔离1～2周。

3. 动物实验室　供做动物实验用，如手术室、实验处理室、实验观察室、动物监测室、大型生产单位应建立包括微生物寄生虫、病理、遗传等项目实验室。

4. 洗刷消毒室　对饲养用笼具、鼠盒、水瓶等进行清洗和消毒。不同环境要求不同，在开放环境里，动物室所用器具可集中洗刷消毒。楼内饲养动物，应在每层楼设置洗刷室，房间大小依动物数量而定，房间不宜狭小，应有足够空间堆放待洗刷物品及消毒后物品，地面有一定坡度并有通畅的排水管道。笼具清洗后可采用化学消毒，用1∶200的次氯酸钠溶液消毒效果良好。在屏障系统里，所用物品必须经高压灭菌后方可应用，一般使用双扉高压灭菌器，洗刷消毒后室与动物室相连，物品经灭菌后直接移入屏障（图5-2）。

5. 清洁库房　储藏各种消耗品，如饲料、垫料、笼具、用具等，屏障设施内应设清洁库房（图5-3）。

图5-2　洗刷消毒室

图5-3　清洁库房

6. 工作人员用房　包括办公室、休息室、淋浴室、厕所等。繁育设施屏障环境每个单元宜单独设立，淋浴设备包括更衣、淋浴、换消毒衣几个相连的小间，形成一个通道，不经过此通道不能进入屏障，屏障设施内一般不设卫生间以减少废物。

7. 废物处理间　废物处理间是实验动物设施中不可缺少的部分，废弃污物包括动物粪尿污染的垫料，动物死亡、淘汰及实验后的尸体等。污染垫料应密封运送至专门堆集场所，做到日清日洗。尸体装于塑料袋中密封，可先暂存在冰柜内，然后送焚尸炉焚烧。

（四）建筑设施的一般要求

（1）实验动物设施主体建筑物的出入口不宜少于两个，人员入口、洁物入口、污物出口宜分设。

（2）动物实验室内动物饲养间与实验操作间宜分开设置。

（3）走廊净宽度大于1.5 m，门大小应满足设备进出和日常工作需要，门净宽度不小于0.8 m。饲养大型实验动物设施，其走廊和门宽度、高度可以根据实际需要加大尺寸。应满足实验动物安全柜、动物隔离器、高压灭菌器等设备的尺寸要求，应留有足够的搬运空洞和搬运通道。

(4)实验动物设施的电力负荷等级,应根据工艺要求进行确定，屏障环境和隔离环境应采用不低于二级电力负荷供电。

(5)地面材料应防滑、耐磨、耐腐蚀、无渗漏,踢脚不应突出墙面。屏障环境设施的净化区内的地面垫层宜平齐,潮湿地区经常用水冲洗的地面应做防水处理。

(6)屏障环境设施净化区的门窗应有良好的密闭性。屏障环境设施的密闭门宜朝空气压力较高的房间开启,并宜能自动关闭,各房间门上宜设观察窗,缓冲室的门宜设互锁装置。

(7)屏障环境设施净化区设置门窗时,应采取具有良好气密性的固定窗,不宜设置窗台,宜与墙面齐平。啮齿类动物的实验动物设施的生产区(试验区)内不宜设外窗。

(8)宜有防止昆虫、野鼠等动物进入和实验动物外逃的设施。

第三节　实验动物环境国家标准

一、国家标准的制定

由于各种环境因素影响动物实验的效果和动物繁育的质量,我国技术监督局1994年批准颁布了动物实验环境及设施标准(GB/T 14925—1994)。2001年、2008年和2010年又进行了重新修订。

二、2010年版国家标准

国家标准(GB 14925—2010)对实验动物、动物实验设施和环境条件的技术要求及检验方法,同时规定了垫料、饮水和笼具的要求。总之,各项技术指标的制定更为科学合理,操作性加强。具体内容见表5-2至表5-5。

表5-2　实验动物生产间的环境技术指标

项目	指标								
	小鼠、大鼠		豚鼠、地鼠			犬、猴、猫、兔、小型猪			鸡
	屏障环境	隔离环境	普通环境	屏障环境	隔离环境	普通环境	屏障环境	隔离环境	屏障环境
温度/℃	20～26		18～29	20～26		16～28	20～26		16～28
最大日温差/℃ ≤	4								
相对湿度/%	40～70								
最小换气次数/(次/h)≥	15[a]	20	8[b]	15[a]	20	8[b]	15[a]	20	—
动物笼具处气流速度(m/s)≤	0.20								
相通区域的最小静压差/Pa ≥	10	50[c]	—	10	50[c]	—	10	50[c]	10
空气洁净度/级	7	5或7[d]	—	7	5或7[d]	—	7	5或7[d]	5或7
沉降菌最大平均浓度/(CFU/1.5 h·ϕ 90 mm平皿)≤	3	无检出	—	3	无检出	—	3	无检出	3
氨浓度/(mg/m^3) ≤	14								
噪声/dB(A) ≤	60								

续表 5-2

<table>
<tr><td colspan="2" rowspan="3">项目</td><td colspan="9">指　　标</td></tr>
<tr><td colspan="2">小鼠、大鼠</td><td colspan="3">豚鼠、地鼠</td><td colspan="3">犬、猴、猫、兔、小型猪</td><td>鸡</td></tr>
<tr><td>屏障环境</td><td>隔离环境</td><td>普通环境</td><td>屏障环境</td><td>隔离环境</td><td>普通环境</td><td>屏障环境</td><td>隔离环境</td><td>屏障环境</td></tr>
<tr><td rowspan="2">照度/lx</td><td>最低工作照度 ≥</td><td colspan="9">200</td></tr>
<tr><td>动物照度</td><td colspan="4">15～20</td><td colspan="3">100～200</td><td colspan="2">5～10</td></tr>
<tr><td colspan="2">昼夜明暗交替时间/h</td><td colspan="9">12/12 或 10/14</td></tr>
</table>

注：1. —不作要求。

2. 氨浓度指标为动态指标。

3. 普通环境的温度、湿度和换气次数指标为参考值，可在此范围内根据实际需要适当选用，但应控制日温差。

4. 温度、相对湿度、压差是日常性检测指标；日温差、噪声、气流速度、照度、氨气浓度为监督性检测指标；空气洁净度、换气次数、沉降菌最大平均浓度、昼夜明暗交替时间为必要时检测指标。

5. 静态检测除氨浓度外的所有指标，动态检测日常性检测指标和监督性检测指标，设施设备调试和/或更换过滤器后检测必要检测指标。

a. 为降低能耗，非工作时间可降低换气次数，但不应低于 10 次/h。b. 可根据动物种类和饲养密度适当增加。c. 指隔离设备内外静压差。d. 根据设备的要求选择参数。用于饲养无菌动物和免疫缺陷动物时，洁净度应达到 5 级。

表 5-3　动物实验间的环境技术指标

<table>
<tr><td colspan="2" rowspan="3">项目</td><td colspan="9">指　　标</td></tr>
<tr><td colspan="2">小鼠、大鼠</td><td colspan="3">豚鼠、地鼠</td><td colspan="3">犬、猴、猫、兔、小型猪</td><td>鸡</td></tr>
<tr><td>屏障环境</td><td>隔离环境</td><td>普通环境</td><td>屏障环境</td><td>隔离环境</td><td>普通环境</td><td>屏障环境</td><td>隔离环境</td><td>屏障环境</td></tr>
<tr><td colspan="2">温度/℃</td><td colspan="2">20～26</td><td>18～29</td><td colspan="2">20～26</td><td>16～26</td><td colspan="2">20～26</td><td>16～26</td></tr>
<tr><td colspan="2">最大日温差/℃ ≤</td><td colspan="9">4</td></tr>
<tr><td colspan="2">相对湿度/%</td><td colspan="9">40～70</td></tr>
<tr><td colspan="2">最小换气次数/(次/h) ≥</td><td>15[a]</td><td>20</td><td>8[b]</td><td>15[a]</td><td>20</td><td>8[b]</td><td>15[a]</td><td>20</td><td>—</td></tr>
<tr><td colspan="2">动物笼具处气流速度/(m/s) ≤</td><td colspan="9">0.2</td></tr>
<tr><td colspan="2">相通区域的最小静压差/Pa ≤</td><td>10</td><td>50[c]</td><td>—</td><td>10</td><td>50[c]</td><td>—</td><td>10</td><td>50[c]</td><td>50[c]</td></tr>
<tr><td colspan="2">空气洁净度/级</td><td>7</td><td>5 或 7[d]</td><td>—</td><td>7</td><td>5 或 7[d]</td><td>—</td><td>7</td><td>5 或 7[d]</td><td>5</td></tr>
<tr><td colspan="2">沉降菌最大平均浓度/(CFU/0.5 h・ϕ 90 mm 平皿)≤</td><td>3</td><td>无检出</td><td>—</td><td>3</td><td>无检出</td><td>—</td><td>3</td><td>无检出</td><td>无检出</td></tr>
<tr><td colspan="2">氨浓度/(mg/m^3) ≤</td><td colspan="9">14</td></tr>
<tr><td colspan="2">噪声/dB(A) ≤</td><td colspan="9">60</td></tr>
<tr><td rowspan="2">照度/lx</td><td>最低工作照度 ≥</td><td colspan="9">200</td></tr>
<tr><td>动物照度</td><td colspan="4">15～20</td><td colspan="3">100～200</td><td colspan="2">5～10</td></tr>
<tr><td colspan="2">昼夜明暗交替时间/h</td><td colspan="9">12/12 或 10/14</td></tr>
</table>

注：1. —表示不作要求。

2. 氨浓度为动态指标。

3. 温度、相对湿度、压差是日常性检测指标；日温差、噪声、气流速度、照度、氨气浓度为监督性检测指标；空气洁净度、换气次数、沉降菌最大平均浓度、昼夜明暗交替时间为必要时检测指标。

4. 静态检测除氨浓度外的所有指标，动态检测日常性检测指标和监督性检测指标，设施设备调试和/或更换过滤器后检测必要检测指标。

a. 为降低能耗，非工作时间可降低换气次数，但不应低于 10 次/h。b. 可根据动物种类和饲养密度适当增加。c. 指隔离设备内外静压差。d. 根据设备的要求选择参数。用于饲养无菌动物和免疫缺陷动物时，洁净度应达到 5 级。

表 5-4 屏障环境设施的辅助用房技术指标

房间名称	洁净度级别	最小换气次数/(次/h)≥	相通区域的最小压差/Pa≤	温度/℃	相对湿度/%	噪声/dB(A)≤	最低照度/lx≥
洁物储藏室	7	15	10	18～28	30～70	60	150
无害化消毒室	7 或 8	15 或 10	10	18～28	—	60	150
洁净走廊	7	15	10	18～28	30～70	60	150
污物走廊	7 或 8	15 或 10	10	18～28	—	60	150
入口缓冲间	7	15 或 10	10	18～28	—	60	150
出口缓冲间	7 或 8	15 或 10	10	18～28	—	60	150
二更	7	15	10	18～28	—	60	150
清洗消毒室	—	4	—	18～28	—	60	150
淋浴室	—	4	—	18～28	—	60	100
一更(脱、穿普通衣、工作服)	—	—	—	18～28	—	60	100

注:正压屏障环境的单走廊设施应保证动物生产区、动物实验区压力最高。正压屏障环境的双走廊或多走廊设施应保证洁净走廊的压力高于动物生产区、动物实验区;动物生产区、动物实验区的压力高于污物走廊。—不作要求。

表 5-5 常用实验动物所需居所最小空间

项目	小鼠			大鼠			豚鼠		
	<20 g 单养时	>20 g 单养时	群养(窝)时	<150 g 单养时	>150 g 单养时	群养(窝)时	<350 g 单养时	>350 g 单养时	群养(窝)时
底板面积/m^2	0.006 7	0.009 2	0.042	0.04	0.06	0.09	0.03	0.065	0.76
笼内高度/m	0.13	0.13	0.13	0.18	0.18	0.18	0.18	0.21	0.21

项目	地鼠			猫		猪		鸡	
	<100 g 单养时	>100 g 单养时	群养(窝)时	<2.5 kg 单养时	>2.5 kg 单养时	<20 kg 单养时	>20 kg 单养时	<2 kg 单养时	>2 kg 单养时
底板面积/m^2	0.01	0.012	0.08	0.28	0.37	0.96	1.2	0.12	0.15
笼内高度/m	0.18			0.76(栖木)		0.6	0.8	0.4	0.6

项目	兔			犬			猴		
	<2.5 kg 单养时	>2.5 kg 单养时	群养(窝)时	<10 kg 单养时	10～20 kg 单养时	>20 kg 单养时	<4 kg 单养时	4～8 kg 单养时	>8 kg 单养时
底板面积/m^2	0.18	0.2	0.42	0.6	1	1.5	0.5	0.6	0.9
笼内高度/m	0.35	0.4	0.4	0.8	0.9	1.1	0.8	0.85	1.1

第四节 动物设施中的主要相关设备系统

一、送风系统和排风系统

空调机房设计时要考虑节能、环保等的特殊要求，确保设施运转后能耗较低。同时应有充分的运行可靠性，必须保证无论设施出现何种情况，都有方法或措施避免设施停止运行或者使其影响程度降低到最低。设施利用全新风系统，有初、中、亚高、高效滤材对气流进行处理，确保空气净化。所有机组都一备一用，配备一定功率的发电机组，确保送、排风机组任何时间都能运转。

根据过滤效果分为初效过滤器、中效过滤器、亚高效过滤器和高效过滤器装置。初效过滤器主要阻挡 5 μm 以上的异物或尘粒。中效过滤器主要阻挡 1 μm 以上的悬浮性尘粒。亚高效过滤器主要阻挡粒径在 0.3 μm 以上的尘粒(表 5-6)。

表 5-6 各种空气过滤器性能

分类	形式	适应粉尘粒径/μm	过滤效率/%	压力损失	保养方法	适应范围
低效过滤器	无纺织布	≥5	70～90	3～20	水洗	除去粗尘或保护中、高效过滤器
中效过滤器	棉纤维或玻璃纤维的袖珍单元式	≥1	40～95	8～25	更换滤器	医药、食品工厂、医院维持清洁度用的最终过滤器
亚高效过滤器	亚高效过滤器	≥0.3	95 以上	15～25	更换单元	低水平的清洁房间
高效过滤器	超 HEPA 过滤器	1 以下	99.99 以上	25～50	更换单元	无菌动物隔离器等

屏障系统内必须安装空气净化器，过滤空气以除去粉尘土和微生物；过滤脱臭器除去臭气。将初、中效过滤器和控温、控湿装置集中在一起，每个饲养室设立独立的高效过滤器，将调控好温度、湿度的洁净空气送入动物室。室内排风口也应装有初效过滤器。

1. 送风系统

(1)普通环境应安装全新风系统，可在表冷器前设置一道保护用中效过滤器，保证换气次数的要求。一般是顶送风(图 5-4)，四角回风，注意减少涡流。

图 5-4 空气流通

(2)使用开放式笼具的屏障环境设施动物生产区(动物实验区)的送风系统宜采用全新风系统。采用回风系统时，对可能产生交叉污染的不同区域，回风经处理后可在本区域内自循环，但不应与其他实验动物区域的回风混合。

(3)使用独立通风笼具的实验动物设施室内可以采用回风，其空调系统的新风量应满足下列要求：补充室内排风与保持室内压力梯度；实验动物和工作人员所需新风量。

(4)屏障环境设施生产区(实验区)的送风系统应设置粗效、中效、高效三级空气过滤器。中效空气过滤器宜设置在空调机组的正压段。

2. 排风系统

(1)有正压要求的实验动物设施,排风系统的风机应与送风机连锁,送风机应先于排风机开启,后于排风机关闭。

(2)有负压要求的实验动物设施的排风应与送风机连锁,排风机应先于送风机开启,后于送风机关闭。

(3)有洁净度要求的相邻实验动物房间不应使用同一夹墙作为回(排)风道。

(4)实验动物设施的排风不应影响周围空气质量。当不能满足要求时,排风系统应设置消除污染的装置,且该装置应设在排风机的负压段。

二、电源、照明和通讯设备

设有报警器和故障显示装置。清洁级以上动物应用备用电源,以保证不间断供电,凡没有双路供电能力的单位,应安装备用发电机。

动物室的照明度分为工作照度和动物照度。最低工作照度应大于 200 lx,采用特制嵌入式净化灯,进口镜面铝反光罩,有机透明灯片。工作照明开关在清洁走廊和污物走廊双控。

动物照度依动物类别和净化级别不同,啮齿类动物只需 15～20 lx,犬、猴、猫、兔和小型猪 100～200 lx。屏障环境饲养的 SPF 鸡为 5～10 lx。对无采光房间,设置明暗各 12 h 的自动动物照度明暗开关。紫外线灯与工作照明连锁,并集中控制,防止对工作人员造成伤害。工作后启动自动消毒 30 min 以上。

由于实验动物设施的特殊性,人员进入后内外联系非常重要。在洁净区内各室与洁净走廊分设电话程控交换机,与洁净区外部相通。

三、安全和报警系统

为了加强管理,在屏障区内每个房间、走廊都设置监控装置,可以对内部操作管理进行检查、指导,对动物实验操作和实验期间的动物反应进行观察和录像,也方便教学、学习和参观。

实验动物设施要求全天 24 h 不间断止送风。如果遇停电或设备故障而没有及时发现和处理,很可能导致设施污染和动物死亡,造成重大损失。因此,在中央控制室设置风机故障报警装置,温湿度、压差异常报警及闭门报警系统,以保证设施运行的安全。

四、供水和排水系统

1. 给水系统　普通动物饮水应符合现行国家标准《生活饮用水卫生标准》GB 5749—2006 的要求。屏障环境设施的净化区和隔离环境设施的用水应达到无菌要求(图 5-5)。屏障环境设施净化区内的给水管道和管件,应选用不生锈、耐腐蚀和连接方便可靠的管材和管件。

图 5-5　无菌水生产系统

2. 排水系统　动物设施的生产区和实验区的排水宜单独设置化粪池。实验动物生产设施和实验动物实验设施的排水宜与其他生活排水分开设置。排水管道应采用不宜生锈、耐腐蚀的材料。屏障环境设施净化区内的地漏应采用密闭型。

五、笼具和垫料

1. 笼具　笼具的材质应符合动物的健康和福利要求，无毒、无害、无放射性、耐腐蚀、耐高温、耐高压、耐冲击、易清洗、易消毒灭菌。笼具的内外边角均应圆滑、无锐口，动物不易噬咬、咀嚼。笼子内部无尖锐的突起伤害到动物。笼具的门或盖有防备装置，能防止动物自己打开笼具或打开时发生意外伤害或逃逸。笼具应限制动物身体伸出，避免其伤害人类或邻近的动物。此外，常用动物实验笼具的大小最低应满足表 5-5 的要求，实验用大型动物的笼具尺寸应满足动物福利的要求和操作的需求。

2. 垫料　垫料的材质应符合动物健康和福利要求，应满足吸湿性好、尘埃少、无异味、无毒性、无油脂、耐高温和耐高压的条件。此外，垫料必须经过灭菌处理后方可使用。

六、污水、废弃物及动物尸体的处理

实验动物和动物实验设施应有相对独立的污水初级处理设备或化粪池，来自于动物的粪尿、笼器具洗刷用水、废弃的消毒液、实验中废弃的试液等污水应经处理并达到 GB 8978 二类一级标准要求后排放。感染动物实验室所产生的废水，必须先彻底灭菌后方可排出。

实验动物废垫料应集中作无害化处理。一次性工作服、口罩、帽子、手套及实验废弃物等应按医院污物处理规定进行无害化处理。注射针头、刀片等锐利物品应收集到利器盒中统一处理。感染动物实验所产生的废弃物须先进行高压灭菌后再做处理。放射性动物实验所产生放射性污染废弃物应按 GB 18871—2002 的要求处理。动物尸体及组织应装入专用尸体袋中存放于尸体冷藏柜(间)或冰柜内，集中作无害化处理，感染动物实验的动物尸体及组织须经高压灭菌后传出实验室再作相应处理。

七、微生物控制设备与饲养设备

(一)隔离器

隔离器能有效防止传染性病原微生物的扩散，不仅为隔离器中的动物提供屏障，同时保护感染设施内的大环境不被有害微生物污染。隔离器通常包括容易折叠的膜式隔离器和硬壁隔离器。最早的硬壁是不锈钢材料，现在采用透明的聚碳酸酯材料。薄膜式隔离器主要由塑料薄膜室、橡胶皮手套、过渡仓、空气过滤器、操作台(架)、内帽、外帽、空气压缩机、喷枪、灭菌罐、连接袖、黏胶带、橡皮圈、气压计与风机等组成。聚乙烯薄膜室是隔离器主体部分，是实验动物的饲育区。隔离器内的操作都要通过橡胶长袖手套进行，笼具、饲料、垫料、饮用水及必要的仪器设备经严格灭菌后送入隔离器中(图 5-6)。

(二)独立通风换气笼盒

随着科学技术的发展，饲养大、小鼠的笼具经历了木盒、陶罐、金属笼盒、塑料盒四个阶段。20 世纪 80 年代，意大利 Theniplas 公司，在带空气过滤帽的塑料盒的盒帽上加了一个进风口，希望促进盒内的通风换气，从而出现了第一个独立通风换气笼盒(individually ventilated cages，IVC)(图 5-7)。独立通风换气笼盒高效节能，符合动物福利和对动物质量的要求。

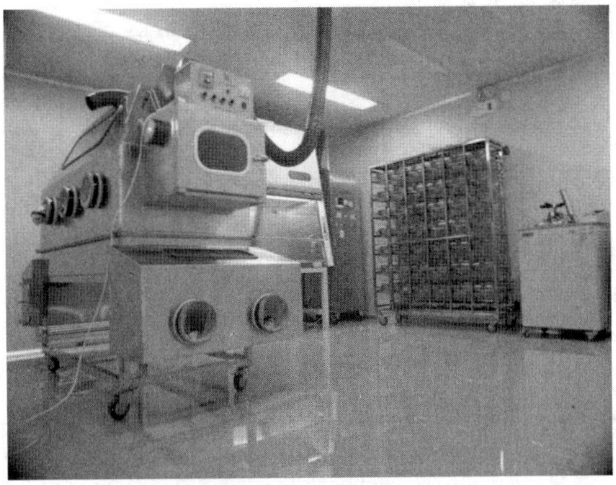

图 5-6　P3 实验室隔离器

图 5-7　独立通风鼠盒

IVC 的结构:①笼盒由耐高温的透明塑料制成,由上盖、底盒、食槽、水槽、锁扣、进出风口组件和硅橡胶密封圈等组成,具有一定的密闭性。②通风由两台风机和初、中、高效过滤器组成的装置控制进风和排风。控制进风和排风,维持笼内压差,可为正压或负压。③笼架由不锈钢管焊接而成,兼作 IVC 的导风管。

(三)层流架(柜)

层流架是个小型的屏障单元,以风机为动力通过滤材净化空气,用于 SPF 动物的饲养繁殖或实验,也可用于感染实验。层流架由初效(中效)过滤器与风机、高效过滤器与静压箱、支架与工作区各种控制电器组成。根据动物种类、笼箱大小、数量和使用要求确定柜体尺寸。工作人员需戴灭菌手套,配合使用超净台即可操作。

层流架的工作原理:室内空气经初效过滤器→鼓风机→静压箱→高效过滤器→无尘无菌的动物饲养区→气流排出。

(四)生物安全柜

生物安全柜常应用于微生物研究和生物医学研究中,根据洁净度分为生物安全Ⅰ、Ⅱ和Ⅲ型,往往与层流柜、独立换气笼盒等设备配套使用。Ⅰ和Ⅱ型适用于生物安全 3 级病原感染试验,Ⅱ型又分为 A 型和 B 型,是动物设施中最为常用的类型。A 型适用于病原微生物感染试验,病原和空气通过高效过滤膜后排放到外界设施中。B 型适用于感染病原、挥发性化学物和放射性物质试验。根据空气换气的效率又可以分为 B1(70%的循环)、B2(30%循环)和 B3 型(100%排空)。Ⅲ型可有效保护研究人员和环境不被传染性气溶胶所感染,同时也可以防止外源微生物感染试验材料。空气通过高效过滤膜净化,排出的气体通过两层高效 HEPA 膜,主要用于生物安全 4 级的病原微生物研究(表 5-7)。各种生物安全柜的工作原理大致相同,都是将室内空气经初效过滤器初滤,由离心风机压入静压箱,再经高效空气过滤器,洁净气流以一定的均匀的断面和风速通过无菌区,从而形成无尘无菌的高洁净度工作环境。一般情况下,高效过滤器每 3 年更换一次。3～6 个月将初效过滤器中的过滤布(无纺布)拆下清洗。

表 5-7 生物安全柜的简单分类及应用

类型	气流方式	放射性元素/有毒化学物操作	生物安全水平	产品防护
Ⅰ级	前面进,后面出,顶部通过 HEPA 过滤器	不能	2,3	无
Ⅱ级 A 型	70%通过 HEPA 循环,通过 HEPA 排出	不能	2,3	有
B1 型	30%通过 HEPA 循环,通过 HEPA 和严格管道排出	能(低水平/挥发性)	2,3	有
B2 型	无循环,全部通过 HEPA 和严格管道排出	能	2,3	有
B3 型	同ⅡA,但箱内呈负压和管道排气	能	2,3	有
Ⅲ级无要求	供气进口和排气通过两道 HEPA 过滤器	能	3,4	有

第五节 生物危害特殊实验动物设施

生物危害的种类包括实验动物所产生的危害、病原微生物感染所造成的危害、转基因、克隆和重组基因等造成的危害。生物危害特殊实验设施目的就是最大限度地减少对人类的侵害。

现在,传统生物安全问题和新型生物安全风险相互叠加,境外生物威胁和内部生物风险交织并存,生物安全风险呈现出许多新特点,我国生物安全风险防控和治理体系还存在短板弱项。实验动物从业人员应加强生物安全法律法规和生物安全知识的学习,提高生物安全风险防范意识。

一、感染实验微生物危害的分级

目前将微生物危害等级分为四级。在建设微生物感染实验室之前,必须对拟操作的病原微生物进行危害评估,结合人和动物对其易感性、气溶胶传播的可能性、预防和治疗的获得性等因素,确定相应生物安全水平等级。

1. 生物安全防护水平一级　对个体和群体危害程度低,不能对健康成年人和动物致病的微生物。

2. 生物安全防护水平二级　对个体危害程度为中度,对群体危害较低,主要通过皮肤、黏膜和消化道传播。对人和动物有致病性,但对实验人员、动物和环境不会造成严重危害的动物致病微生物,且能够有效治疗和预防。

3. 生物安全防护水平三级　对个体危害程度高,对群体危害程度较高。能通过气溶胶传播,引起严重或致死性疫病,导致严重经济损失的动物致病微生物,或外来的动物致病微生物。但对于此种等级的微生物,人可以有效地预防和治疗。

4. 生物安全防护水平四级　对个体和群体的危害程度高,通常引起严重疫病的、暂无有效预防和治疗措施的动物致病微生物。通过气溶胶传播,具有高度传染性、致死性的动物致病微生物,或未知的危险的动物致病微生物。

二、生物安全实验室的设施和使用要求

(一)生物安全度-1 实验室(BSL-1)

一级生物安全水平(basic laboratory-biosafety level,BSL-1)是指能够安全操作,对实验室

工作人员和动物无明显致病性的、对环境危害程度微小的、特性清楚的病原微生物的生物安全水平。在建筑上按照 BSL-1 标准建造的实验室，也称基础生物实验室。实验室无需与一般区域隔离。

设施要求如下：实验室有控制进出的门；每个实验室出口处设置洗手池；实验台便于清洁，台面不漏水、耐酸碱和中等热度、抗化学物质的腐蚀；实验室内器具安放稳妥，器具之间留有一定的距离，方便清扫；实验室可以自然通风；配备适当的消毒灭菌设备。

(二)生物安全度-2 实验室(BSL-2)

二级生物安全水平(BSL-2)是指能够安全操作，对实验室工作人员和动物致病性低的，对环境有轻微危害的病原微生物的生物安全水平。

在建筑上按照 BSL-2 标准建造的实验室，也称为基础生物实验室。实验室无需与一般区域隔离。

实验室主入口的门、放置生物安全柜实验间的门应可自动关闭，实验室主入口的门应有进入控制措施；如果生物安全柜的排风在室内循环，室内应具备换风条件；如果使用管道排风的生物安全柜，应通过独立于建筑物其他公共通风系统的管道排出；能产生传染物外溢、溅出和气溶胶的操作，包括离心、研磨、搅拌、强力震荡混合、超声波破碎、打开装有传染性材料的容器、动物鼻腔注射、收取感染动物和孵化卵的组织等，都要使用Ⅱ级生物安全柜和物理防护设备。

(三)生物安全度-3 实验室(BSL-3)

三级生物安全水平(BSL-3)是指能够安全地从事来自国内和国外的，可能通过呼吸道感染，引起严重或致死性疾病的病原微生物工作的生物安全水平。

BSL-3 实验室设施的要求：

1. 建筑结构和平面布局　实验室明确区分为防护区和辅助工作区。实验室辅助区设置监控室、淋浴间和清洁衣物更换间。防护区包括防护服更换间、缓冲间和核心工作间。如果是多个实验室共用一个公用的走廊(或缓冲室)，则进入每个实验室宜经过一个连锁的气闸(锁)门。实验室应有安全通道和紧急出口，并有明显标识。半污染区与清洁区之间必须设置传递窗。

2. 密闭性和内表面　一切设施、设备外表无毛刺、无锐利棱角，尽量减少水平表面面积，便于清洁和消毒。各种管道通过的孔洞必须密封。墙和顶棚的表面要光滑，不刺眼、不积尘、不受化学物和常用消毒剂的腐蚀，无渗水、不凝集蒸汽。

3. 消毒灭菌设施　必须安装双扉式高压蒸气灭菌器，安装在半污染区与洗刷室之间。灭菌器的两个门应互为连锁，灭菌器应满足生物安全灭菌要求。污染区、半污染区的房间或传递窗内可安装紫外灯。室内应配制人工或自动消毒器具(如消毒喷雾器、臭氧消毒器)并备有足够的消毒剂。一切实验室内的废弃物都要分类集中装在可靠的容器内，都要在设施内进行消毒处理。

4. 净化空调　应安装独立的实验室送排风系统，确保实验室运行时气流由低风险区向高风险区流动，同时实验室排出的空气必须经过高效过滤器过滤后经专用的排风管道排出。不得循环使用实验室防护区排出的空气。实验室的送风应经过高效、中效过滤器过滤。不应在实验室防护区安装分体空调。

5. 供水和供气系统　应在实验室防护区的实验间的出口处设置非手动洗手设施，同时应在实验室给水与市给水系统之间设置防回流装置。进出实验室的液体、气体管道应牢固、不渗漏、防锈、耐压、耐温和耐腐蚀。

6. 污染处理和消毒灭菌系统　应在实验室防护区设置生物安全型高压灭菌器，应该安装专用的双扉高压灭菌器；对实验室防护区不能高压灭菌的物品应设置其他消毒灭菌措施。实验室防护区的下水应直接通向本实验室专用的消毒灭菌系统。

7. 实验室监控系统　应对实验室各种状态及设施全面设置监控报警点，构成完善的实验室安全报警系统。

8. 电力供应系统　非双路供电情况下，应配有备用电源。生物安全柜、送风机、排风机、照明、自控系统、监视和预警系统应配备不间断备用电源，电力供应至少维持 30 min。

9. 通讯　实验室内外应有适合的通讯联系设施（电话、传真、计算机等），进行无纸化操作。

BSL-3 生物安全实验室里所有病原微生物的操作均在Ⅱ级以上（含Ⅱ级）生物安全柜内进行（图 5-8 和图 5-9）。

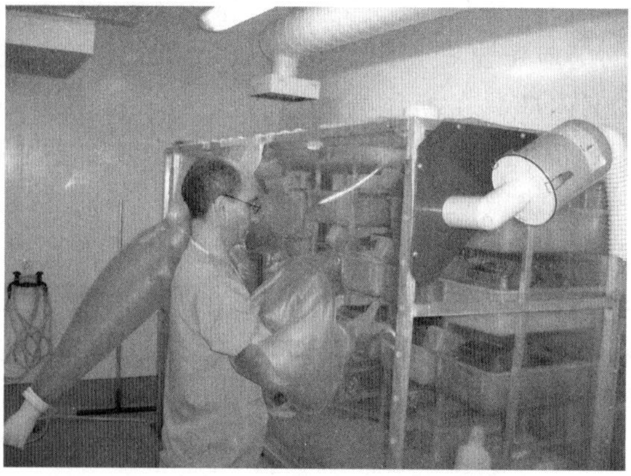

图 5-8　BSL-2 级实验室操作

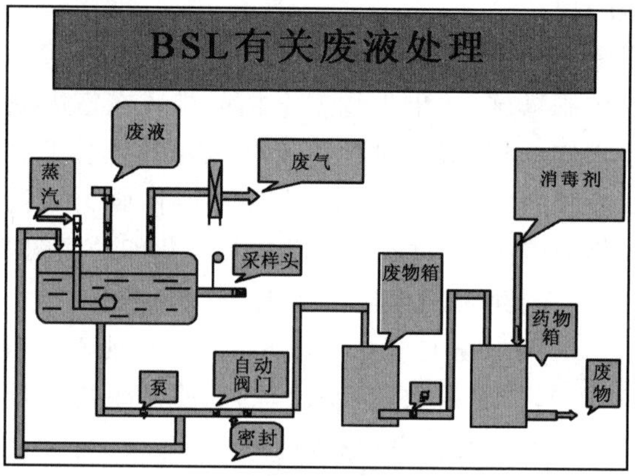

图 5-9　P3 级实验室废液处理模式

三、特殊动物实验设施的建筑要求

（一）空气调节系统的建筑要求

特殊动物实验设施的环境要求，仍应以人和实验动物的舒适为原则。实验室必须保持负压并维持不同房间的压力梯度。各室的负压值顺序应是从洁净区向污染区的方向逐渐加大。相邻两区域的压差应维持在 20～30 Pa，压力的状态相对稳定，不能相互影响和干扰。

气流方向：应该由低污染区流向高污染区。污染区的空气静压必须低于洁净区，两个以上动物实验室尽量有独立的空调系统。

排风口：排风口的位置必须设在对新风口采集新风的质量无影响的地方。出风口安有高效过滤器的管道应选用耐腐蚀的材料制成。排风过滤器应为单元式气密结构，应设有检漏用孔，在更换之前能方便地进行药物消毒处理。

送、排风方式：应该为全新风式送风，实验动物室换气次数要求 10 次/h 以上。空气洁净度要求参照 GB 14925—2010《实验动物环境及设施》。必须有保持各区域负压的排风机备用设备。另外，能影响整个设施安全的必用设备，原则上均应备用 1 套（台）。

高效空气过滤器的材料要求：外框用铝材或钢材，分隔板用铝箔，滤纸用玻璃纤维的耐高温的产品。

在两个相邻的不同级别的区域，应设置缓冲室（气闸），可做成固定设备，也可在土建中安装，要设计成连锁门，缓冲室静压介于走廊静压和实验室静压之间。

设备的维修可不在污染区内进行，安装在技术夹层的风管、水管当其通过天花顶棚通向污染区时，贯穿部分必须完全密封。

（二）供、排水系统的建筑要求

1. 供水要求　给水必须由专设的高位水箱供给，不能与市内自来水网直接相连。一般区域和污染区域的水箱要分别设置。为防止倒流，实验室的给水管和龙头附近应设逆止阀。

在高位水箱上要安装水位报警器，给水管道中不能空水。给水管应涂黄色等醒目的颜色，以示区别一般系统的水管。给水管材料用聚乙烯或不锈钢管，供热水管用钢管。

2. 排水要求　一般区域和污染区域的排水系统应分开。实验室特别是 P4 级实验室应设加热灭菌（120℃ 30 min）的排水系统和氯气灭菌的排水系统，并将两者分开。P4 级动物实验室不应设地面排水口，并尽量保持室内干燥。P4 级动物实验室的排水管上的放气管要设高效过滤器。一般该类设施不设或少设排水，而是把水排入容器内经高压灭菌器灭菌后送出去。

（三）电气系统的建筑要求

实验室内部机械设备的电负荷按 24 h 全运行考虑。动力设备的控制必须设手动和自动两种开关。

1. 照明　特殊动物实验设施的照度应高于一般实验室。照明灯具宜采用防水性日光灯。灯具更换最好在实验室外技术夹层中进行。应该配用应急灯，一般应以内装蓄电池式为主。应配有防止突然停电的备用发电机供电系统。电源插座具备防水功能，且电源和外部连通的地方要密封。

2. 弱电设备　如电话、无线电广播、内部对讲系统、电视监视系统、火灾报警系统、实验数据传输系统都必须配置。对 P4 级动物实验室，为了紧急联系还应设有内部互通话和播放设备系统。

3. 气体供给系统的建筑要求　在特殊动物实验设施内，特殊专用气体应由高压气瓶供给，气瓶应设在实验室外面，通过管道输往各终端口，禁止将气瓶置于实验室内。

第六节　放（辐）射污染动物实验设施

20 世纪 90 年代以来，放射学（X 射线诊断学）、介入放射学、核医学、放射肿瘤学（放射治疗学）等电离辐射医学应用蓬勃发展并不断广泛普及，接受各种医疗照射的受检者与患者越来越多，人工电离辐射成为照射的最大来源。照射防护已经成为重要的公共卫生问题。

在设计、建筑放射（辐射）污染防护动物实验设施时，必须严格遵守 GB 18871—2002《电离辐射防护与辐射源安全基本标准》、GB 188712—2002《电离辐射防护与辐射源安全基本标准》和 GB 14925—2010《实验动物环境与设施》等要求，增强放射（辐射）卫生防护意识。

一、放（辐）射性污染动物实验设施的设计

放（辐）射性动物实验设施的选址、设计建造及相应的审查必须由经过国家有关部门认定的单位承担。有关部门已经制订相关法律，严格规定空气中的放射性物质的最大允许浓度。处理超过标准剂量的非封闭性放射物质时，则应采用高放射性物质工作屏蔽室、通风柜、特殊的封闭式局部排气装置。这些设备原则上单独设置通风系统以确保排出气体的净化，并与周围的区域完全隔开。

(一)选址

(1)大型防放(辐)射性危害的动物实验设施应考虑区域地质构造是否为危险地带。不宜在地震、海啸、湖震频繁、崩塌的区域以及岩堆、滑坡区、山洪、泥石流区、活动沙丘区、高压缩性淤泥及软土区、坡度陡的地区选址建筑。

(2)小型放(辐)射性危害动物实验设施选址远离其他动物实验室,不能毗邻居民密集区、闹市区或易燃易爆品生产区。

(二)动物设施防护

新购射线装置所用机房面积必须达到防护的要求,以减少散射线对实验者身体的照射。

(1)动物实验设施中放(辐)射性物质的存放区域,必须在实验室某一区域设置有混凝土屏蔽室或有足够屏蔽厚度和作用的装置。

(2)防护门咬合严密,机房门内所镶铅板对接处无空隙,操作室用铅玻璃做观察窗,四周木框镶铅板,传片箱包铅板,电源插座等凹槽处设置放射防护标志。

(3)凡能产生放(辐)射性固体废物的动物实验活动区域,都应设计有相应的废物暂时贮存设施,保证贮存的废物必须在贮存期内可完整回收,并要求经济、安全、方便。动物实验设施中贮存放(辐)射性物质的区域暂存期应设计为5年。

(4)设施内应将非放(辐)射性工作区与有辐射工作区分开设置。操作放射性物质的工作区,应设计通过间,人员全天时间在此工作也无危险,即使有出现表面沾污和气溶胶污染的可能,也能及时发现并清除。

(5)放射性物质存放区,应设计通过缓冲间或卫生缓冲间,人员不经常停留,人员须经允许才能进入该区域。

二、放(辐)射污染防护实验设施的安全监测

(1)放射工作场所设置电离辐射标志、工作指示灯及通风设施等。工作人员配置使用铅制衣帽等防护用品,增强防护等措施,减少对人的辐射。

(2)在实验人员污染停留的工作区域设置必要的固定式监测装置和自动报警系统,未设固定监测点的场所也应能用便携式仪表监测。

(3)在实验区设置固定空气微尘取样系统,定期取样监测。

(4)必须在实验区设置放射性气溶胶监测仪。

(5)应设置事故备用电源,保证放射设施内不间断电源供给。

思考题:

1. 实验动物和动物实验设施分为哪几类?
2. 简述屏障设施的环境标准。
3. 实验动物屏障设施的功能分区有哪些?
4. 生物安全实验室设计和建设的基本原则是什么?
5. 微生物危害分级标准是什么?
6. 生物安全水平分为几级?各级有什么特点?
7. 感染实验生物安全实验室(BSL-3)建设设施基本要求有哪些?
8. 放(辐)射性污染防护的动物实验设施基本要求有哪些?

(张 冰,何 诚)

第六章　实验动物营养与饲料的质量控制

内容提要：培育优良的实验动物和取得可重复的实验结果，除了严格的遗传学和微生物学控制、标准化饲养环境设施外，保持良好的营养水平亦很重要。本章重点阐述了常用实验动物的饲料特点、营养成分的生理功能、实验动物营养需要特点、饲料加工与储存，同时介绍了饲料的质量控制。
关键词：饲料；营养；监测。

充足的营养是维持实验动物机体正常生长、繁殖以及健康的先决条件，是实验动物遗传和各种生物学特性得以充分表达的必要条件。实验动物的营养学与家畜营养学有着本质的区别，家畜营养学是注重研究如何提高家畜的生长速度、饲料利用率和经济效益，而实验动物营养学是研究如何为实验动物的培育、繁殖和生产提供品质均一和标准化的营养。

实验动物的营养需要是指动物对满足其正常生长和繁殖所需的各种养分的基本需要，即每只动物每天对蛋白质、维生素、矿物质以及能量的需要量。实验动物的营养需要，因动物的品种、品系、生长阶段不同，其营养需要量差别较大，故根据动物生长繁殖特点，合理配制饲料，才能满足实验动物不同生理时期对营养物质的需要。

第一节　实验动物饲料的分类及其营养特性

饲料是实验动物饲养的物质基础，约占整个饲养成本费用的70%。因此，了解饲料的类型和营养特点，合理利用饲料资源，对实验动物的饲养具有重要意义。

一、饲料的分类

饲料的分类方法很多，我国惯用的方法是按饲料的来源、理化性状、消化率和生产价值等条件，将其分为植物性、动物性、矿物质和其他添加剂饲料。1983年依据国际饲料及分类原则，按饲料的营养特性分为青绿饲料、青贮饲料、粗饲料、能量饲料、蛋白质饲料、矿物质饲料、维生素饲料和添加剂八大类，各类饲料均有编码，使其命名数字化。

（一）青绿饲料

天然水分含量为60%及60%以上的青绿饲料类、树叶类以及非淀粉质的块根块茎瓜果类。

（二）青贮饲料

用新鲜的天然植物性饲料调制成的青贮及加有适量糠麸类或其他添加物的青贮饲料，包括水分含量在45%以上的低水分青贮（即半干青贮）饲料。

（三）粗饲料

粗饲料是干草类（包括牧草）、农副产品类（包括荚、壳、藤、蔓、秸、秧）和干物中粗纤维含量为 18%及 18%以上的糟渣类、树叶类和添加剂及其他类物质。

(四)能量饲料

能量饲料是粗纤维含量低于 18%,同时粗蛋白质含量低于 20%的谷实类、糠麸类、草籽类、淀粉质的块根及其他类。

(五)蛋白质饲料

蛋白质饲料是干物质中粗纤维含量低于 18%,同时粗蛋白质含量为 20%及 20%以上的豆类、油饼类、动物性饲料及其他类。

(六)矿物质饲料

矿物质饲料是含有动物生命所必需的矿物元素,包括人工合成的、天然的矿物质,多种混合的矿物质饲料,以及配合的载体或赋形剂的微量、常量元素的饲料。

(七)维生素饲料

维生素饲料是指工业合成或提纯的单一维生素或复合维生素,但不包括某些维生素含量较多的天然饲料。

(八)添加剂

不包括营养性添加剂(矿物质、维生素、氨基酸),主要指非营养性添加剂,如防腐剂、着色剂、抗氧化剂、各种药剂(如激素、杀虫剂、抗寄生虫剂等)、生长促进剂等。

二、常用饲料的营养特性

饲料的种类很多,仅就与实验动物关系密切的几种饲料的营养特性做一简要介绍。

(一)青干草的营养特性

青干草的营养价值与植物的种类、生长阶段以及调制后的色泽、气味、茎叶多少、杂质含量等密切相关。一般豆科青干草的营养高于其他青干草。青干草在调制过程中采用的干燥方法、时间长短对营养物质造成的损失存在一定差异。一般来说,人工干燥法调制时间短,营养损失较少。自然干燥法调制的时间长,营养损失较多。实验动物最常用的青干草主要是苜蓿草粉和脱水蔬菜。

1. 苜蓿干草　多采用自然干燥法,调制过程中其蛋白质的损失为 10%～50%,主要由于机械作用使叶片脱落、日光氧化和细胞饥饿代谢而造成的。优质苜蓿干草是实验动物的优良饲料,其粗蛋白质含量为 10%～20%,粗纤维含量为 20%～30%,含较多的钙和胡萝卜素(26 mg/kg)。晒干的干草含有较多的维生素 D_2(2 000 IU/kg)。苜蓿干草粉在豚鼠、家兔日粮中可占 25%～50%,大鼠、小鼠的日粮中加 5%为宜。

2. 脱水蔬菜　脱水蔬菜是经人工甩干脱水或高温快速脱水(500～1 000℃,5～10 s)干燥而成,其养分损失甚微,基本上保留和浓缩(脱水)了原有成分。唯一缺点是缺乏维生素 D。豚鼠和家兔日粮中应添加 20%～30%维生素 D。

人工脱水调制青干草,是近 20 年来国外调制青干草所采用的方法,目前在国内虽有设备与技术,但因成本较高,还不能普遍采用。

(二)青绿饲料的营养特性

(1)蛋白质含量丰富、消化率高、品质优良。一般青绿饲料中粗蛋白质含量按干物质计算为 10%～20%,比禾本科籽实中蛋白质数量还多。青绿饲料中蛋白质的品质好,含必需氨基酸较全面,赖氨酸、色氨酸、组氨酸的含量较高,其蛋白质的营养价值接近于纯蛋白质。

(2)维生素含量丰富。青绿饲料中含有丰富的胡萝卜素，每千克含 50～80 mg，高于其他任何天然饲料。此外还含有丰富的硫胺素、核黄素、烟酸等 B 族维生素，以及较多的维生素 C、维生素 E 和维生素 K 等。

(3)钙、磷比例适宜。青绿饲料按干物质计，钙占 0.4%～0.8%，磷占 0.2%～0.35%。

(4)适口性好。青绿饲料幼嫩多汁，纤维素少，适口性好，消化率高，营养相对均衡。

(5)含有雌性激素，与营养物质的代谢有密切关系，能促进发情。

(6)含水分高(70%～90%)，有季节性，且往往带有寄生虫及虫卵，不便消毒和贮存。饲喂实验动物有许多不便，近年在实验动物饲养中已逐渐停止饲喂青饲料，主要使用加工用草粉或脱水蔬菜代替青饲料，从而从根本上解决实验动物的腹泻问题。

(三)禾本科籽实类饲料的营养特性

禾本科籽实类是各种实验动物的基础饲料，主要有小麦、大麦、燕麦、荞麦、玉米、高粱、稻谷、糜谷等，一般可占日粮的 40%～60%，其营养特性为：

1. 无氮浸出物含量高，粗纤维含量低　禾本科籽实富含无氮浸出物(主要是淀粉)，占 70%～80%，粗纤维含量一般在 6%以下，每千克消化能的含量在 12 540 kJ 以上，被称之为高能饲料。

2. 粗蛋白质中必需氨基酸含量不足　粗蛋白质含量在 10%左右，氨基酸的组成不平衡，色氨酸、赖氨酸含量少，不能满足各种动物的需要。日粮中使用过多，可影响其他必需氨基酸的利用。氨基酸主要集中于胚和种皮中，蛋白质生物学价值一般在 50%～70%。

3. 脂肪含量少　一般占干物质的 2%～5%。绝大部分存在于胚中，以不饱和脂肪酸为主。

4. 钙、磷比例不平衡　钙的含量在 0.1%以下，而磷的含量较多，占 0.3%～0.45%，多以肌醇六磷酸盐的形式存在，不易被消化吸收。

5. 维生素含量不均匀　含有较丰富的维生素 B_1 和维生素 E，黄玉米中含玉米黄素，具有胡萝卜素的功能，大麦中含有较多的尼克酸。一切籽实中均缺乏维生素 D，除黄玉米外，也缺乏胡萝卜素。

6. 适口性好　易消化。

(四)豆科籽实类饲料的营养特性

用作饲料的豆科籽实主要有大豆、豌豆、蚕豆和箭舌豌豆等。其营养特性为：

1. 蛋白质含量高　豆科籽实粗蛋白质含量一般在 20%～40%，为禾本科籽实的 1～3 倍，且品质较好，精氨酸、赖氨酸、苯丙氨酸、亮氨酸、蛋氨酸等含量均多于禾本科籽实。

2. 粗脂肪含量高　大豆约含 16%，其余豆类含脂肪均在 2%左右。

3. 矿物质、维生素含量　矿物质、维生素含量与禾本科籽实相似。

4. 含有一些不良物质　如抗胰蛋白酶、皂素和血凝集素等。这些物质影响豆类饲料的适口性、消化性及动物的一些生理过程。这些物质经适当的热处理(110℃，3 min)后就会失去作用。

(五)饼、粕类饲料的营养特性

蛋白质丰富，应合理利用，以解决蛋白质饲料资源不足。

1. 可消化粗蛋白的含量高　油饼、油粕中可消化粗蛋白质含量可达 30%～45%，氨基酸的组成较齐全，尤其是以禾本科籽实中缺乏的赖氨酸、色氨酸、蛋氨酸等在饼粕类中含量丰富，苯丙氨酸、苏氨酸、组氨酸等含量也不少。粗蛋白质的消化率、利用率均较高。

2. 粗脂肪含量变动较大　饼、粕类的脂肪含量随加工方法的不同变动较大，一般压榨法所得油饼含脂肪在5%左右，浸提法所得油粕，含脂肪在1%左右。

3. 无氮浸出物　无氮浸出物约占干物质的1/3(22.9%～34.2%)。

4. 粗纤维含量　粗纤维含量视加工时带壳与否而异。一般去壳者粗纤维含量6%～7%，消化率高。

5. 矿物质　矿物质方面磷比钙多。

6. 维生素　B族维生素含量丰富，有少量胡萝卜素。

7. 有些饲料喂前需加工　生豆饼饲喂前应加热处理，以破坏抗胰蛋白酶。棉籽饼含有棉酚，菜子饼含有芥子素，亚麻籽饼含有亚麻配糖体和亚麻酶，在水中浸泡会形成氢氰酸等均有一定毒性，饲喂前应经脱毒处理。

(六)动物性饲料的营养特性

此类饲料主要包括水产副产品和畜禽副产品。如鱼粉、肉骨粉、血粉、奶粉、蚕蛹、羽毛粉等。其主要营养特性：

(1)动物性饲料中粗蛋白含量高，一般在40%～80%，各种必需氨基酸齐全，配比得当，是优良的蛋白质饲料。

(2)除奶粉外各种动物性饲料中碳水化合物含量极少，而且无粗纤维，消化率高，适于饲喂各种动物。

(3)动物性饲料中含有较多的矿物质，钙与磷的比例适当，能被动物充分吸收利用。鱼粉中还含有食盐和丰富的微量元素。鱼粉中的含盐量与其品质有关，配合日粮时，必须事先了解其食盐含量，以免食盐中毒。

(4)富含B族维生素，特别是维生素B_{12}，鱼粉中还含有维生素D及维生素A。

一般在日粮中加入5%～10%的动物性饲料，可使蛋白质的生物学价值大为提高，相应提高饲料报酬，降低成本。在使用动物性饲料时，应特别注意其品质，以防腐败、霉变和细菌污染而引起动物中毒。有的鱼粉中含沙量较高，甚至掺杂使假，应注意检测，严格把好质量关。

(七)糠麸类饲料的营养特性

主要有米糠、麸皮，是粮食加工的副产品，由谷皮、大部分胚和小部分胚乳组成。其营养特性是：

(1)无氮浸出物比谷实类少，占40%～50%。

(2)粗蛋白质的数量和质量约在豆料与禾本科籽实之间，约14%。

(3)粗纤维约占10%，比籽实饲料高。

(4)米糠中有较多的脂肪，为12%～13%，不易贮存，适口性差。

(5)磷的含量较高，约占1%以上，但70%以植酸盐的形式存在，不易被动物吸收。钙的含量少(0.1%以下)，钙、磷比例不平衡(1∶8)。麸皮中还含有较多的镁盐，有促进腹泻作用。

(6)含有丰富的B族维生素，其他维生素含量较少。这类饲料中，麸皮的质地疏松，在消化道中可改善日粮的物理性状，日粮中可占10%～20%。

(八)矿物质饲料的营养特性

动物在生长发育、繁殖过程中，需要20种以上的矿物质元素。这些元素虽然在天然饲料中都有不同的含量，但不全面。由于实验动物在人工小环境下饲养，应对矿物质进行适当的补充与调整。矿物质饲料大多含元素较单纯，便于单项补充与调整。常用的矿物质饲料主要有：

(1)对以植物性饲料为主的动物要补充食盐，草食性动物尤为重要。食盐除了对动物补充钠和氯外，还可提高饲料的适口性，增加采食量。

(2)常用的有贝壳粉、蛋壳粉、石灰石粉及碳酸钙等。它们的主要成分为碳酸钙，动物对这种钙的利用率不高，但来源广，价格低廉，是补充钙的重要来源。骨粉、磷酸钙、磷酸氢钙等饲料中既含钙，又含磷，动物对这类矿物质饲料的利用率较单独含钙的矿物质饲料为好。

(3)根据各种动物的需要，选用各种无机盐，按一定比例配制微量元素添加剂。如铁、铜、钴、锌、锰、碘、硒等。

(九)其他饲料的营养特性

主要由人工合成，工厂生产的各种饲料添加剂。大致有以下两类：营养性添加剂如氨基酸、维生素制剂、微量元素添加剂等；非营养性添加剂如抗氧化剂、驱虫剂、生长促进剂、酶制剂、着色剂、防腐剂等。

这些添加剂的主要作用是为了完善日粮的全价性，提高饲料利用率，促进动物生长和防治疾病，减少饲料在贮存期间营养物质的损失，促进产品品质的改善等。

为保证实验动物的标准化及动物实验结果的准确性和可靠性，《实验动物配合饲料通用质量标准》国家标准(GB 14924—2001)中规定，实验动物饲料中不得掺入非营养性添加剂中包含的任何一种物质。因此，在饲养加工过程中应予以特别注意。

第二节　实验动物营养需要

实验动物需要从饲料中摄取营养素，其所食饲料必须含有维持动物生命与健康，生长、繁殖、哺乳等所必需的足够量的营养素。这个必需的营养素量即动物营养需要量。实验动物因食性、消化道的功能与构造、消化能力等的不同，其营养需要量亦不同，不考虑这些因素，往往不能满足动物的全价营养需求，动物不仅会出现生长停滞和繁殖障碍，而且还会发生具有特征性的维生素及矿物质缺乏症和过多症。根据实验动物的不同种类、性别、年龄、体重和生理阶段等特点，结合能量与其他各种营养物质代谢实验和饲养实验结果，科学地规定每只动物每天应给予的能量及各种营养物质的数量，这种规定被称之为饲料的营养标准。营养标准的数值是营养素的供给量，是根据实验动物最低需要量并在此基础上考虑增加一定的安全系数而确定的。营养标准是设计实验动物饲料配方的科学依据。

为了加快我国实验动物科学的发展进程，尽快实现与国际接轨，1994 年我国有关部门参考国际标准也制定颁布了我国实验动物饲料的颁布标准，2001 年又对其进行了修订，于 2002 年 5 月颁布和实施新的标准。同时对饲料中所含重金属及污染物质和微生物控制指标也有了明确的规定。2010 年进行第三次修订，新标准于 2011 年 10 月 1 日开始实施。

一、小鼠的营养需要

不同品种的小鼠以及在不同生理阶段的小鼠对营养的需要不同。生产过程中应根据不同品系的特点提供相应的日粮，以维持其生物学特性，保证实验正常进行。母鼠繁殖和仔鼠生长发育是小鼠生命过程中的两个重要阶段，在这两个生理阶段，饲料中粗蛋白应不低于 20%。蛋白质营养，实际上是氨基酸营养，因此，氨基酸的营养水平影响机体机能。多数研究表明日粮中添加0.47%含硫氨基酸可提高小鼠的生长发育和繁殖性能。另外，维生素A应不低于14 000 IU/kg，维生素D不低于1 500 IU/kg，维生素E不低于120 IU/kg，以保障小鼠的繁殖性能和仔鼠的生长发育。尽管小鼠对维生素A、维生素D需要量较高，但同时又对过量维生素A敏感。维生素A过量可导致小鼠繁殖紊乱和胚胎畸形。每千克饲料中添加维生素E 50 mg，可显著提高小鼠受孕率、产仔率。无菌小鼠还应注意补充维生素K。微量元素如铁、铜、锰、锌的缺乏或过量可导致小鼠生长发育受阻，被毛粗乱，贫血、繁殖率以及免疫机能下降。小鼠特别需要含亚油酸丰富的日粮。我国《实验动物配合饲料营养成分》GB 14924.3—2010规定大小鼠的营养指标、氨基酸指标、维生素指标、矿物质和微量元素指标见表6-1至表6-4。

二、大鼠的营养需要

大鼠是杂食动物，食性广泛，对营养缺乏非常敏感，特别是维生素供应不足时可发生典型的缺乏症状。维生素E缺乏时可导致大鼠生殖能力降低甚至丧失生育能力，每千克饲料中添加60 IU的维生素E能提高大鼠繁殖率。长期维生素A的缺乏可致大鼠胚胎生长发育不良、骨骼发育不全甚至影响内脏发育，特别是生殖器官发育，进而影响大鼠的生育能力。维生素B_2缺乏时出现皮炎、脱毛和生长缓慢等症状，还可引起大鼠肝、脾贮铁降低，同时影响血红蛋白水平。大鼠对氨基酸缺乏也很敏感，在饲料中添加0.4%的蛋氨酸和0.48%的赖氨酸，可提高大鼠的生长速度，18%～20%的粗蛋白质可满足大鼠的生长、妊娠和泌乳的需要。还应特别注意脂肪酸的供给，必需脂肪酸含量占总能量的1.3%，其中亚油酸在饲料中含量不能低于0.3%。大鼠对钙、磷的缺乏耐受力较强，对镁需要量较多，尤其是妊娠、哺乳时需要量明显增加。无菌大鼠还应注意补充维生素B_{12}。我国《实验动物配合饲料营养成分》GB 14924.3—2010规定大鼠、小鼠的营养指标、氨基酸指标、维生素指标、矿物质和微量元素指标见表6-1至表6-4。

三、地鼠的营养需要

地鼠饲料中，粗蛋白的含量要求达到21%～24%，特别是饲料中的动物性蛋白应有一定比例。蛋白质的含量及质量直接影响金黄地鼠的生长繁殖。地鼠像反刍动物一样能有效地利用非蛋白氮。如蛋白质不足，成年地鼠将出现性功能减退，幼鼠则生长发育迟缓。注意饲料中维生素E的添加。我国《实验动物配合饲料营养成分》GB 14924.3—2010规定地鼠的营养指标、氨基酸指标、维生素指标、矿物质和微量元素指标见表6-1至表6-4。

四、豚鼠的营养需要

豚鼠是严格的草食动物，对粗纤维的消化能力强，饲料中应含有不低于20%的粗纤维。如果粗纤维量不足，豚鼠会出现排粪障碍和严重脱毛现象，影响豚鼠的健康。饲料中蛋白质和能量水平与豚鼠的生长关系较大，对某些必需氨基酸特别是精氨酸的需要量较高。17%～20%的蛋白质满足豚鼠不同生理阶段的营养需要。由于豚鼠自身不能合成维生素C，因此，豚鼠的饲料中必须补充维生素C。豚鼠对维生素C的需要量一般每100克体重每天1 mg，快速生长期以及妊娠、哺乳期的豚鼠每100克体重每天需要15～25 mg。否则会发生维生素C缺乏症，缺乏时可致坏血病，踋关节肿胀、行动困难、体质衰弱等症状，甚至造成死亡。我国《实验动物配合饲料营养成分》GB 14924.3—2010规定豚鼠的营养指标、氨基酸指标、维生素指标、矿物质和微量元素指标见表6-1至表6-4。

五、兔的营养需要

在美国 NRC 饲养标准中，育成兔饲料粗蛋白质的含量为 16%，维持量为 12%，妊娠兔为 15%，哺乳兔为 17%。兔对粗纤维的消化率比大家畜低，只有 16.2%。饲料中的粗纤维含量与黏液性肠炎密切相关，且纤维含量高，饲料效率低。从兔的健康角度出发，饲料中粗纤维含量需要 18%左右。若从饲料效率角度考虑，只需要 12%左右，但无菌兔除外。当饲料中的纤维含量在 6%以下时，常常会发生下痢。喂养中还要考虑氨基酸的平衡，尤其是赖氨酸和含硫氨基酸。赖氨酸 0.65%，含硫氨基酸（蛋氨酸＋胱氨酸）0.6%。虽然苏氨酸、赖氨酸、异亮氨酸和苯丙氨酸是兔的必需氨基酸。然而，这些必需氨基酸过多，会影响兔的生长发育。普通兔饲料的脂肪含量 3%，若添加 6%油脂，能改善饲料的适口性和饲料效率。但油脂添加量过多，会增加饲料的成本。故油脂的推荐添加量为 2%～3%。饲料中谷物配合比例高，容易使 Ca：P 比例逆转，引起骨骼异常。兔在生命活动中需要维生素和微量元素。但过多添加维生素和微量元素对兔的健康是有害的。我国《实验动物配合饲料营养成分》GB 14924.3—2010 规定兔的营养指标、氨基酸指标、维生素指标、矿物质和微量元素指标见表 6-1 至表 6-4。

六、犬的营养需要

必须供给犬足够的脂肪和蛋白质，饲料中动物性蛋白应占全部蛋白质食物的 1/3。蛋白质缺乏会使犬体内的蛋白质代谢失去平衡，导致食欲下降、体重减轻、生长缓慢。还会引起公犬精液品质下降、精子数量减少；母犬发情异常、不受孕，即使受孕，胎儿也常因发育不良而发生死胎或畸胎。但如果给犬过量饲喂蛋白质，不但会造成浪费，还会引起犬体内的代谢紊乱，使心脏、肝脏、消化道、中枢神经系统机能失调，性机能下降，严重时还会发生酸中毒。犬能耐受高脂肪日粮，要求日粮含有一定量的不饱和脂肪酸。大部分脂肪酸在犬的体内可以合成，但有一部分脂肪酸不能在机体内合成或合成量不足，就必须从食物中补充，被称为必需脂肪酸，如亚油酸、花生四烯酸等。当饲料中这类脂肪酸缺乏时，可引起犬严重的消化障碍，以及中枢神经系统的机能障碍，出现倦怠无力，被毛粗乱，缺乏性欲或母犬发情异常等现象。但如果犬体内脂肪贮存过多，就会引起发胖，同样也会影响犬的正常生理机能，尤其对生殖活动的影响较大。幼犬日需脂肪量约为每千克体重 1.19 g，成年犬每日需要脂肪量按饲料干物质计算，以含 12%～14%为宜。维生素 A 的需要量较大，亦需补充维生素 B_{12}。我国《实验动物配合饲料营养成分》GB 14924.3—2010 规定犬的营养指标、氨基酸指标、维生素指标、矿物质和微量元素指标见表 6-1 至表 6-4。

七、猫的营养需要

猫是肉食性动物，对蛋白质的需要是犬的 2 倍，猫的日粮要求含有一定数量的蛋白质，生长期小猫要不低于 33%，成年猫 21%～26%为宜，因此，猫以动物性食物为主。猫对于蛋白质不仅要求数量多，对质量也比较敏感，对于生长期的小猫，对多种必需氨基酸的要求是必不可少的，而在不同的蛋白质食物中，各种氨基酸的量是有很大差别的，因此猫的蛋白质食物需要多种搭配且时常变换。如精氨酸是保证体内尿素生成，防止血氨中毒所必需的。牛磺酸也是一种必需的氨基酸，缺乏时会引起视网膜变性。NRC（1986）推荐猫饲料中牛磺酸的需要量为 400 mg/kg，研究结果表明 NRC 牛磺酸推荐量不能满足猫的正常需要。为预防猫扩张性心肌病的发生，一般应添加 2.5 g/kg 干饲料的牛磺酸。猫特别是小猫要求高脂肪酸日粮，亚油酸含量不能低于1%。猫不能利用β-胡萝卜素作为维生素A源，因此，应在饲料中补充维生素A，每天需要补充500～700 mg，怀孕母猫以及生长期小猫需要更多。缺乏维生素A会出现生长缓慢、繁殖障碍等症状。对维生素E的需求量也较高。猫不需要维生素K和维生素C，后者在其体内能合成。维生素B_1对猫很重要。钙对猫是最重要的矿物质元素，怀孕猫每日应摄入200～400 mg，因动物性食物为主的猫一般不会缺磷，但补钙过多会引起缺磷，镁应尽量低。碘每日需要200～400 mg，其他微量元素在猫以动物性食物为主时，不需要添加，需要注意的是过多会引起中毒。

八、非人灵长类实验动物的营养需要

非人灵长类动物日粮能量的50%以上来自糖代谢。体内不能合成维生素C，必须由日粮提供，同时要注意日粮的适口性。除主食外，每天供给一定量的新鲜水果和蔬菜。我国《实验动物　配合饲料营养成分》GB 14924.3—2010 规定猴的营养指标、氨基酸指标、维生素指标、矿物质和微量元素指标见表6-1至表6-4。

九、小型猪的营养需要

虽然小型猪用于生命科学研究已经有很长时间了，但是关于小型猪的营养需要量还没有可依据的科学标准。有些人认为小型猪作为一种物种，首先属于“猪”种范围，与普通家猪的营养需要量相似或可以用其代替。在此假设基础上，可以利用NRC(1998)标准预测模型计算各阶段小型猪消化能、赖氨酸及蛋白质需要量及其维持需要量。另外一种观点认为，普通家猪的营养需要量并不适合小型猪。小型猪蛋白质需要量比普通家猪低，而且小型猪在长期粗饲的条件下生长，对粗饲料已经有很好的适应能力，对粗纤维的含量要求和消化能力也远比普通家猪高。

我国目前还没有小型猪的科学饲喂标准，开展小型猪营养需要的研究还较少，蛋白质和矿物质的需要量仍处在探索性阶段。维生素需要量方面的数据仍然比较缺乏。营养需要量的测定方法主要以饲养试验为主，而我国各地实际饲养情况差异很大。对基础的代谢问题研究不够，因而具有许多不确定性。

十、SPF鸡的营养需要

发达国家大都有自己的SPF鸡营养标准，但尚没有国际通用的SPF鸡营养标准。我国目前还没有统一的SPF鸡的科学饲喂标准。研究表明，SPF鸡的能量需要较普通鸡稍低。由于SPF鸡生长和生产性能与普通环境下的商品鸡相似，而且环境稳定，应激小，其蛋白和氨基酸需要量略低或等同于NRC标准即可。但考虑到SPF鸡饲料在灭菌过程中蛋白质和氨基酸会有一定的损失，应针对不同灭菌方式中营养成分的损失比例，在饲料中适当提高粗蛋白水平和补充赖氨酸、胱氨酸和精氨酸的含量，特别是作为必需氨基酸的赖氨酸。SPF鸡维生素需要量标准应参照或略高于育种企业提供的种鸡标准，但要考虑灭菌过程中的损失问题。不同种类维生素的损失量差异很大，其中以维生素A、维生素D、维生素E及B族维生素的损失较大，在实际生产中注意补充。由于SPF鸡群主要的利用对象是SPF种蛋，因此，凡影响种鸡受精、鸡胚发育、产蛋等相关的元素，如锌、硒等的量，应适当提高。高压灭菌、辐照等灭菌方法对矿物质影响较小，故只需在日粮中满足矿物质需要即可。

表 6-1 配合饲料常规营养成分指标(GB 14924.3—2010)

指标	小鼠、大鼠		豚鼠		地鼠		兔		犬		猴	
	维持饲料	生长、繁殖饲料	维持饲料	生长、繁殖饲料	维持饲料	生长、繁殖饲料	维持饲料	生长、繁殖饲料	维持饲料	生长、繁殖饲料	维持饲料	生长、繁殖饲料
水分和其他挥发性物质/g≤	100	100	110	110	100	100	110	110	100	100	100	100
粗蛋白/g ≥	180	200	170	200	200	220	140	170	200	260	160	210
粗脂肪/g ≥	40	40	30	30	30	30	30	30	45	75	40	50
粗纤维/g	≤50	≤50	100～150	100～150	≤60	≤60	100～150	100～150	≤40	≤30	≤40	≤40
粗灰分/g ≤	80	80	90	90	80	80	90	90	90	90	70	70
钙/g	10～18	10～18	10～15	10～15	10～18	10～18	10～15	10～15	7～10	10～15	8～12	10～14
总磷/g	6～12	6～12	5～8	5～8	6～12	6～12	5～8	5～8	5～8	8～12	6～8	7～10
钙：总磷	(1.2～1.7)：1	(1.2～1.7)：1	(1.3～2.0)：1	(1.3～2.0)：1	(1.2～1.7)：1	(1.2～1.7)：1	(1.3～2.0)：1	(1.3～2.0)：1	(1.2～1.4)：1	(1.2～1.4)：1	(1.2～1.5)：1	(1.2～1.5)：1

表 6-2 配合饲料维生素指标（每千克饲粮含量）(GB 14924.3—2010)

指标	小鼠、大鼠		豚鼠		地鼠		兔		犬		猴	
	维持饲料	生长、繁殖饲料	维持饲料	生长、繁殖饲料	维持饲料	生长、繁殖饲料	维持饲料	生长、繁殖饲料	维持饲料	生长、繁殖饲料	维持饲料	生长、繁殖饲料
维生素 A/IU ≥	7 000	14 000	7 500	12 500	10 000	14 000	6 000	12 500	8 000	10 000	10 000	15 000
维生素 D/IU ≥	800	1 500	700	1 250	2 000	2 400	700	1 250	2 000	2 000	2 200	2 200
维生素 E/IU ≥	60	120	50	70	100	120	50	70	40	50	55	65
维生素 K/mg ≥	3.0	5.0	0.3	0.4	3.0	5.0	0.3	0.4	0.1	0.9	1.0	1.0
维生素 B_1/mg ≥	8	13	7	10	8	13	7	10	6	13	4	16
维生素 B_2/mg ≥	10	12	8	15	10	12	8	15	4	5	5	16
维生素 B_6/mg ≥	6	12	6	9	6	12	6	9	5	6	5	13
烟酸/mg ≥	45	60	40	55	45	60	40	55	50	50	50	60
泛酸/mg ≥	17	24	12	19	17	24	12	19	9	27	13	42
叶酸/mg ≥	4.00	6.00	1.00	3.00	4.00	6.00	1.00	3.00	0.16	1.00	0.20	2.00
生物素 /mg ≥	0.10	0.20	0.20	0.45	0.10	0.20	0.20	0.45	0.20	0.20	0.10	0.40
维生素 B_{12}/mg ≥	0.020	0.022	0.020	0.030	0.020	0.022	0.020	0.030	0.030	0.068	0.030	0.050
胆碱/mg ≥	1 250	1 250	1 000	1 200	1 250	1 250	1 000	1 200	1 400	2 000	1 300	1 500
维生素 C/mg ≥	—	—	1 500	1 800	—	—	—	—	—	—	1 700	2 000

表 6-3 配合饲料氨基酸指标（每千克饲粮含量）(GB 14924.3—2010)

指标	小鼠、大鼠		豚鼠		地鼠		兔		犬		猴	
	维持饲料	生长、繁殖饲料	维持饲料	生长、繁殖饲料	维持饲料	生长、繁殖饲料	维持饲料	生长、繁殖饲料	维持饲料	生长、繁殖饲料	维持饲料	生长、繁殖饲料
赖氨酸/g ≥	8.2	13.2	7.5	8.5	11.8	13.2	7.0	8.0	7.1	11.1	8.5	12.0
蛋氨酸＋胱氨酸/g ≥	5.3	7.8	5.4	6.8	7.0	7.8	5.0	6.0	5.4	7.2	6.0	7.9
精氨酸/g ≥	9.9	11.0	8.0	10.0	11.3	13.8	7.0	8.0	6.9	13.5	9.9	12.9
组胺酸/g ≥	4.0	5.5	3.4	4.0	4.5	5.5	3.0	3.5	2.5	4.8	4.4	4.8
色氨酸/g ≥	1.9	2.5	2.4	2.8	2.5	2.9	2.2	2.7	2.1	2.3	2.3	2.7
苯丙氨酸＋酪氨酸/g ≥	11.0	13.0	12.0	15.0	12.7	17.3	11.0	13.0	10.0	15.6	13.1	15.4
苏氨酸/g ≥	6.5	8.8	6.5	7.5	8.0	8.8	5.6	6.5	6.5	7.8	6.3	7.9
亮氨酸/g ≥	14.4	17.6	12.5	13.5	15.0	17.6	11.5	13.0	8.1	16.0	13.5	15.9
异亮氨酸/g ≥	7.0	10.3	7.2	8.0	10.3	11.8	6.0	7.2	5.0	7.9	7.2	8.2
缬氨酸/g ≥	8.4	11.7	8.0	9.3	10.5	11.2	7.5	8.3	5.4	10.4	9.0	10.9

表 6-4 配合饲料常量矿物质与微量矿物质指标(GB 14924.3—2010)

指标	小鼠、大鼠		豚鼠		地鼠		兔		犬		猴	
	维持饲料	生长、繁殖饲料	维持饲料	生长、繁殖饲料	维持饲料	生长、繁殖饲料	维持饲料	生长、繁殖饲料	维持饲料	生长、繁殖饲料	维持饲料	生长、繁殖饲料
镁/g ≥	2.0	2.0	2.0	3.0	2.0	2.0	2.0	3.0	1.5	2.0	1.0	1.5
钾/g ≥	5	5	6	10	5	5	6	10	5	7	7	8
钠/g ≥	2.0	2.0	2.0	3.0	2.0	2.0	2.0	3.0	3.9	4.4	3.0	4.0
铁/mg ≥	100	120	100	150	100	120	100	150	150	250	120	180
锰/mg ≥	75	75	40	60	75	75	40	60	40	60	40	60
铜/mg ≥	10	10	9	14	10	10	9	14	12	14	13	16
锌/mg ≥	30	30	50	60	30	30	50	60	50	60	110	140
碘/mg ≥	0.5	0.5	0.4	1.1	0.5	0.5	0.4	1.1	1.4	1.7	0.5	0.8
硒/mg	0.1~0.2	0.1~0.2	0.1~0.2	0.1~0.2	0.1~0.2	0.1~0.2	0.1~0.2	0.1~0.2	0.1~0.2	0.1~0.2	0.1~0.2	0.1~0.2

注:配合饲料矿物质含量最高上限为下限值的 2 倍。

第三节　实验动物配合饲料的设计

由于所含营养物质的限制，单一的饲料原料无法全面满足动物的营养需求，这就应选取不同的饲料原料，根据不同品种、性别、年龄、体重以及生长发育阶段的动物对营养物质的需要，科学地规定每头(只)动物每天的需要量，从而制定出营养价值全面的饲料配方。根据配方将各种饲料原料按一定比例均匀混合的饲料产品称作配合饲料。配合饲料对增进饲料利用效率，降低饲料成本，增加经济效益，以及提高动物质量等方面都起到重要的作用。按各种动物的营养要求及每种原料的营养物质含量互相搭配，使其所提供的各种营养素均符合饲养标准所规定的数量，这样的设计步骤称为日粮配合。

一、配合饲料的种类

(一)按配合饲料的营养成分和对动物的饲喂制度进行分类

1. 全价配合饲料　又叫全日粮配合饲料，该饲料含有的各种营养物质和能量均衡，能够完全满足动物的各种营养需要，不需添加任何其他成分就可以直接饲喂，并能获得最大的经济效益。目前，大鼠、小鼠、家兔和豚鼠都采用全价配合饲料。

2. 混合饲料　又叫基础饲料，是由能量饲料、蛋白质饲料等按一定的比例组成，它基本上可满足动物需要，但营养不全面，还需另外添加一定量的青、粗饲料，部分中小单位用于饲养家兔、豚鼠等动物。

3. 代乳饲料　也叫人工乳，专门为各种哺乳期动物配制，可代替自然乳的全价配合饲料，如一些剖腹产动物可用其代替保姆动物。

4. 浓缩饲料　又叫平衡混合料。是指以蛋白饲料为主，加上矿物质和添加剂配制的饲料。不能直接饲喂，需按各种浓缩料的使用说明添加能量饲料和粗饲料才能配制成全价配合料。

5. 添加剂预混料　根据饲料配方，由营养物质添加剂(各种矿物质元素、维生素、氨基酸等)和非营养物质添加剂(生长促进剂、饲料保存剂、黏合剂、流散剂及保健剂)加上必要的载体混合配制而成。不同的添加剂应该分别包装，在配料时按配方需要分别加入制成全价配合料。

(二)按配合饲料的组分精细程度分类

1. 天然原料日粮　用经过适当机械加工的谷物、牧草等原料和适当的添加剂配制成的日粮或全价配合饲料。在正常情况下，繁育生产实验动物都是使用这种饲料。

2. 提纯日粮　原料经精炼后配制的饲料，如用酪蛋白做蛋白质的来源，糖或淀粉作碳水化合物的来源，植物或动物油做脂肪来源，纤维素做粗纤维的来源，再加上化学纯的无机盐和维生素制备的日粮，这类饲料只用于某种动物实验。

3. 化学纯合日粮　采用化学上高纯度化合物如氨基酸、糖、必需脂肪酸、无机盐和维生素制备的日粮。这类饲料只适于有特殊营养素限定的实验使用。

(三)按配合饲料的物理性状分类

1. 粉状饲料　是把所用原料按需要粉碎成大小均匀的颗粒，再按比例混合好的一种料型。这种饲料加工简单、成本低，便于试验时随时加入一些药品。但容易引起动物挑食，造成浪费，比重不同的原料在运输中容易分离。

2. 颗粒饲料　是以粉料为基础经过蒸汽加压处理而制成的块状饲料，其密度大、体积小，可改善动物的适口性，因而增加动物的采食量，避免挑食，保证了饲料的全价性，提高了饲料报酬，并且压制过程中能破坏部分有毒成分，起到一定的杀虫灭菌作用。但成本较高，一部分维生素和酶等的活性受到破坏。

3. *碎粒料* 是将加工的颗粒再经破碎加工成一种小颗粒饲料的方法，多用于鱼料或雏鸡料。

4. *膨化饲料* 是在高温、高压下强迫湿粉通过模孔而形成，这种料对鱼类、非人灵长类、犬、猫的适口性很好。其他动物不宜使用。

5. *烘烤饲料* 烘烤的成本较高，但可起到一定消灭微生物的作用。

6. *半湿或胶状饲料* 这类饲料是在粉料中加入水、琼脂、明胶或其他凝胶剂。当试验中加入有毒化合物或粉尘成为问题时，可采用这类日粮，其适口性比干日粮好，而且便于测量动物的采食量，但易受微生物生长的影响，必须冷藏。

7. *液体饲料* 是为适应实验动物特定需要而加工配制的，如经过滤灭菌适用于剖腹产幼仔及非人灵长类新生儿等。

8. *罐装饲料* 这类饲料含水量较高(通常 72%～78%)，营养一般是调配完全的，或者是充作调味但营养并不完全的“补充剂”，多用于猫、犬的饲料。

二、饲料配方的设计

饲料配方是根据动物的营养需要、饲料的营养价值、原料的状况及价格等条件合理地确定各种饲料的配合比例。

(一)设计饲料配方所需资料

1. *动物的饲养标准或饲料营养标准* 可依据国家最新发布的有关实验动物的全价营养饲料标准。

2. *饲料营养成分的分析值* 饲料成分及营养价值表和饲料种类、来源及价格。有条件的单位应对每批购入的饲料进行营养物质含量监测分析，或依据当地饲料管理部门提供的饲料成分分析值。

3. *所要配合的日粮类型及动物的预期采食量*

(二)设计饲料配方的原则

1. *选用合适的饲养标准* 实验动物的饲料标准并不像家畜家禽那样，规定得详细具体，应根据当地的气候条件、环境因素和饲养管理操作方法等因素具体分析调整。

2. *选用适宜的原料* 设计各种动物的饲料配方不仅要考虑到动物的营养需要，尽量选用多种饲料，以使各种营养成分互补，还要考虑到所用原料的品质、体积、适口性及来源等因素。应考虑饲料是否要经过灭菌处理，是否需要添加其他营养成分。在选择原料时尽量利用当地来源丰富有长期供应保障的原料品种。最后还应考虑饲料的贮存时间。

(三)全价配合饲料配方的计算方法

饲料配方计算技术是近代应用数学和动物营养学及饲料科学相结合的产物。它是实现饲料合理搭配，获得高效益、低成本饲料配方的根本手段。

常规的计算方法以适于手工计算的试差法为主。近年来在有条件的单位，采用解线性规划问题的方法，用计算机来设计既能满足营养需要又能保证成本最低的饲料配方，已经取得成功并正在推广应用。

不管用什么方法来设计饲料配方，其饲料原料的配合比例只是一种以饲料成分为基础的理论数据，还必须经过实验室检测和饲养实验来验证。对于实验动物饲料，经过验证的饲料配方，要保持长期稳定，不宜经常变动。下面以小白鼠为例讲讲试差法计算方法。

(1)查小白鼠生长繁殖营养需要标准：粗蛋白质≥20%，粗脂肪≥4%，矿物质≤8%，其中钙1.0%～1.8%、磷0.6%～1.2%，纤维素≤5%左右。钙、磷比为(1.2～1.7)：1。

(2)根据当地饲料来源确定参与配合的饲料种类(表6-5)。

表6-5　饲料中养分的含量　%

饲料原料	比例	饲料中养分含量						折算后饲料中养分含量					
		总能	粗蛋白质	粗脂肪	粗纤维	钙	磷	总能	粗蛋白质	粗脂肪	粗纤维	钙	磷
小麦	30	3.85	11.0	2.4	1.8	0.03	0.44	0.16	3.3	0.72	0.54	0.01	0.03
碎米	20	3.84	8.3	2.3	1.7		0.30	0.77	1.66	0.46	0.34		0.06
大麦	15	3.77	10.2	2.1	6.2	0.06	0.15	0.57	1.53	0.32	0.93	0.01	0.02
玉米	15	4.02	10.2	4.3	1.8	0.05	0.21	0.60	1.53	0.65	0.27	0.01	0.03
豆饼	10	4.06	35.9	6.9	4.8	0.19	0.51	0.45	3.59	0.69	0.08	0.02	0.05
鱼粉	5	4.80	65	5.3		4.8	3.10	0.24	3.25	0.29		0.24	0.16
骨粉	5					48.79	14.06					2.44	0.70
合计								3.79	14.86	3.11	2.56	2.73	1.15

(3)初步确定其比例，见表6-5。

(4)按初步确定的比例，参照饲料营养成分表，计算饲料中所含主要营养物质。

(5)检查是否符合小鼠的营养需要，很显然，配方中的粗蛋白、粗脂肪没有达标，而钙、磷远远超过了标准。

(6)调整、补充、增加蛋白饲料，减少骨粉。调整后的组成比例及养分含量见表6-6。

表6-6　饲料原料按调整后的比例计算饲料中的养分含量　%

饲料原料	比例	总能	粗蛋白质	粗脂肪	粗纤维	钙	磷
小麦	35	1.35	3.85	0.84	0.63	0.01	0.15
碎米	20	0.77	1.66	0.46	0.34		0.06
豆饼	15	0.67	5.39	1.04	0.72	0.03	0.08
大麦	10	0.38	1.02	0.21	0.62	0.01	0.02
玉米	10	0.40	1.02	0.43	0.18	0.01	0.02
鱼粉	5	0.24	3.25	0.27		0.24	0.16
骨粉	2					0.98	0.29
血粉	2	0.09	1.54	0.05		0.03	
奶粉	1	0.06	0.24	0.27		0.02	0.01
合计	100	3.96	17.97	3.57	2.49	1.33	0.79

(7)抽样分析。饲料样本经实际检测，结果为水分7.6%，粗蛋白质21.33%，粗脂肪

3.27%，粗纤维 2.51%，无氮浸出物 57.07%，灰分 5.6%，其中钙 1.14%，磷 0.77%，钙、磷比为 1.48∶1，基本达到要求。

第四节 饲料的加工、消毒和贮存

一、动物饲料的采购

(1)实验动物饲料的采购首先要考虑的是饲料的质量。因此，饲养人员应向专业生产实验动物饲料的工厂购买饲料。一个合格的实验动物饲料厂应持有国家实验动物饲料生产许可证，应按国家有关实验动物饲料的营养标准，包装生产质量合格的实验动物饲料。

(2)如无特殊需要，采购的实验动物饲料除必需的维生素、微量元素、氨基酸添加剂外，通常不加任何饲料添加剂，也不应加抗生素。

(3)采购时应注意饲料生产的日期、制造商的饲料保管措施与流程(如贮存场所、害虫控制)，并应定期要求制造商提供主要营养成分的分析报告。

(4)实验动物饲料应采用密封运输，为了避免发生运输变质的情形，国外采用低温冷藏柜运输实验动物饲料，有的在封柜前将货柜内充填氮气，以防氧化。

(5)饲料的采购单位必须相对固定，动物所选用的饲料品种也应相对地稳定，不能突然改变饲料种类，避免导致动物消化上及代谢上的不适。

二、饲料的保管

(1)必须对每批购进的饲料清点登记，每批饲料进场后需调整存货位置，保证先购进的饲料先使用。

(2)保管者应明确登记饲料的生产日期，应清楚影响饲料贮存的可能因素是什么。

(3)保持饲料存放区的清洁干净，野鼠及昆虫不应出现在储存区域，以免饲料因沾染粪尿中的微生物、肠道寄生虫、节肢动物和霉菌造成污染，从而导致动物感染疾病。

(4)动物场饲料存放区域应使用搁板、架子或台车，保证存储的饲料架离地面。

(5)饲料的质量与稳定性会随温度及湿度的降低而提升。在湿热环境中，饲料变质速率加快，微生物含量也会因湿度增加而快速增长。任何一批饲料，保存期限长短会因贮存条件不同而有所差异。饲料贮存间应有空调设备，防止暴露于 21℃以上的高温。冷藏可以延长饲料的贮存期限，通常饲料的贮存温度在 16℃以下，4℃或更低的温度是最好的贮存温度。

(6)贮存的颗粒饲料含水率应低于 11%，高于 11%的饲料易霉变。贮存在空调环境的由天然原料制造的饲料，应在 6 个月内使用完毕。

(7)豚鼠及灵长类动物的饲料应添加维生素 C，但含维生素 C 的饲料只有 3 个月存放期，使用维生素 C 微囊的饲料可延长其保存期。

(8)饲料打开包装后，未使用完的饲料应放于防止害虫侵入的容器内，以避免污染而传播疾病。

(9)超过贮藏期的饲料于使用前再次对饲料养分分析化验，确定其实际含量。

(10)饲料灭菌后某些营养成分会破坏，应在饲料灭菌前补足。每次灭菌的时间、日期需记载清楚，且要即刻使用完毕。放射线照射处理灭菌方法，对饲料的营养成分造成的破坏比高温高压灭菌小。

(11)在制造及贮藏含高脂肪的特殊饲料时,要特别注意下列因素:

①不饱和脂肪酸极易被氧化,造成必需脂肪酸的不足。

②脂肪氧化酸败后饲料适口性变差。

③高脂肪的饲料在制造时应添加抗氧化剂,以降低氧化变异的几率。

④高脂肪的饲料应采用密封、冷藏、充氮的专用运输车辆运输。

⑤用不饱和脂肪酸饲料喂给动物时,每隔 24 h 应更换新鲜饲料。

⑥喂给高脂肪酸饲料,宜额外添加维生素,以减少体内过氧化反应。

维生素缺乏在体内是一个渐进过程,初始储备降低,继而有关生化代谢异常、生理功能改变,然后才是组织病理变化,出现临床症状和体征。因此,维生素轻度缺乏常不出现临床症状,但会使动物的疾病抵抗力降低、生产繁殖性能受影响。因此,饲养过程中必须高度重视,既不使之供应过量,又不使之缺乏。

三、饲料的加工调制

饲料的营养价值不仅取决于饲料本身的成分,而且也受加工调制的影响。饲料经过加工调制,能改变饲料原来的理化性状,增加适口性;消除饲料中有害有毒的因素,提高饲料的消化率;同时便于饲喂和贮藏。因而饲料的加工调制是充分利用各种饲料,科学地饲养实验动物的有效途径。饲料加工调制的方法很多,因加工调制的目的不同,方法也各异。

(一)粉碎、切碎

各种饲料原粮都应进行粉碎,其目的在于配制饲料时,使各种原料能充分混合均匀,便于动物采食,减少浪费。

(二)蒸煮、焙炒或烘烤

豆类籽实中含有一种抗胰蛋白酶,经蒸煮处理,可对其造成破坏,从而提高蛋白质的消化率。禾谷类籽实经 130～150℃焙炒后,其中一部分淀粉变为糊精,产生一种香味,可刺激食欲,增加适口性,对消化率也有提高,也可杀灭一部分病原微生物。

犬和猫的饲料,一般经过蒸煮可增加采食量,但饲料在加热过程中,会使饲料中原有的胡萝卜素等多种维生素遭到破坏,而且长时间高温会使蛋白质凝固,降低利用率。因此温度不宜过高。对长期饲喂蒸煮后饲料的动物,应注意维生素的补充。

(三)颗粒饲料的调制

颗粒饲料是根据动物营养需要配制的混合粉料,经颗粒饲料机或膨化颗粒饲料机制压成颗粒形状的饲料。根据不同动物的采食特点,使其具有不同大小的颗粒和适当的硬度。一般来说,小鼠、大鼠、仓鼠的颗粒料直径以 8～12 mm 为宜。豚鼠、家兔的颗粒料以 3～5 mm 为宜。颗粒料能使饲料充分混匀,防止动物挑食,适口性良好,便于饲喂和贮存等。

(四)发芽饲料的调制

发芽饲料是将禾谷类籽实在适宜的温、湿度下发芽而成,是一种优良的维生素补充饲料。籽实在发芽过程中,部分淀粉转化为麦芽糖,蛋白质部分分解为氨化物,含有较多的维生素。在调制过程中应注意以下几点:

1. 精选原料　以优质大麦最好,将谷粒先在阳光下晒 1～2 d,在温水中淘洗,除去泥土、杂物、秕籽、破籽等。

2. 浸种　将洗净的谷粒放在容器内，用15～20℃温水浸泡一昼夜，温度保持在20℃左右，促使胚芽发育。

3. 发芽　将泡过的谷粒用清水淘洗后均匀摊放在发芽盘内，厚度2～3 cm(过厚影响发芽率及发芽时间)。上盖麻袋片，置于20～22℃室内，每天浇水2～4次，浇水必须均匀浇透，经3～4 d(视温度而定)长出2～3个白色根毛，胚芽出现，此时可除去上面盖的麻袋片，每天仍按时浇水2～4次，直到麦芽长出。

发芽饲料中最常见的是麦芽，麦芽中含有多种维生素和多糖类，随着麦芽长度增加，养分也有变化。饲喂目的不同，对麦芽长度要求不一。如以改善适口性和补充维生素E、B族维生素为目的，等胚芽长至2～3 cm长时即可利用。如为了补充胡萝卜素，则待芽长至8～10 cm，呈青绿色时饲喂为宜。一般连根切成小块或扯碎放于食具内，任动物自由采食，每周2～3次即可。

四、饲料的消毒

由于饲料来源比较复杂，在收获、打碾、运输、贮存以及饲喂前的加工调制等各个环节，都有可能污染病原微生物，应通过消毒使饲料合乎卫生标准，对于普通级动物所用饲料都应经过消毒，以杀灭病原微生物。对于清洁级以上动物的饲料则必须彻底灭菌。

(一)饲料的消毒方法

1. 干热消毒法　加工成形的颗粒料，置烤箱内，70～80℃烘烤6 h，细菌总数可控制在4.27×10^3～4.23×10^4，并能完全杀灭大肠杆菌和霉菌。如温度过高，时间过长，不仅养分损失较多、多种维生素大部分遭到破坏，且料块变得过分坚实，降低适口性。

2. 高温高压灭菌法　为将细菌全部杀死，要在高温高压蒸锅内加热15 min以上，使蒸汽渗透饲料内部。操作时预先将锅内减压至－80 kPa以下，维生素C、维生素B_1、维生素B_2和维生素A等，遇热会受到破坏，而纯化学性饲料比天然饲料更不稳定。

3. 药物熏蒸灭菌法　熏蒸是利用化学药品的气雾剂对饲料进行消毒。如用氧化乙烯进行灭菌，熏蒸后必须在低于200℃的自然空气中将残余气体挥发。实验证明，即使这样处理，最后在饲料中还残存一些对动物代谢有害的化合物。

4. 射线照射灭菌法　通常在对谷物类饲料消毒时，采用5×10^4 Gy剂量^{60}Co照射对营养成分造成的损失甚小。γ射线对维生素B_1和维生素B_6仅有微小破坏，而在纯化学饲料中损失则较大，通常采用的剂量为$(3\sim5)\times10^4$ Gy。此法在灭菌效果和对营养素的破坏程度方面都优于其他方法，但受条件所限，不便推广。有条件的单位应首选该法。以高温高压灭菌法和射线照射灭菌法最为常用，且效果最为可靠。

(二)常用饲料消毒方法对饲料中营养成分的影响

1. 对常规养分的影响　除高温高压法(121℃，20 min)可引起粗蛋白损失4.2%～4.3%外，其他方法对饲料中常规养分(水分、粗蛋白质、粗脂肪、无氮浸出物、粗纤维、粗灰分)均无明显影响。

2. 对维生素的影响　高温高压法消毒的饲料除维生素E含量比较稳定外，其他维生素均有不同程度的损失，其中，维生素A损失10.2%～13.3%，维生素B_1损失47.0%～56.7%，维生素B_2损失15.7%～23.6%，维生素PP损失13.7%～26.2%。^{60}Co照射仅使维生素B_1损失20.0%～22.9%，对其他维生素的含量无显著影响(表6-7)。也有人报道，3×10^4 Gy ^{60}Co辐射后，维生素 A 损失 67%，维生素 E 损失 43%，维生素 B_1 损失 19%，维生素 B_2 损失 8%。经蒸汽高压灭菌后，维生素 B_1 损失 84%，维生素 A 损失 69%，维生素 E 损失 18%。

3. 对氨基酸的影响　高温高压法可使饲料中胱氨酸减少 22.2%，赖氨酸减少 22.7%，精氨酸减少 15.8%。^{60}Co 辐射法对饲料中氨基酸含量无显著影响(表 6-7)。

表 6-7　饲料经过灭菌后成分的变化

项　目	高压灭菌	放射线(^{60}Co)
饲料色泽	颜色加深	几乎无变化
颗粒(小鼠、大鼠料)硬度	增加 1.20～1.6 倍	几乎无变化
颗粒(小鼠、大鼠料)硬度	增加 0.7～0.9 倍	由软变硬
一般成分	几乎无变化	几乎无变化
饲料消化率	无变化	几乎无变化
粗蛋白质消化率	无变化	几乎无变化
粗脂肪消化率	无变化	几乎无变化
维生素 A 残存率/%	53～100	50～100
维生素 E 残存率/%	90～100	52～100
维生素 B_1 残存率/%	15～40	75～96
维生素 B_2 残存率/%	85～100	83～100
维生素 C 残存率/%	22～82	90～100
大鼠(生长)	几乎无变化	几乎无变化
大鼠(繁殖)	很少变化	几乎无变化

4. 对矿物质的影响　高温高压和 ^{60}Co 辐照法对饲料中钙、磷、铜、铁、锰、钴、镁、碘、镉等矿物质的含量均无显著影响。

第五节　实验动物饲料的营养监测

实验动物饲料质量要求严格，饲料质量变化不仅直接影响着实验动物质量，而且也间接影响应用实验动物所作实验的结果可靠性。因此，我国先后就实验动物饲料质量控制制定和颁布了相应标准。有关部门还对销售的饲料建立了核发《实验动物全价营养饲料质量合格证》制度，要求其质量应符合国家标准 GB 14924.1—2001。

一、营养监测的目的

(1)准确了解饲料中各种营养物质的含量，为合理配制全价饲料提供科学依据。由于我国地域辽阔，同一饲料作物在不同地区，不同生长时期，或使用不同贮存方法，其营养成分相差很大。如果仅以"饲料营养成分表"中提供的数字作为饲料配方的依据，势必导致营养水平的偏差，从而影响动物的生长发育、繁殖、生产及动物质量。

(2)每批饲料原料购进前，应进行营养监测，以了解饲料的质量情况。

(3)有效控制饲料的霉变、虫蛀及有毒有害物质的污染。

(4)有效控制饲料中的掺杂使假行为。

二、饲料营养监测方法

饲料营养监测包括一般性监测和饲料营养成分的监测。

一般性监测是主要通过感官、筛子以及放大镜所进行的监测。

1.视觉　观察饲料的形状、色泽、有无霉变、虫蛀、硬块、异物、夹杂物等。

2.味觉　通过舌舔和牙咬来检查味道。

3.嗅觉　通过嗅觉来鉴别,并察看饲料有无霉臭、腐臭、氨臭、焦臭等。

4.触觉　取在手上,用手指捻,通过感触来觉察其粒度的大小、硬度、黏稠性、有无夹杂物及水分的多少等。

5.筛分法　使用不同数目的筛子,分辨饲料的混合比例及夹杂物的混入状态。此外,本方法还被用于调查粒度的分布情况,鉴定饲料的粒度及分别混入的异物等。

6.容重称量法　谷类及其他浓缩饲料都有固定的比重,测定饲料的容重,并与该种饲料的标准容重相比较,可分辨出所测定的饲料中是否混有夹杂物以及饲料的质量状况。

7.比重分法　将饲料倒入各种比重液中(甲苯,0.88;低汽油,0.64;水,1.00;四氯化碳,1.58;氯仿,1.47;三溴甲烷,2.90),察看样品的沉浮,以判别有无砂土、稻壳、花生皮、锯木等。

三、饲料的质量控制

饲料的质量控制主要包括饲料的微生物控制、饲料重金属和污染物质的控制以及饲料全价营养的控制。

(一)饲料中微生物控制

实验动物的饲料,经消毒灭菌后应采样进行微生物检验,以检查灭菌效果。

不同等级实验动物的饲料,其微生物控制标准应与相应等级的实验动物的微生物控制标准相同(参见《实验动物的微生物学等级及监测》国家标准 GB 14924.2—2001),参照下列标准(表 6-8),经微生物检查合格后,再饲喂相应的实验动物。

表 6-8　实验动物微生物指标 (GB 14924.2—2001)

项目	动物种类					
	大鼠、小鼠	兔	豚鼠	地鼠	犬	猴
菌落总数/(cfu/g)	5×10^4	1×10^5	1×10^5	1×10^5	5×10^4	5×10^4
大肠菌群/(MPN/100 g)	30	90	90	90	30	30
霉菌和酵母菌数/(cfu/g)	100	100	100	100	100	100
致病菌(沙门氏菌)	不得检出					

(二)饲料中重金属及污染物质的控制

重金属及污染物质不仅影响实验动物的质量,而且对动物的健康造成危害,甚至中毒死亡。因此,必须予以控制,详见表 6-9。

表 6-9　常用实验动物化学污染物指标（GB 14924.2—2001）

项目	指标
砷/(mg/kg)	≤0.7
铅/(mg/kg)	≤1.0
镉/(mg/kg)	≤0.2
汞/(mg/kg)	≤0.02
六六六/(mg/kg)	≤0.3
滴滴涕/(mg/kg)	≤0.2
黄曲霉素 B_2/(μg/kg)	≤20.0

(三)饲料营养的质量控制

1.原料的质量控制　主要对原料进行监测，目的在于指导原料和调整配方，保证合格的产品。首先对新购原料进行感官检查，主要包括原料的色泽、气味、杂质含量、发酵、霉变等。其次是水分、营养物质及污染物质含量的检测(参见《中华人民共和国国家饲料原料标准》GB 10363—10368、GB 10383、GB 10384、GB 10389、GB 10397 中的规定)。如所检原料中的各种营养成分与标准不符，则不能使用。另外，应特别注意鱼粉，尤其是国产鱼粉中的掺杂使假行为。

2.成品的质量控制　主要对全价营养饲料进行营养成分的检测。经常监测常规养分与混合均匀度，定时监测微量元素、维生素和氨基酸及有毒有害成分。全价营养饲料中不得掺入抗生素、驱虫剂、防腐剂、色素、促生长剂以及激素等。

思考题：

1.简述实验大鼠、小鼠营养需要特点。

2.简述实验兔的营养需要特点。

3.实验动物饲料主要消毒方法有哪些?

4.常用饲料营养监测方法有哪些?

(熊家军，康爱君)

第七章　人类疾病的动物模型

内容提要：本章主要介绍了人类疾病动物模型概念；人类疾病模型的意义和原则；常用疾病模型的复制方法和应用；免疫缺陷动物模型、转基因动物模型定义及其在生命科学研究中的应用。研究动物模型目的在于揭示人类疾病发病机理，寻找预防和治疗疾病的有效措施。

关键词：人类疾病；免疫缺陷动物模型；转基因动物模型；应用。

第一节　动物模型概述

人类疾病动物模型(animal model of human diseases)是指医学研究中建立的具有人类疾病模拟表现的动物实验对象和相关材料。动物模型的研究，实质上是有关实验动物的应用科学。研究者可利用各种动物的生物学特性和疾病特点，与人类疾病进行比较研究。长期以来人们发现选用人体作为实验对象来推动医学发展是困难的，临床所积累的经验在时间和空间上都存在着局限性，许多实验在道义和方法上受到许多限制，而动物模型则克服了这些缺点，因而动物模型是人类疾病研究的重要手段和工具，在医学研究中得到越来越广泛的应用。

动物模型主要用于实验生理学、实验病理学和实验治疗学(药物筛选和新疫苗开发)。

一、人类疾病动物模型的意义

(一)避免人体实验造成的危害

临床上对外伤、中毒、肿瘤等疾病的研究不可能在人体重复进行实验，人体难以承受这些病因所带来的痛苦。动物可以作为人类的替难者，可在人为设计的特定实验条件下反复实验研究。用动物模型除了能克服在人类研究中经常遇到的伦理和社会道德限制外，还能采用某些不能应用于人类研究的方法和途径，甚至为了实验目的需要还可以损伤动物组织、器官以至处死动物。

(二)可复制不易见到的疾病

平时临床很难遇到的放射病、中毒病、烈性传染病、战伤等疾病，根据实验要求可复制相应的疾病动物模型，供研究使用。

(三)可复制发病率低、潜伏期和病程长的疾病

免疫性疾病、代谢性疾病、内分泌疾病和血液病在临床上发病率低，人们可以选用动物种群中发病率高的类似于人的疾病制备动物模型，也可通过不同方法复制这些疾病的动物模型从事研究工作。而肿瘤、慢性气管炎、动脉粥样硬化、遗传病、肺心病、类风湿等疾病发生发展速度缓慢，潜伏期长，病程也长。某些疾病要隔代或者几代才能显性发病，一代或几代人的观察研究较难进行。而许多动物由于生命周期比较短，在短时间内进行一代或几代的观察非常容易，应用动物模型进行研究就克服了以上不足。

(四)增加实验的可比性

临床上许多疾病的发生发展非常复杂，病人的年龄、性别、体质、遗传以及社会因素都会影响其疾病的发生发展。用动物复制疾病模型，可选择相同品种、品系、性别、年龄、体重、健康状态，甚至遗传和微生物等方面严加控制的各种等级标准实验动物，甚至可严格控制温度、湿度、光照、噪声、饲料营养等实验环境条件，这样对疾病及其发展过程的研究就可排除其他影响因素，使得结果更加准确，增加了实验的可比性。

(五)样品易得，实验操作简化

动物模型作为人类疾病的“复制品”，便于研究者依据实验目的随时采集各种样品，及时或分批处死动物收集样本，以便更好地了解疾病过程，这在临床上是难以办到的。实验动物小型化趋势更有利于动物的管理和实验操作。

(六)有助于全面认识疾病本质

有些病原体不仅引起人类发生疾病，也可引起动物感染，其临床表现各有特点，通过对人和动物的发病情况的比较，可观察同一病原体在不同的动物体引起的损害，有利于全面认识疾病的本质，深入探讨疾病的发生、发展的机制。

二、人类疾病动物模型的复制原则

最好的动物模型是与人类疾病相同的动物自发性疾病。例如，大鼠自发性高血压、小型猪自发性冠状动脉粥样硬化、犬自发性类风湿性关节炎等均与人类相应疾病非常相似，是理想的动物模型。但是与人类疾病完全相同的动物自发性疾病不易多得，往往需要研究者根据研究需要进行复制。为了尽量做到与人类疾病相似，复制动物模型时应遵循以下原则。

(一)相似性

用动物体复制人类疾病模型，目的在于从中找出可以外推人体的有关规律。外推法要冒风险，毕竟动物与人不是同一种生物。例如，在动物体上无效的药物不等于临床无效，反之亦然。因此，设计人类疾病动物模型的一个重要原则是所复制的模型应尽可能与人类疾病相似。

为了尽量做到与人类疾病相似，首先要注意动物的选择以及临床症状、发病机理的相似性。虽然非人灵长类动物与人类最为相似，但其难以获得，费用高，使用受限。而某些动物特别是标准化的啮齿类动物在某些生理代谢方面或某一疾病过程与人类非常相似，常常用作动物模型的复制。例如，鹌鹑适宜做高脂血症的模型，因为鹌鹑血浆的甘油三酯、胆固醇以及游离脂肪酸水平与人十分相似，低密度和极低密度脂蛋白的脂质构成也与人相似。SHR 大鼠的高血压与人类原发性高血压非常相似，易并发大脑栓塞、梗死和出血、肾硬化及心肌梗死，是降压药筛选不可缺少的动物模型。

其次，应在实践中对建模方法不断加以改进，例如，结扎兔的阑尾血管，可以使阑尾坏死、穿孔并导致腹膜炎，但这与人类急性梗阻性阑尾炎合并穿孔和腹膜炎不一样。结扎兔阑尾基部可保留原来的血液供应，由此而引起的阑尾穿孔及腹膜炎就与人的情况相似，因而是一种比较理想的建模方法。另外，在观察指标等方面也应加以周密的设计。

(二)重复性

理想的人类疾病动物模型应该规范化，能够准确重复再现，不能重复的动物模型无法应用于研究。为提高动物模型复制的重复性，应对影响因素进行严格控制，力求一致。在设计时应尽量选用标准化实验动物，动物的品种、品系、年龄、性别、体重、健康状况、饲养管理尽可能一致；实验环境和条件、实验者操作技术、熟练程度等方面的因素尽可能一致。

(三)可靠性

复制的动物模型应力求可靠地反映人类疾病，即反映某种疾病代谢、结构变化，同时应具备该种疾病的主要症状和体征，并经过一系列检测(心电图、临床生理、生化指标检验、病理切片等)得以证实。如果容易自发出现某些相应病变的动物，不能选用。此外，易产生与复制疾病相混淆的疾病或临床症状者也不宜选用，例如，铅中毒可用沙地鼠作为动物模型，因为沙地鼠摄入 0.25%醋酸铅 30 个月产生的慢性进行性肾病伴有肾小管退行性病变，间质性纤维化和细胞核内包涵体等病变，适用于做小剂量铅对肾细胞功能影响的研究。长期摄入铅的沙地鼠发生慢性肾病和血细胞低血色素性贫血等病变，可与人类铅肾病相比较。而大白鼠不宜用于此模型的建立，因为大鼠容易患动物地方性肺炎及进行性肾病，后者容易与铅中毒所致的肾病相混淆，而且铅摄入可诱发肿瘤。

(四)适用性和可控性

复制人类疾病动物模型时应考虑临床应用、易于控制其疾病发展过程，以利于进行研究。例如，雌激素能中止大鼠和小鼠的早期妊娠，但不能中止人的妊娠，因此选用雌激素复制大鼠和小鼠的中止早期妊娠动物模型是不适用的，用大鼠和小鼠筛选含有雌激素活性的避孕药物时也会带来错误的结论。又如选用大鼠和小鼠复制实验性腹膜炎也不适用，原因在于它们对革兰氏阴性菌具有较高的抵抗力，不易导致腹膜炎。有些动物对某一致病因子特别敏感，死亡率高，不好控制，也不适宜复制动物模型。如给犬腹腔注射粪便滤液可引起腹膜炎，80%的犬在 24 h 内很快死亡，来不及治疗观察，而且粪便滤液中的细菌含量及菌株不易控制，因此不能准确地重复腹膜炎这一病理过程。

(五)易行性和经济性

复制动物模型时应遵循经济易行原则。除动物选择要考虑易行性和经济性原则外，应选择容易执行的模型复制方法和检测指标。

三、人类疾病动物模型的分类

(一)按产生原因分类

1. 诱发性动物模型(artificial induced animal model)　诱发性动物模型是指使用物理性、化学性、生物性和复合性致病因素作用于动物，造成动物组织、器官或全身一定的损害，出现某些类似人类疾病的功能、代谢或形态结构方面的病变，即人为地诱发动物产生类似人类疾病的动物模型。

(1)物理因素诱发动物模型。常见的物理因素如机械损伤、放射线损伤、气压变化、手术方法等。应用物理方法复制的动物模型，如切断犬的冠状动脉分支可以复制心肌梗死动物模型，手术方法复制大鼠急性肝衰竭动物模型、大鼠肺水肿动物模型。放射线照射复制大鼠萎缩性胃炎动物模型以及大鼠、小鼠、犬的放射病模型等。采用物理因素复制动物模型比较直观、简便，是较常见的方法。

(2)化学因素诱发动物模型。常见的化学因素如化学药品、强酸、强碱、某种营养成分的改变等。应用化学物质复制动物模型，如应用羟基乙胺复制大鼠急性十二指肠溃疡动物模型，用

D-氨基半乳糖复制大鼠肝硬化动物模型，以乙基亚硝基脲复制大鼠神经系统肿瘤动物模型。以缺碘饲料复制大鼠缺碘性甲状腺肿动物模型，应用胆固醇、胆盐、甲基硫氧嘧啶及动物脂肪复制鸡、兔、大鼠的动脉粥样硬化症动物模型。

不同品种、品系的动物对化学药物耐受量不同，在应用时应引起注意。有些化学药物代谢易造成许多组织、器官损伤，可能会影响实验观察，应在预实验中摸索好稳定的实验条件。

(3)生物因素诱发动物模型。常见的生物因素如细菌、病毒、寄生虫、生物毒素等。在人类疾病中，由生物因素导致发生的人、畜共患病(传染性或非传染性)占很大的比例。传染病学和免疫学等研究经常使用生物因素复制动物模型。如以柯萨奇B族病毒复制小鼠、大鼠、猪等心肌炎动物模型，以福氏Ⅳ型痢疾杆菌或志贺杆菌复制猴的细菌性痢疾动物模型，以锥虫感染小鼠复制锥虫病小鼠动物模型，以钩端螺旋体感染豚鼠复制钩端螺旋体肺出血豚鼠动物模型。

(4)复合因素诱发动物模型。有些疾病模型应用单一因素诱发难以达到实验要求，必须使用多种复合因素诱导才能复制成功。这些动物模型的复制往往时间较长，方法繁琐，但与人类疾病比较相似。例如，用大鼠或豚鼠复制支气管炎动物模型时，可用细菌与寒冷组合、香烟加寒冷组合，或细菌加二氧化硫组合等方法进行诱发；以四氯化碳(40%棉籽油溶液)、胆固醇、乙醇等复合因素诱发大鼠肝硬化动物模型。此外，又如以二甲基偶氮苯胺和^{60}Co复合因素诱发大鼠肝癌动物模型。

诱发性动物模型的特点在于制作方法简便，实验条件容易控制，复制的模型符合研究目的。优点是短时间内可以复制大量的动物模型，用于药物筛选。缺点在于诱发性动物模型与自发性疾病模型存在着一定差异，例如，诱发性肿瘤与自发性肿瘤对抗癌药物的敏感性不同，而且某些人类疾病不能用人工方法成功诱发动物模型，因而诱发性动物模型有一定的局限性。

(5)转基因动物模型。近年来发展起来的转基因动物模型也属于诱发性动物模型。采取转基因技术可以人为定向突变动物基因组的某个特定基因，或人为加入一个或多个外源性致病基因，改变动物对某种疾病的遗传易感性，从而建立相应的动物模型。转基因动物模型在研究遗传性疾病方面有广泛的应用前景，如镰刀状红细胞贫血、囊性纤维化和肾功能衰竭等转基因动物模型已广泛用于相应疾病的研究。

同时，转基因技术有力地推动了人类疾病动物模型的发展，使得许多原来不可能在动物体复制的疾病成为现实。人类乙型肝炎病毒(HBV)的种属特异性非常强，在正常情况下HBV不能感染小鼠，转基因技术很好地解决了这一难题。HBV转基因小鼠包括HBV基因片段(X和S基因片段)转基因小鼠和HBV全基因转基因小鼠。研究表明HBV-X转基因小鼠肝脏呈渐进性病理改变，肝细胞的凋亡率较正常小鼠明显增高，可能HBV-X触发了细胞凋亡过程，最终导致肝细胞向恶性转化，为阐明HBV的致病机理提供了很好的动物模型。

2. 自发性动物模型(spontaneous animal model)　自发性动物模型是指实验动物未经任何人工处置，动物自然发生的疾病，或由于基因突变，通过遗传育种保留下来的动物模型。主要包括突变性的遗传疾病模型和近交系的肿瘤模型。

(1)遗传疾病动物模型。突变性的遗传疾病很多，可分为代谢性疾病、分子性疾病、特种蛋白合成异常性疾病等，如裸鼠、肥胖小鼠和高血压小鼠等均可用作相应人类疾病的动物模型。

(2)近交系肿瘤动物模型。近交系动物中有一些肿瘤高发品系，例如，C3H、DBA/1、DBA/2近交系小鼠为乳腺肿瘤多发品系，Wistar近交系大鼠多发白血病，Sinclair猪高发黑色素瘤，均可用作相应人类肿瘤的动物模型。

自发性动物模型的优点是一定程度上排除了人为因素，更接近自然发病特点，其应用价值较高。但缺点是自发性动物模型多为遗传性疾病，其发病率低、周期长，来源比较困难，种类有限。此外，自发性疾病的动物饲养条件要求高，繁殖生产难度大，专业性较强，因而大量使用受到限制。

由于诱发性动物模型和自发性动物模型有一定差异，加之有些人类疾病至今尚不能用人工的方法在动物身上复制出来，因此，十分重视对自发性动物模型的开发和应用，通过对不同种动物的疾病进行普查，发现自发性疾病的动物，通过遗传育种将其保持下去，并培育成具有某种疾病表现和特定遗传性状的基因突变动物。但是，很多自发性疾病动物在繁殖培育过程中，往往被作为劣质动物而淘汰，需要科学家的慧眼甄别并定向培育，才可获得更多的自发性动物模型，以供实验研究应用。

3. *抗疾病型动物模型*(negative animal model) 抗疾病型动物模型是指特定的疾病不会在某种动物身上发生，从而用来探讨为何某种动物对特定疾病具有天然的抵抗力。如哺乳动物均易感染血吸虫病，而居于洞庭湖流域的东方田鼠却不能复制血吸虫病，因而可用于血吸虫感染机制和抗病机制的研究。

4. *生物医学动物模型*(biomedical animal model) 生物医学动物模型是指利用健康动物生物学特征来提供人类疾病相似表现的疾病模型。如沙鼠缺乏完整的基底动脉环，左右大脑供血相对独立，是研究中风的理想动物模型。鹿的正常红细胞是镰刀形的，多年来被用作镰刀形红细胞贫血病的研究。但这类动物模型与人类疾病存在着一定的差异，研究人员应加以分析比较。

(二)按系统范围分类

1. *疾病的基本病理过程动物模型*(animal model of fundamental pathologic processes of disease) 是指各种疾病共有的一些基本病理过程模型。致病因素在一定条件下作用于动物，使动物组织、器官或全身造成一定病理损伤，出现各种功能、代谢和形态结构的某些变化，其中有的变化是许多疾病都可能共有的，不是某种疾病所特有的，如发热、炎症、休克、电解质紊乱、酸碱平衡失调均为疾病的基本病理过程。

2. *系统疾病动物模型*(animal model of different system diseases) 是指与人类各系统疾病相应的动物模型，如消化、呼吸、泌尿、心血管、神经等系统疾病相应的动物模型。

(三)按中医药体系分类

中医药动物模型经半个多世纪的研究，已形成独特的较完整的体系。如独特的“辨证施治”理论体系；独特的“证、病、症”评价体系；独特的“中药、针灸、养生”处置措施；独特的“舌、脉、汗、神、色”观察指标；独特的“审证求因”认识方法，形成了中医药动物模型体系，为中医基础病理学和基础药理学研究提供了实验依据。

根据中医证分类，动物模型可分为阴虚和阳虚动物模型；气虚动物模型、血虚动物模型、脾虚和肾虚动物模型及厥脱证动物模型等。按中药理论分类，有解表药、清热药、泻下药、祛风湿药、止血药、止咳化痰药、安神理气药、活血化瘀药等动物模型。中医药动物模型，无论从“证”和“药”分类，每个“证”和“药”的动物模型不止一种动物，也不止一种方法。但由于中医药独特的理论体系、评价标准和观察指标十分准确的动物模型并不多，仍有待于进一步完善和改进。

(四)按模型种类分类

疾病模型的种类包括整体动物、离体器官、组织、细胞和计算机、数学模型。整体动物模型是常用的疾病模型，也是研究人类疾病常用的手段。

四、影响动物模型质量的因素

（一）致模因素

确定致模因素是复制动物模型的第一步，应明确研究目的，清楚了解人类疾病的发生、临床症状和发病机制，熟悉致病因素对动物所产生的临床症状和发病情况，致病因素的剂量。

（二）动物因素

用于复制动物模型的动物种类繁多，如实验动物、家养动物和野生动物。野生动物属自然生态类型，其微生物感染复杂，遗传背景不清楚，来源困难，很难饲养，因此不便使用。家养动物饲养方便，来源容易，但微生物控制不严，遗传背景不清楚，也不提倡使用。因此，应尽可能使用标准化实验动物。此外，动物种类、品系、年龄、体重、性别、生理状态和健康因素等均对动物模型质量有不同程度的影响。

（三）实验技术

1. 实验季节　动物体同样受春、夏、秋和冬四季的影响。不同实验季节，动物的机体反应性在某些方面有一定的改变，这种影响在进行跨季节的动物模型实验时应引起重视，特别是在普通环境下进行动物模型的复制更需注意。

2. 昼夜不同　实验动物的体温、血糖、基础代谢率、激素的分泌等随着昼夜的不同发生节律性的变化。在复制动物模型进行实验研究时，应注意实验中某种处理的时间顺序可能对结果的影响。

3. 麻醉深度　在复制动物模型时往往需要将动物麻醉后才能进行各种手术，实施某些致模因素。不同麻醉药物和不同麻醉剂量有不同的药理作用和不良反应，如麻醉过深，动物处于深度抑制状态甚至濒死状态，动物各种反应受到抑制，结果的可靠性受影响。相反，麻醉过浅，在动物身上进行手术或实施某些致模因素，将造成动物强烈的疼痛刺激，引起动物全身特别是呼吸、循环、消化等功能发生改变，同样会影响造模的准确性。

4. 操作技术　在实验手术造模时，首先要选择好最佳的手术方案，避免过大、过繁的手术给动物机体造成影响；技术熟练可以减少对动物的刺激、创伤和出血，提高造模的成功率。

5. 给药方法　给药是造模的常规工作，给药途径、剂量、熟练程度不同均会影响模型质量。

6. 对照组设计　在复制动物模型时常常因忽视或错误设计对照，造成动物模型的失败，出现错误结论，应根据不同要求设置好对照组。

（四）饲养环境和营养因素

饲养环境是影响造模及其实验结果的重要因素，居住条件、饲料、营养、光照、噪声、氨浓度、温度、湿度、气流速度等任何一项都不容忽视。

营养因素对复制动物模型，特别是长期实验影响显著，应予以重视。造模过程中应采用标准饲料，注意供给充分和符合卫生标准的饮水。

五、动物模型的评价

动物模型的最终目的是为医学研究服务，动物模型研究结果的可靠程度取决于其与人类疾病的相似或可比拟程度。实用价值高的动物模型应具备以下几个特点：①相似性好，动物模型疾病表现尽可能再现所研究的人类疾病特点。②重复性好，动物模型的可利用性在于能否重复复制，最好能在两种动物体上得到证实。③可靠性强，选择动物的背景资料要完整，生命周期能满足实验需要。④经济易得，模型动物应来源充足，成本低廉。⑤适用性好，模型动物体积不宜过大，要易于操作和获得样本，便于研究使用。

应该明确任何一个动物模型，都不能够完全再现人类疾病的真实情况，动物毕竟不是人体的缩影。疾病动物模型只是一种间接的研究手段，只能在某一或几方面与人类疾病相似。例如，某种药物在人体无效，而对动物有效，反之亦然。因此，动物模型实验结论的正确性是相对的，最终必须在人体得到验证。所以模型复制过程中一旦出现不同于人类疾病的情况，必须分析差异产生的原因并寻找相平行的共同点，才能对实验结果作出正确的评价。

第二节 常用动物模型的复制

动物模型的复制是用人为的方法使动物在一定的致病因素(物理、化学和生物因素)作用下，动物组织、器官或全身受到一定损害，出现某些类似人类疾病的功能、代谢、形态结构方面的变化或各种疾病。通过这种手段研究人类疾病的发生、发展规律，可为人类疾病的预防、治疗(包括药物的筛选)提供理论依据，所以掌握动物模型的复制方法在医学研究中是十分重要的。本节主要介绍医学科学研究中常用的一些动物模型的复制方法。

一、基本病理过程动物模型的复制

(一)水、电解质和酸碱平衡紊乱动物模型

1. 家兔高血钾　取 1.5 kg 以上的家兔，用 10%乌拉坦按 10 mL/kg 耳静脉注入麻醉。仰卧固定，分离颈总动脉并插管。将心电图机的导联旋钮到 A 导联位置，将右前肢电极插在下颌部皮下，左前肢的电极插在胸壁皮下相当于心尖部的位置(该方法测量高血钾异常波形)，记录一段正常心电图。采血 3 mL，离心分离血浆，测定血浆钾浓度。向兔耳静脉内缓缓推注 5%氯化钾 1 mL/kg，注射后观察心电波形。如无改变，继续注入 5%氯化钾 2 mL。出现异常波形后，开始记录并描记一段心电图，同时采血 3 mL 测定血浆钾浓度。然后继续间歇性注入 5%氯化钾，每次 2 mL，描记异常心电波形。最后注入 10%氯化钾，边注射边观察心电波形改变。出现室颤时，开胸观察心脏停跳情况。

动物对注入氯化钾的耐受性个体差异较大，有的动物需注入大量的氯化钾才出现心电图改变。应将动物移至离心电图机稍远处，确保各导联线无脱落。每次使用针形电极时，均应擦净，保持良好的导电状态，以防记录心电图时受干扰。

2. 家兔酸碱平衡紊乱　选取 1.5 kg 以上的家兔，用 3%戊巴比妥钠 1 mL/kg 静脉注射麻醉后，仰卧固定。分离气管，做气管插管。再分离左侧颈动脉，远心端结扎，近心端用动脉夹夹闭，做动脉插管。取血用的动脉插管内应充满肝素，插好后于动脉连接处用手术线固定，软胶管用弹簧夹夹闭。手术完成后，采动脉血测定血气指标，包括动脉血 pH、pO_2、pCO_2、标准碳酸氢盐(SB)、实际碳酸氢盐(AB)、缓冲碱(BB)、剩余碱(BE)等。采血方法应严格按血气分析方法的要求操作，观察和记录体温、呼吸频率及呼吸幅度的变化。

(1)急性呼吸性酸中毒。用止血钳夹闭气管插管的 2/3，造成气道阻塞，持续 10 min，按上述方法取血测量血气指标并观察呼吸。然后放开止血钳，待呼吸恢复正常。

(2)急性代谢性酸中毒。动物呼吸恢复正常后，从耳静脉缓慢(1 mL/min)注入 5%的乳

酸溶液(10～15 mL/kg)，注射完毕，按上述方法取血测量血气指标并观察记录呼吸变化。

(3)代谢性碱中毒。动物恢复正常呼吸时，自耳静脉按 10～15 mL/kg 的剂量注入 5%碳酸氢钠，同上取血测量血气指标，并观察记录呼吸变化。

在模型复制过程中，应注意动物不要过分饥饿与剧烈运动，以免体内酸性物质增多，影响试验结果。每次抽血时要注意放掉插管内的肝素，抽血后及时注入肝素。血样标本必须与空气隔绝，以防影响结果。

(二)肺水肿动物模型

用 3%戊巴比妥钠按 0.8 mL/kg 腹腔注射麻醉家兔，仰卧固定，分离气管和一侧颈外动脉。分别切开气管，插入气管插管并结扎固定，描记呼吸。插静脉管导管并连接输液装置，缓慢输入生理盐水(5～10 滴/min)。分别描记正常呼吸曲线，并用听诊器监听肺部呼吸音。然后输入 37℃生理盐水(输入总量为 100 mL/kg，输液速度为 180～200 滴/min)。接近滴注完毕时，立即向输液瓶中加入肾上腺素生理盐水(肾上腺素为 0.45 mg/kg)继续滴注。密切观察呼吸变化和气管内是否有粉红色泡沫液体流出，监测肺部有无湿性啰音出现。记录动物死亡时间，存活动物造病后 30 min 则夹闭气管，放血处死动物。打开胸腔，用线在气管分叉处结扎以防止肺水肿液流出，小心将心脏及其血管分离，把肺取出。用滤纸吸去肺表面的水分后称取肺重，计算肺系数：肺系数＝肺湿重(mg)/体重(g)×100%。正常兔肺系数为 4～5。然后观察肺表面和切面病变，注意有无泡沫液体流出。取肺组织制作组织切片，观察组织病理学变化。

(三)发热动物模型

取体重 2.0～2.5 kg 健康家兔，测量直肠温度，每 10 min 一次，测量 3 次后，3%戊巴比妥钠按 0.8 mL/kg 静脉麻醉，将 0.2 μg/mL 精制大肠杆菌内毒素生理盐水溶液经 38℃水浴 30 min 后，按 5 mL/kg 耳静脉注入。注射后每隔 10 min 测体温一次，共测 9～12 次。计算兔的体温反应指数(TRI)和体温反应高峰(ΔT，发热时又称发热高峰)。计算方法如下：

1. TRI 的计算方法　以体温值为纵坐标，5 cm 为 1℃；以时间值为横坐标，1 cm 为 10 min。以注射前 3 次体温的平均值(精确到 0.1℃)作为两坐标的交点，横坐标即为体温基线，上升值为正，下降值为负。将各时间点体温变化数值在坐标纸上描绘成体温变化曲线(发热时为发热曲线)。体温变化曲线与体温基线之间的面积即为体温反应指数。发热时为发热指数，是反应发热效应强度的较好指标。计算时，将所测各点分别与横坐标作垂直线，可将发热曲线与体温基线之间的面积划分为 9～12 个小梯形或三角形，9～12 个梯形或三角形面积的总和即为 1.5～2.0 h 的体温反应指数(cm^2)，分别以 $TRI_{1.5}$ 或 $TRI_{2.0}$ 表示之。

2. 发热高峰(ΔT)的计算方法　发热高峰(ΔT)为体温上升的最高值与基线体温值之差(℃)，发热高峰是反映发热效应强度的一种指标。

(四)炎症动物模型

1. 肿胀性炎症　选用体重 2.0～2.5 kg 健康家兔，剪去耳廓背面直至耳根的被毛。在右耳廓背面下 1/3 处，皮下注射松节油 0.2 mL。左耳廓相应位置皮下注射生理盐水 0.2 mL 作为对照。每隔 20 min 观察两耳廓局部皮肤变化，并用卡尺测量肿胀部位厚度，连续 6 次。比较观察两侧肿胀高峰时间和消退时间。注射松节油后 30～40 min，于注射生理盐水侧的耳静脉，缓慢注入 1%锥蓝溶液，3.0 mL/kg。然后观察局部出现蓝染情况，用直尺测量蓝染范围。注射松节油后 1～2 h，可见耳廓下垂表现为耳廓功能障碍。观察第 6 次后，剪下双耳，用直径

0.6 cm环钻取同一位置两耳片称重，以右耳重减左耳重为炎症胀度。

2. 白细胞渗出性炎症　取雄性大鼠，用20%乌拉坦0.5 mL/100 g腹腔注射麻醉，仰卧固定。于剑突右侧1 cm处剪毛，常规消毒，将1%角叉菜胶生理盐水0.5 mL注入大鼠右胸腔内，诱发胸膜炎。8～12 h后，断头处死动物，打开胸腔抽取渗出液，测定炎性渗出液量。取一支试管，加入0.38 mL白细胞稀释液和20 μL炎性渗出液，混匀后滴入血细胞计数板的计数室内静置3 min，在低倍显微镜下计数4个大方格内的白细胞总数乘以50，即为每毫升渗出液的白细胞数。最后测定胸腔炎性渗出液的蛋白含量。

(五)缺氧动物模型

1. 低氧性缺氧　取小鼠一只称重后置入含5 g钠石灰配有橡胶盖的广口玻璃瓶(缺氧瓶)内。观察其呼吸频率和幅度，皮肤及口唇的颜色。盖紧瓶塞，接通水银检压计，记录时间和实验室温度，以后每隔3 min重复观察上述指标一次，并记录压力计刻度变化情况，直到动物死亡，记录死亡时间。将耗氧压换算成耗氧量和耗氧率，最后打开腹腔观察血液和肝脏颜色。

2. CO中毒性缺氧　取小鼠一只，尾部取血一滴，滴至装有2 mL生理盐水的小试管内备用。再将小鼠放入缺氧瓶内，连接好CO发生器，取2 mL甲酸加入试管后，再加入1 mL浓硫酸，立即将试管塞紧。加入浓硫酸后即产生CO，若CO产生不足，可用酒精灯徐徐加热(注意安全)，控制CO产生速度不宜太快。自CO气体产生后观察小鼠变化。当小鼠呼吸明显加深、变慢或出现痉挛倒下时立即打开缺氧瓶塞，迅速取出小鼠，然后从尾部取血一滴，滴入装有2 mL生理盐水小试管中，与第一次取的血液进行颜色对比。

(六)失血性休克模型

取成年家兔称重后，耳静脉注射3%戊巴比妥钠(1 mL/kg)麻醉，仰卧固定术部剪毛，在甲状软骨下切开颈正中皮肤6 cm，分离气管、左侧颈总动脉和右侧颈外静脉。插入气管插管并用Ⅱ道生理仪描记呼吸曲线。从右侧颈外静脉插入静脉导管，导管外端用三通管连上输液管和检压计，用以输液和测定中心静脉压，测前阻断检压计侧管，使导管与输液瓶相通，缓慢输入生理盐水(5～10滴/min)，保持静脉通畅。

在耻骨联合上方做下腹部正中切口，长5 cm，找出膀胱，排空尿液后，将膀胱从腹腔拉出，在背面膀胱三角区找出双侧输尿管入口，分离双侧输尿管，插入输尿管导管，用计滴器记录每分钟尿滴数。

在右侧腹直肌旁做长6 cm的纵行中腹部切口，钝性分离肌肉，打开腹腔后，推开大网膜，找出一段游离度较大的肠袢，轻轻从腹腔中拉出，放置在微循环恒温灌流盒内，用显微镜观察肠系膜微循环。

放血前观察动物各项生理指标，包括皮肤、黏膜颜色、肛温、血压、呼吸、中心静脉压、尿量、肠系膜微循环，每组用肝素化的注射器各取2 mL血(注射器内勿存气泡，采血后立即将针头刺入胶塞以密封)，用于酸碱平衡和血气指标的检测。

打开颈总动脉插管与输液瓶装置相连的侧管，使血液从颈总动脉流入输液瓶内，直至血压下降到5.32 kPa时，调节输液瓶高度，控制放出的血量，使血压稳定在低水平。维持血压在5.32 kPa 15～20 min，观察失血期间动物各项生理指标及肠系膜微循环的变化情况。

(七)器官功能衰竭动物模型

1. 心肌缺血性急性心力衰竭　取体重200～250 g的雄性大鼠，用1%戊巴比妥钠溶液以0.4 mL/100 g腹腔注射麻醉，仰卧固定，连接生理Ⅱ导仪记录心电图。术部剪毛，进行气管插管，开胸后立即进行正压人工呼吸（空气通气量 2 mL/100 g，频率 48～50 次/min）。

在胸骨左侧旁约 0.5 cm 处，从第 3 至第 5 肋骨纵行切开胸腔，剪开心包暴露心脏（用左手指压迫右侧胸廓及腹部，将心脏挤出胸腔外或用小药勺将心脏移到胸腔外），以左冠状静脉主干为标志，于左心耳根部下方 2 mm 处进针，以 0 号丝线穿过心肌表层，在肺动脉圆锥旁出针。待心电图恢复稳定 10 min 后，予以结扎。结扎时将硅胶管置于结扎线与血管之间，使硅胶管压迫引起血管闭塞，以心电图出现 ST 段和（或）T 波抬高或降低等心肌缺血波形时为结扎成功的指标。5 min 后松线解除结扎，恢复灌流 10 min，动态记录解除结扎后的心电图：解除结扎后分别观察 0 s、10 s、20 s、30 s、60 s、2 min、4 min、6 min、8 min、10 min 的心电图。观察心率类型（异位节律、室速、室颤）、发生的时间，有否死亡。

2. 去甲肾上腺素诱发犬急性肾功能衰竭　取体重为 22～32 kg 的杂种犬，戊巴比妥钠麻醉。暴露一侧输尿管，插入导管收集尿液。游离肾动脉（勿损伤肾脏神经），将血管造影导管插入股动脉，并小心向肾动脉推进（不能妨碍肾血流）测定肾血流。经由一侧肾动脉按照 0.75 μg/(kg/min) 的剂量和速度注入去甲肾上腺素。注入药物 30 s 内，肾血流减少到 0，且对侧肾血流也略减少。连续滴注去甲肾上腺素 40 min 停药。停药后收集尿液，与用药前、用药后 3 h 的尿量比较。同时采血检查肾功能，检测菊糖清除率以了解肾小球滤过率，检测对氨马尿酸清除率以了解肾血流量的变化。一般用药 3 h 后，肾血流减少，菊糖清除率显著降低，肾小球滤过严重抑制。动物在输注去甲肾上腺素期间，总血容量没有明显改变，而平均血压在用药开始的 5～15 min 呈短暂升高，此模型适用于观察药物对急性肾功能衰竭的治疗效果。

（八）肿瘤动物模型（animal model of tumor）

1. 自发性动物肿瘤（spontaneous tumor）　人类肿瘤在实验动物中几乎都能找到相似的肿瘤性疾病。利用高发病率品系动物研究自发性肿瘤性疾病更接近人群发病情况，对研究人体肿瘤的防治有重要意义。动物自发性肿瘤（spontaneous tumors in animals）是指实验动物未经任何有意识的人工处置，在自然情况下所发生的肿瘤。动物自发肿瘤见于某些近交系，如 A 系和 QH 系小鼠自发性乳腺癌，Afb、C_{58} 和 AKR 等品系小鼠自发性白血病、兔自发性乳头状瘤等。但是医学研究中使用最多的仍是诱发性动物肿瘤模型，特别是可移植性肿瘤模型。

2. 诱发性动物肿瘤（artificial induced tumor）　在实验条件下人为使用致癌因素诱发动物发生肿瘤。由于诱发因素和条件可控，诱发率高，是实验肿瘤学研究的常用方法。用于肿瘤模型的动物种类很多，动物种属不同，对相同致癌因素的反应性就不同。以哺乳动物为主，其中啮齿类动物使用最多、应用最广。人类多数肿瘤发生与环境中化学物质有关，因此肿瘤诱发因素多采用化学致癌物。诱发方式分为原位诱发和异位诱发。原位诱发是将致癌物直接与动物靶组织或靶器官接触而诱发该组织或器官发生肿瘤，接触方法包括涂抹、灌注、喂养或埋置。异位诱发是将与致癌物接触后的动物组织或器官埋置于同体或另外动物皮下而产生的组织或器官的肿瘤。

（1）肝癌动物模型（liver carcinoma animal model）。

①二乙基亚硝胺（DEN）诱发大鼠肝癌：取体重 250 g 封闭群大白鼠，雌雄不限。按性别分笼饲养，除给普通食物外，用 0.25% DEN 水溶液灌胃，剂量为 10 mg/kg，每周 1 次，其余 6 d 用 0.025% DEN 水溶液放入水瓶中，任其自由饮用，约 4 个月即可诱发肝癌。或用 0.005% DEN 掺入水中口服 8 个月也可诱发肝癌。

②亚胺基偶氮甲苯（OAAT）诱发小鼠肝癌：用 1% OAAT 溶液（约 10 mg/mL）涂在动物

的两肩胛间皮肤上，隔日1次，每次2～3滴，一般涂100次。实验后7～8周即可出现肝肿瘤，7个月以上可诱发小鼠肝肿瘤，诱发率约55%。

③黄曲霉素诱发大鼠肝癌：用含黄曲霉素（0.001～0.015 mg/L）的饲料，连续饲喂6个月，大鼠肝癌诱发率达80%。

（2）胃癌动物模型（stomach carcinoma animal model）。

①甲基苄基亚硝胺（MBNA）复制小鼠前胃癌：选用A系、615系或KM健康小鼠，每天以0.25 mg/kg或1 mg/kg剂量，配制成0.02%的MBNA水溶液给动物灌胃，每天1次。7～8个月均能诱发小鼠85%～100%的前胃鳞状上皮癌。

②不对称亚硝胺诱发小鼠胃癌：用不对称亚硝胺，剂量为0.25 mg/kg，诱发KM小鼠，7～8个月可使85%～100%的小鼠发生前胃癌。

③甲基亚硝基醋酸尿素诱发大鼠胃癌：在SD大鼠饮水中，以2 mg/kg体重加入甲基亚硝基醋酸尿素，每周5次饮用，经525 d可使100%的大鼠发生腺胃癌。

（3）肺癌（lung carcinoma animal model）。

①二乙基亚硝胺（DEN）诱发小鼠肺癌：小白鼠每周皮下注射1%DEN水溶液1次，每次剂量为56 mg/kg。DEN总剂量达到868 mg，观察时间为100 d左右时，癌诱发率可达40%；DEN总剂量达到1176 mg，观察时间为半年左右时，癌诱发率可达94%。

②乌拉坦诱发小鼠肺腺癌（多发性肿瘤）：选用4～6周龄A系小鼠，每次每只小鼠腹腔注射10%乌拉坦生理盐水溶液0.1～0.3 mL，间隔3～5 d，共注射2～3个月，每只动物用药总量约100 mg，注药3个月后，肺腺癌发生率为100%。

③气管内注射致癌药物诱发肺癌：猴气管内注射3,4-苯并芘与等量的Fe_2O_3混合液，每周1次，共10次，可诱发猴肺鳞状上皮癌。大鼠吸入硫酸铵溶液，13个月后可使100%的大鼠发生肺鳞状上皮癌。

3. *移植性动物肿瘤*（spontaneous tumor）　动物肿瘤可通过移植传代而产生所需的肿瘤细胞株。肿瘤株是一种组织学类型，生长特性（包括接种成活率、生长速度、自动消退率、宿主寿命与宿主反应等）已趋稳定，侵袭和转移的生物学特性以及对化疗药物的敏感程度均已确定，并能在同种或异种动物体内继续传代。小鼠和大鼠为肿瘤移植性常用受体动物，根据瘤株特性选择适宜的动物类型（近交系、远交系或杂交一代动物等），雌雄均可。所用动物必须发育良好，身体健康。肿瘤移植方法包括实体瘤和腹水瘤两种方式。

（1）实体瘤的移植。选择皮下接种后7～10 d，肿瘤生长旺盛且无破溃，健康状况较好的荷瘤动物，颈椎脱臼处死后，肿瘤部位消毒，切开皮肤，选取生长良好且无坏死或液化的瘤组织备用。

①组织块接种法：将瘤组织放入加有少许灭菌生理盐水或营养液的无菌平皿内，将平皿置于冰块上，把瘤组织剪成2～3 mm的小块。取同系小鼠常规消毒后，剪开腋窝或腹股沟部皮肤（此处血管丰富、皮肤松弛，瘤组织容易成活和生长，且不易侵犯临近器官，可延长宿主寿命），用镊子分离皮下组织，使其形成三角形的“皮袋”，将3～5块瘤组织置于皮袋底部，如此传代，使其移植成功率、生物学特性等趋于稳定，进行瘤组织传代或移植肿瘤模型的复制。也可使用套管针将瘤组织块送入皮下，进行肿瘤移植接种。

②悬液接种法：如果接种的动物数量较多，可制备瘤组织细胞悬液接种。无菌选取瘤组织，先将其剪成小块，然后置于玻璃匀浆器中加入1∶5的灭菌生理盐水研磨成瘤细胞悬液。

取浓度为 10^6 的细胞悬液 0.2 mL 接种于同系受体小鼠皮下。操作时间尽可能短，从瘤种取材到接种应在 30 min 内完成。

(2)腹水瘤移植。对于能产生腹水的肿瘤，将其一定数量的肿瘤细胞注入受体动物腹腔产生腹水。选择接种后 5～6 d 的小鼠，颈椎脱臼处死，腹部皮肤消毒后抽取腹水。腹水以灭菌 Hank 液稀释至适当浓度[瘤细胞浓度为(2.5～3.0)×10^7/mL]，0.2 mL/只鼠，腹腔注射或皮下注射。

移植性肿瘤实验条件易于控制，可使一群动物同时接种同量的瘤细胞，生长速率比较一致，个体差异较小，接种成活率近乎 100%，可用于瘤株的长期保存，因此广泛应用于医学研究，抗肿瘤药筛选大多数使用移植性肿瘤动物模型。

二、系统疾病动物模型

(一)消化系统疾病动物模型

1. 胃溃疡动物模型(peptic ulcer animal model)

(1)幽门螺杆菌(*Helicob pylori*，Hp)感染性小鼠胃溃疡。以 10^9 cfu 的 Hp 菌液经口接种 SPF CD1 小鼠、BALB/c 小鼠和普通级 CD1 小鼠，接种后 1～8 周内，小鼠体内可查到程度不同的感染，其胃黏膜的病理变化与人感染 Hp 的变化相似，主要表现为胃腺体消失，上皮细胞脱落，溃疡形成及黏膜固有层炎性细胞浸润。此模型可用于观察 Hp 感染的病理过程及细菌疫苗的应用研究。

(2)应激性大鼠胃溃疡。将禁食 24 h 的大鼠固定于特制的木板上，垂直浸入(23±0.5)℃水中，水深平剑突，24 h 后取出，脱颈处死，打开腹腔，结扎胃贲门和幽门，胃内注入 1%的甲醛溶液 8 mL，将胃取出浸入甲醛溶液中，30 min 后沿胃大弯剪开，测量溃疡长度，计算胃溃疡之和为溃疡指数。该模型方法简便，成功率高，可用于应激性溃疡发生机制和黏膜保护药物的研究。

(3)组织胺性大鼠胃溃疡。大鼠禁食 24 h，腹部皮下注射磷酸组织胺 50 mg/kg，2 h 后再重复注射一次，3 h 后处死动物，按上述方法计算溃疡指数。该方法可同时诱发食管、十二指肠等发生溃疡。该模型可用于胃肠溃疡发生机制及药物治疗的研究。

2. 肝硬化动物模型(animal model of hepatocirrhosis)　任何可以引起肝损伤的因素长期反复作用于肝脏，均可引起肝细胞变性、坏死，继而肝细胞再生结缔组织增生，导致肝纤维化，严重时发展为肝硬化、肝癌。许多方法可诱发肝硬化动物模型，致病因素、给药途径不同，产生肝硬化的机制、纤维化出现早晚、发生率、重复性以及与自然患病相似程度均不尽相同。

(1)四氯化碳诱发大鼠肝硬化。选用体重为 180～200 g 的 Wistar 或 SD 大鼠，皮下注射 40%～50%四氯化碳油溶液，0.3 mL/100 g，每周 2 次，第 2 周开始，隔日以 20%～30%乙醇 1 mL 灌胃，或作唯一饮料，饲以混有 0.5%胆固醇的玉米面，共 10 周。实验中大鼠的存活率为 60%～80%。四氯化碳配以高胆固醇饮食诱发大鼠肝硬化是国内外常用的动物模型，该模型可靠、复制时间短、肝硬化进程稳定，适合肝硬化发生发展动态过程的研究。

(2)*D*-氨基半乳糖诱发大鼠肝硬化。选取体重 150～200 g 的 Wistar 大鼠，将 *D*-氨基半乳糖用生理盐水配成 10%溶液，用 1 mol/L NaOH 将 pH 值调至 7.0，以 250 mg/kg 的剂量给大鼠腹腔内注射，每天 1 次，6 个月左右即可形成肝硬化。

(3)免疫性肝纤维化。实质是Ⅲ型变态反应所致。由于异体抗原进入动物体内，形成抗原抗体复合物，激活并结合补体，抗原反复长期刺激，导致过量的免疫复合物不能及时清除，沉积于肝脏的血管壁内外，引起血管炎和血管周围炎，造成肝损伤，形成广泛的进行性慢性炎症病变，逐渐发展为肝硬化。

选用体重为 130 g 的 Wistar 大鼠，取猪血清(新鲜猪血清，滤过除菌，分装低温保存备用) 0.5 mL 腹腔注射，每周 2 次，共 8 次。大鼠于注射后第 3 周出现较多的肝细胞变性、坏死，第 4 周增生的胶原纤维呈束状侵袭性生长，从中央静脉到门管区之间互相延伸，出现肝硬化。

该模型特点是肝纤维化出现时间早，发生率高达 86.7%。对动物整体损伤轻微，肝组织中大量胶原纤维增生。临床上慢性活动性肝炎患者循环中免疫复合物多为阳性，故该模型可用于慢性肝炎所致肝硬化的研究和防治免疫损伤性肝硬化药物的筛选。

(二)呼吸系统疾病动物模型

1. 慢性支气管炎动物模型(animal model of chronic bronchitis) 常用的简便的方法是给动物吸入刺激性气体(如二氧化硫、烟雾、氨气等)。

(1)二氧化硫吸入法。小鼠吸入二氧化硫 2%，10 s/d，共 60 d。第 14～18 天出现支气管病变，27 d 后出现严重的支气管病变；大鼠吸入二氧化硫 2.3%，30 min/d，第 56 天出现慢性支气管炎病变；大鼠吸入二氧化硫 3%，5 min/d，每周 6 d，共 45～51 d，第 36～45 天出现慢性支气管痉挛；后吸入二氧化硫 0.5%～0.8%，2 h/d，每周 5 次，共 65 d，第 50 天支气管腺体显著增生，出现慢性支气管炎病变。

(2)香烟烟雾刺激。将动物放入 10 000 mL 卡口瓶中，瓶盖留有 1.5 cm 通气孔，下口连接一个三通管，两端分别连接 50 mL 注射器和点燃的香烟。用注射器通过三通管连续吸注香烟烟雾，每次 400 mL(瓶中烟雾浓度约为 40%)，烟熏 30 min。前 10 d 上、下午各 1 次，后 10 d，每天下午 1 次，连续 30 次，全程 20 d。小鼠、大鼠、豚鼠均可发生慢性支气管炎病变，以白细胞增多、柱状细胞增生及炎性细胞浸润最为常见。

2. 支气管哮喘动物模型(animal model of bronchitis asthma)

(1)卵蛋白激发豚鼠哮喘。卵蛋白注入豚鼠体内，可溶性抗原刺激机体产生 IgE，使机体处于致敏状态。当豚鼠再次接触卵蛋白时，由 IgE 介导的抗原抗体反应，使细胞脱颗粒，释放出化学介质(组胺、嗜酸性粒细胞趋化因子等)，作用于支气管引起平滑肌收缩导致哮喘。

选用体重为 300～500 g 健康雄性豚鼠，腹腔注射 4%卵蛋白生理盐水溶液 10 mL 使豚鼠致敏。致敏后 14 d，以 10%卵蛋白溶液雾化吸入 10 min，诱发豚鼠哮喘。也可选用 200～300 g 的豚鼠，于第 1 天和第 8 天，将 0.5%卵蛋白生理盐水溶液 10 mL 加至超声雾化吸入器，用简易面罩吸入 10 min，第 16～20 天，将致敏豚鼠置于密闭玻璃罩中，用 1%的卵蛋白雾化激发 10～30 min，直至哮喘样症状发作。豚鼠出现不安、气喘、咳嗽、烦躁、口唇四肢发绀、呼吸明显加快。用生理Ⅱ导仪描记呼吸曲线，出现呼吸频率加快，呼吸加深，病理检查发现毛细血管扩张，嗜酸性粒细胞浸润，腺体分泌活动亢进。

卵蛋白激发豚鼠哮喘是国内外常用的动物模型，其方法简单、模型易复制，豚鼠哮喘发作与人的表现相似，本模型主要用于哮喘发病机理研究和治疗观察。

(2)血小板活性因子(PAF)激发豚鼠哮喘。PAF 是目前已知唯一能引起气道高反应的炎性介质。目前多数学者认为 PAF 引起哮喘发作的原因可能是通过嗜酸性粒细胞的趋化、脱颗粒，释放嗜酸性粒细胞蛋白 X、阳离子蛋白(ECP)和嗜碱性蛋白等细胞毒性因子引起气道上皮细胞损伤和脱落。另外，激活的嗜酸性粒细胞本身又合成和释放 PAF，加剧这一过程，最终引起气道高反应性。具体方法如下：

选用 300～500 g 雄性豚鼠，用含有 0.25%小牛血清蛋白生理盐水将 PAF 稀释成 500 μg/mL，按 1 500 μg/kg，给豚鼠雾化吸入，可致豚鼠哮喘发作。该动物模型昏黄勿须致敏过程，直接利用其特性而引发气道高反应性哮喘，主要用于哮喘病因学和发病机理研究。

3. 急性呼吸窘迫综合征动物模型（animal model of acute respiratory distress syndrome）

急性呼吸窘迫综合征（ARDS）是一种以进行性呼吸困难与顽固性低氧血症为特征的急性呼吸衰竭。ARDS 的诊断标准为：①发病急，呼吸频率超过 28 次/min，或呼吸窘迫；②动脉血氧分压（PaO_2）低于 26.7 kPa；③X 射线胸片显示双肺浸润影；④肺动脉压（PAWP）≤2.4 kPa 或无左心房高压的临床证据。

油酸诱发犬 ARDS：油酸进入体内，激活补体产生 C_5a，后者趋化炎性细胞在肺内集聚，并使其激活，释放自由基，损伤毛细血管内皮细胞。将体重为 18～23 kg 犬常规麻醉，仰卧固定，暴露颈静脉。静脉注射油酸，0.03～0.06 mL/kg。犬注射油酸后立即出现呼吸困难、窘迫，平均肺动脉压（mPAP）显著升高，并持续 72 h，而 PAWP 无变化。PaO_2 下降，24 h 后低于 8 kPa，动静脉 PaO_2 压差增加。胸部 X 线表现为肺纹理增粗并见不均匀片状阴影，总阳性率为 42%。油酸所致 ARDS 模型已使用 20 余年，重复性高，可引起典型 ARDS 表现。方法简便，成功率高，但病因与临床差距甚远。

（三）心血管系统疾病动物模型

1. 动脉粥样硬化动物模型（animal model of arteriosclerosis）　动物饲料中加入过量的胆固醇和脂肪，饲喂一定时间后，其主动脉及冠状动脉内逐渐形成粥样硬化斑块。长期以来以高脂肪、高胆固醇饲料诱发兔动脉粥样硬化（As），但兔 As 主要表现为血源性泡沫细胞增多，病变与人的病变有差异。现在发现猪、犬、大鼠、鸡、鸽都能产生自发性或诱发性 As。Gottigen 系小型猪和瑞士 Landrace 系家猪，可用高脂饲料快速诱发 As，其病变特点及分布都与人类近似。雄性 C57 BL/6 J 小鼠也易通过高脂饲料诱发 As，可用于 As 发病机制和 As 防治措施的研究。

（1）大鼠动脉粥样硬化。大鼠喂饲 1%～4%胆固醇、10%猪油、0.2%甲基硫氧嘧啶、86%～89%基础料的混合料，7～10 d 可诱发出 AS 病变。

（2）小型猪动脉粥样硬化。选用 Gottigen 小型猪，用含 1%～2%的高脂饲料喂饲 6 个月，即可复制出 As 模型。

（3）小鼠动脉粥样硬化。选用雄性 C57 BL/6J 小鼠，在饲料中加入 5%胆固醇、2%胆酸钠、30%可可脂，饲喂 25 周，100%小鼠在主动脉弓和近端冠状动脉内膜出现脂质斑块。

2. 高血压动物模型（animal model of hypertension）　高血压是由于全身小动脉痉挛引起血管外周阻力增加所致。小动脉痉挛与遗传、精神刺激、应激、肾脏缺血、肾上腺皮质及钠储留等诸多因素的作用有关，高血压动物模型复制从不同角度模拟这些易患因素。选用大鼠、犬、猫、家兔、猴。

（1）自发性高血压大鼠（spontaneous hypertensive rat，SHR）。由日本学者 Okamoto 培育的突变系大鼠，SHR 高血压的变化与人类相似，可产生脑血栓、梗死、出血、肾硬化、心肌梗死和纤维化等变化，是目前应用最广泛的高血压模型，可用于高血压发病机制、药物治疗的研究。

（2）大鼠应激性高血压。采用噪声和足底电击复合刺激大鼠，每天上、下午各 1 次，每次 2 h，20 d 左右可使大鼠发生高血压。应激性高血压模型突出了中枢神经系统刺激与高血压的关系，形成的高血压时间短，不适于长时间的研究。

(3)肾动脉狭窄性高血压。选用家兔麻醉后俯卧固定，从脊柱旁1.5～2 cm处开始，右侧顺肋骨缘，左侧在距肋骨缘约两指宽处作4 cm长皮肤切口，分离皮下组织腰背筋膜，切开内斜肌筋膜，推开背长肌，暴露肾并小心地钝性分离出一段肾动脉，选用一定直径的银夹或银环套在一侧肾动脉上造成肾动脉狭窄，间隔10～12 d后将另一侧肾摘除。手术后几天，血压开始升高，1～3个月后血压升至高峰，并可长期维持下去。

(4)肾外压迫性高血压。在肾外形成一层纤维素性鞘膜，压迫肾实质，造成肾组织缺血，使肾素分泌增加，血压上升。选用120～150 g大鼠麻醉、皮肤消毒后，沿脊椎中线切开皮肤，在左侧肋下1.5～2 cm和距脊椎1 cm处用小血管钳分开肌肉，用两指从腹下部将肾脏自创口中挤出，将肾脏与周围组织剥离，将自制的双层乳胶薄膜剪成"X"形，沿肾门将肾脏交叉包扎。然后在对侧切开取出右肾，分离后切除，分别缝合肌肉和皮肤创口。约20 d，30%大鼠出现高血压。

肾性高血压模型需手术或其他附加因素处理，与人类高血压的临床表现不完全一致，但是其具有以下优点：①血压升高较明显，持久和恒定，易反映药物的降压作用。②形成高血压所需时间较短，工作量较小。③高血压犬可存活几年，在同一犬身上可以反复观察各种药物的降压作用。④与临床降压效果比较一致。

(四)内分泌及营养代谢性疾病动物模型

1. 大鼠糖尿病动物模型(animal model of diabetes mellitus) 四氧嘧啶能选择性地作用于许多种动物胰腺的β细胞，造成其不可逆性坏死，从而导致胰腺性糖尿病。四氧嘧啶诱发动物糖尿病是目前研究人类糖尿病较好的动物模型。具体方法如下：取空腹12 h的大鼠，将四氧嘧啶用生理盐水新鲜配制1%～3%溶液通过尾静脉注射，剂量为30～40 mg/kg。注射后大鼠血糖出现3个变化时相，即注射后2～4 h为短暂的高血糖期，6 h左右进入低血糖期，18 h后出现持续性高血糖，并伴有多饮、多尿等症状。血糖达16.6 mmol/L稳定2周模型建立。也可给大白鼠一次腹腔注射，剂量为120 mg/kg的四氧嘧啶溶液，连注2 d，成模率100%。多数动物呈永久性高血糖，但部分啮齿类动物3周内可自行缓解。该模型使用药物价格低廉、方法简便、血糖反应敏感、高血糖形成快、模型稳定、死亡率低，可用于人类糖尿病相关研究。

注意四氧嘧啶易溶于水及弱酸，其水溶液不稳定，易分解失效，应在临用前配制，而且在30 min内完成注射。四氧嘧啶诱发糖尿病动物在低血糖期有时发生惊厥死亡，饮用葡萄糖可预防低血糖反应。四氧嘧啶对动物肝、肾有一定的毒性作用。

2. 大鼠营养性肥胖动物模型(animal model of obesity) 动物能量摄入远远大于其消耗时，必然导致体内能量平衡失调，使得脂肪堆积从而引发肥胖。营养性肥胖大鼠与人类肥胖症最具相似性，探讨其代谢特点及高脂饮食诱导肥胖的可能机制，可为寻找有效的人类肥胖防治措施提供科学依据。具体方法为：选择刚断乳、体重为60～100 g的SD雄性大鼠，以高脂配方饲料(普通饲料50%、猪油15%、蔗糖10%、奶粉5%、鸡蛋10%、麻油5%、花生5%)饲喂16周。期间定时观察大鼠摄食量、饮水量、尿量、粪便质和量、体重、体长、Lees指数。

肥胖判定标准：经高脂饲料喂养16周后的大鼠体重超过普通饲料喂养大鼠体重20%的为实验肥胖大鼠。这类配方与高脂人群饮食结构更加贴近，是研究肥胖的理想方案。

（五）传染性疾病动物模型（animal model of infectious disease）

常使用致人类疾病的同一种病原体接种动物使其产生相应疾病，这样既符合传染病本身的特殊性，也更容易接近人类疾病状态。此外，用人类同一种病原体诱发的动物模型筛选药物，可获得较为可靠的结果。自发性动物传染病常常是自然疫源性疾病，以野生动物为主。同一种病原体虽可感染人和动物，但在人和动物体内的致病性却存在很大的差别。多数情况下对人体致病的病原体对动物无明显的致病作用，动物体作为病原宿主，并在一定的条件下将病原体传染给人，这种动物不能作为传染性疾病的自发模型。人、畜共患病动物模型是研究人类疾病的极好材料，可为流行病学、病理学和临床症状学的研究提供实验依据。

1. 病毒性肝炎动物模型（animal model of hepatitis virus infection）　病毒性肝炎（HBV）研究进展在一定程度上依赖于动物模型的建立。动物模型对病毒性肝炎的传染途径、发病机制、临床经过、病毒复制过程的研究以及抗病毒药物筛选、免疫预防和疫苗研制均发挥重要作用。目前，人类病毒性肝炎明确的有 5 个类型，即甲型肝炎、乙型肝炎、丙型肝炎、丁型肝炎和戊型肝炎。

相应动物模型主要为灵长类动物，主要包括黑猩猩、狨猴和恒河猴等，因其动物来源稀少，使用受限，可用树鼩进行肝炎模型复制的研究，但是树鼩在进化程度上与人类差别较大，其相似性和稳定性需深入验证。HBV 转基因小鼠为 HBV 体内复制与调节、HBV 致肝癌的分子机制研究、抗病毒药物筛选以及疫苗的评价提供了理想的动物模型，具有广阔的应用前景。

（1）甲型肝炎模型。甲型肝炎经肠道传播，理想的动物模型是狨猴和黑猩猩，除口服外，静脉注射均可使动物感染。生化和组织学表现出典型的急性肝炎经过，粪便中可发现甲肝炎病毒颗粒，血清甲肝抗体检测阳性，而且可连续传代。狨猴是研究较多的动物，不同的狨猴对甲肝病毒的敏感性有差别，以白须狨（*S. mystax*）最敏感，其次是棕颈狨（*S. fuscollis*），再次是黑须狨（*S. nignollis*）和裸面狨（*S. oedispus*）。白须狨已濒临灭绝，至今尚未建立人工繁殖群。

国内已有用普通狨猴感染甲肝炎病毒成功的报道。并在研制甲肝疫苗等方面显示出良好的应用前景。普通狨猴接种甲肝炎病毒后，血清丙氨酸转氨酶（ALT）和天冬氨酸转氨酶（AST）水平显著升高，甲肝抗体 IgM 阳性，粪便可检出甲肝病毒颗粒，组织学检查发现有类似人类病毒性肝炎的肝脏病理改变。

（2）乙型肝炎模型。乙型肝炎属肠道外传播的疾病，乙型肝炎病毒（HBV）感染除引起急性肝炎外，还常常演变成慢性肝炎、肝硬化和肝癌等，已经成为危害人类健康的重要疾病。因此，乙型肝炎动物模型的研究具有重要意义。迄今，虽然许多研究表明灵长类动物，特别是黑猩猩可以感染 HBV，但因动物来源稀缺，感染后症状不明显，其经过和转归与人乙型肝炎有明显的差别，其模型应用受到限制。

我国学者首先探索以树鼩作为乙型肝炎模型动物，经过十几年的研究已日渐成熟。用人 HBV 感染血清接种 6 只树鼩，7～12 周后发现 90.6％树鼩血清或肝细胞有 HBV 感染标志物存在，并有肝细胞轻度的炎症反应，血清转氨酶显著升高。这些征象表明树鼩可以感染 HBV，树鼩感染 HBV 后不仅呈急性经过，而且有慢性化倾向，并在某些化学因素作用下转化为肝细胞癌。用乙型肝炎疫苗接种树鼩后可诱导产生抗 HBS 抗体，并能有效地阻止 HBV 感染。对感染的树鼩的肝细胞进行体外培养，经鉴定可以作为 HBV 感染细胞株。树鼩来源较容易，可以进行人工饲养繁殖，有望代替黑猩猩做乙型肝炎有关方面的研究。但是，树鼩在进化程度上与人类有较大的差别，其感染后生化和病理改变以及在感染的稳定性上均需作深入验证。

(3)丙型肝炎模型。丙型肝炎为肠道外传播性疾病。人一旦感染后较乙型肝炎更易慢性化,且与肝癌密切相关。丙型肝炎模型动物主要为黑猩猩,丙型肝炎病毒(HCV)分离和鉴定依赖于黑猩猩。用含 HCV 的人血清感染黑猩猩,其感染成功率高达 90%以上,感染经过可以呈急性感染,也可以是慢性感染。用 RT-PCR 可检出血清和肝组织中 HCV-RNA。黑猩猩发生慢性丙型肝炎后,其病毒血症可持续存在,也可间断出现。感染 HCV 黑猩猩的血清可使其他黑猩猩感染。

(4)丁型肝炎模型。丁型肝炎同样为肠道外传播性疾病。丁型肝炎病毒(HDV)是一种缺陷 RNA 病毒,其复制过程中必须依赖乙型肝炎病毒表面抗原(HBsAg)的存在。因此,HDV 可以与 HBV 同时感染,或在 HBV 感染的基础上再感染 HDV,后一种情况称重叠感染。丁型肝炎的动物模型同样需要以乙型肝炎动物模型为基础,理论上讲,凡是对 HBV 易感的动物均可以感染 HDV,但不同的动物其敏感性有一定的差别。黑猩猩是进行 HBV 感染最为理想的动物,也是研究 HDV 实验感染的首选动物。自 1980 年首次报道用黑猩猩成功复制出 HBV 和 HDV 同时感染模型以来,已诱导形成慢性 HDV 感染,并可在黑猩猩中连续传代。有关用树鼩建立丁型肝炎实验感染模型也在探索中,尚需做进一步研究以证实其可靠性。

(5)戊型肝炎模型。戊型肝炎同甲型肝炎一样,均属经肠道传播的肝炎。临床上呈急性反应,与肝硬化和肝癌发生无关,用黑猩猩可以成功地复制出类似人类戊型肝炎的肝损害和血清学反应。并且感染后 1～2 周可在粪便中检测到病毒 RNA。其他灵长类动物如恒河猴等也可以感染,但稳定性较差。

2. 流行性出血热动物模型(animal model of epidemic hemorrhagic fever)

(1)鼠类模型。流行性出血热(EHF),又称肾综合征出血热(hemorrhagic fever with renal syndrome,HFRS)。病毒分离和实验研究的动物是来自非疫区的黑线姬鼠,但因易发生实验室感染而使其应用逐渐受到限制。大鼠、长爪沙鼠甚至家兔等也对出血热病毒易感,但并不发病。进一步研究发现,一些幼龄动物如乳小鼠、长爪沙鼠乳鼠和裸鼠等不仅易感,而且发病。有研究用 EHFV 接种裸鼠,最早 8 d 发病,20 d 内全部死亡,心、肝、脾和肺等多个脏器检出病毒抗原,而接种正常鼠则不发病。这一研究有助于阐明人类出血热疾病的免疫发病机制。

(2)灵长类模型。有研究者用 EHFV 感染 5 只新生猕猴,在脾、淋巴结、胸腺、肝和肺中可分离出病毒,以脾、淋巴结和胸腺组织中病毒滴度较高,出现早,持续时间长,可产生类似出血热患者的病毒血症以及类似人类感染后的特异性抗体 IgG 和 IgM 应答。恒河猴也可成为 EHFV 易感动物。将 EHFV 接种恒河猴,3～5 d 后即可出现病毒血症,持续 8 d 之久,14 d 后诱导产生 IgG 和 IgM 抗体,但各种组织器官均未发现病毒增殖,且组织病变也不明显。但如果先对恒河猴进行^{60}Co 照射后再感染 EHFV,可出现发热、血小板减少、少尿和蛋白尿等类似临床病人的表现,可有短暂的病毒血症和特异性 IgM 和 IgC 抗体应答。在外周血、淋巴细胞和脑、肾、肝、肺和脾等多种组织中检测到病毒抗原,并可在肺组织中分离到病毒。这一研究也提示,灵长类动物在免疫功能降低的条件下,更容易复制出接近人类出血热的动物模型,此模型可应用于寻求特效治疗药物及研制疫苗的实验研究。

(六)生殖医学动物模型

生殖医学实验研究中所选用的模型动物有特定要求:实验动物为清洁级以上,长期实验应在 SPF 级以上;无生殖系统功能性或器质性的异常;使用月龄一般要求在其生育高峰期内;动物的性周期、繁殖周期要稳定均一，群体繁殖率要在90%以上；对生殖调节活性物质的反应敏感或钝感；与人类相应的生殖生理或病理过程尽可能相似。这是保证动物实验结果具有可比性、可重复性的前提。

1. 致畸试验动物模型

(1)一般致畸试验动物模型。首选动物为妊娠的远交系NIH小鼠，其次为大鼠，必要时选择近交系。近交系动物具有遗传均质性、反应敏感一致和实验结果精确、可靠等优点。如用妊娠兔，以6～12月龄为最佳。于妊娠末期(兔为第28～29天)解剖全部动物，观察其受孕率、活胎率、死胎率和胎儿吸收及活胎发育情况，并进行形态学检查。

(2)全胚胎培养快速致畸动物模型。啮齿类动物的胚胎在其器官发生期的早期依赖于翻转卵黄囊胎盘。可在早期头褶阶段，将啮齿类动物胚胎(大鼠9.5 d，小鼠8.5 d)移到体外培养。此时神经褶刚刚开始出现，而其他器官尚未形成。随着器官的形成，胚胎形态发生明显的改变。一般选用2.5～4月龄的近交系或远交系大鼠，培养基所需血清为SPF级以上的大鼠血清，于无菌环境下培养。该模型可在体外直接观察胚胎发育情况，当培养基中加入被检物，可直接观察其对胚胎发育的影响。此模型具有快速、经济、精确、可排除母体及其他混杂因素的干扰、提高检出率等特点，是致畸机理研究的最佳动物模型。

2. 前列腺增生症动物模型　前列腺增生症以尿道周围前列腺移行区良性增生为原发性特异性病变，多数没有明显的临床症状，是老年生殖医学中的重要课题。哺乳动物只有人和犬能发生典型的前列腺增生症。犬与人类相似，随着年龄的增高，前列腺增生症的发病率也随之增加，而且由腺体的实质性增生向间质性增生过渡。所以应选择与人的年龄相对应的犬(8岁以上)作为动物模型进行前列腺增生症的发病机理、性激素在发病过程中的变化和作用以及新药筛选的研究。需注意恶劣的饲养条件会加速犬的衰老进程。

第三节　免疫缺陷动物模型

免疫缺陷动物是由于先天性遗传突变或人工方法造成一种或多种免疫系统组成缺陷的动物。1962年Issacson等首先发现无胸腺裸小鼠，1969年Rygaard首次成功地将人类恶性肿瘤移植到裸小鼠体内，开创了免疫缺陷动物研究和应用的新局面。从此，免疫缺陷动物逐渐广泛地应用于医学生物学研究。成为肿瘤学、免疫学、细胞生物学和遗传学等的重要动物模型，受到密切的关注。

一、免疫缺陷动物的分类

(一)先天性免疫缺陷动物

1. T淋巴细胞功能缺陷动物　裸小鼠、裸大鼠。

2. B淋巴细胞功能缺陷动物　性连锁免疫缺陷小鼠、arabin马、quarter马属动物。

3. NK细胞功能缺陷动物　Beige小鼠。

4. 联合免疫缺陷动物　T、B细胞联合免疫缺陷SCID小鼠、motheaten小鼠，人工培育的联合免疫缺陷动物，T、NK细胞联合缺陷小鼠，T、B、NK细胞联和免疫缺陷小鼠等。

5. 其他免疫缺陷动物　显性半肢畸形小鼠(无脾小鼠)。

(二)获得性免疫缺陷动物及相关免疫缺陷病

(1)小鼠 AIDS。SCID 小鼠 AIDS、LP-BM5MuLV 病毒诱发小鼠 AIDS、AIDS 转基因小鼠、移植 HIV 感染肿瘤细胞型 AIDS 小鼠。

(2)FeLV 病毒诱发猫 AIDS。

(3)猴 AIDS。D 型逆转录病毒诱发猴 AIDS、SIV 病毒诱发猴 AIDS。

(4)有蹄动物慢病毒感染。

(5)黑猩猩 HIV 感染。

二、常见免疫缺陷动物模型及其应用

(一)T 淋巴细胞功能缺陷动物模型

1. 裸小鼠(nude mice) 被毛生长发育异常,无胸腺,仅有胸腺残迹或异常的上皮细胞,不能使 T 细胞正常分化,缺乏成熟 T 细胞的免疫功能。B 细胞正常但功能欠缺,免疫球蛋白主要为 IgM 和少量的 IgG。成年裸小鼠较普通小鼠有较高水平的 NK 细胞活性。3～4 周龄幼鼠的 NK 细胞活性低下,裸小鼠粒细胞数量较普通小鼠少。

裸小鼠由于缺乏 T 淋巴细胞免疫功能,是研究病毒、细菌感染机制的极好的动物模型;裸小鼠不发生排斥反应,可用于人类肿瘤移植,是肿瘤研究和抗肿瘤药物筛选的良好模型;裸小鼠的遗传因素、组织学特征均与人类免疫缺陷性疾病相似,可用于相应遗传性疾病的研究。

2. 裸大鼠(nude rat) 除体表有稀少被毛外,其他特征与裸小鼠相似,无胸腺,缺乏 T 淋巴细胞,B 细胞功能基本正常,NK 细胞活性增强,抵抗力差。裸大鼠同样能接受人类正常组织和肿瘤的异种移植。裸大鼠体型较大,可提供足够的血液和瘤组织样本,同时裸大鼠容易进行外科手术,便于肿瘤研究和肿瘤移植。

(二)B 淋巴细胞缺陷动物模型

性连锁免疫缺陷小鼠(X-linked immune deficiency mice,XID)为 B 细胞功能缺陷动物。XID 小鼠起源于 CBA/N 品系,基因 *xid* 位于 X 性染色体上。纯合子雌鼠(xid/xid)和杂合子雄鼠(xid/Y)对非胸腺依赖性Ⅱ型抗原(如葡聚糖、肺炎球菌脂多糖以及双链 DNA)没有体液免疫反应;对胸腺依赖性抗原不产生抗体,血清中 IgM 和 IgG 含量低下,对 B 细胞分裂素缺乏反应,B 细胞数量减少,T 细胞功能正常。如果移植正常小鼠的骨髓到 xid 小鼠,B 细胞缺损可得到恢复。相反,将 xid 小鼠骨髓移植到经放射线照射的同系正常小鼠,受体小鼠仍表现为不正常的体液免疫反应。xid 小鼠是研究 B 细胞发生、功能与异质性的理想模型。其病理过程与人类 Bruton 丙种球蛋白缺乏症(人 X 连锁低丙种球蛋白血症)和 Wziskott-Aidsch 综合征相似。

Arabin 马、Quarter 马血清中的 IgG、IgA 等的浓度均正常,选择性 IgM 缺乏,是人类 IgM 缺乏症的理想动物模型。

(三)NK 细胞缺陷动物模型

Beige 小鼠为 NK 细胞活性缺陷的突变小鼠,bg 是隐性突变基因。纯合的小鼠(bg/bg)被毛完整,但毛色变浅,耳廓和尾尖色素减少,出生时眼睛颜色很淡。这种小鼠表型特征与人的齐-希氏综合征(Chediak-Higashi syndrome,人色素缺乏易感性增高综合征)相似。NK 细胞功能缺乏,是细胞溶解作用的后识别过程受损所致。纯合 *bg* 基因同时还损伤细胞毒 T 细胞功能,延迟巨噬细胞的抗肿瘤作用,对同种和异种肿瘤细胞的体液反应降低;降低粒细胞的杀菌活性，影响溶酶体的发生过程，致溶酶体膜缺损，功能缺损，Beige 小鼠对化脓性细菌感染非常敏感，对各种病原因子也都较敏感，只有在 SPF 环境中才能较好地生存。

（四）严重联合免疫缺陷小鼠模型

1. SCID 小鼠　为严重联合免疫缺陷（severe combined immunodeficient）自发性突变个体，由美国费城 Fox Chase 癌症研究中心于 1983 年首次发现。SCID 小鼠的淋巴组织中淋巴细胞重度减少，B 细胞或 T 细胞功能均缺损。

SCID 来源于 C. B-17/Icr 近交系小鼠，是 16 号染色体的近着丝点发生了 scid 隐性突变所导致。纯合 scid 导致淋巴细胞抗原受体基因出现缺失和异常，造成 T、B 淋巴细胞自身不能分化成特异性功能淋巴细胞。SCID 小鼠外观与普通小鼠无异，体重发育正常。但是，胸腺、脾、淋巴结的重量一般不及正常的 30%，组织学表现为淋巴细胞显著缺乏；外周白细胞较少，淋巴细胞占白细胞总数的 10%～20%，而正常小鼠为 70%；所有 T 细胞和 B 细胞功能检测均为阴性，对外源性抗原无细胞免疫和抗体反应；但非淋巴性造血细胞分化不受影响，巨噬细胞、粒细胞、巨核细胞、红细胞等呈正常状态。自然杀伤（NK）细胞及淋巴因子激活（LAK）细胞也呈正常状态。

在 SPF 环境下 SCID 小鼠寿命可达 1 年。将人淋巴细胞和其他人体组织细胞移植于 SCID 小鼠而建立 SCID-hu 模型的研究，为淋巴细胞分化、肿瘤生物学、感染性疾病、器官移植等方面的研究提供了新的途径。

2. mothaten 小鼠　motheaten 小鼠与 SCID 小鼠相同，呈现重症免疫缺陷病。motheaten 小鼠不仅淋巴细胞存在免疫学异常，其他细胞也存在异常，不仅对抗原产生应答、有丝分裂因子的反应低下，而且 T 细胞和 NK 细胞缺乏活性。血液里存在异常大量的免疫球蛋白，含有多种自身抗体，终以出血性肺炎而死亡。

（五）补体缺陷病动物模型

补体在炎症及免疫反应中起着重要作用，补体 1～9 任一组分、补体调节因子以及补体受体都可以发生缺陷。常见的补体缺陷有：C1 抑制物缺陷，C3 缺乏或 C3 抑制物缺乏，C3 受体缺陷，C4 一个等位基因的缺失较常见。

1. 小鼠补体 C5 缺损症　存在于第 2 号染色体上的 HC（hemolyti complement）基因位点的 Hc 基因为纯合子的小鼠缺少 C5，近交系小鼠中有 30%的品系缺少 C5。C5 缺损的小鼠对各种感染症的感受性高，嗜中性粒细胞的趋化性弱，对肿瘤细胞或移植物的排斥反应弱，易于发生自身免疫病等。C5 缺损小鼠的品系有 A/meJ、AKR、DBA/2J、B10、D2（old）、A. BY2、A. CA6、A. SW6 等。日本近交系小鼠，如 DDD、KK、SⅡ、RR、SS、NC 等均属 C5 缺损小鼠。

2. 小鼠补体 C4 缺损症　小鼠 C4 的结构基因存在于第 17 号染色体上 MHC 的 S 领域。带有 H-2K、H-2WT、H-2W16、H-219 的单型“haplotype”的小鼠血清中 C4 比对照小鼠低 10%～35%。

3. 大鼠补体 C4 缺损症　仅 wistar 雄性大鼠 C4 低活性个体出现率高，其 C4 为正常血清中 C4 的 20%以下。

4. 豚鼠补体 C4 缺损症　C4 完全缺损。C4 缺损是由于连锁于 MHC 常染色体的隐性基因所引起。C4 缺损的豚鼠表现健康，对繁殖没有影响，能作为品系加以维持。C4 缺损的豚鼠中有 60%的个体伴有 C1 明显减少（为正常血清中 C1 的 10%～20%），并且 C2 也比正常血清低约 50%。杀菌作用以及抗体产生的应答能力均有所降低。

5.豚鼠补体C3缺损症　品系2的豚鼠的C3缺损症发生率为47%，此种豚鼠的C3比正常血清中C3低5.7%，其遗传方式为常染色体共显性遗传。

6.兔C8缺损症　有2个品系的C6缺损症是由常染色体隐性基因所致。C6缺损兔表现健康，但杀菌作用减弱，PCA(passive cutaneous anaphylaxis，被动皮肤过敏)反应降低，DTH(delayed type hypersensitivity，迟发性过敏)反应降低，移植物排斥反应降低，血液凝固障碍等。

7.兔C8α-γ缺损症　常染色体隐性基因引起C8α-γ缺损。新西兰白兔的C8α-γ缺损症发病率为0.5%。C8α-γ缺损症的兔具有存活率低、体重轻、产仔数少、容易骨折、被毛无光泽等特征。

8.犬C3缺损症　Brittany spaniel小型犬有C3缺损症，并由常染色体隐性基因所致，C3为正常血清C3的0.003%以下。对细胞的调理作用明显降低。

(六)获得性免疫缺陷综合征(AIDS)动物模型

1.小鼠AIDS模型　由于小鼠遗传背景和生物学特性清楚，实验操作方便，价格便宜，药物筛选用药量小等优点。目前，小鼠AIDS模型主要有以下4个类型：①HIV感染SCID小鼠建立的AIDS模型；②C型逆转录白血病病毒诱发的小鼠AIDS模型；③转基因小鼠的AIDS模型；④移植HIV感染的肿瘤细胞株建立的裸鼠AIDS模型。

(1)SCID小鼠的AIDS模型。

①SCID-hu小鼠AIDS模型：1988年MeCune等将人胚胎胸腺、肝脏和淋巴结组织移植到SCID小鼠体内，在SCID小鼠体内建立了人的免疫系统(即SCID-hu小鼠)。此后，Namikawa和MeCune等将HIV-1接种到SCID-hu小鼠体内移植的胸腺或淋巴组织中，用原位杂交、PCR和免疫组化等方法，证实了SCID-hu小鼠体内有HIV-1复制；并且从胸腺、淋巴结和外周血淋巴细胞中分离出HIV-1，从而成功地建立了HIV-1感染的SCID-hu小鼠AIDS模型。

②hu-PBL-SCID小鼠AIDS模型：1988年Mosier等将人外周血淋巴细胞(human peripheral blood lymphocytes，hu-PBL)经腹腔接种到SCID小鼠，建成了hu-PBL-SCID小鼠模型。8周后用HIV-1感染hu-PBL-SCID小鼠，感染病毒2周的小鼠外周血淋巴细胞和脾细胞内可分离出HIV-1，感染病毒4周的淋巴结也分离出HIV-1。另外，发现4只体内HIV-1含量较高的小鼠出现了艾滋病样表现，其特征为消瘦、体重减轻，人T细胞衰竭，脾脏动脉周围淋巴鞘和淋巴小结区的淋巴细胞数量明显减少。

(2)LP-BM5MuLV诱发的小鼠MAIDS模型。LP-BMsMuLV小鼠白血病病毒混合物经实验感染小鼠后，可导致小鼠AIDS(AIDS)。染鼠出现淋巴结病、脾肿大、B细胞多克隆活化、高丙种球蛋白血症、B细胞和T细胞功能的高度免疫缺陷、B淋巴细胞瘤，并且对其他病原体感染的敏感性增高。LP-BM5 MuLV感染鼠的淋巴结及脾的B细胞和T细胞发生多克隆增生，但T细胞的增生程度显著低于B细胞。其过程首先是感染早期的B细胞和T细胞的多克隆增生，增生的B细胞可进一步活化成分泌多种免疫球蛋白的细胞，从而导致高丙种球蛋白血症。然后，少数B细胞和T细胞克隆过度增生。在感染晚期，仅有少数B细胞克隆过度增生并且发生癌性转化，进而侵袭肝、肺、肾及脑等非淋巴器官。MAIDS中B细胞这一增生及变化过程与人AIDS相似。

(3)转基因小鼠AIDS模型。1988年Leonard等将HIV DNA转移到FNB/N小鼠单细胞胚胎里，结果部分 F_0 代小鼠的基因组中含有 HIV 序列(9.7 kb)，又有部分含有 HIV 基因组 F_0 代动物将整组 HIV 基因遗传给 F_1 代小鼠，经过 9 个月的观察，所有 F_0 代小鼠生长发育、体重和生殖能力均正常，亦分离不出 HIV。带有 HIV 病毒基因的 F1 代小鼠部分仍保持正常，另有一部分发生病理变化。发病的 F1 代小鼠血清中出现抗 HIV 抗体、$HIv_{gp}120$ 外膜蛋白和逆转录酶。发病小鼠还发生如下变化：出现皮肤病变，表现为表皮增生，严重者表皮颗粒细胞层消失；胸腺体积缩小为正常的 40%左右，胸腺皮质萎缩；淋巴结和脾脏均肿大，呈典型的增生反应；出现生长迟缓或自发性死亡；发病小鼠体内 Lyt-2^+ 细胞数量和比例升高，L3T4 细胞比例下降，但数量正常，脾脏淋巴细胞对 ConA 刺激反应下降，IL-2 水平下降。所有发病 F1 代小鼠的皮肤、淋巴结和脾脏组织中均可分离出 HIV。

(4)移植 HIV 感染的肿瘤细胞株建立的裸鼠 AIDS 模型。1990 年 Wetherall 等用裸鼠建立了 AIDS 模型。他们将 3～4 周龄裸鼠用放射性同位素全身照射，24 h 后将感染 HIV-1 的 CEM 细胞和未感染 HIV-1 的 CEM 细胞混合物接种到裸鼠皮下，定期观察局部肿块的大小和血清中 HIV-1 核心抗原 P24 的变化。实验表明，肿瘤组织中存在 HIV-1 原病毒 DNA 和病毒 RNA，但 HIV-1 对局部肿瘤的生长无影响；外周血中 HIV-1P24 抗原水平呈动态改变，其变化曲线与 HIV 体外复制过程一致。由于 HIV-1P24 抗原是 HIV-1 复制的重要标志，故裸鼠体内形成 HIV-1P24 抗原血症对研究人 AIDS 有一定意义。

2. 猫 AIDS 模型 猫白血病病毒(FeLV)是一种水平传播的 C 型逆转录病毒，感染猫产生白血病或免疫缺陷疾病，后者表现为胸腺萎缩、中性粒细胞减少、贫血、T 细胞数量及功能下降、NK 细胞功能抑制(但 B 细胞功能相对正常)、淋巴瘤形成，因而被称之为猫 AIDS。

3. 猴 AIDS(SAIDS)模型

(1)D 型逆转录病毒诱导的猴 SAIDS 模型。诱导 SAIDS 的 D 型逆转录病毒有 SRV-1 及 SRV-2 两种。自然或实验感染 SRV-1 及 SRV-2 的猴均可出现广泛的淋巴结病、脾肿大、严重消瘦、贫血、顽固性腹泻、机会性感染、恶性肿瘤、淋巴细胞减少、淋巴细胞母细胞化反应降低、T4 细胞与 T8 细胞百分比降低、骨髓增生等 AIDS 样变化。但 SRV-2 感染猴以出现伴有腹膜后纤维瘤病(RF)的 SAIDS 为其显著特征。RF 的特点为腹腔内肠系膜、黏膜下层以及皮肤等血管周围的纤维组织侵袭性增生，与 AIDS 病人常发卡波济肉瘤相似。因此，有人将具有 RF 的 SAIDS 称之为 SAIDS/RF。

(2)猴免疫缺陷病毒 SIV 诱导的猴 SAIDS 模型。猴免疫缺陷病毒 SIV，以前被称之为 STAV-Ⅲ，现已从非洲灵长类非洲绿猴、黑白眉猴(*Sooty magabeys*)及亚洲灵长类恒河猴中分离到。SIV 与 HIV 的生物学特性及形态学特征相似，对 T4 细胞均有特殊嗜性，其核苷酸序列约 75%同源，两者存在血清学交叉反应，而且恒河猴自然或实验感染 SIV 后能迅速发生 SAIDS。

非洲绿猴及黑白眉猴常携带 SIV，其 SIV 抗体阳性者甚多，但均表现为健康携带，不出现 SAIDS。利用其组织匀浆或分离到的 SIV 感染恒河猴，则可使之发生 SAIDS。提示 SIV 与 HIV 可能具有共同的病毒起源。因此，呈 SIV 健康携带状态的非洲绿猴及黑白眉猴可能为 AIDS 的研究提供独特的动物模型。

4. 有蹄动物慢病毒感染模型 HIV 在病毒分类学上与绵羊的梅依迪-维斯纳(Maedi-visna)病毒、山羊关节炎病毒及马传染性贫血病毒同属逆转录病毒科的慢病毒亚科。这些病毒在形态学、致病性及生物学特征等方面，具有诸多共同特征。而且病毒核苷酸序列也有一定同源性。但它们与 HIV 的细胞嗜性具有相当的差异，尚未发现它们具有免疫抑制作用。这 3 种有蹄动物慢病毒均能导致慢性感染，而且难以被感染前期产生的抗体中和，使感染者出现持久甚至终生的病毒血症。资料表明，来源于 HIV 感染人的高效价血清抗体，在体外对 HIV 也仅有微弱的中和作用。AIDS 病人常在血清中存在高效价抗体的同时，出现持久的病毒血症，说明 HIV 同样具有病毒突变和抗原漂移的特性。正是由于这些慢病毒与 HIV 的相关性，目前对它们的比较研究已成为制定 HIV 研究战略及防治措施的重要参照系统。

5. 黑猩猩的 HIV 感染模型　将体外培养的 HIV 或已感染 HIV 的黑猩猩血液、组织悬液给正常黑猩猩接种，均可导致黑猩猩的感染。接种后连续 3 个月能从其血液及骨髓细胞中分离到 HIV，但感染 HIV 的黑猩猩不出现 AIDS 样疾病，不出现免疫功能异常、机会性感染、肿瘤或死亡。尽管黑猩猩难以成为 AIDS 理想的动物模型，但它是目前唯一可用来鉴定研制的 HIV 疫苗是否具有安全保护作用的动物。

理想的 AIDS 动物模型要求所用动物容易获得，且动物接种 HIV 后发生 HIV 感染并出现 AIDS 样疾病，但 HIV 接种啮齿类、家兔及猕猴等多种动物的尝试都未获成功。能感染 HIV 的动物只有价格昂贵的黑猩猩，而黑猩猩不出现任何临床症状。因此，目前尚缺乏理想的 AIDS 动物模型。

第四节　转基因动物疾病模型

转基因技术是胚胎工程和基因工程结合的结果。采用转基因技术可以建立人类疾病的各种转基因动物模型，用以研究外源基因在整体动物中的表达调控规律，从而促进对人类疾病的原因、发病机理和治疗措施的研究。近年来，随着转基因技术的发展，已建立了许多种人类疾病的转基因动物模型，有力地推动了生物医学的发展。由于外源 DNA 的导入，而产生的遗传改变包括：①外源 DNA 片段至少整合到一条染色体的一个位点上；②外源 DNA 的插入使基因组中任何一个基因的结构发生改变；③外源 DNA 插入或内源基因删除使基因组发生重排；④导入可以持久存在的遗传实体。

转基因动物按外源目的基因整合方式分为三类：基因随机插入(random invert)小鼠，即将外源目的基因随机插入小鼠的基因组；基因剔除(knock out)小鼠，将小鼠基因组中特定内源基因定点突变；基因替换(knock in)小鼠，将小鼠基因组中特定内源基因定向重组。

(一)肿瘤转基因动物模型

利用转基因技术建立的肿瘤动物模型能很好地模拟体内的生理、病理环境，与所要研究肿瘤的发生过程有较好的相似性。根据肿瘤的"二次突变"理论，认为许多遗传性肿瘤易感综合征是抑癌基因突变的结果。1992 年第一个抑癌基因 *p53* 敲除小鼠模型出现，这种模型广泛用于抑癌机制的研究。此后，应用基因打靶方法制备了许多人类肿瘤模型。这些转基因肿瘤模型与人类原发性肿瘤或肿瘤细胞系相比有许多优点，因为利用这些模型可以在同一遗传背景和无其他体细胞突变的情况下研究特定基因的突变效应。

1. Li-Fraumeni 综合征模型　Li-Fraumeni 综合征(LFS)是一种罕见的常染色体显性遗传的癌家族综合征，由 *p53* 抑癌基因突变所致。LFS 病人发生多种肿瘤，如软组织肉瘤、乳腺癌、脑瘤、骨肉瘤、白血病等。*p53* 基因在约半数的散发性人类肿瘤中也发生突变，是最常见的致人类肿瘤的突变基因之一。表达突变型 *p53* 基因的转基因小鼠发生多种肿瘤，其类型有很大一部分与 LFS 病人常见的肿瘤类型相重叠。与 LFS 病人一样，*p53* 无效突变的杂合子小鼠也发生肿瘤，但比纯合子突变小鼠潜伏期要长。这些 *p53* 缺陷小鼠发生肿瘤的类型受品系遗传背景的影响，提示通过鉴定 *p53* 突变来确定影响肿瘤发生的修饰基因。

2. 结直肠癌小鼠模型　大多数人类癌症的遗传易感性可能不只与单个基因突变有关，而是由许多不同基因突变复杂的相互作用引起，在多发性肠肿瘤(Min)小鼠体内识别出引起肠腺瘤形成的修饰因子的候选基因为这一观点提供了极好的例证。Min 小鼠因腺瘤样多发性息肉病(APC)基因突变而发生肠腺瘤和腺癌。人类的这种肿瘤抑制基因同源物突变可引起相似的疾病。在 Min 小鼠，肠腺瘤的数目明显受到由各种近交系小鼠带来的一种 Min 的修饰因子(简称 Moml)的影响。Mocphee 等(1995)确定 Moml 的一个极好的候选者为分泌性磷酸酯酶 A2(PLA2S)基因。所有腺瘤高发品系小鼠都表达很低水平的 PLA2S mRNA 并发现 PLA2S 基因有编码突变。虽然在肠肿瘤或对这些肿瘤易感的病人中尚未鉴定出 PLA2S 突变，但可能在 PLA2S 生化途径中这种或其他基因的突变影响人类多发性息肉形成。

3. 乳腺癌小鼠模型　乳腺和卵巢肿瘤抑制基因 Brcal 发生突变，导致妇女易患癌症。在大约 90％的家族性乳腺癌/卵巢癌患者和在 50％左右的家族性乳癌患者中，都检测到生殖细胞中的 Brcal 发生了突变。在此项研究中使用了 3 种不同类型的小鼠：敲除了 Brcal 的 $Brcal^{K_0}$、条件敲除的 $Brcal^{C_0}$ 和 MMTV-Cre 或 WAP-Cre 转基因小鼠。由于 MMTV-Cre 和 WAP-Cre 转基因主要在乳腺上皮中表达，因而可以预测 Cre 所介导的 Brcal 的重组主要发生在乳腺上皮中。

乳腺上皮发育迟缓和细胞凋亡与乳腺上皮中 Brcal 失活密切相关。尽管如此，但观察到 2～10 月龄的雌鼠仍能为其幼仔哺乳而且无肿瘤发生。到 10～15 月龄时，39 只 MMTV-Cre 及 WAP-Cre 雌鼠中的 9 只发生了乳腺肿瘤。在肿瘤细胞中整个基因组似乎具有内在的不稳定性，表现为大量的染色体异常。由于肿瘤的发生并不是普遍性的，而且出现在生命的较晚时期，因而有理由认为 Brcal 缺失所造成的遗传不稳定性会引发其他一些因子的突变，从而导致肿瘤的发生。

4. 卵巢癌转基因动物模型　卵巢癌是妇产科肿瘤中致死的第一位的恶性肿瘤，病死率高达 60％，可起源于卵巢的各型细胞，如卵巢干细胞、卵巢粒层细胞等，但多数卵巢癌都起源于卵巢表面上皮细胞(ovarian surface epithelium，OSE)。由于对卵巢上皮癌缺乏可靠而特异的早期检测手段，导致多数卵巢上皮癌确诊时都已发展至晚期阶段。

(二)糖尿病的转基因动物模型

1. 葡萄糖激酶基因敲除的 MODY 动物模型　目前的统计结果表明，青幼年发病的成年型糖尿病(matunty-onset diabetes ofthe young，MODY)，在全球的发病率为 3％，到目前为止，有 5 种蛋白质的基因缺失或突变可导致 MODY，其中葡萄糖激酶突变引起的 MODY2 最为常见。

葡萄糖激酶基因敲除和转基因小鼠已作为模型来研究升高或降低葡萄糖激酶基因表达对血糖的影响，相关研究表明葡萄糖激酶基因的拷贝数与血糖浓度之间存在着负相关。葡萄糖激酶基因敲除小鼠是研究 MODY2 非常合适的动物模型，同时由于 Cre-LoxP 基因打靶技术的应用，可在时间和空间上调控葡萄糖激酶基因的敲除，由此分别产生出胰岛 β 细胞和肝细胞葡萄糖激酶表达缺陷型纯合或杂合型小鼠模型，从而使得单独研究这两种细胞内葡萄糖激酶的功能成为可能。

不同的基因敲除结果均显示:完全缺乏葡萄糖激酶的纯合子小鼠由于出现非常严重的高血糖以至于在出生后不久死亡;而杂合缺陷型小鼠不管是禁食还是餐后其血糖浓度都明显高于正常小鼠。胰岛β细胞葡萄糖激酶纯合缺陷型小鼠的表型与完全缺乏葡萄糖激酶的小鼠类似,出生后不久也由于严重的高血糖死亡。而缺乏肝细胞葡萄糖激酶基因不会引起小鼠的死亡,尽管肝细胞葡萄糖激酶基因敲除小鼠只比正常小鼠的血糖浓度升高了10%,但其餐后血浆胰岛素浓度比正常高出2倍,这表明肝脏葡萄糖激酶的减少会导致轻度的胰岛素抵抗。

2. 胰岛素依赖性糖尿病(IDDM)模型　胰岛素依赖性糖尿病(A型糖尿病,IDDM)与环境和遗传因素有关,是一种自身免疫性的多基因疾病,免疫细胞侵入胰腺攻击郎罕细胞岛,破坏产生胰岛素的β细胞。非肥胖型糖尿病(NOD)小鼠自发形成一种与人IDDM十分相似的疾病。到了3周龄时,大部分小鼠发生胰岛周围炎,10周龄时,发展成胰岛炎和明显的糖尿病。NOD小鼠在Idd1位点有糖尿病易感等位基因,即突变的Ⅱ类MHC(主要组织相容复合物)等位基因。Ⅱ类MHC产物对IDDM的发生具有明显的保护作用,但其在IDDM易感性和保护中的作用非常复杂。如果把IEα链或非*NOD IA*^{K}等位基因转入到NOD小鼠中,则会防止胰岛炎和糖尿病的发生,其保护机制尚不清楚。将*NOD IA*^{K}转基因T细胞被动地转移到NOD-SCID或胸腺切除的、致死性照射的NOD小鼠体内,就会引起IDDM,这表明保护作用并不是由中心或外周T细胞的耐受性引起的。

(三)心血管转基因动物模型

1. 动脉粥样硬化转基因动物模型　遗传学和流行病学研究证明载脂蛋白(apolipoprotein,apo)及其受体异常与动脉粥样硬化(atherosclerosis,As)和冠心病相关(载脂蛋白运送血浆胆固醇和甘油三酯,调控胆固醇内环境稳定)。常用的动脉粥样硬化转基因动物或基因敲除动物可分为两大类:受体功能改变动物和脂蛋白配体改变动物。

(1)apoE敲除小鼠。Piedrahita等(1992)应用基因打靶技术成功地复制出apoE基因敲除小鼠。apoE敲除小鼠是能在正常饮食条件下自发性发生As的第一个小鼠模型,是目前在As研究领域中应用最为广泛的理想动物模型。但apoE敲除后自发As病变的详细机制还不十分清楚,Hakamata用分离自apoE敲除小鼠血浆的VLDL/IDL和LDL分别与该鼠的巨噬细胞孵育进行比较研究,结果发现VLDL/IDL引起的巨噬细胞内胆固醇酯含量增高比LDL引起的高7倍。据此推测,除LDL升高的作用外,血浆高水平的VLDL/IDL在泡沫细胞形成中也起作用。

(2)LDL-R敲除小鼠。LDL-R主要识别LDL颗粒表面的apoB和IDL颗粒表面的apoE,介导相关脂蛋白内化并在细胞内进一步代谢。因此,LDL-R敲除小鼠血浆中这些致As的脂蛋白增多,血浆胆固醇水平升高2倍;其中VLDL、IDL和LDL胆固醇显著升高,HDL胆固醇含量减少。若饲以含胆酸的高胆固醇饲料,血浆胆固醇水平可超过1 500 mg/dL,并形成大量脂质条纹等As病变,但未见纤维斑块形成。Sakaguchi等发现分离自LDL-R敲除小鼠血浆的VLDL可诱导巨噬细胞泡沫化,说明LDL-R敲除鼠出现As病变除了LDL蓄积滞留的作用外,可能与血浆中VLDL浓度升高也有关。

(3)apoB100转基因小鼠。LDL表面的载脂蛋白apoB是LDL受体的配基。apoB100转基因小鼠与LDL受体敲除小鼠一样,饲以低脂饲料时不会发生As病变,其血浆胆固醇水平为100～200 mg/dL。饲以高胆固醇饲料18周后,血浆胆固醇升高达300～500 mg/dL,出现高胆固醇血症和严重的As病变,6个月后形成进展型病变,可见较大的坏死脂质核和纤维帽。

(4)突变型 apoE 转基因小鼠。apoE 基因发生突变可干扰乳糜微粒和 VLDL 残粒的正常清除，在人类可形成显性遗传性Ⅱ型高脂蛋白血症。突变型 apoE 基因包括 E3Leiden(apoE 氨基酸 120～126 串联重复)及 E4Arg142Cys(142 位 Arg 变为 Cys)的突变型 apoE 基因。导入突变型 apoE 基因可产生类似显性遗传性Ⅲ型高脂蛋白血症的转基因小鼠，表现为 VLDL 及 IDL 组分中胆固醇和甘油三酯增多。apoE3Leiden 转基因小鼠对饲料中胆固醇含量反应敏感，很容易引发食饵性 As 病变，饲以含胆酸的高胆固醇饲料后血浆胆固醇水平可高达 1 600～2 000 mg/dL，并形成脂质条纹和纤维斑块病变。apoE3Leiden 和 apoE4Arg142Cys 转基因小鼠可显示人Ⅲ型高脂蛋白血症，是研究遗传因素与环境因素对该病作用的理想动物模型。

2. *高血压动物模型* 临床和流行病学调查以及动物实验研究都表明，高血压是一种有遗传倾向的疾病，大多数的原发性高血压涉及多个基因改变，是一种多基因遗传病，其病因和发病机制尚不十分清楚。转基因动物技术为验证高血压的候选基因、探讨基因异常和高血压的关系提供了新手段。利用转基因技术可建立遗传背景单纯、仅有单基因或少数几个基因异常的动物模型，而传统的高血压动物模型遗传背景复杂。同时通过转基因的组织特异性表达，可以研究局部组织的肾素/血管紧张素系统(RAS)。

RAS 调节血流阻力、水和电解质的平衡，从而控制血压和血容量。临床、生理研究及基因作图均表明 RAS 与高血压相关。第一个高血压模型是表达大鼠肾素(Ren)和血管紧张素的转基因小鼠。因人们对小鼠的高血压表型几乎一无所知，而对大鼠研究较深入，因此研究者更乐意用转基因大鼠进行功能性研究。由此，世界上便产生了第一只携带小鼠 Rerr2 基因的高血压转基因大鼠模型，并具有良好的高血压表型而用于 RAS 药理研究。为了阐明人的肾素在高血压中的作用，表达人肾素/血管紧张素的转基因大鼠也随之诞生，对这些模型动物的研究证明了肾素底物的种属特异性。

目前建立 RAS 引起的高血压转基因动物模型的策略主要有两种：一是转单基因，即转不同种属的肾素或血管紧张素原基因；二是转双基因，先分别转一种不同种属的肾素或血管紧张素原基因至小鼠，将检出的两种单基因子代动物交配后，再筛选出转双基因的动物，用此法已获得高血压的转基因小鼠模型。这些模型已在下述方面的研究中起到重要作用：①证实了其他种属的肾素-2(Rerr2)在转基因动物体内有活性，且影响血压；②发现 RAS 具有高度的肾外活性，因此通过选择控制内源性 RAS，可以确定肾外 RAS 功能；③使人们开始以新的方式(遗传性转基因动物模型)研究高血压病。

为进一步阐明 RAS 在高血压中的作用，研究者应用基因打靶技术研制了系列突变体小鼠。血管紧张素转换酶(ACE)敲除小鼠充分证明了 ACE 在控制血压方面的作用。雄性 ACE 敲除杂合子和纯合子血压与基因剂量成比例降低，并伴有生殖系统缺陷；雌性生殖系统正常，ACE 敲除纯合子血压降低。血管紧张素Ⅱ(AT2)受体基因敲除小鼠对血管紧张素Ⅱ的降压效应更为敏感，揭示了血管紧张素系统之间的关系。

(四)神经系统疾病的转基因动物模型

阿耳茨海默氏病(Alzheimer disease，AD)，又称老年痴呆症，是一种中枢神经系统退化性疾病，患者的大脑皮质的高级中枢系统功能受到严重破坏。用由血小板源生长因子的启动子序列和 β 淀粉蛋白(APP) 突变基因拼接而成的外源基因构建了 PDAPP 转基因小鼠，这种转基因鼠表达高水平 APP，其下丘脑和前皮质层中具有早期老性痴呆特有的神经病变，大脑皮质上有大量淀粉斑点，斑点周围出现营养不良性神经炎、突触丢失。PDAPP 转基因小鼠可以用于 APP 筛选分析，为寻找阻止可溶性β淀粉样蛋白沉积或防止其他神经突变发生的药物提供了十分珍贵的动物模型。

（五）皮肤病的转基因动物模型

利用转基因小鼠的表皮表达靶基因的能力，建立人类遗传性皮肤病及异常皮肤病动物模型，在分子水平上了解这些疾病的发病机理，进行治疗试验的研究。目前，转基因动物在皮肤病领域广泛应用于银屑病的病因和发病机制的研究。银屑病是一种与多基因有关的遗传性疾病，用转基因(K142ARGE) 编码的人类角蛋白 K14 启动子携带双调蛋白基因建立了转基因鼠模型，结果显示双调蛋白基因在基底层角质细胞中表达，并与银屑病样皮肤表型有关联。携带双调蛋白基因鼠寿命短，皮肤有明显的红斑、鳞屑伴脱发，偶有乳头瘤样表皮生长。

（六）病毒性疾病转基因小鼠模型

病毒有其固有的宿主范围，但若把病毒 DNA 导入胚胎，通过整合表达，可以打破病毒固有的宿主范围，能产生与正常宿主同样的病理变化。这样便可在更大范围内建立病毒性疾病模型并对其进行更广泛深入的研究。也可以将病毒的全基因组 DNA 导入小鼠基因组，产生的转基因小鼠不仅具有表达病毒蛋白能力，还能进行病毒 DNA 的复制。转基因动物在传染病病原体的致病机理、疫苗研制和药物筛选等诸多项目研究中具有重要意义。

1. *PVR 转基因小鼠* 人类脊髓灰质类病毒受体(poliovirus receptor，PVR) 分离成功后，建立了携带 PVR 基因的转基因小鼠，其组织匀浆可与大量脊髓灰质炎病毒结合，说明该转基因动物表达了功能性 PVR。PVR 转基因小鼠对脊髓灰质类病毒Ⅰ型(Mahoney 株) 的感染十分敏感，可以用来代替昂贵的猴子以试验新脊髓灰质炎病毒疫苗候选株的减毒程度和神经毒力，是研究脊髓灰质炎的新型动物模型。

2. *HBV 转基因小鼠* 乙肝病毒(HBV)是肝炎和肝癌发病的重要原因，由于 HBV 一般不感染培养细胞，也不感染常用的实验动物，因而在一定程度上限制了对其致病机制的研究。乙肝病毒转基因小鼠极大地促进了人们对 HBV 致病机制的认识。研究表明，虽然含 HBV 基因或其他片段的转基因小鼠不一定发生肝细胞损伤，但也确有些 HBV 转基因小鼠存在肝病变并最终导致肝癌。例如，HBV 的 X 基因产物病毒基因转录的反式激活因子，可能协助 HBV 其他基因的表达而导致肝细胞癌的发生。Lee 等(1990)建立的 HBx 转基因小鼠在其肝组织中通过免疫印迹分析检测出 x 蛋白，并发现其表达水平在出生后第一个月最高，对来自该品系的 80 多只转基因小鼠进行组织学检查，发现有些小鼠肝内有轻度炎症病灶和多形核炎性细胞浸润、坏死灶以及结节增生，大多数转基因小鼠则保持正常状态。而 Kim 等(1991)建立的另一 HBx 转基因小鼠肝脏呈进行性组织病理改变，首先产生多病灶区，继而出现良性肿瘤，最后发展为肝癌。

虽然转基因动物模型具有传统的动物模型无法比拟的优点，但现已建立的疾病转基因动物模型存在着品系过少(主要是小鼠)、转基因动物模型“失真”以及转基因动物技术难度大等缺点。人类疾病转基因动物模型仍需进行多方位的完善和改进，以便今后在人类疾病的防治研究中发挥更重要的作用。

思考题：

1. 什么是疾病动物模型？

2.使用人类疾病动物模型的意义是什么？

3.对自发性及诱发性疾病动物模型进行评价。

4.免疫缺陷动物的主要应用有哪些方面？

5.转基因动物模型的主要应用有哪些方面？

（赵立红）

第八章　实验动物常见疾病和微生物学质量控制

内容提要：实验动物常常由于机体内在或外在的、传染或非传染的致病因素的侵扰而发生各种各样的疾病。通常可分为普通病、传染性疾病（细菌性疾病、病毒性疾病、寄生虫疾病、其他病原微生物疾病）和肿瘤病，本章详细介绍了实验动物传染性疾病以及如何进行微生物学的监测，进一步了解实验动物疾病对动物实验的影响。

关键词：传染病；流行途径；微生物；监测。

第一节　实验动物等级和传染病分类

一、实验动物等级划分

1988年10月我国颁布的《实验动物管理条例》第12条和1994年颁布的《实验动物微生物学寄生虫学等级及监测国家标准》(GB 14922—94)规定：实验动物分为普通动物、清洁动物、无特定病原体(SPF)动物、无菌动物四个等级。2008年和2010年又分别新颁布和修订了部分国家标准。将实验小鼠和大鼠的微生物学等级分为清洁级、SPF级和无菌级，取消了普通级。豚鼠、地鼠和兔仍保留4级，犬和猴只分为普通级和SPF级，同时增加了相应犬和猴的微生物学检测项目。

在生物医学研究中使用的实验动物，其微生物学控制级别越高，其实验结果越精确可靠。用低级别动物进行实验时，实验应激因素可能激发动物隐性感染显性发作，出现组织形态、生理生化和免疫学等改变，从而不同程度地影响实验结果的准确性。而SPF动物和无菌动物排除了病原微生物的感染，用其作动物实验结果更加准确可靠。SPF动物和无菌动物相比，饲养条件既不那么苛刻，又排除了主要的病原微生物和条件性致病微生物的感染，适用于几乎所有的科学实验，是国际公认的标准实验动物，其使用量日趋增多。

二、实验动物的传染病分类

根据实验动物传染病对其自然宿主、人和其他动物的致病性以及干扰生物医学研究或污染肿瘤移植物和生物制剂的严重程度，可将其分为以下几种类型（表8-1）。

（一）对自然宿主、人和其他动物均有较强的致病性

属人、畜共患病，如狂犬病、淋巴细胞性脉络丛脑膜炎、沙门氏菌病、志贺氏菌病、结核、皮肤真菌病以及弓形体病等。

表 8-1 实验动物主要的人、畜共患病

实验动物种类	人、畜共患病	人的严重程度
小鼠、大鼠	沙门氏菌病	+
	淋巴细胞性脉络丛脑膜炎	+++
	流行性出血热	+++
	脑炎心肌炎	++
	鼠咬热	+
豚鼠	钩端螺旋体病	++
	假结核	+
兔	野兔病	++
	土拉伦菌	+
猫	弓形体病	++
	结核	++
	猫爪病	+
	白癣	+
犬	狂犬病	+++
	钩端螺旋体病	++
	结核	++
	犬蛔虫病	+
	布氏杆菌病	++
猴	结核	++
	病毒性肝炎	++
	马尔堡病	+++
	沙门氏菌病	+
	细菌性痢疾	++
	B病毒感染症	+++
	疟疾	++
	雅巴病及塔纳痘	+
	麻疹	+
	阿米巴痢疾	++
	SV40	+
	狂犬病	+++

续表 8-1

实验动物种类	人、畜共患病	人的严重程度
鸡	禽流感	+++
	鹦鹉病	+
牛、羊、猪	旋转病	++
	Q 热	+
	炭疽	+
	结核	++
	布氏杆菌病	++
	李斯特氏杆菌病	+
	传染性脓包性皮炎	+
	白癣	+
	水疱性口腔炎	+
	猪丹毒	++
	钩端螺旋体病	+

(二)对自然宿主致病性强

常引起暴发流行，甚至毁灭整个动物群，如鼠痘、兔出血症、多杀性巴氏杆菌病、鼠棒状杆菌病、泰泽氏菌病等。

(三)对自然宿主致病性弱

对自然宿主致病性弱，但可传染给人并引起致死性感染，如猴疱疹病毒病（B 病毒感染）、流行性出血热病。

(四)对自然宿主无致病性

对自然宿主无致病性，但可引起其他动物的致死性感染，如松鼠猴疱疹病毒感染狨猴可产生致死性淋巴瘤。

(五)对医学研究产生严重干扰

对自然宿主有一定的致病性，可引起疾病流行，影响动物的健康，并对医学研究产生严重干扰，如小鼠肝炎、仙台病毒性肺炎、鼠支原体感染等。

(六)污染生物制品

对自然宿主、人和其他动物均无明显致病性，但可污染生物制剂、肿瘤移植物和细胞培养物等，如鸡白血病、猴病毒 40 等。

第二节　实验动物疾病的危害性

健康的实验动物是保证生命科学研究顺利进行的先决条件。虽然某些体外实验技术应用得越来越广泛，如细胞培养、DNA 重组和单克隆抗体等，但是动物实验仍是最基本、最常用的方法。实验动物一旦发生疾病，影响的不仅仅是实验动物自身，更重要的是会对科学研究造成难以估计的影响，尤其实验动物的传染性疾病对实验动物生产和使用的危害性更大。

一、传染病暴发直接造成巨大损失

病原体侵入实验动物群，引起动物传染病的暴发流行，不但导致动物繁殖性能下降，还可招致全群覆灭或淘汰，封闭设施，中止动物生产、教学与科研，以动物器官、组织为原材料的生物制品生产、检定被迫停止，直接造成严重的经济损失。如由鼠痘病毒引起的脱脚病是饲养小鼠的最大威胁，有时一次流行可造成数百万元的经济损失。实验动物感染病毒性疾病可造成疾病持续发生，难以控制。

二、污染生物制剂

许多动物的脏器或组织作为动物预防、诊断、治疗用生物制品的原材料，如有病原微生物污染了原材料，不仅导致整批生物制剂的废弃，干扰实验，而且还可能造成病原的扩散，以至于危害人类和动物的健康。例如，自然感染 SV40 病毒、猴疱疹病毒、结核杆菌、肝炎病毒的猴子不能用于麻疹、脊髓灰质炎疫苗的生产与检定。用于麻疹、流感疫苗生产的鸡胚必须是 SPF 鸡胚。

三、影响动物实验结果

(一)产生应激反应

由于实验动物受实验环境和处理(麻醉、固定、注射、免疫、攻毒、投药、施术等)的影响产生应激反应，降低对疾病的抵抗力，可诱发隐性感染的临床暴发，造成动物的发病和死亡，引起统计结果的误差。

(二)缩短动物的生存期

在某些长期动物实验如致癌、致畸、营养学、计划生育、老年病等研究中，隐性感染可使动物生存期缩短，妨碍长期实验观察，使实验中断或宣告失败。

(三)影响动物的新陈代谢和免疫应答

由于病原体感染可影响动物的新陈代谢和免疫应答，如仙台病毒感染可显著促进豚鼠肺炎链球菌的感染和传播；仙台病毒、小鼠肝炎病毒、淋巴细胞脉络丛脑膜炎病毒、细小病毒、呼肠孤病毒、乳酸脱氢酶病毒、支原体、泰泽氏菌、鞭毛虫、线虫等病原体的隐性感染可增强或抑制肿瘤的发生，或影响新陈代谢和免疫应答，所以病原微生物感染可影响动物实验结果，干扰相关的实验研究。

四、威胁实验人员的健康和安全

实验动物一旦携带有人、畜共患病病原体，不仅可引起动物发病，而且直接威胁实验人员的健康，如非洲绿猴的马尔堡(Marburg)病毒，曾引起实验室人员发病死亡，接触感染猴疱疹病毒(B 病毒)的实验猴或感染衣原体、呼肠孤 3 型病毒、淋巴细胞性脉络丛脑膜炎病毒的实验动物均可引起实验人员感染或发病。特别是动物呈隐性感染，而对人类呈致死性感染的病原微生物，如流行性出血热病毒只引起大鼠隐性感染，但可致实验人员感染并出现典型症状或死亡，更应高度重视。为了有效预防、及时控制和消除实验动物疫情，指导和规范实验动物生物安全工作，及时妥善处置实验动物突发事件，应贯彻落实生物安全法，切实做好实验动物的检疫工作，提高重大疫情早发现能力，强化实验动物管理，加强重大疫情防控救治体系和应急能力建设，必须树牢底线思维和风险意识，把生物安全工作责任落到实处，筑牢国家生物安全屏障，同国际社会携手应对日益严峻的生物安全挑战，才能有效遏制重大传染性疾病传播。

第三节　实验动物的健康观察

经常对实验动物进行健康检查，有利于及早发现和及时处理疫情。

一、健康观察的内容与方法

（一）生活习性观察

不同种属的动物有不同的生活习性，若习性反常，常表明动物健康异常。

（二）身体状况观察

健康动物应具有正常的体形和坐姿，检查时应注意动物活动是否异常，身体各部是否正常以及动物营养状况是否良好。

（三）精神状态及反应性观察

健康动物精神状态良好，活泼好动，双眼明亮，对外界环境反应灵敏，对光照、响声、捕捉反应敏捷。如果出现过度兴奋或过度抑郁则为异常。

（四）皮肤及被毛观察

健康动物被毛光泽浓密，无污染。异常时可出现被毛粗乱、蓬松，缺少光泽，甚至有粪便污染。健康动物的皮肤富有弹性，手感温暖，异常时可见皮肤粗糙，缺乏弹性，甚至出现损伤。

（五）采食及采食方式观察

健康动物食欲旺盛，有相对固定的采食量和饮水量以及采食和饮水方式，若采食和饮水量骤增或骤减以及采食方式发生改变，均为异常。

（六）粪尿观察

正常动物的粪便具有一定的形、色、量，尿液具有一定的色泽、气味。异常时可见粪尿过多或过少，粪稀薄或硬结，粪便中有胶冻样黏液，脱落黏膜、血液等，尿中带血，颜色混浊不清。

（七）呼吸、心跳和体温检查

正常动物具有相对固定的呼吸、心跳、体温范围和固定的呼吸方式。呼吸、心跳和体温超出固定的变动范围则视为异常。

（八）天然孔、分泌物及可视黏膜观察

正常动物的天然孔干净无污染，分泌物少，可视黏膜湿润。如出现鼻涕、眼屎、阴户流恶露、肛门有粪便、可视黏膜充血或发汗均为异常。

（九）妊娠及哺乳观察

正常雌性动物配种后出现正常妊娠和哺乳期，而且不同时期有不同的体态、行为及采食反应。异常时可见流产、早产、死产、难产、拒绝哺乳、弃仔和食幼仔现象。

（十）生长发育观察

动物出生后经哺乳、离乳直到成年，各个时期均应达到一定的体重，具有该品种品系的外貌特征。异常时可见发育迟缓、瘦小或出现畸形。应对环境因素或动物遗传性能进行分析。

(十一)可疑动物个体检查

应对可疑动物进行个体观察,初步分析症状异常的原因。必要时可进行特殊检查如尸体解剖、病理学检查、微生物学检查、血液学检查、生物化学检查等。

二、实验动物健康观察注意事项

(一)全面细致观察

对乳房、阴茎、睾丸等隐蔽部位也不应忽视,对有传染病异常症状的动物应特别注意全面细致地观察。

(二)注意不同种属、品种及模型动物的特异性

应与其他动物进行区别,如犬、猪的鼻端经常保持油状湿润,以手背触之有阴凉感;又如来源于 Wistar 大鼠的 P77 大鼠有听源性癫痫特性,约 52%受铃声刺激后即奔跑惊厥。

(三)特殊诊断方法

必要时应进行微生物学、寄生虫学、营养学、病理学和血清免疫学检查以协助诊断。

(四)综合分析

发现实验动物健康异常时,应对环境设施设备、卫生管理、饲料质量、周边疫情、气候季节、人员、动物(包括外采样本)及物资往来等进行综合性流行病学分析。

第四节　实验动物传染病的传播途径及其防疫措施

一、实验动物传染病流行的基本环节

传染病是指由病原微生物引起,有一定的潜伏期和临床表现,并具有传染性的一类疾病。实验动物传染病的一个基本特征是能在实验动物之间直接或间接地通过媒介物(生物或非生物的传播媒介)互相传染,导致流行。传染病在实验动物群中蔓延流行,必须具备 3 个基本环节,即传染源、传播途径及对传染病易感的动物。掌握传染病流行过程的基本环节及其影响因素,有助于制定正确的防疫措施,控制传染病在实验动物群中的蔓延或流行。

(一)传染源

传染源指有某种传染病病原体在其中寄居、生长、繁殖,并能排出体外的动物机体,即受感染的动物,包括传染病患病动物、带菌动物和病死动物。被传染源的分泌物及排泄物污染的设施、饲料、饮水、垫料、空气和用具均可成为病原体的传播媒介。

(二)传播途径

病原体由传染源排出后,经一定的方式再侵入到其他易感动物,所经过的途径称为传播途径。切断病原体继续传播的途径,防止易感动物感染,是防止实验动物传染的重要环节之一。传播途径分为两类。

1. 水平传播　即传染病在实验动物群体之间或个体之间以水平形式传播。水平传播又可分为直接接触传播和间接接触传播两种。

(1)直接接触传播。没有任何外界因素的参与,病原体通过感染动物(传染源)与易感动物直接接触(交配、舔咬等)引起的传播。如狂犬病病毒、艾滋病病毒、猴 B 病毒等的传播。

(2)间接接触传播。病原体通过传播媒介使易感动物发生传染称为间接传播。病原体从

传染源传播给易感动物的各种外界因素称为传播媒介。

①非生物性传播媒介:空气(飞沫、尘埃)、饲料、饮水、垫料、笼具等。

②生物性传播媒介:节肢动物如苍蝇、蚊子、蟑螂、蚤、螨、虱和蜱等;野生动物,尤其野生啮齿类动物经常携带各种病原微生物;引进的实验动物,尤其普通动物未经严格检疫和隔离,经常携带各种病原体,或处于传染病的潜伏期、转归期;饲养、实验人员工作中如不注意遵守卫生防疫制度,消毒不严格,容易传播病原体。人、畜共患病实验人员可作为传播媒介,将疾病传播给实验动物。

2. 垂直传播　即从母体到其子代之间的传播

(1)胎盘传播。如支原体、淋巴细胞性脉络丛脑膜炎病毒等可通过胎盘传播。

(2)卵媒传播。如鸡白血病病毒、沙门氏菌等可通过种蛋传播给子代。

(3)产道传播。如布氏杆菌、犬疱疹病毒等可通过产道传播给子代。

(三)易感动物

易感动物是指对某一种或几种传染病病原体敏感的动物。实验动物对某种病原体易感性的高低与病原体的种类和毒力强弱有关,也与实验动物特异性免疫状态有关。不同品种或不同品系的动物对传染病的抵抗力在遗传上存在差异,不同年龄的动物对某些传染病的易感性也有所不同,了解上述差异有助于预防和控制传染病在实验动物群中的传播与流行。另外,外界环境条件和气候、饲料、饲养管理、卫生条件等因素都可能直接影响到实验动物群体的易感性和病原体的传播。

综上所述,传染源、传播途径和易感动物是传染病传播的三个基本环节。缺少任何一个环节,传染病均不可能在实验动物群中流行。当实验动物群已经发生了某种传染病时,切断任何一个环节,流行即可随之终止。

二、实验动物的卫生防疫制度

疫苗接种和药物治疗是兽医生产实践中控制和预防传染病的主要措施,但由于实验动物本身固有的特点与要求,除大型动物,如犬、猴等外,很少采用或不能使用疫苗和药物。这是因为:①应用疫苗或化学治疗可能干扰实验结果,如使用抗生素或磺胺类药物可使动物的肝、胆、肾等脏器产生毒性损伤,这样会影响实验结果的可信度。②经过治疗或免疫的动物,外表健康,但仍可能带菌或带毒,成为潜在的传染源。如小鼠肝炎病毒感染,虽然疫苗免疫可使小鼠产生免疫力,但有些小鼠仍可带毒,使病毒在小鼠群中长期存在。③对小型实验动物进行药物治疗,尤其是需要贵重药物治疗时,经济上不合算。所以,控制实验动物传染性疾病主要以预防为主,掌握和了解动物传染病流行的3个基本环节,隔绝和消灭传染源、切断传播途径,加强饲养卫生管理、提高实验动物抵抗力。对一些常见重要疫病有所认识,坚持卫生防疫制度,就一定能防患于未然。

(一)日常的预防措施

1. 自繁自养　确需引进动物,应从可靠单位引进,并按有关规定严格检疫,杜绝从疫区引进实验动物。

2. 定期免疫　普通级的大、中型实验动物应进行相关疾病的定期免疫接种,提高免疫力,增强其对疾病的抵抗力。

3. 分类饲养　各类动物分室饲养,以防交叉感染,饲养室严禁非有关人员随意进出。

4. 坚持日常卫生消毒制度 每天进行常规的卫生消毒，减少环境中各种微生物的繁殖和入侵；饲料和垫料库房应保持干燥、通风、无虫、无鼠；设施周围应洁净，不得饲养非实验用家畜、家禽，严防吸血昆虫和野生动物侵入。

5. 实验人员定期进行健康检查 及时发现人、畜共患病者，调离或更换其他工作，以保证人和动物的健康。

(二)发生疫病时的扑灭措施

做好微生物学监测工作，及时发现和处理受感染的动物，是防止扩散和及时扑灭传染病的重要措施。

1. 及时发现 及时发现并上报疫情，通知临近单位做好预防工作。

2. 迅速隔离 对患病动物迅速隔离，对污染环境和器具紧急消毒，停止实验，对动物进行观察和淘汰。

3. 综合措施 发生危害性重大疫病(如鼠痘、流行性出血热等)应采取综合措施，包括隔离封锁，淘汰焚烧全部动物，场地彻底消毒、空厩，之后方可解除隔离封锁。

(三)隔离检疫

1. 检疫 对引进的实验动物进行检疫是预防疫病进入动物房的基本措施之一。检疫的主要目的是预防实验动物群体发生传染病，防止其隐性感染对原有动物及接触人员造成危害，同时使引入动物有一个适应新环境的驯化饲养期，并为设施环境、管理方法和饲料供应的改进提供依据。

(1)检疫对象。来自于有生产许可证的单位，并出具实验动物质量合格证的动物，经观察检测后即可放行。对于非商业来源的或健康状况不清的动物均必须进行检疫。

(2)检疫期限。因检疫疾病的潜伏期及动物种类而定，啮齿类动物及禽类的检疫期至少为7 d，兔为21 d，犬猫21～30 d，猴为60～90 d。当动物有质量差异或购入后发现有病个体时应延长检疫期。

(3)检疫方式。包括群体检疫和个体检疫。群体检疫即对群体进行健康观察，挑出异常个体进行检疫。群体判为健康时，也可抽检10%的个体进行复查。如果没有多余的被检动物，或者不能采血，可以将2～3只已知无病的同种动物与被检动物放在一起4周，然后彻底检查同居动物。

2. 隔离 将已知或疑似带菌的动物与健康动物分开，并把患病动物放入隔离室，进行隔离检疫。隔离场所应为一独立饲养系统，禁止一切闲杂人员和其他动物出入、接近。工作人员出入应遵守卫生消毒制度。隔离区内的器具、饲料、粪便等必须彻底灭菌或焚烧处理。

检疫发现烈性人、畜共患病的动物应及时扑杀，防止疫情进一步扩散。大型动物饲养场，为防止引种带入新的病原体，可采取引入冷冻胚胎的方式引种；动物实验单位应购入具有生产许可证和合格证的动物；实验动物设施应采取全进全出的方式，将原有动物全部淘汰，彻底消毒、空厩后，再引进新动物。

第五节 实验动物病毒性疾病

实验动物疾病以传染性疾病为主，传染性疾病中病毒病又占有重要的地位。某些人、畜共患病，如流行性出血热、狂犬病等，既可引起动物发病又可致人发病，危害性极大。动物烈性传染病，如鼠痘病毒、兔出血症病毒、犬细小病毒等，不但引起动物发病，表现临床症状和病理改变，甚至可导致动物大量死亡，使实验中断，造成人力、物力和时间的极大浪费。某些病毒病，如小鼠肝炎病毒、仙台病毒、小鼠细小病毒、小鼠多瘤病毒等多为隐性感染，虽不引起动物死亡，但可影响动物自身的稳定性和反应性，如改变机体的免疫状况或影响肿瘤的发生，或与其他病原微生物具有协同、激发、拮抗作用，或在实验应急刺激下发病，干扰实验结果，导致错误结论。

一、鼠　痘

鼠痘(mouse pox, MP)是小鼠的一种毁灭性、高度传染性疾病。病原为鼠痘病毒(mouse pox virus, MPV)。本病多呈暴发性流行，致死率较高，危害极大。临床特征不但表现为全身或局部皮肤的痘疹，还可发生肢、尾和头部肿胀、溃烂，甚至脚趾坏死、脱落，故又称为传染性脱脚病(infectious ectromelia)。鼠痘在世界各地广为流行，常造成小鼠大批死亡，有时为隐性感染，但在实验应激条件下，常转化为显性发病，从而严重影响和干扰实验研究的顺利进行。

(一)病原

1. *病毒*　MPV属痘病毒科正痘病毒属，病毒粒子呈卵圆形或砖形，核酸型为双股DNA呈哑铃状，与豆苗病毒和天花病毒相似。

2. *病毒抵抗力*　MPV对乙醚和脱氧胆酸盐具有抵抗力，可耐受1%的石炭酸达50 d之久；对干燥和低温抵抗力较强，−70℃或冻干状态可存活数年。0.01%甲醛48 h、60℃ 1 h、pH 3以下1 h均可将其灭活，次氯酸盐和紫外线也可将其灭活。

3. *病毒培养特性*　MPV可在多种细胞上生长，如Vero、HeLa、仓鼠肾细胞、鸡胚成纤维细胞等，也可在鸡胚绒毛尿囊膜上生长，可产生白色痘斑。

(二)流行病学

1. *易感动物*　本病自然宿主为小鼠，不同品系的小鼠易感性差异较大。易感品系有A、DBA、CBA、C3H和BALB/c，而C57BL及AKR小鼠对本病的抵抗力较强，呈隐性感染，是主要的潜在传染源。MPV可实验性感染大鼠和豚鼠，但兔和仓鼠对其有抵抗力。

2. *传染源及传播途径*　本病的传染源主要是病鼠和隐性带毒鼠，经皮肤病灶和粪尿向外排毒，污染周围环境。病毒可经皮肤伤口侵入机体，也可经呼吸道和消化道感染。动物感染10 d左右皮肤局部出现特征性病变。康复小鼠可通过粪便长期排毒，成为传染源。饲养人员和节肢动物均可成为本病的传播媒介，几乎经所有的途径接种后均可获得感染，甚至经胎盘造成胎儿感染。通过肿瘤移植可将鼠痘病毒直接接种给实验小鼠。

本病一年四季均可发生，饲养管理不当及消毒、隔离、检疫制度不严等都会促使本病的发生。

(三)临床症状

鼠痘在临床上分为3种感染类型。

1. *急性型*　初次发病的鼠群，患鼠被毛粗乱无光，食欲废绝。常于4～12 h死亡，死亡率达60%～90%。

2. *亚急性型*　即皮肤型，病鼠口鼻及脸部皮肤肿胀，出现皮疹、破溃；眼睛流泪、角膜溃疡穿孔，眼球下陷；四肢及尾部肿胀、出现皮疹，并有浆液性渗出，触之敏感，尤以脚掌为甚。随后患处结痂并发生坏疽，1～2 d坏疽部脱落，病鼠不愿行走或拖地而行，严重者发生肢、尾脱落。孕鼠发生流产，病鼠在数天内逐渐停止死亡。

3. 慢性型　多见于流行后期，死亡率和发病率下降，偶见皮肤型病鼠出现。育成鼠发育迟缓，生产率下降，种鼠第二胎产子数明显减少，很少再产第三胎。

(四)病理变化

1. 眼观变化　病变广泛，几乎累及全身所有脏器，其中以皮肤、脾脏、肝脏病变最重。病鼠鼻面部肿胀、溃烂，伴有眼睑炎和结膜炎，尾部皮肤红肿、溃烂，最后坏死脱落。急性病例脾脏缩小，病程较长者脾脏肿大2～3倍，表面散在大小不等的灰白或淡黄色坏死灶，严重时融合成块状或全脾坏死。肝脏肿大，表面散在大小不等的灰白或淡黄坏死灶，外观呈花斑状，严重时整个肝脏坏死。胆囊多数空虚，个别充满乌绿色胆汁。肾脏肿大，皮质和髓质界限模糊。小肠内有少量内容物或空虚，部分病例肠黏膜可见出血。

2. 组织学变化　皮肤丘疹部表皮增生并伴有上皮细胞肿大和空泡变性，皮下组织水肿、充血、坏死和炎性细胞浸润，以淋巴细胞和单核细胞为主。病变周围上皮细胞胞浆内可见特征性嗜酸性包涵体，包涵体呈圆形或卵圆形，大小不等，周围有亮晕。

肝、脾、肾等实质器官变性、坏死。肝脏坏死灶缺乏炎症反应，为鼠痘肝脏坏死特点。在坏死灶内或边缘部的肝细胞增生呈多角形，胞浆中可见嗜酸性包涵体。免疫组化检测显示MPV抗原在肝细胞内或以粗细大小不等的圆形或卵圆形团块位于细胞的一侧，或以粗细不等的阳性反应物弥漫于整个胞浆的形式存在。

(五)诊断

根据特征性临床症状，可作出初步诊断，确诊需进行病理学或病毒学诊断。怀疑隐性感染时，可将敏感品系的无病小鼠作为“哨兵”动物放入鼠群进行监测。

1. 包涵体检查　在肝、脾、皮肤和小肠的上皮细胞中发现特征性嗜酸性包涵体即可确诊。

2. 病毒分离　急性病例缺乏典型的临床症状，可取病鼠肝、脾或淋巴结等组织制成匀浆，接种易感细胞或鸡胚，进行病毒分离和痘斑观察。

3. 血清学检测　可用血凝抑制试验、酶联免疫吸附试验或间接免疫荧光试验进行血清学检测。

(六)预防

对鼠痘没有治疗办法。选择无病原种群，完善饲养管理，严格执行检疫制度，定期进行血清学监测，是防止鼠痘病毒进入实验动物群的基本措施。引进来源不清的小鼠或小鼠组织要进行隔离检疫。对死亡小鼠进行无害化处理，坚持自繁自养净化鼠群。

(七)对实验动物和动物实验的影响

1. 急性病例　小鼠突然死亡，实验中断，造成人力、物力和财力的极大浪费。

2. 慢性病例　出现全身症状，使实验结果混乱，污染环境，病毒广泛传播。

3. 隐性感染　许多实验因素如实验性结核、放射线、化学毒素、肿瘤移植和运输等，都可激活鼠痘病毒使其流行。注射大剂量内毒素或切除脾脏，可降低吞噬细胞的功能，增加机体对鼠痘病毒的易感性。

二、流行性出血热

流行性出血热(epidemic hemorrhagic fever，EHF)是由流行性出血热病毒(EHFV)引起的一种人、畜共患性传染病。以发热、出血和肾脏损害为主要临床特征。宿主以啮齿类动物为主，猫、犬、兔和猪也可携带该病毒。大鼠多呈隐性感染，可长期向外排毒，从而危及人类健康。

(一)病原

1. *病毒* EHFV属布尼亚病毒科汉坦病毒属。病毒粒子呈多形性、圆形、椭圆形或不规则状。直径为80～120 nm,外表为双层脂蛋白形成的囊膜,表面有纤突,病毒粒子内可见螺旋状微管结构。不同病毒有其独特的抗原性,但毒株之间存在着交叉反应。抗原差异取决于分离宿主的不同,与分离地区关系不大。根据抗原性可将其分成6个型(表8-2)。我国流行的主要是姬鼠型和家鼠型。

表8-2 流行性出血热病毒分型

型别	病毒株	分离宿主	分布地区
姬鼠型	76～118	黑线姬鼠	亚洲
家鼠型	80～39	褐家鼠	亚洲
棕背(鼠平)型	Sotkamo	棕背(鼠平)	欧洲
田鼠型	Prospect Hill-Ⅰ	田鼠	欧洲
Maazi	Maazi	黑线姬鼠	欧洲
Leaky	Leaky		欧洲

2. *病毒抵抗力* EHFV对脱氧胆酸盐和脂溶剂敏感,紫外线和γ射线可使其迅速灭活,一般的消毒药(碘酒、酒精福尔马林)均可将其杀灭。56℃ 30 min、pH 2～3,1 h可使其完全灭活,但病毒在4～20℃条件下较稳定。上述方法和甲醛均可破坏EHFV血凝素,但β-丙内酯在灭活病毒的同时,可保持其血凝活性。

3. *病毒培养特性* EHFV可在Vero E6及人血管内皮细胞、外周血白细胞和鼠巨噬细胞等原代细胞上增殖,并使Vero E6发生病变,可建立简便易行的病毒检测方法。

(二)流行病学

1. *自然宿主及传播途径* EHFV的自然宿主主要是小型啮齿类动物(姬鼠、家鼠、棕背鼠平、田鼠、仓鼠、小鼠等)。大鼠是实验动物EHF的主要传染源。其排泄物污染尘埃、食物,可通过呼吸道、消化道及破损皮肤引起人类感染。本病全年均有散发,秋、冬增加,春季达到高峰。

2. *传播媒介* 螨媒在EHFV的传播中起着重要作用,黑线姬鼠窝草中的格氏血历螨和褐厩真历螨自然带毒,且可经卵传递病毒。毒螨通过叮咬可在动物间传播EHFV。

(三)临床症状

大鼠感染EHFV一般无临床症状,也不发生死亡。但乳大鼠对家鼠型和野鼠型毒株均易感,且带毒时间很长。乳小鼠和长爪沙鼠也有一定的易感性。人类感染其临床过程复杂、症状轻重不一。典型病例短时间发热后,相继出现休克、出血和急性肾功能衰竭等症状。临床过程分发热-低血压休克-少尿-多尿-恢复五期。症状较轻或早期治疗者,可跳过低血压或少尿期。

(四)病理变化

1. *眼观变化* 大鼠感染多无病理变化。黑线姬鼠和褐家鼠感染可见轻度的肺炎症状。乳小鼠、乳长爪沙鼠等动物模型,可见病变组织广泛性充血、出血、渗出、变性和坏死。

人类感染,全身皮肤、黏膜、器官呈广泛性灶状出血。出血以肾皮质和髓质交界处、右心房内膜下、胃黏膜和脑垂体前叶最明显,发热期即可见到,少尿期最明显。病程早期有球结膜和眼睑水肿，器官和体腔有不同程度的水肿和积液，以腹膜后、纵隔、肺及其他组织疏松部最严重。少尿期可并发肺水肿和脑水肿。

2. 组织病理学变化 毛细血管广泛性损伤，表现为血管高度扩张、充血、血栓形成，血管内皮细胞肿胀变性，严重者血管壁呈网状或蛋白样坏死。多数器官组织有凝固性坏死灶，肾髓质、脑垂体前叶、肝小叶中间带和肾上腺皮质最常见。病变处有单核细胞和浆细胞浸润。

(五)诊断

(1)人类感染可根据临床症状和病理变化作出诊断。

(2)大鼠感染 EHFV 没有临床症状，因此定期进行血清学监测极为重要。间接免疫荧光试验是流行性出血热的经典检测方法，可检出病毒特异性抗体。其他血清学方法包括免疫酶染色法、ELISA 试验、血凝抑制试验和空斑减少试验等。也可用黑线姬鼠或 Vero E6 进行病毒分离以确诊。

(六)预防与控制

(1)鼠群定期进行血清学检测，发现感染及时处理。加强管理，防止饲料、垫料等被野鼠污染。

(2)大鼠多呈隐性感染，是主要的传染源。实验人员应加强防护措施，操作时佩戴口罩和手套，防止气溶胶感染和被动物咬伤，定期体检确保身体健康。加强对 EHF 的认识，特别是早期的临床表现，做到早发现、早治疗，以提高治疗效果。

(七)对实验研究的干扰

大鼠感染 EHFV 几乎没有任何临床症状，也不发生死亡，一般不会影响实验研究的进程。但由于流行性出血热是一种人、畜共患病，对实验人员的健康危害严重，必须引起重视。

三、淋巴细胞性脉络丛脑膜炎

淋巴细胞性脉络丛脑膜炎(lymphocytic choriomeningitis，LCM)是由淋巴细胞性脉络丛脑膜炎病毒(LCMV)引起的人和多种动物共患性疾病。小鼠感染表现为大脑型、内脏型和迟发型 3 种病型，人类感染主要表现为流感样症状和脑膜炎。LCMV 在自然条件下仅感染啮齿类动物中的小鼠和仓鼠，人类 LCMV 感染相当广泛。

(一)病原

1. 病毒 LCMV 属砂粒病毒科、砂粒样病毒属。病毒呈圆形、卵圆形或多形性，直径为 50～300 nm，病毒表面被覆有 100 nm 长的棒状纤突，病毒颗粒内含有数量不等、大小为 20～25 nm 的电子致密颗粒，形似病毒内嵌入砂粒。由于 LCMV 为分节段 RNA 病毒，基因组包括 L 大片段和 S 小片段，因此当两个不同毒株感染同一细胞时，可形成两种中间型重组病毒，利用这种重组病毒可研究 L 片段和 S 片段与病毒的致病关系。

2. 病毒抵抗力 LCMV 对乙醚和去污剂敏感，极不耐热，56℃ 20 min 即可灭活。偏酸偏碱、0.1%甲醛、紫外线均可将其灭活，但石炭酸对其影响较小。−70℃或冻干条件下可长期保存，在 50%甘油中稳定。蛋白酶、透明质酸酶、磷脂酶 C 和胰酶处理均可使病毒糖蛋白和核蛋白呈不同程度降解，但其感染性增加。

3. 病毒培养特性 LCMV 可在鸡胚绒毛尿囊膜上增殖，但不产生可见的病斑。可在人、鸡、小鼠、地鼠、猴、牛等多种动物的原代和传代细胞中生长，但不产生细胞病变，病毒适应细胞后才可能产生病变。如在 Vero 细胞适应后，培养 7～13 d 可见明显的细胞病变，感染后 48～

72 h,胞浆内可见蛋白样颗粒,当病毒出芽成熟时,这些颗粒进入病毒粒子内。感染性 LCMV 的复制,无论在体内或体外,均伴随一部分无感染的颗粒产生。这些颗粒可抑制病毒对细胞的致病作用,并使感染性病毒的产生减少,称为缺损性干扰颗粒。

(二)流行病学

1. 易感动物　人、小鼠、大鼠、豚鼠、仓鼠、猴、鸡、马、兔等均易感。但只有持续感染的小鼠和急性感染的金黄仓鼠才能传播病毒。带毒小鼠的所有器官(包括肾脏和唾液腺)中,终生含有高滴度的病毒。

2. 传播途径　小鼠可经唾液、鼻分泌物和尿液向外排毒。含病毒的鼻分泌物可引起呼吸道传播,随后病毒在鼠群内传播。LCMV 在家鼠之间传播主要方式是通过子宫内传播。

3. 传播媒介　据报道,节肢动物在实验条件下可传播 LCMV,自然条件下是否如此,尚待证明。污染的尘埃可能是 LCMV 的传播媒介。

(三)临床症状

小鼠感染 LCMV 发病是机体的免疫反应,而不是病毒增殖的结果。LCMV 在感染细胞表面诱发抗原,宿主将其当做异物识别,通过细胞免疫机制进行攻击,类似排斥反应。感染后病毒在许多组织器官迅速增殖,但不出现症状,5～6 d 后小鼠发生免疫反应,才表现症状并死亡。小鼠感染 LCMV 临床症状,依据年龄、感染途径及其他因素的不同表现为大脑型、内脏型和迟发型 3 种类型。

1. 大脑型 LCM　成年小鼠经脑内接种 LCMV 可产生一种具有显著特征的疾病,毒株、接种剂量和小鼠品系对其影响甚微。接种后 5～6 d,一些小鼠突然死亡。多数小鼠表现呆滞、嗜睡、不愿走动、被毛粗乱、眼睛半闭、弓背、消瘦,并常见结膜炎和面部肿胀。特征性表现为倒提小鼠尾巴时,其头部震颤,肢体阵挛性惊厥,后肢强直性伸展。患鼠多在症状出现后的 1～3 d 内死亡。

2. 内脏型 LCM　成年小鼠经神经外途径感染所表现的临床反应不尽相同。主要受病毒毒株的毒力、接种途径、剂量以及小鼠品系的影响。经腹腔接种 ArmE-350 毒株后 6～7 d,感染小鼠表现被毛粗乱、结膜炎等症状,部分小鼠出现腹水。

3. 迟发型 LCM　主要见于出生后即刻感染 LCMV 的小鼠和先天性带毒小鼠。小鼠出生后 LCMV 就开始在各组织器官增殖,但并无症状表现。9 个月后,病鼠表现为被毛粗乱、弓背、体重减轻、尿蛋白、腹水、行为异常、生长缓慢、产仔减少、寿命缩短等。

人类感染 LCMV 多见于 15～40 岁年龄组,无性别差异。人类感染主要有 4 种临床类型,即隐性感染、无脑膜炎症状的流感样病症、无菌性脑膜炎和脑膜脑脊髓炎。临床多见流感样病症,潜伏期为 7～14 d,继而出现发热、不适、肌肉疼痛、眼眶痛、恶心、厌食等症状,约 10%的病例可并发腮腺炎和睾丸炎。此外可见无菌性脑膜炎,表现为发热、厌食、头痛、不适、易怒和颈部强直等症状。急性期脑脊液中出现大量的单核细胞,多数在脑膜炎之前有流感样病史。最严重的临床类型是脑膜脑脊髓炎,表现双侧乳头水肿、精神错乱、出现幻觉和四肢麻痹。

(四)病理变化

LCMV 感染小鼠表现 3 种临床症状,病理变化亦分 3 种类型。

1. 大脑型　胸腹腔有浆液性渗出。感染后 3 d,可见软脑膜和脉络丛有轻微的淋巴细胞浸润,主要为处于不同转化期的淋巴细胞,浸润细胞很快增多,6～9 d 达到高峰。浸润细胞密集于蛛网膜池内和各脑室的脉络丛中,并常扩展至血管周围,形成淋巴细胞性“袖套”,但没有脑炎变化。超微结构可观察到脉络丛上皮细胞浆内的特征性包涵体，少见脑膜和室管膜细胞坏死。

2. 内脏型　用 LCMV 强毒株经腹腔接种成年小鼠，其病理变化主要表现为免疫病理。感染后第 6 天，肝脏可见脂肪变性，散在有坏死灶，内有淋巴母细胞、单核细胞、枯否氏细胞、内皮细胞以及罕见的多核细胞和巨核细胞浸润。脾脏肿大，死亡的出生小鼠可见肝坏死。

3. 迟发型　又称慢性免疫复合物型。肾脏的肾小球和脑的脉络丛严重受损，也可波及滑膜、睫状体、血管壁、真皮乳头层-表皮连接处。浸润细胞包括淋巴细胞、浆细胞和单核细胞。

(五)LCMV 的持续性感染

LCMV 的持续性感染是其病毒致病性特征，包括两种类型：一种是健康携带状态的持续性耐受感染，这种形式仅限于自然宿主小鼠，通过感染胎鼠或新生乳鼠而获得。另一种是慢性感染，可由实验接种成年小鼠或与感染鼠群密切接触而产生。引起 LCMV 持续感染的因素很多，就病毒本身而言包括以下几个方面。

1. LCMV 为非溶解细胞病毒　病毒长期感染细胞是引起持续性感染的重要因素。宫内感染或新生乳鼠感染 LCMV 可终生带毒而无任何症状，而正常成年小鼠脑内接种则引起死亡。接种同时使用免疫抑制剂可使 90%的小鼠存活，这种健康携带状态表明 LCMV 本身对感染细胞无损伤。病毒感染所致的病理改变是免疫损伤所致。

2. LCAMV 以细胞-细胞方式传播　细胞-细胞方式传播可能是持续感染的一个重要因素。病毒通过细胞-细胞传播，避免产生细胞外病毒粒子，即可逃避宿主的免疫监视。研究证实，LCAMV 持续感染的 BHK-21 细胞培养液中无感染性颗粒，但细胞提取物均有感染性，表明感染确实是以细胞-细胞传播的。

3. LCAMV 感染细胞表面失去病毒抗原的表达　不论是 LCAMV 持续性感染的小鼠，还是培养细胞，其细胞表面表达的病毒抗原要比急性感染的少，免疫荧光试验证实，急性感染小鼠的室管膜、脉络膜和脑膜细胞及培养细胞的胞浆内有 NP 抗原，细胞表面有糖蛋白抗原。但持续性感染小鼠体内和培养细胞中可选择性地失去病毒糖蛋白的表达，而胞内仍有 NP 抗原。感染细胞表面的病毒抗原可以刺激宿主的免疫系统，诱导细胞免疫和体液免疫，从而特异性地杀伤和清除病毒感染细胞。LCAMV 感染细胞表面失去病毒糖蛋白，可能是病毒逃避宿主的免疫系统，能够在细胞内赖以持续存在的一个重要原因。

4. 非感染性颗粒的作用　LCMV 有两种颗粒，一种是具有感染性的标准颗粒，能够启动复制周期产生感染性病毒子代；另一种是无感染性的缺损性干扰颗粒，可以干扰标准病毒的复制，对感染起着反馈调节作用。持续感染的细胞表面病毒抗原表达的减少与缺损性干扰颗粒的干扰有密切关系。

5. LCAMV 在 T 淋巴细胞内增殖　用 LCAMV 感染不同年龄的小鼠，测定胸腺和脾脏感染性 T 细胞数量，发现感染性 T 细胞存在于新生乳鼠体内。随年龄的增加感染性 T 细胞数量减少，成年小鼠感染 LCAMV 无感染性 T 细胞。LCAMV 在 T 细胞内增殖，导致 T 细胞功能的损失，从而改变宿主的细胞免疫功能，是引起持续感染的一个重要因素。

(六)诊断

根据临床症状和病理变化可作出初步诊断，确诊需进行病毒分离鉴定和血清学检测。

1. 病毒的分离与鉴定　将病鼠的脑、肝、脾、肺等脏器制成匀浆或取血清接种于易感成年小鼠脑内，小鼠通常在接种后 4～5 d 发病，病鼠震颤、痉挛，随即死亡。取病死小鼠的肝组织制成冰冻切片，采用免疫荧光技术检查肝细胞中 LCMV 特异性抗原的存在。也可接种于

BHK-21 细胞、Vero 细胞等，然后用免疫荧光试验检测胞浆内的特异性病毒抗原的存在，或直接观察细胞病变。

2. *血清学检测* 用补体结合试验检测急性感染病例的补体结合抗体，用免疫荧光、免疫酶法、ELISA 试验等方法检测 LCMV 抗体。

(七)预防与控制

(1)野鼠经常携带 LCMV，防止野鼠进入动物房是保持鼠群免受 LCMV 感染的重要措施。发现小鼠已被感染，应将小鼠全部淘汰。房舍彻底消毒后，重新引种，建立新种群。若为非常珍贵的品系，可筛选无病毒血症及抗体阴性的种鼠。

(2)坚持卫生消毒制度，加强饲养管理。定期检疫、监测，净化鼠群。LCMV 可经胎盘垂直传播，通过剖腹产净化鼠群需注意选择不携带 LCMV 的母鼠。

(3)LCM 为人、畜共患病，实验人员应注意自身的防护，此病目前无法治疗。

(八)LCMV 感染对实验动物和动物实验的影响

(1)实验人员感染引起严重后果。

(2)LCMV 在 B、T 淋巴细胞和巨噬细胞中大量复制，抑制体液免疫和细胞免疫应答。污染移植肿瘤，促进移植肿瘤在体内的生长，影响肿瘤学研究。LCMV 在某些品系小鼠胰腺 β 细胞内长期存在，产生类似于 2 型糖尿病的代谢和病理变化，影响代谢研究。

四、仙台病毒性肺炎

仙台病毒性肺炎(sendai viral pneumonia)是最难控制的病毒性疾病之一。临床表现为两种类型，急性型多见于断乳小鼠，主要表现呼吸道症状，多数情况下呈隐性感染，可对实验研究产生严重干扰。实验大鼠仙台病毒感染多呈亚临床经过，有时可引起肺炎，对使用大鼠进行的麻醉实验和吸入毒理学研究等均可产生严重干扰。

(一)病原

1. *病毒* 仙台病毒(sendai virus，SV)属副黏病毒科，副黏病毒属。为单股负链 RNA，病毒粒子多呈圆形，直径为 100～200 nm，具有相对坚固的核衣壳，有长 8～15 nm、宽 2～4 nm 的纤突和囊膜。病毒对多种动物的红细胞具有血凝性和血溶性。根据血溶抑制试验，可分析毒株的抗原性差异。

SV 只有一个血清型，世界各地分离到不同的毒株，实验室常用毒株有 Fushimi、Akitsugn、MN、Z 株。除对培养细胞的毒力、鸡胚或细胞培养物上的病毒收获量有差异外，分离的 SV 毒株致病性基本相同。

2. *病毒抵抗力* SV 对乙醚和热敏感，pH 3.0 条件下极易灭活。SV 的血凝素对温度的抵抗力取决于病毒溶液的组成，纯化病毒在盐溶液中或 1%柠檬酸溶液中，45℃ 80 min 即失去血凝活性；同样条件下，在肉汤溶液中血凝活性不受影响。56℃ 10 min 可灭活病毒血溶活性。

3. *病毒培养特性* SV 可在多种细胞上生长，Hela、KB、Hep-2 细胞最为敏感。病毒增殖的同时伴有红细胞吸附、红细胞凝集现象和细胞病变。大量病毒感染传代细胞，可引起细胞融合，这种活性可被特异性免疫血清所抑制。SV 易在鸡胚羊膜腔、尿囊腔内生长，并在绒毛尿囊膜上形成 1～4 mm 的灰白色病灶。

(二)流行病学

1. *易感动物* 自然条件下仙台病毒可感染小鼠、大鼠、仓鼠和豚鼠。不同品系小鼠对仙台病毒的易感性明显不同。NIH、SSB、129/J、Swiss 裸鼠、DBA/2 等为易感品系，而 C57BL/6、AKR/J. BALB/CJ 等对 SV 具有较强的抵抗力。在有抵抗力的品系中，仙台病毒的复制仅限于呼吸道，而在易感品系，仙台病毒可在肺Ⅱ型上皮细胞内复制，引起严重的肺损伤。未感染过 SV 的易感鼠群、新生乳鼠和未成年小鼠最为易感，常发生严重的肺炎，并在 3～4 d 内死亡。子鼠在哺乳期具有较高滴度的母源抗体，因此不易感染。

2. 传播途径　直接接触和空气传播是 SV 主要的传播方式。实验条件下，经多种途径均可使小鼠感染。实验小鼠感染仙台病毒后，肺部抵抗力减弱，易继发细菌性肺炎。本病一年四季均可发生，但以冬春季节多发。气温骤变、忽冷忽热等环境因素可加重发病和流行。

(三)临床症状

由于动物的种类、品系、年龄、群体大小、有无既往病史以及免疫状况的不同，感染仙台病毒可表现为两种不同的感染类型。

1. 慢性型　常为地方性流行，病毒在鼠群中长期存在。多见于断乳不久至 6 周龄的小鼠，通常为亚临床感染，病毒存在 14 d 左右。

2. 急性型　常表现临床症状，在短时间内自愈或转为地方性流行。病鼠被毛粗乱、弓背、呼吸困难、眼睛有分泌物、发育不良、消瘦等。怀孕鼠妊娠期延长，新生乳鼠死亡率高。

3. 大鼠感染 SV 多呈亚临床经过　有报道，在急性流行期间，幼龄大鼠表现肺炎症状，生长发育迟缓，成年大鼠产子率下降。通过鼻内感染，大鼠表现为被毛粗乱、呼吸困难、厌食等。剖检可见广泛性的肺部损伤。

(四)病理变化

1. 眼观变化　主要为肺脏的充血和炎症变化。病鼠肺因充血、渗出呈杨梅色，切开后流出泡沫状血样液体，病变多见于尖叶、膈叶和心叶。实验证实人工感染 KM 小鼠后第 5 天，肺增重 50%，14 天增重 1 倍左右，同时可见心包腔和胸腔积液，胸膜粘连。

2. 组织病理学变化　SV 感染小鼠的病理变化过程分 3 个阶段。急性阶段的特征是对病毒的炎症反应和靶细胞的溶解。感染早期，肺泡壁毛细血管充血，细支气管黏膜固有层有嗜中性白细胞浸润，支气管腔和肺泡腔充满脱落的上皮细胞、渗出物、炎性细胞和红细胞。修复期特征是细支气管和肺泡壁有高度嗜碱性的立方上皮或扁平样细胞增生，增生的细胞表现高度分裂相，修复损伤的细支气管和肺泡。局部增生的肺泡上皮围绕终末支气管形成腺泡样或腺瘤样排列，称为肺泡细支气管化或肺泡腺泡化病变。恢复期特征是肺脏坏死的实质细胞经结缔组织增生修复呈瘢痕化，并终生存在。

大鼠感染 SV 的病理变化主要表现为灶状间质性肺炎变化：血管和支气管周围可见大量的淋巴细胞和浆细胞浸润，支气管腔内有黏液、嗜中性细胞和淋巴细胞等炎性细胞和坏死细胞碎片。

(五)诊断

1. 病毒分离与鉴定　将病鼠鼻咽部或肺部浸液接种于 BHKB-21 细胞或 Vero 细胞，观察细胞病变，5～14 d 对此细胞培养物作血凝素检测。也可将病料接种于 9 日龄 SPF 鸡胚尿囊腔，37℃培养 2～4 d，取尿囊液作血凝素检测。

2. 血清学检测　常用补体结合反应、放射免疫试验、免疫荧光试验和酶联免疫试验等方法进行血清学诊断，但酶联免疫吸附试验最为敏感。

(六)预防与控制

加强卫生防疫措施，定期进行免疫学监测，发现感染立即淘汰鼠群。采用剖腹产技术重新建立鼠群或从无病鼠群重新引种。屏障系统能有效防止SV感染。

(七)对实验研究的干扰

SV急性感染多见于断乳小鼠，多数情况呈隐性感染，当饲养条件恶化，气温骤变或并发呼吸道细菌感染时，可引起疾病的暴发和流行。而且SV隐性感染会给动物实验带来严重干扰。

1. *干扰免疫系统* 严重影响体液和细胞介导的免疫应答。如抑制大鼠淋巴细胞对绵羊红细胞的抗体应答；减弱大、小鼠淋巴细胞对植物血凝素和刀豆素的促有丝分裂应答；对小鼠的免疫系统可产生长期的影响，包括自身免疫病的发病率增高；抑制巨噬细胞的吞噬能力及在细胞内杀灭降解被吞噬细菌的能力；影响移植免疫，加速同种异系，甚至同系小鼠之间的皮肤移植的排斥。

2. *对致瘤作用研究的影响* 仙台病毒感染后遗留的组织学改变酷似浸润性肺癌，易被误诊；对实验性化学致癌作用有较强的影响，能抑制氯基甲酸酯诱发肺腺瘤；SV感染的DBA/2系小鼠，接种MuLV(Friend株)，病毒不能在脾内复制，动物不发生白血病；SV感染可移植的肿瘤，可改变肿瘤表面抗原及其致瘤性。

3. *对鼠类生殖繁育的影响* 妊娠母鼠感染SV会严重影响胎儿的发育，增加新生乳鼠的死亡率。妊娠4～5 d的大鼠感染SV会造成胚胎的吸收，妊娠11～12 d的大鼠感染使妊娠期延长，并导致产后24 h内的新生乳鼠死亡率增高。SV对早期胚胎有亲嗜性，易导致胚胎死亡。

五、小鼠肝炎

小鼠肝炎(mouse hepatitis)是由鼠肝炎病毒(mouse hepatitis virus，MHV)引起的一种高度传染性疾病。随毒株、动物品种和年龄不同，呈现出以肝炎、脑炎、乳鼠肠炎和进行性消耗综合征为特征的疾病。小鼠肝炎病毒为影响科学实验研究的主要病原之一。多数为亚临床感染或隐性感染，某些应激因素导致机体抵抗力下降时，容易引起急性发病和死亡。

(一)病原

1. *病毒* MHV属冠状病毒科，冠状病毒属。核型为单股RNA。病毒粒子呈圆形或多形态。直径为60～160 nm，被覆有囊膜，囊膜表面有特征性的花冠状突起。

2. *毒株分类* 不同的MHV毒株其毒力、组织趋向性和抗原性有所不同，但自然感染并不总使小鼠发生肝炎。其中MHV-2，MHV-3，MHV-A59的毒力较MHV-1、MHV-S、MHV-Y和MHV-Nu强。根据不同毒株的组织嗜性不同，可将其分为两大类：即嗜呼吸道毒株和嗜肠道毒株。许多毒株包括原始型毒株(MHV-1，MHV-3，MHV-A59，MHV-JHM，MHV-S)均可导致典型的呼吸道感染。此群毒株最易引起肝炎和脑炎，例如，MHV-A59为嗜肝型，MHV-JHM为嗜神经型，而MHV-3为嗜淋巴细胞型和嗜骨髓型。但这些差异只是相对的并互有重叠。其他毒株可致肠道感染，包括MHV-D，MHV-Y和MHV-LIVIM(幼鼠致死性肠炎病毒)等。

3. *病毒抵抗力* MHV对乙醚、氯仿和β-丙内酯等敏感，对脱氧胆酸盐有中等抵抗力。不同毒株对热的敏感性明显不同，研究证明，在1 mol/L $MgCl_2$中，50℃ 1 h MHV-JHM可被迅速灭活，MHV-1、MHV-Nu 毒力下降，其余 9 个毒株不受影响。对热有一定抵抗力的毒株毒力较弱。

4.病毒的培养特性 MHV 可在小鼠巨噬细胞和来自于小鼠的细胞系（肝细胞系 NCTC1469，成纤维细胞系 L-929 和转化细胞系 DBT 等）上生长，并导致细胞融解和细胞融合等细胞病变，其中细胞融合形成合胞体是一种能够普遍观察到的现象。

(二)流行病学

MHV 自然感染只发生于小鼠。MHV 主要经空气和接触传播，病鼠的粪便、鼻咽渗出物甚至尿液均含有大量的病毒，健康小鼠接触污染的饲料、饮水、用具和周围环境等经口、鼻等途径传播均能发生感染。多数学者认为存在着垂直传播的可能性，Katami 等用 MHV -JHM 感染妊娠鼠，在母体胎盘和胎儿肝脏均发现有病毒抗原。蚊子可作为机械带毒者传播此病。随小鼠年龄增长，对 MHV 的抵抗力也增强。MHV 野毒一般致病力低，成年远交小鼠感染后不发生死亡，没有母源抗体的乳鼠感染后的发病率和死亡率较高。

(三)临床症状

小鼠肝炎的临床表现取决于小鼠品种、年龄、毒株的嗜组织性。无论何种品系 2～3 周龄的小鼠对 MHV 都敏感，BALB/C 和 C57BL 敏感，裸鼠非常易感。

(1)小鼠自然感染低毒力的 MHV 多呈隐性感染。

(2)乳鼠感染 LIVIM 毒株可发生致死性肠炎，表现为急性腹泻、脱水、厌食、体重减轻，生长迟缓，甚至死亡。3～4 周龄小鼠发病，死亡率可达 100%。

(3)乳鼠和易感成年鼠感染嗜神经型毒株（MHV-JHM）常引起脑炎和脱髓鞘症状，表现为后肢松弛性麻痹、惊厥，出现旋转运动和结膜炎。2～4 d 内死亡。

(4)裸鼠对 MHV 非常易感，常发生典型的进行性消耗综合征，表现为衰弱、弓背、体重明显下降，伴有肝炎，进而死亡。

(四)病理变化

1.眼观病变 断乳鼠和成年鼠，无论感染何种毒株，均以肝脏病变为主。肝脏表面散在出血点和坏死灶，也可伴有黄疸，腹腔有带血渗出液。新生乳鼠感染 LIVIM，可见胃空虚、小肠鼓气和肠道出血等变化。裸鼠无论人工感染或自然感染 MHV，肝脏均可见大量不规则坏死灶，有时可见出血灶。

2.组织病理学变化 主要为肝脏坏死，可以是局灶性或融合性。坏死灶中央肝细胞消失，留下崩解的网状组织、充满脂肪的吞噬细胞和炎性细胞，坏死灶边缘常有合胞体形成。裸鼠合胞体形成于许多组织中，肝坏死面积大，有时波及整个肝叶。

呼吸道病变：断奶或成年远交小鼠感染低毒力的 MHV，感染只限于上呼吸道黏膜。病毒通过血液散播，肺部较早受到侵害，可在血管和肺泡膈检查出抗原。裸鼠在肺部血管壁可见内皮细胞形成的合胞体。

肠道病变：嗜肠道型毒株可引起任何年龄小鼠的肠道病变，病变可发生于整个肠道的任何部位。可见肠黏膜坏死、脱落和炎症变化。严重时肠绒毛消失，尚存留者变短变钝。黏膜上皮形成合胞体，在整个肠道内可见特异性肿大的多核细胞即合胞体，称“气球样细胞”，尤以小肠多见。在其他器官如脾、胃、胰和淋巴结也可见到实质细胞的坏死与合胞体形成。

神经病变：嗜神经毒株（如 MHV-JHM 株）感染可产生中枢神经系统病变。病变可出现于各个区域，在海马和嗅球病变最为明显。脱髓鞘发生于脑干和室管膜，乳鼠可发生脑膜炎、大脑组织的海绵状坏死和淋巴细胞血管袖套等变化。

(五)诊断

根据症状和病理变化可作出初步诊断,合胞体形成具有诊断意义。确诊需进行病毒分离和血清学检查。酶联免疫试验和免疫荧光试验比较敏感,为常用方法。

(六)预防与控制

鼠肝炎病毒是实验鼠群中难以清除的病毒之一,定期进行血清学监测,一旦感染淘汰整个群体。采取剖腹产技术结合屏障设施饲养有助于本病的控制。

(七)对实验动物和动物实验的影响

(1)MHV 感染可引起乳鼠、裸鼠和某些基因型的成年小鼠发病与死亡,直接干扰研究工作顺利进行;隐性感染小鼠发生混合感染或受到实验刺激可暴发疾病,导致动物实验中断。

(2)MHV 感染可改变机体的免疫应答。急性感染增强或抑制小鼠对绵羊红细胞(SRBC)的抗体应答反应。慢性感染显著降低小鼠血清免疫球蛋白水平,抑制对脂多糖和 SRBC 的抗体应答。影响巨噬细胞的数量、吞噬活性和杀伤肿瘤细胞的活性;诱生干扰素;增强自然杀伤 T 细胞活性。

(3)MHV 感染可影响肝脏代谢功能和酶活性。增高某些肝酶活性,降低另一些肝酶活性。

(4)裸鼠感染 MHV 可因组织细胞合胞体形成影响肿瘤免疫学的研究。

(5)MHV 常污染用小鼠生产的生物制剂、腹水、病毒和移植细胞。

六、兔出血症

兔出血症(rabbit hemorrhagic disease)是由兔出血症病毒(rabbit hemorrhagic disease virus,RHDV)引起的兔的一种急性、烈性传染病。本病发病急、传染性强且死亡率高。主要侵害青年兔和成年兔。

(一)病原

1. *病毒* RHDV 属杯状病毒科,兔出血症病毒属。为单股 RNA 病毒,呈球形、无囊膜,为正二十面立体对称,病毒粒子直径为 34～36 nm。核衣壳厚 4～6 nm,表面有直径为 4 nm 的壳粒 32～42 个。RHDV 对大鼠和人"O"型红细胞有较高的凝集价,也可凝集绵羊、鸡、鹅的红细胞。

2. *病毒抵抗力* RHDV 抵抗力很强。耐酸、乙醚和氯仿,RHDV 经乙醚、pH 3.0 和 56℃ 1 h 处理后仍可引起易感兔发病死亡。含毒病料在 −20～−8℃保存 56 d,室内污染环境 135 d 仍有致病性。1%甲醛,2%戊二醛,10%漂白粉、1% NaOH 2～3 h 均可完全灭活病毒;生石灰杀灭较差,草木灰和过氧乙酸效果极差。

3. *病毒的培养特性* RHDV 很难适应细胞培养。病毒在 Vero 细胞上可产生一定病变,细胞萎缩变形,部分融合,有的脱落,出现空斑,但传至第 3 代细胞病变消失。MA104 细胞连传 7 代仍有细胞病变,第 8 代细胞病变消失。经胰酶处理的病毒在猪睾丸传代细胞(RSTF)可传至 11 代,虽然不引起细胞病变,但可长时间维持其血凝性。

(二)流行病学

1. *易感动物* 本病只发生于家兔,不同品种均易感,长毛兔尤为敏感,不同性别的兔易感性无差异。不同年龄的兔易感性差异很大,主要发生于 2 月龄以上的青年兔或成年兔,发病急、死亡率高,断奶育成兔死亡率稍低,哺乳仔兔很少发病死亡。用含毒病料接种金黄地鼠、大鼠和小鼠，均无明显症状，但都有不同程度的组织病理学变化。病毒可在乳鼠体内生长增殖，并引起乳鼠规律性死亡。乳鼠作为实验动物模型进行毒种保存、病毒特性测定及血清中和试验等。

2. 传染源及传播途径　病兔与带毒兔为传染源，健康兔与其直接接触而感染，也可通过排泄物、分泌物等污染的饲料、饮水、实验器械以及实验人员往来间接传播。在自然条件下，空气传播是主要的传播方式，人工感染经口服、滴鼻或皮下、腹腔注射等途径均可引起发病。

3. 发病季节　本病发病急、死亡率高，常呈暴发性流行，引起毁灭性损伤。一年四季均可发生，以冬、春季多发。可能与气候寒冷、饲料单一、抵抗力降低有关。

（三）临床症状

自然病例潜伏期为 2～3 d，人工感染发病最快为 32 h。根据病程的长短，可分为最急性型、急性型和慢性型。

1. 最急性型　多见于非疫区流行初期，患兔没有任何前驱症状，突然发病死亡，死前仅表现短暂的兴奋，而后卧地挣扎、鸣叫，有时鼻孔流出血样液体。

2. 急性型　病兔食欲骤减，但喜饮水，精神沉郁，皮毛无光，结膜潮红，体温高达 41℃ 以上，稍稽留后骤降至 35℃以下。一般病程为 12～48 h。死前病兔在笼内瘫卧，不能站立，但不时挣扎，抽搐，撞击笼架，啃咬笼具，死前惨叫，少数鼻孔流出血样泡沫液体，死后呈角弓反张姿势。

3. 慢性型　多见老疫区和流行后期，以及 2 月龄小兔。病兔潜伏期和病程较长，精神欠佳，食欲减退，被毛无光，迅速消瘦，多数病兔可耐过逐渐康复，但生长发育不良，并带毒成为传染源。

（四）病理变化

1. 眼观病变　以实质器官淤血、出血为主要特征。喉头、气管弥漫性充血、出血，气管内充满大量血样泡沫。肺水肿，肺脏表面散在大量出血斑点。心包积液，包膜上有点状出血。肝肿大，呈土黄色或暗红色，质脆，或散在有灰白色坏死灶。肾脏淤血呈暗紫色，少数肿大，肾皮质可见出血点。脾淤血、肿大。十二指肠、回肠充血，有时可见出血点。内分泌腺、性腺、输卵管和脑膜也可见充血和出血。特征性病变为弥漫性肾出血、脾肿大、急性肝坏死、肺和气管黏膜明显出血。

2. 组织学病变　以全身微循环障碍为主，突出表现为在肺、肾、心、肝、脑等重要器官的微血管广泛淤血，红细胞黏滞、微血栓形成，点状出血和间质水肿，实质器官的细胞广泛变性和坏死，脾脏充血、出血，淋巴组织萎缩。

（五）诊断

根据流行特点、临床症状和病理变化，可以作出初步诊断。确诊可采取病死兔肝脏制成组织匀浆，离心后取上清液做血凝和血凝抑制试验，或进行病毒分离。

（六）预防与控制

加强饲养管理和进行环境卫生消毒是预防兔出血症的基本措施。引进种兔要进行检疫与隔离观察，证明无病后方可混群。普通级兔应定期进行免疫接种，一年免疫 2 次，仔兔在 20 日龄初次免疫。发现病兔，及时淘汰，严格消毒污染的环境。

（七）对实验研究的干扰

本病发病急，死亡率高，常常造成实验兔的大批死亡，导致试验中断，带来巨大的损失。

七、狂　犬　病

狂犬病(rabies)又名恐水症(hydrophobia),俗称疯狗病,是由狂犬病病毒(rabies virus,RV)引起的人和所有温血动物共患的一种急性直接接触性传染病。临床表现极度兴奋、狂躁、流涎和意识丧失,终因局部或全身麻痹而死亡。典型的病理变化为非化脓性脑炎,在神经细胞胞浆内可见到包涵体。

(一)病原

1. *病毒*　RV属棒状病毒科,狂犬病毒属。病毒呈短杆状,长杆状或弹丸状,一端钝圆,一端扁平,宽75～80 nm,长180～200 nm。为单股RNA病毒,外围以螺旋状对称排列的蛋白壳粒,表面为脂蛋白囊膜,囊膜上有纤突,排列整齐,为六边形蜂房状结构。存在于自然状况下的狂犬病病毒称"街毒",在实验室中通过连续的动物继代,结果使其潜伏期缩短和固定化,末梢感染性减少,包涵体出现频率减低及嗜神经性增强,具有这些固定特性的狂犬病毒为"固定毒"。RV可凝集鹅红细胞,并被特异性抗体所抑制。

2. *病毒的抵抗力*　RV可被日光、紫外线、超声波、1%～2%肥皂水、70%酒精、0.01%碘液、丙酮、乙醚等灭活,对酸、碱、石炭酸、新洁尔灭、甲醛、升汞等消毒药敏感。RV不耐热,56℃ 15～30 min或100℃ 2 min即可灭活,但在冷冻或冻干状态下可长期保持。RV可抵抗自溶和腐烂,在自溶脑组织中可保持活力达7～10 d。

3. *病毒的培养特性*　RV可在5～6 d的鸡胚绒毛尿囊膜、卵黄囊、尿囊腔内生长,鸡胚成纤维细胞对RV高度易感。RV也可在小鼠、仓鼠、兔、犬和人的原代和传代细胞上生长,其中BHK-21、BHK-13和人双倍体细胞WI-26株较为敏感。

(二)流行病学

1. *易感动物*　人及所有的温血动物,包括鸟类均易感。最易感动物包括:狐、山狗、郊狼、豺、狼、袋鼠、棉鼠;其次易感动物为仓鼠、鼬鼠、浣熊、猫、蝙蝠、猫鼬、兔、啮齿类动物;中毒易感者为牛、绵羊、猪、马、犬和灵长类动物。患病犬和带毒犬为主要传染源,病犬在潜伏期通过唾液排毒。

2. *传播途径及流行季节*　本病一年四季均可发生,春、夏季节发病率较高,可能与动物的活动性及人、畜移动频繁有关。本病流行的连锁性特别明显,以一个接着一个的顺序呈散发形式出现。

本病主要通过咬伤后经损伤的皮肤黏膜传播,误食患病动物肉或动物间相互捕食可经消化道感染;在人、犬、牛及实验动物也有经胎盘垂直传播的报道。本病发生呈明显的连锁性。伤口部位越靠近头部或伤口越深,发病率越高。无年龄与性别差异。

(三)临床症状

本病潜伏期长短不一,一般2～8周,最短4 d,最长可达数年,有38年才发病的记载。根据症状出现先后可分3个时期。

1. *前驱期或沉郁期*　前驱期为1～2 d。病犬精神抑郁,喜藏暗处,举动反常,瞳孔散大,反射功能亢进,喜吃异物,吞咽障碍,唾液增多,后躯软弱。

2. *兴奋期*　为期2～4 d。病犬狂暴不安,攻击性强,自咬、无目的地奔走,流涎、喉肌麻痹、声音嘶哑、下颌下垂。

3. *麻痹期*　为期1～2 d。病犬消瘦,张口垂舌,后躯麻痹,行走摇晃,终因全身衰竭和呼吸麻痹而死亡。

人被外观正常的犬猫咬伤、抓伤后而发病，也可通过气溶胶感染，咬伤后不加处理发病率达60%。最初头痛不适，而后咽喉麻痹，恐水或见水全身痉挛，吞咽困难，对凉气敏感，病程为2～5 d，死亡率达100%。

（四）病理变化

1．眼观病变　无特征变化，濒死动物表现痛苦状，消瘦、脱水、体表有外伤。死于狂犬病的动物胃空虚、内有毛发、石头等异物。胃黏膜充血、出血糜烂，肠道和呼吸道呈急性卡他性炎症变化，脑软膜血管扩张充血，并伴有点状出血。

2．组织病理学变化　呈现非化脓性脑炎和神经炎。特征性变化是大脑海马角、大脑皮质、小脑和延脑等部位的神经细胞内出现嗜酸性包涵体（圆形或椭圆形单个或多个）。犬的包涵体出现率为90%～95%，人低于60%。神经细胞变性坏死，脑软膜、灰白质毛细血管充血、出血，血管周围间隙增宽并有淋巴细胞浸润，形成明显的血管袖套现象和神经胶质细胞增生形成的结节。

（五）诊断

根据临床症状，结合咬伤病史，可作出初步诊断。确诊需进行病原学检查，对疑是狂犬病动物，取其脑组织、唾液腺或皮肤等标本，做病毒分离、组织病理学包涵体检查和免疫荧光试验等。

（六）预防与控制

普通级犬定期接种疫苗是预防和控制狂犬病的有效方法。引进犬要检疫，定期免疫注射，隔离观察21 d才可使用。易感动物和接触犬的人员应注射狂犬疫苗，发现病犬、可疑犬马上捕杀，尸体焚烧或深埋。

（七）对动物实验的干扰

狂犬病是一种人、畜共患的烈性传染病，主要对人构成威胁。犬、猫、猴、兔及啮齿类实验动物，一旦发病，实验研究必须立即中止。

八、犬　瘟　热

犬瘟热（canine distemper）是由犬瘟热病毒（canine distemper virus，CDV）引起的，感染肉食兽中的犬科（尤其是幼犬）、鼬科及一部分浣熊科动物的高度接触传染性、致死性传染病。以早期双相热型，急性鼻卡他，随后支气管炎、卡他性肺炎、严重的胃肠炎和神经症状为特征。少数病例出现鼻部和脚垫的高度角化。

（一）病原

（1）病毒。CDV属副黏病毒科，麻疹病毒属，为单股RNA，病毒粒子呈圆形或不整形，有时呈丝形。直径为150～300 nm，双层轮廓的膜，膜上有螺旋形核衣壳，膜上有长约为1.3 nm的杆状纤突。CDV只有一个血清型，不同毒株形成的鸡胚痘斑、细胞蚀斑，以及对乳鼠的神经毒力存在着明显差异，血凝性也不一致。

（2）病毒抵抗力。CDV对紫外线和有机溶剂敏感，pH 4.5～9.0均可存活。0.75%的石炭酸和0.3%的季铵盐类消毒剂4℃ 10 min不能灭活病毒，3%的NaOH消毒效果好。CDV对热和干燥敏感，50～60℃ 30 min即可灭活，炎热季节CDV在犬群中不能长期存活。在较冷的温度下，CDV可存活较长时间，2～4℃可存活数周，－60℃可存活7年以上。

(3)CDV 可在鸡绒毛尿囊膜上增殖，并能适应多种细胞培养物，包括原代和继代犬肾细胞、鸡胚成纤维细胞、Vero 细胞等。在犬肾细胞产生的细胞病变包括细胞颗粒变性和空泡形成，形成巨细胞和合胞体，并在细胞中形成包涵体。

(二)流行病学

1.易感动物　犬瘟热是犬的一种最古老、最重要的传染性疾病，广泛分布于世界各地。自然条件下，犬科动物、鼬科动物、部分浣熊科动物和一些灵猫科动物等均易感。这些易感动物，无论是显性感染或隐性感染，都可成为传染源。各种年龄品种的犬均可感染，纯种犬较杂种犬易感，不满 1 岁的幼犬最为易感。

2.传播途径　病犬是本病的重要传染源，感染动物通过分泌物向外排毒，尿液可长期排毒。主要传播途径是与发病犬直接接触，通过空气飞沫经呼吸道传播。有人认为，CDV 可通过胎盘垂直传播，并造成流产和死胎。

3.发病季节　本病一年四季均可发生，以冬、春季多发，有一定的周期性。据报道，每隔 3 年有一次大的流行。

(三)临床症状

犬瘟热的临床症状表现多种多样，与病毒毒力、环境条件、宿主年龄及免疫状态有关。潜伏期通常为 3～5 d。临床表现以发热、卡他性炎症、神经症状和皮肤症状为特征。

1.双相热　病初表现精神委顿，食欲减退或废绝，眼、鼻流出浆液性分泌物。随着体温升高到 39.5～41℃，持续 2 d 左右，出现病毒血症，然后体温下降至常温，患病犬感觉正常，食欲也有所恢复，维持 2～3 d 后，体温再次升高，呈双相热型。

2.上呼吸道症状　轻者为结膜炎和鼻炎，表现为眼、鼻有卡他性或化脓性分泌物，重症常发生肺炎，表现为干咳、湿咳和呼吸困难。

3.肠炎症状　急性胃肠炎，表现为食欲废绝，呕吐，吐出物为黄绿色胆汁黏液，严重下痢，粪便恶臭并混有黏液或血液。

4.皮肤症状　幼犬常在腹壁和股内侧少毛处出现小红斑疹，进而发展成脓疱、结痂、脱落。少数慢性经过，可发生鼻翼部或脚垫角质化。

5.神经症状　神经症状通常在全身症状恢复后 7～12 d 出现，也有一开始发热就出现神经症状的。如阵发性痉挛、共济失调、转圈、惊厥或昏迷，偶有后肢麻痹，口吐白沫等。通常依据全身症状的某些特征可以预测出现神经症状的可能性。幼犬的化脓性皮炎不会发展为神经症状，但鼻翼部或脚垫角质化可引起不同类型的神经症状。有神经症状者预后不良，病死率极高。

(四)病理变化

1.眼观病变　CDV 为泛嗜性病毒，对上皮细胞有特殊的亲和力，因而病变非常广泛。新生幼犬感染 CDV 通常表现胸腺萎缩，幼犬感染还可见牙釉质发育不良。成年犬多表现结膜炎、鼻炎、气管支气管炎和卡他性肠炎。鼻翼部或脚垫角质化常伴有神经症状，中枢神经系统病变包括脑膜充血、脑室扩张、脑水肿引起的脑脊髓液增多。

2.组织病理学变化　全身性疾病表现为淋巴系统的退行变化。弥漫性间质性肺炎以肺泡隔增厚和肺泡上皮细胞增生为特征，肺泡内有脱落的上皮细胞和巨噬细胞。泌尿生殖道的移行上皮肿胀，肾上腺皮质变性。眼睛损伤包括睫状体炎性细胞浸润，神经节细胞层可见渗出液及色素细胞增生，水肿和炎性细胞浸润可致视网膜分离，同时可见溃疡性角膜炎和化脓性结膜炎。

新生幼犬急性致死性脑炎，可发生神经细胞和髓质的变性或早期脱髓鞘，但无明显的血管袖套现象。存活动物坏死区被肥大的星状细胞取代。成年动物或慢性病例，脑炎变化主要表现为脱髓鞘和神经元细胞变性区域内血管周围广泛的淋巴细胞浸润。慢性病例多以致密的星状细胞取代原有的神经组织为特征。嗜碱性 CDV 包涵体位于胞浆内，直径为 1～5 nm，可在黏膜上皮、网状上皮、白细胞、神经胶质细胞和神经元中发现。

(五)诊断

根据流行病学和临床症状常常不能确诊，易与多杀性巴氏杆菌、沙门氏菌、犬传染性肝炎、犬细小病毒等病原混合或继发感染，所以诊断更加困难。确诊通常需要进行病毒分离或血清学诊断。常用的血清学诊断方法有中和试验、补体结合试验、荧光抗体法、ELISA 试验等。

(六)预防与控制

预防本病的最有效措施是免疫接种，目前我国广泛使用鸡胚细胞培养的弱毒疫苗，其安全有效，并可用于紧急接种，免疫期 6 个月以上，常采用皮下注射或肌肉注射的接种途径。

(七)对实验研究的干扰

一旦发生犬瘟热，可使大批动物发病和死亡，导致实验中断。

九、犬细小病毒感染

犬细小病毒感染(canine parvovirus infection)是由犬细小病毒(canine parvovirus ,CPV)引起犬的一种烈性传染病。临床表现以急性出血性肠炎和非化脓性心肌炎为特征。

(一)病原

1. 病毒　CPV 属细小病毒科，细小病毒属。病毒粒子呈圆形，直径为 21～24 nm，呈 20 面立方对称，无囊膜，核衣壳由 32 个长为 3～4 nm 的壳粒组成，核型为单股 DNA。CPV 在抗原上与猫泛白细胞减少综合征病毒(FPV)和水貂肠炎病毒(MEV)密切相关，在 4℃条件下可凝集猪和恒河猴的红细胞。

2. 病毒抵抗力　CPV 对多种理化因素和常用的消毒剂具有较强的抵抗力。4～10 ℃，存活 6 个月，37 ℃存活 14 d，56℃存活 24 h，80 ℃存活 15 min。甲醛、次氯酸、β-丙内酯、羟胺、氧化剂和紫外线均可将其灭活。

3. 病毒的培养特性　与多数细小病毒不同，CPV 在多种细胞培养物上均可生长。猫原代肾、肺细胞，犬原代肠细胞，MDCK 和 CRFK 细胞较适合 CPV 的增殖。

(二)流行病学

1. 易感动物　犬是主要的自然宿主，其他犬科动物，如犬、狼、狐、貉、浣熊等均可感染发病。犬感染 CPV 发病急，死亡率高，常呈暴发性流行。不同年龄、性别、品种的犬均可感染，但以刚断乳至 90 日龄的犬较多发，病情也较严重，尤其是新生幼犬，呈非化脓性心肌炎而突然死亡。

2. 传播途径　感染犬和康复带毒犬是主要的传染源。病犬可通过粪便、尿液、唾液和呕吐物排毒，康复犬的粪、尿可长期排毒，经直接接触或通过污染的饲料、饮水等途径传染。

3. 发病季节　虽然本病一年四季均可发生，但以冬季多发。天气寒冷、气温骤降、饲养密度高、拥挤和并发感染均可加重病情和提高死亡率。

(三)临床症状

可分为两型,即肠炎型和心肌炎型,同一犬偶见两型同时出现。

1. 肠炎型　多发于青年犬,主要表现为出血性腹泻。病初体温升高(40～41℃),食欲减退或废绝,随之出现呕吐、腹泻,粪便呈灰黄色,覆有多量黏液和伪膜,后为混有血液的稀薄粪便,恶臭。病犬迅速脱水、衰竭和酸中毒死亡,病程通常1周左右。

2. 心肌炎型　多见于4～6周龄以内的幼犬,常突然发病,精神和食欲正常,偶见呕吐。轻微发热、轻度腹泻,继而突然衰弱、呼吸困难、脉搏快而弱,心脏有杂音,心电图发生病理改变,短时间内死亡。

(四)病理变化

1. 眼观变化　①肠炎型,死于肠炎的病犬极度脱水、消瘦、腹部蜷缩,眼球下陷、可视黏膜苍白。眼角部有灰白色黏稠分泌物。肛门周围有血样稀便,有的犬从口鼻流出乳白色水样黏液。肠腔内容物呈酱油色、恶臭,肠壁增厚,肠黏膜水肿、充血、出血、坏死脱落,肠系膜淋巴结充血、出血、肿胀。②心肌炎型,可见肺脏水肿、局部充血、出血,呈斑驳状。心脏扩张,左房室松弛,心肌和心内膜可见非化脓性坏死灶,可见出血斑。

2. 组织病理学变化　①肠炎型,病变主要见于肠道、淋巴结、胸腺和膈肌。肠道病变最严重的部位为空肠、回肠。肠绒毛萎缩,黏膜上皮脱落,肠隐窝高度扩张,内含坏死的细胞碎片。未脱落的黏膜上皮细胞核内含有嗜酸性包涵体。肝脏局灶性坏死,有些肝细胞和胆管上皮细胞中有嗜酸性包涵体。②心肌炎型,可见心肌纤维灶性缺失,淋巴细胞、单核细胞浸润。在肿大的心肌细胞核内,有数量、大小不等的包涵体。

(五)诊断

根据特征性症状、流行特点可作出初步诊断。取肠管和心脏病料做病理组织学检查,见到包涵体即可确诊。或分离病毒进行电镜与免疫电镜观察,也可用猪红细胞做血凝和血凝抑制试验、荧光抗体试验、ELISA试验等进行确诊。

(六)预防与控制

本病发病迅猛,应及时采取综合防疫措施,要严格隔离病犬,对犬舍用2%～4%火碱或10%～20%的漂白粉反复消毒,并空置1个月后方能启用。

普通实验犬应定期免疫接种。

(七)对实验研究的影响

一旦发生CPV感染,可造成大批动物发病和死亡,导致实验中断。

1. 肠炎型　病犬血液白细胞总数和淋巴细胞比例改变,严重干扰血液学指标的观察。胃肠道黏膜受损,易导致低蛋白症,尤其对白蛋白影响明显。

2. 心肌炎型　病犬的天冬氨酸转氨酶(AST)、乳酸脱氢酶(LDH)、肌酸酐磷酸酶(CPK)活性增高。

3. CPV感染　可抑制机体免疫功能,对其他病毒疫苗免疫产生耐受性。

4. 人类病毒性心肌炎动物模型　CPV所致的急性心肌炎常无先驱症状而突然发病死亡,其组织学特征为心肌纤维弥漫性淋巴细胞浸润并伴有间质性水肿和局限性心肌变性。慢性病例可见较大的纤维灶,形成瘢痕,瘢痕组织收缩使心外壁不规则,而且心肌纤维瘢痕组织收缩导致心瓣膜关闭不全。这与科萨基B病毒感染导致的人类病毒性心肌炎有类似之处,提示其可成为研究人类病毒性心肌炎的临床发展过程和治疗的动物模型。

十、传染性犬肝炎

犬病毒性肝炎(infectious canine hepatitis,ICH)是犬腺病毒1型(CAV-1)引起犬的一种急性败血性传染病。除犬外,本病还见于其他犬科动物,如狐、狼、山犬和熊等。在犬主要表现肝炎和眼睛疾患,狐狸则表现为脑炎。

(一)病原

1.病毒 CAV-1属腺病毒科,哺乳动物腺病毒属。与其他哺乳动物腺病毒一样,呈20面立方体对称,直径为70~90 nm,有衣壳,无囊膜。病毒核心为双股DNA。CAV包括CAV-1和CAV-2,两型有共同的补体结合抗原,但生化特性和核酸同源性不同,用血凝抑制试验和中和试验可加以区别。CAV-1可凝集人"O"型、豚鼠和鸡的红细胞,最适宜的稀释液为0.01 mol/L pH 7.2的PBS,最适宜的作用温度和时间为4℃ 60~90 min。

2.病毒抵抗力 CAV-1对乙醚和氯仿有抵抗力,在pH 3~9的条件下可存活。4℃可存活270 d,室温存活70~90 d,37℃存活29 d,56℃ 30 min仍有感染性。病犬的肝血清和尿中的病毒在21℃可存活3 d。碘酚和NaOH可用于消毒。

3.病毒的培养特性 CAV-1可在犬原代肾细胞上生长,也可在猪、雪貂、豚鼠、浣熊的肾和睾丸细胞上增殖,并产生一系列的细胞病变。

(二)流行性病学

1.易感动物 CAV-1主要感染犬和狐狸,对山犬、狼、浣熊和黑熊也有感染性,大剂量接种可使豚鼠感染。犬不分年龄、性别、品种均可发病。但1岁以内(尤以刚断奶)幼犬多发,且死亡率较高,成年犬很少出现临床症状。

2.传播途径 病犬和康复带毒犬是传染源。病初血液中有病毒,随后进入所有分泌物和排泄物中,排出体外污染环境。康复犬尿中排毒达6~9个月,是重要的传染源。可通过直接或间接接触传播,但主要通过消化道传染,也可垂直传染。

(三)临床症状

犬肝炎自然发病潜伏期为6~9 d。

1.最急性 呕吐、腹痛和腹泻等症状出现后数小时内死亡。

2.急性 病犬怕冷,体温升高(39.4~41.1℃,持续4~6 d,呈马鞍状热型),食欲废绝,饮欲增加,呕吐、下痢,粪便带血,黄疸在急性病例不常见。

3.亚急性 症状较轻,咽炎和喉炎致扁桃体红肿,颈部淋巴结发炎致头颈部水肿。特征症状是角膜水肿致单眼或双眼角膜浑浊,即"蓝眼病"。角膜水肿的病犬表现眼睑痉挛、羞明和浆液性眼分泌物。

(四)病理变化

1.眼观变化 CAV-1感染主要表现全身败血症变化。在实质器官、浆膜、黏膜上可见大小不等的出血斑点。浅表淋巴结和颈部皮下水肿、出血,腹腔充满清凉浅红色渗出液。肝肿大、呈黄褐色杂有暗红色斑点,胆囊壁水肿、增厚,肝与胆表面有纤维性渗出物。脾肿大,肾出血,肺实变,肠系膜淋巴结肿大充血,中脑及脑干呈对称性出血。

2.组织病理学变化 肝实质细胞和多种组织器官的血管内皮细胞是病毒定位和损伤的主要靶细胞。急性病例肝细胞广泛性坏死,小叶内病变细胞和正常细胞界限分明,严重时整个肝小叶呈凝固性坏死。核内包涵体最早见于枯否氏细胞,随后见于肝实质细胞。亚急性和慢性病例肝脏可见散在的肝细胞坏死，间质中有大量嗜中性白细胞、单核细胞和浆细胞浸润。门脉区单核细胞浸润和纤维化常导致肝硬化。胆囊上皮细胞完整，黏膜下层水肿，眼睛以肉芽肿性虹膜睫状体炎为特征。其他组织器官均以血管内皮细胞核出现包涵体、间质出血、炎性细胞浸润和纤维化为主要变化。

3. 血液学变化　疾病早期尿蛋白和血红蛋白反映了肝肾损伤，肝损伤导致多种肝酶活性增高。发病早期白细胞（嗜中性白细胞和淋巴细胞）减少，康复犬白细胞增加。病毒感染期发生弥漫性血管内凝血，导致相关凝血因子活性改变。

（五）诊断

根据流行病学、临床症状和病理变化仅可初步诊断，确诊必须进行相关实验室检查。

1. 血液学检查　由于淋巴细胞和嗜中性粒细胞减少引起的白细胞减少。

2. 肝酶和凝血象检查　病毒感染后 2 周，血清转氨酶类活性升高；血液凝固异常。

3. 病毒分离　取病犬血液、肝、扁桃体脾脏等组织处理后接种犬肾原代或传代细胞，而后用血凝抑制试验或免疫荧光试验检测细胞培养物中的病毒抗原。

4. 血清学检测　CAV-1 血凝抑制试验可用于检测病料中的病毒抗原。也可用免疫荧光试验、补体结合反应、ELISA 等方法检测血清抗体。

（六）防治措施

加强环境卫生消毒，防止病毒传入。坚持自繁自养，引进动物必须隔离检疫，合格后方可混群。一旦发病，立即控制疫情。应特别注意康复动物仍可向外排毒，不能与健康动物合群饲养。普通犬必须进行 ICH 的预防接种。

（七）对动物实验的影响

（1）犬感染 CAV 可发病和死亡，造成实验中断。

（2）ICH 和中毒性肝炎的肝损伤系统标志相混淆：①改变肝酶系统和免疫反应；②疾病早期出现蛋白尿和胆红素尿；③丙氨酸转氨酶（ALT）、天冬氨酸转氨酶（AST）、碱性磷酸酶（ALP）、乳酸脱氢酶（LDH）等血清酶活性增高，影响相应的实验研究。

（3）白细胞减少、凝血象改变，发病早期嗜中性白细胞和淋巴细胞减少。感染期间发生弥漫性血管内凝血，血小板数量明显减少，凝血酶原时间（PY）、凝血酶时间（TT）和激活凝血激酶时间（APTT）延长。Ⅷ因子活性降低，纤维蛋白原降解产物增加。上述参数的改变严重干扰实验结果。

十一、猴 B 病毒感染

猴 B 病毒感染（simian B virus infection）是由猴 B 病毒（又称疱疹病毒）引起的人和猴共患的一种传染病。猴是 B 病毒的自然宿主，感染率达 10％～60％。猴感染 B 病毒多呈良性经过，仅在口腔黏膜出现疱疹和溃疡。之后病毒长期潜伏在呼吸道和泌尿生殖器官附近的神经节，也可长期潜伏在组织器官内，产生 B 病毒抗体。人类感染则发生脑炎或脑脊髓炎，多数病人发生死亡。

（一）病原体

1. 病毒　猴 B 病毒属疱疹病毒科，甲型疱疹病毒属。病毒粒子呈球形，大小为 180～200 nm，核酸型为双股 DNA，核衣壳为正 20 面体，外层囊膜为脂质和糖蛋白组成，在病毒粒子周围形成具有环状突起的吸附器，有助于病毒侵入易感细胞。B 病毒与人单纯疱疹病毒

(HSV-1、SHV-2)和非洲绿猴疱疹病毒(SA_8)有密切的抗原关系。由于B病毒可引起人致死性感染,因此在实际检测中常以HSV-1作为抗原。

2. 病毒抵抗力　B病毒对乙醚、脱氧胆酸盐、氯仿等脂溶剂敏感。某些酶类如胰蛋白酶、碱性磷酸酶、磷脂酶C和链霉蛋白酶等均可使病毒囊膜变性,从而阻止病毒侵入易感细胞。B病毒对热敏感,50℃ 30 min可将其杀灭,长期保存须在－70℃条件下。X射线和紫外线对其有杀灭作用。

3. 病毒的培养特性　病毒可在原代猴、兔、猪、犬和猫肾细胞,Vero细胞和Hela细胞、KB细胞和Hep-2细胞上良好增殖,其中以兔肾细胞最为易感。细胞病变包括细胞脱落、融合和蚀斑形成。在鸡胚绒毛尿囊膜上生长并形成痘斑。

(二)流行病学

1. 易感动物　B病毒的自然宿主为恒河猴,其他猴类也有自然发病的报道。野生猴B病毒抗体阳性率远高于自繁猴。实验动物中,兔最易感。任何途径接种均可感染发病,感染兔斜颈、呼吸困难、流涎,眼鼻分泌物增多,结膜混浊。小于21日龄的乳鼠也易感。

2. 传播途径　病毒主要经性交、咬伤或带毒唾液经损伤的皮肤黏膜直接传播,也可以通过污染物间接传播。B病毒具有潜伏性,病毒可长期潜伏于上呼吸道或泌尿生殖器官附近神经节及组织器官,可经唾液、尿液、精液间歇性排毒。随着年龄增长,B病毒抗体阳性率呈上升趋势。

(三)临床症状

猴感染B病毒后,可出现体温升高,在舌面和口腔黏膜与皮肤交界的口唇部出现小疱疹,随后疱疹破裂,形成溃疡,表面有纤维素性渗出,而后形成痂皮,常于7～14 d自愈,不留瘢痕。另外,皮肤也常出现水疱和溃疡。病猴鼻内有少量黏液或脓性分泌物,常并发结膜炎和腹泻。

人感染B病毒症状主要呈上行性脊髓炎或脑脊髓炎,病初咬伤处疼痛、红肿、出现疱疹,有渗出物。随后出现脑炎等全身症状,最终麻痹而死,幸存者留下严重后遗症。

(四)病理变化

1. 眼观变化　感染后在舌面和口腔黏膜与皮肤交界的口唇部出现小疱疹,破裂后形成溃疡,而后形成痂皮。唇缘的痂皮呈褐色,干燥而致密,口腔内侧痂皮呈灰黄色,与周围组织界限分明。消化道可能有出血、溃疡,肝与中枢神经系统有损伤性病灶。

2. 组织病理学变化　疱疹部位的上皮细胞可见空泡变性和坏死,并在病灶的上皮细胞内见嗜酸性核内包涵体。肝脏实质细胞灶状坏死,汇管区血管周围可见白细胞和单核细胞浸润,中枢神经可见神经细胞坏死,胶质细胞增生和淋巴细胞性管套。神经细胞和胶质细胞内可见核内包涵体。

(五)诊断

猴感染初期症状不明显,往往不易被发现。因此,确诊需进行病毒分离和血清学检测。

1. 病毒分离和鉴定　在急性发病期猴的口腔疱疹或溃疡处用棉拭子取渗出液,或Vero细胞,无菌处理后接种兔肾细胞37℃培养3～4 d,电镜观察细胞培养物中的病毒形态,也可用免疫荧光试验检测其病毒抗原。

2. 血清学试验　中和试验是检测B病毒相关抗原的常用方法,也是公认的方法。ELISA试验也比较简便和可靠。

(六)预防与控制

(1)恒河猴是B病毒的自然宿主,有很高的感染率。对捕获的野生猴,应视为B病毒可疑感染者,严格进行隔离检疫,确认为B病毒阴性者方可用于实验研究。出现可疑B病毒感染猴应及时扑杀。随着实验动物科学的发展,应以自繁猴实验为主。

(2)B病毒属3级生物危害,相关研究必须在BSL-3实验室进行。与猴接触的实验人员要注意个人防护,一旦被猴抓伤要立即用肥皂水洗净伤口,再用碘酒消毒,并隔离观察3周,出现临床症状应及时对症治疗。

(七)对科学研究的干扰

B病毒感染的恒河猴,一般无特征性临床表现,不易造成实验的中断,但B病毒可导致人类致死性感染,严重威胁实验人员健康,造成不可挽回的损失。

第六节 实验动物的细菌性疾病

细菌所致疾病的临床表现和病理变化特征性不强,多数表现精神沉郁,食欲不振,被毛粗乱,体重下降,行动呆滞等全身性症状。一种病理变化可由多种细菌引起,如泰泽氏菌、鼠棒状杆菌、沙门氏菌均可引起肝灶性坏死;嗜肺巴氏杆菌、肺炎链球菌、肺支原体等均可引起肺部疾患。

实验动物的一些人、兽共患病原菌和动物致病菌如沙门氏菌、志贺菌、布鲁杆菌、结核分枝杆菌等已基本得到控制,然而某些条件性致病菌对动物的影响较为严重,从而干扰动物实验。细菌感染对实验动物和动物实验的影响具有一定的共性,可归纳为以下几个方面。

(一)人、畜共患病原菌和动物致病菌

(1)人、畜共患病原菌。如沙门氏菌、志贺氏菌、布氏杆菌、结核分枝杆菌等,不仅可引起实验动物的严重疾病,而且也是人类的重要致病菌,对动物和实验人员的健康和安全造成威胁。

(2)动物致病菌。如鼠棒状杆菌、泰泽氏菌、鼠肺炎支原体等,可引起实验动物的严重疾病,使实验研究中断,造成人力、物力和财力的巨大浪费。

(3)不同动物对不同细菌的易感性不同,如灵长类动物对志贺氏菌、结核分枝杆菌敏感;ICR小鼠对鼠肺炎支原体的易感性高于其他品系的小鼠;幼龄动物对各种致病菌的易感性高于成年动物。了解这些差异可以减少动物饲养和动物实验过程中的发病机会,避免对实验研究的干扰。

(二)条件性致病菌

(1)饲养管理条件改变、使用免疫抑制剂、射线照射、实验处理等应激因素可促进条件性病原菌如金黄色葡萄球菌诱发疾病。不仅影响动物生产,而且干扰动物实验结果。

(2)动物感染耐过后成为长期带菌者,可不断地向外排菌,成为危险的传染源。实验中由于试验因素的刺激而发病,动物发生不规律死亡,导致实验失败。

(三)正常菌群

正常菌群受到内、外环境变化的影响会发生菌群失调,发生数量和位置的改变,由非致病菌转变为致病菌,从而对动物实验结果产生不同程度的干扰。

(四)病原真菌

由于真菌孢子容易飞扬,实验动物易患真菌病,不仅影响科学实验的准确性,而且容易污染环境,威胁实验人员的健康。

一、沙门杆菌病

沙门氏菌病(salmonellosis)又名副伤寒，多种动物均可感染。沙门氏菌病是一种重要的人、畜共患病，对实验动物威胁最大的是鼠伤寒和肠炎沙门氏菌。在动物中可交叉感染，或同时感染两种沙门氏菌。

(一)病原

属革兰氏阴性菌，有鞭毛，不形成芽孢，是一种短杆菌，长为2～4 nm，宽0.5 μm，在一般培养基上均可生长。对葡萄糖产酸产气，不发酵乳糖。

(二)流行病学

1. *易感动物*　实验动物中，豚鼠对沙门氏菌高度敏感，感染后可发生严重的临床症状；小鼠和大鼠也很敏感，常呈亚临床感染并长期带菌；兔、地鼠和沙鼠感染率低。各种年龄的实验动物均可感染，但幼年和老年实验动物更易感。

2. *传播途径*　患病动物和带菌者是本病的主要传染源。可从粪便、尿、乳汁以及流产的胎儿等排出病菌，污染水源和饲料等，经消化道感染健康动物。本病一年四季均可发生，但多雨潮湿季节发病较多。

(三)临床症状

1. *急性型*　多呈暴发性流行，发病急，死亡快，多无前驱症状，在4～5 d内大批死亡。

2. *亚急性型*　患病动物行动呆滞、蜷缩一隅，被毛蓬松、食欲不振，出现结膜炎、眼睑黏合，腹泻、颤抖、摇晃等症状。病程延续7～10 d后死亡。

3. *慢性型*　患病动物除见上述类似症状外，可见消瘦，拖延较长时间逐渐康复或死亡。哺乳期小鼠发病率可高达70%左右，常以下痢为主要症状。

(四)病理变化

以败血症和肠炎为主，肠系膜淋巴结肿大，小肠鼓气，肠黏膜呈点状出血，肠内容物为黏液样带有泡沫，回肠、盲肠壁增厚，肠淋巴结肿胀、坏死，并有溃疡形成。慢性病例主要病变为肝、脾表面散在白色坏死结节。

组织学检查可见细菌感染性病变特征，即形成典型的肉芽肿，中央为坏死灶，周围有嗜中性白细胞、巨噬细胞和结缔组织包围。

(五)诊断

根据流行病学、临床症状和病理变化，可作出初步诊断，确诊需进行细菌检查。急性病例取心血培养。亚急性和慢性病例，可从脾脏、盲肠内容物和粪便取材，脾脏是常规剖检的首选器官。沙门氏菌存在于实质器官，分离容易常可得到纯培养。

(六)预防和控制

(1)妥善保存饲料，防止野鼠、苍蝇污染，食具、环境定期消毒，增加饲料中的蛋白质含量，提高动物抵抗力。

(2)实验动物分类饲养，密度适中，避免交叉感染。

(3)对实验动物定期监测，发现感染及时隔离淘汰。

二、泰泽氏病

泰泽氏病(Tyzzer's disease)是由毛样杆菌(*Bacillus piliformis*)引起的一种急性或隐性致死性疾病。其特征是肝脏局灶性坏死、心肌炎、肠炎和腹泻。

(一)病原

毛样杆菌分类尚未建立,这种菌不易被苏木素染色,用美蓝和姬姆萨染色涂片和切片,可取得满意效果。银染(Warthin-Starry)也可获得同样效果,并为组织切片染色的首选方法。PAS染色阳性、革兰氏阴性。本菌为多形态,在感染细胞内成丛存在时,毛样杆菌的繁殖体为细长的杆菌,0.5 μm×(8~10) μm。

毛样杆菌一般不能在无细胞培养基上生长,但可在鸡胚中生长,卵黄囊接种10~12日龄的鸡胚,不会丧失致病力。但毛样杆菌的繁殖体,极不稳定。严重感染动物死亡超过2 h,取肝组织制成悬液无感染性。感染鸡胚卵黄囊的提取物,在室温经15~20 min失去活性。4℃ 24 h完全丧失感染力。冻存于-70℃,任何形式的离心、冻干均不能维持其活性。

(二)流行病学

1.易感动物　实验动物中小鼠、大鼠、仓鼠、兔、猫和猕猴等均可感染患病。本病对幼龄实验动物特别是刚断乳的实验动物感染较严重,死亡率很高。

2.传播途径　患病动物和带菌动物为传染源,通过排泄物、分泌物污染饲料、饮水、笼具及周围环境,再由消化道、呼吸道等途径传给动物。本病多发生于秋末至初春季节,与气候、饲料、饲养管理和卫生条件有关。

(三)临床症状

根据细菌感染部位分肠型和肝型两种。

1.肠型　感染动物一般无特征性症状,被毛粗乱,腹部膨大,下痢,水样或带有少量血性黏液的粪便使肛门污秽,故又称"湿尾病"。多数经1~3 d死亡;少数病例经过5~8 d或更长时间死亡,个别动物一过性下痢后逐渐恢复。

2.肝型　自然或试验感染,可使大鼠、地鼠和兔在肠、肝和心肌出现病灶和毛样杆菌。小鼠肠道病变不稳定,肝脏病变在肠道病灶出现后发生,之后出现菌血症,肝损伤使肝酶水平增高。患病动物一般无腹泻症状而突然死亡。

(四)病理变化

1.眼观病变　肝肿大,表面散在局灶性灰白或黄白色坏死灶。小肠蠕动迟缓、扩张,内充满黄色液体,回盲连接处黏膜局灶性溃疡,肠系膜淋巴结肿大。部分病例心肌可见界限清楚的灰白色病灶。兔除有相似的肝、心变化外,最明显的变化是盲肠、结肠、回盲结口处出血,水肿,内容物呈水样、恶臭。

2.组织病理学变化　肝脏病变起始于凝固性坏死灶,坏死灶与周围正常肝组织界限分明。坏死灶周围的肝细胞内可见典型成丛毛样杆菌。坏死灶早期为嗜伊红的肝细胞残留物和溶解的细胞碎片,后期为大量的嗜中性白细胞、枯否氏细胞、巨噬细胞和成纤维细胞浸润。

肠道有出血、水肿和界限分明的坏死灶和炎性细胞浸润等变化,在肠绒毛及隐窝上皮细胞内可见到大量的毛样杆菌。大鼠、地鼠和兔还常见心肌变性、坏死和炎性细胞浸润,在心肌细胞中也可见毛样杆菌。

(五)诊断

根据流行病学、临床症状可作出初步诊断。组织病理学诊断是本病的常用方法,应用银染或姬姆沙萨染色发现肝和肠道上皮细胞内的毛样杆菌即可确诊。

(六)预防和控制

加强饲养管理,搞好环境卫生。饲料、垫料易污染毛样芽孢杆菌的繁殖体,通过消化道引起幼龄动物发病,应加强对饲料、垫料的管理。

三、肺炎支原体感染

啮齿动物的支原体主要有肺炎支原体(*Mycoplasma pulmonis*,MP)、关节炎支原体(*Mycoplasma arthritidis*,MA)和溶神经支原体(*Mycoplasma neurolyticum*,MN)等,其中以肺炎支原体感染最为常见。MP 主要引起大、小鼠慢性呼吸道感染。该病以慢性支气管肺炎,高发病率,低死亡率为特征。

(一)病原

支原体是介于病毒和细菌之间的一群多形态微生物,是目前认为能在无细胞培养基上繁殖的最小微生物。直径为 80～300 μm,可通过细菌滤器。无细胞膜,为多形性,呈球形、杆状、丝状等不规则形态,革兰氏染色为阴性。

(二)流行病学

各种年龄的大、小鼠均易感,幼龄鼠更易感。患病动物和带菌动物是主要传染源,病原体可垂直传播,也可经接触、空气等途径水平传播。本病多发于寒冷、多雨季节,饲养密度大、通风不良、长途运输等,均可促进本病的发生和流行。特别是饲养室氨浓度增高,可促进肺炎支原体的感染。许多病毒感染可改变啮齿类动物肺泡巨噬细胞的吞噬功能,可增加大鼠的死亡率或促进小鼠肺部的感染。支原体是大、小鼠体内的常在病原体,鼻腔是支原体自然感染的部位,又是感染其他动物和动物本身下呼吸道和生殖道的传染源。

(三)临床症状

肺炎支原体主要引起大、小鼠呼吸系统和生殖系统感染。

(1)大鼠感染肺炎支原体一般无症状,在疾病后期有时仅有喷鼻和啰音。晚期有时可出现症状,包括被毛粗乱,体重减轻。上呼吸道感染时,可见鼻腔、眼粘有分泌物,经咽鼓管感染中耳,偶尔也发生内耳炎。中、内耳炎导致动物头颈歪斜。这时倒提大鼠尾巴,大鼠不断转动身体,成"陀螺"状旋转。有时眼睑和鼻孔有红染区,是由于泪腺过量分泌卟啉所致。发生肺炎时,呼吸困难。

(2)小鼠感染可以无症状,当鼻腔聚集脓性分泌物和鼻黏膜炎性增厚时常发出吱吱声和呼吸困难,并表现出无活力,被毛粗乱,体重减轻等症状。大剂量试验感染可发生急性肺炎以致死亡,存活者发展为慢性支气管性肺炎和肺脓肿。

(3)肺炎支原体也是雌性大鼠生殖道病的重要病原体。雌性大鼠的感染率高达 30%～40%,最常见一侧卵巢炎和输卵管炎。临床症状与病理变化之间无相关性,眼观正常的生殖道可见 30%的广泛性组织病变,自然感染的雌性大鼠约有 30%有眼观变化。

(四)病理变化

临床症状和病理变化之间无相互关联。眼观正常的肺,可能有广泛的组织学变化。也可能只有上呼吸道病变,而无下呼吸道病变。

(1)大鼠呼吸道感染,眼观可见鼻腔、气管和鼓室大泡有黏液脓性分泌物。晚期大泡内的渗出物变成干酪样。下呼吸道的损伤表现为支气管肺炎。特征是肺膨胀不全、实变和支气管扩张。早期在气管、支气管和细支气管内有黏液脓性渗出物,随后肺泡因支气管堵塞而膨胀不全,形成许多界限分明的实变区。随病情发展,气管内渗出物增加、支气管扩张,在肺表面形成许多膨胀的黄色结节状脓肿。实变区坚实暗红,轻微塌陷区呈灰黄色,脓肿黄色隆起,使得肺脏外观呈鹅卵石样。组织病理学变化主要为急、慢性鼻炎、中耳炎、喉气管炎和支气管肺炎。各段呼吸道病变特征为含有嗜中性白细胞的渗出，呼吸道黏膜增生，黏膜下层淋巴细胞增生和浸润。

(2)大鼠发生化脓性卵巢炎、输卵管炎和子宫炎。组织病理学变化包括输卵管腔内有嗜中性白细胞渗出，上皮增生，黏膜下淋巴细胞浸润。卵巢囊扩张，内含粉红色液体，混有炎性细胞。子宫腔和子宫腺体中有嗜中性白细胞渗出，子宫内膜上皮增生、鳞状化生和息肉形成。

(3)小鼠感染早期病变主要是化脓性鼻炎，进而发展为明显的鳞状化生。黏膜下的腺体可短暂地增生，但淋巴细胞浸润可持续数周，有时可在鼻腔上皮中发现合胞体。小鼠肺无支气管相关淋巴组织，但也可在支气管周围形成以浆细胞为主的袖套。

(五)诊断

根据流行病学、临床症状和病理变化只能作出初步诊断，确诊必须进行支原体分离鉴定及血清学检测。

(六)预防和控制

加强日常管理，降低动物饲养密度，注意通风，避免氨浓度增高。

四、钩端螺旋体病

钩端螺旋体病(leptospirosis)又称密螺旋体病，是一种重要而复杂的人、畜共患病和自然疫源性传染病。临床上有多种表现形式，主要有发热、黄疸、血红蛋白尿、出血、流产、皮肤黏膜坏死和水肿等。

(一)病原

钩端螺旋体个体非常纤细，长为6～29 μm，宽为0.1～0.2 μm，具有细密而规则的螺旋。不仅一端或两端弯曲呈钩状，当绕长轴旋转或摆动时，菌体可弯成8字、T字或网球拍状。整个菌体呈C、S等字样，此弯曲又可随时消失。纤细的菌体中央有一根轴丝，螺旋从一端盘绕至另一端，整齐而致密；镜下暗视野观察，常似细小的连珠状。革兰氏不易着色，姬姆萨氏染色和银染效果好。钩端螺旋体有多种血清型。

(二)流行病学

钩端螺旋体遍布世界各地，尤以温暖潮湿的热带亚热带地区的江河岸边、湖泊、沼泽、池塘和水田地带为甚。

1. *易感动物* 钩端螺旋体的动物宿主非常广泛，几乎所有的温血动物均可感染，其中啮齿类动物是最重要的储存宿主。鼠类可终生带毒，而不表现症状。大鼠、小鼠常隐性感染拜伦型钩端螺旋体(*L. ballum*)，犬常感染出血性黄疸钩端螺旋体(*Leptospira icterohemorrhagiae*)或犬钩端螺旋体(*L. canicola*)而患病。

2. *传播途径* 钩端螺旋体侵入动物体内后，进入血液，最后定位于肾脏的肾小管，间歇式或连续性从尿中排出，污染环境使动物和人类感染。本病主要通过皮肤、黏膜和消化道传染，也可通过交配、人工授精或吸血昆虫传播。

(三)临床症状

动物感染钩端螺旋体临床表现取决于患病动物的年龄、免疫状态和病原体的毒力。

(1)急性感染。表现为严重的菌血症，病初发热(39.5～40℃)震颤和广泛性肌肉触痛。而后出现呕吐、脱水和微循环障碍。并可出现呼吸急迫、心率快而紊乱，毛细血管充盈不良。由于凝血不良和血管壁损伤，可出现呕血、鼻出血、便血等。病犬精神极度沉郁，体温下降，以至死亡。

(2)亚急性。以发热、厌食、呕吐脱水和饮欲增加为特征。可视黏膜充血淤血有出血点。干咳、呼吸困难，可见结膜炎、鼻炎和扁桃体炎。由于肾功能障碍，可出现少尿或无尿，耐过犬肾功能在感染发病后的 2～3 周可恢复。有的犬由于肾功能的严重破坏，亦可出现多尿和烦渴。

(3)出血性黄疸钩端螺旋体引起的犬急性亚急性感染，常有黄疸症状。有的犬出现明显的肝功能衰竭症状，表现体重减轻、腹水、黄疸和肝脑病。有的犬由于肾脏大面积损伤，出现尿毒症。

临床感染犬仅表现亚临床症状或慢性经过，症状亦不明显。

(四)病理变化

急性病例眼观变化为黄疸、出血、血红蛋白尿以及肝肾不同程度的损伤。慢性病例则以肾脏变化为主。

(五)诊断

通过临床症状、病理变化及流行病学资料可作出初步诊断，最后经微生物学检验作出确诊。包括涂片检查、分离培养动物实验和血清学检测。

(六)预防和控制

加强动物房舍卫生消毒，防止饲料和饮水被野鼠污染。

五、病原真菌感染

病原真菌根据其侵袭部位及发病的条件可分为浅部真菌、深部真菌和条件致病真菌 3 类。浅部真菌是指侵害毛发、皮肤、指(趾)甲等浅表部位的真菌。常见的有石膏样毛癣菌，石膏样小孢子菌和羊毛状小孢子菌等。深部真菌是指累及内脏器官及其他深部组织的真菌。常见的有新生隐球菌、荚膜组织胞浆菌、粗球孢子菌等。条件致病真菌则是那些在机体免疫功能损伤，内环境出现紊乱的情况下才具有致病性的真菌。常见的有白色念珠菌、烟曲霉菌、黄曲霉菌、毛霉、根霉和犁头霉等。

(一)发病机理

病原真菌大多为人、畜共患病原，其病原性比其他微生物弱，一般为慢性过程，多呈散发性。病理变化缺少特征性，多以慢性增生性炎症为主。机体免疫功能正常不易发生真菌感染，而免疫功能低下，特别是细胞免疫功能低下时，常发生真菌感染。

(二)预防和控制

(1)一旦发现实验动物被真菌感染，应立即将该饲养单元所有动物一并处死、焚烧，防止隐性感染动物对其他动物、饲养人员、实验人员及环境可能造成的污染。

(2)动物房舍、笼具和周围环境需用甲醛高锰酸钾加热熏蒸消毒。

(3)饲养人员和实验人员在与疑似感染真菌的实验动物接触时，应穿戴工作衣帽、口罩和手套，以防感染。

第七节 实验动物的寄生虫病

实验动物的寄生虫种类繁多,可分为原虫、蠕虫和节肢动物。蠕虫又可分为吸虫、绦虫和线虫。寄生部位也有体内、体外、血液及细胞内等不同部位等。动物感染寄生虫,不仅虫体对动物机体造成一定的损害,而且动物机体也对虫体产生反应,表现为生理、生化及免疫学功能改变,从而影响实验结果。寄生虫对动物机体的影响概括为以下几个方面。

1. *掠夺宿主的营养* 寄生虫在动物体内生长、发育、繁殖都需宿主提供蛋白质、矿物质、维生素等必要的营养。由于寄生虫种类、数量、寄生部位的不同,对动物的影响也有所不同。如蛔虫在动物小肠内寄生,以半消化物质为食,掠夺宿主大量营养,使动物出现体重下降、精神不振、消瘦、发育缓慢等一系列营养不良症状。螨、虱等体外寄生虫从动物皮下组织中吸血,钩虫则在不断移位中吸取宿主的血液,可导致动物慢性贫血。

2. *体外寄生虫对动物骚扰* 螨、虱等在吸血时,分泌有毒的唾液,刺激宿主的神经末梢,产生痒感,使动物不安,影响采食和休息,导致动物消瘦,发育不良,降低对疾病的抵抗力。

3. *对宿主造成机械性损伤* 寄生虫虫体移行过程中可对组织、脏器造成损伤。如犬恶丝虫感染期幼虫,钻入动物皮肤过程中可引起过敏性皮炎,移行至肺部能引起肺炎。泡翼线虫虫体牢固地附着于胃黏膜上吸取血液。有时虫体移位可留下许多小的水肿性创伤,造成持续出血。蛔虫有游走窜扰习性,特别是当宿主发热、妊娠、饥饿和饲料成分改变时,其活动更为频繁,造成机械性损伤。蛔虫幼虫在宿主体内移行时,损伤肠壁、肺毛细血管和肺泡壁,引起肠炎和肺炎。肠道中虫体有时可与肠内黏液混合形成栓塞堵塞肠道,引起肠梗阻,严重时造成肠破裂。

4. *对宿主产生毒性作用* 寄生虫分泌物、排泄物对宿主都有一定的毒性作用。膜壳绦虫分泌的毒素可导致宿主肠黏膜发生局灶性充血和出血,甚至造成溃疡坏死。溶组织阿米巴侵入肠黏膜和肝脏时分泌的蛋白溶解酶,可使所在组织大量细胞受到破坏。肝片吸虫虫体进入胆管,由于虫体及有毒代谢产物的作用,会致使胆管发炎,胆管上皮增生和胆管纤维变性,逐渐引起胆管堵塞,肝脏萎缩硬化。棘球蚴的囊液破裂后可使宿主产生强烈的过敏反应,出现呼吸困难、体温升高、腹泻等症状。

5. *影响宿主生理、生化和免疫系统功能* 宿主对虫体发生免疫识别及清除作用,从而降低宿主对外界的抵抗力。小鼠感染六鞭虫对可溶性和颗粒性抗原的反应性降低,不宜用作免疫学研究。另外,寄生虫感染常可使血液中嗜酸性白细胞数量增多,干扰血液学指标的观察。

一、弓形体病

弓形体病(toxoplasmosis)是由弓形体引起的一种能在人与动物之间传染的人、畜共患病。弓形体的终末宿主是猫。人和大多数动物通常呈隐性感染。猪、犬、猫等可呈显性感染,隔离饲养的实验动物少见感染。

(一)病原及生活史

弓形体属孢子纲。小鼠、大鼠、地鼠、豚鼠、犬和猴为中间宿主,猫为终末宿主。弓形体在终末宿主的肠上皮细胞内完成发育后随粪便排出卵囊,在体外完成孢子化过程,成为侵袭性卵囊。卵囊在潮湿的环境中可长期存活，并可抵抗酸、碱和大多数消毒剂。侵袭性卵囊被中间宿主吞食后，在其体内进行无性生殖。弓形体病主要经消化道感染，吸血昆虫也是本病的传播者。

（二）临床症状

病原体主要在淋巴系统中繁殖，通过血管、淋巴管，通过白细胞移动向外扩散。不同动物受侵害的部位不同，表现症状亦不相同。

大、小鼠感染后无临床症状，但组织病理学检查可见灶性脑炎。幼鼠可出现角弓反射，排便、排尿紊乱。豚鼠主要表现为肝、脾肿大，局灶性坏死。猫急性发病出现体温升高、嗜睡、呼吸困难、黄疸，有时有呕吐和腹泻症状。慢性病例主要出现消瘦和贫血，有时有神经症状。孕猫可发生流产和死胎。犬感染弓形体主要症状和猫相似，有时出现运动失调，严重时后肢麻痹，妊娠早期发生流产。猴感染弓形体病发生脑炎时，出现转圈、抱头、共济失调和惊厥。

（三）病理变化

急性病例的组织器官病变以坏死、出血和水肿为主要特征。可见腹腔积液，肠道肠系膜淋巴结、肾上腺及实质器官有灰白色坏死结节或脓肿、出血。慢性病例以炎症反应为主。

（四）诊断

通过脏器涂片检查虫体，动物接种进行病原学诊断。也可采用血清学诊断，如间接血凝试验、间接荧光试验、酶联免疫吸附试验等方法。

（五）预防与控制

加强饲养管理，防止饲料、饮水被猫粪污染。淘汰动物应焚烧或深埋，防止动物尸体被猫吞食。实验人员接触动物后要清洗消毒，避免人体感染。

二、球 虫 病

实验动物的球虫病主要发生于家兔，是由艾美耳球虫寄生于家兔胆管和肠上皮引起的，以严重腹泻和高死亡率为特征的一种原虫病。

（一）病原及生活史

1. *球虫发育史* 球虫的无性生殖、有性生殖均在家兔肠壁和胆管上皮细胞内进行和完成，孢子生殖在体外完成。卵囊随粪便排出后，在适宜的条件下形成侵袭性卵囊，感染家兔发病。

2. *流行病学* 3月龄家兔最易感，死亡率高。多通过消化道感染，饲养员、工具、野鼠、苍蝇也可机械携带卵囊而传播球虫病。本病多在雨季流行。

（二）临床症状

兔球虫病可分为肠球虫病和肝球虫病，临床多见混合型。动物表现消瘦、行动迟缓、食欲不振、贫血，腹泻和便秘交替出现。肝型表现为黏膜黄染，肠鼓气、膀胱积尿和肝、脾肿大可导致腹围增大，肝区触诊疼痛，后期出现神经症状，四肢痉挛、麻木，衰竭死亡。耐过兔生长发育受阻。肠型表现为消化道炎症，慢性可见下痢样或水样稀便，粪便带有洋葱样腐臭气味。

（三）病理变化

肝球虫病肝脏高度肿大，表面和实质内散在数量不等、形状不定的白色或淡黄色结节。慢性经过时，肝脏变硬，体积缩小。压片镜检可看到球虫裂殖子、裂殖体、配子体、卵囊等不同发育阶段的虫体。肠球虫病表现为肠黏膜卡他性炎症，肠壁充血或散在出血点，小肠扩张、肠腔充满气体和黏液。慢性病例肠黏膜呈灰色,在盲肠,尤其引突部常见白色球虫结节。

(四)诊断

根据流行病学资料、临床症状及病理解剖结果可初步诊断。用饱和盐水漂浮法检查粪便中的卵囊,可以确诊。

(五)预防和控制

加强饲养管理,保证饲料和饮水不被污染,保持笼舍干燥卫生。一旦发现病兔,应立即隔离并及时清洁和消毒。

三、螨　　病

螨病为体外寄生虫病,是由疥螨和痒螨寄生而引起的一种实验动物慢性寄生虫病。特征性症状是皮肤发炎、剧痒、脱毛等,严重者可引起动物死亡。

(一)流行病学

主要发生于冬季、秋末和春初,健康动物可通过接触患病动物和带有螨虫的用具而感染,饲养员也可起到传播作用。疥螨寄生于皮下、腹股沟及被毛深部;痒螨寄生于皮肤表面和外耳道内。

(二)临床症状

嘴、鼻周围及脚爪发炎,动物表现不安、剧痒,用爪搔嘴、鼻。病变部位出现皮屑、血痂、变硬、脱毛,皮肤增厚失去弹性,形成皱褶。

(三)诊断

根据流行病学、临床症状,结合病变部位皮肤刮取皮屑检查虫体,发现大量螨虫虫体即可确诊。

(四)预防和控制

保持房舍干燥通风,发现患病动物立即隔离、淘汰,对笼器具彻底消毒。

第八节　实验动物微生物学、寄生虫学质量监测

根据我国实验动物感染病原微生物和寄生虫的底样调查结果,结合其他国家的规程和标准,1994 年国家技术质量监督局颁布了我国啮齿类和兔类实验动物微生物学和寄生虫学监测等级标准(GB/14922—94)。2008 年和 2010 年在此基础上,根据我国实验动物的发展要求,对其进行了重新修订。并于 2011 年 6 月由国家技术质量监督局颁布(GB/T 14922.2—2011)。

农业部根据我国各地 SPF 鸡病监测方法的实际应用情况,结合国外 SPF 鸡病监测原则,制定了我国 SPF 鸡微生物学质量控制标准,并于 2008 年由国家技术质量监督局颁布(GB/T 17999—2008)。

一、实验动物微生物学监测要求及标准

1. 外观指标　动物应外观健康,无异常。
2. 病原菌监测指标　见表 8-3 至表 8-5。
3. 病毒监测指标　见表 8-6 至表 8-8。

表 8-3　小鼠、大鼠病原菌检测项目(GB 14922.2—2011)

动物等级			病原菌	动物种类	
				小鼠	大鼠
无菌动物	无特定病原体动物	清洁动物	沙门氏菌 *Salmonella* spp.	●	●
			假结核耶尔森菌 *Yersinia pseudotuberculosis*	○	○
			小肠结肠炎耶尔森菌 *Yesinia enterocolitica*	○	○
			皮肤病原真菌 *Pathogenic dermal* fungi	○	○
			念珠状链杆菌 *Streptobacillus moniliformis*	○	○
			支气管鲍特杆菌 *Bordetella bronchiseptica*		●
			支原体 *Mycoplasma* spp.	●	●
			鼠棒状杆菌 *Corynebacterium kutscheri*	●	●
			泰泽病原体 Tyzzer's organism	●	●
			大肠埃希菌 O115 a,C,K(B)*Escherichia coli* O115a,C,K(B)	○	
			嗜肺巴斯德杆菌 *Pasteurella pneumotropica*	●	●
			肺炎克雷伯杆菌 *Klebsiella pneumoniae*	●	●
			金黄色葡萄球菌 *Staphylococcus aureus*	●	●
			肺炎链球菌 *Streptococcus pnemoniae*	○	○
			乙型溶血性链球菌 β-hemolytic *Streptococcus*	○	○
			绿脓杆菌 *Pseudomonas aeruginosa*	●	●
			无任何可查到的细菌	●	●

注：●必须检测项目，要求阴性；○必要时检查项目，要求阴性。

表 8-4　豚鼠、地鼠、兔病原菌检测项目(GB 14822.2—2011)

动物等级				病原菌	动物种类		
					豚鼠	地鼠	兔
无菌动物	无特定病原体动物	清洁动物	普通动物	沙门氏菌 *Salmonella* spp.	●	●	●
				假结核耶尔森菌 *Yersinia pseudotuberculosis*	○	○	○
				小肠结肠炎耶尔森菌 *Yesinia enterocolitica*	○	○	○
				皮肤病原真菌 *Pathogenic dermal* fungi	○	○	○
				念珠状链杆菌 *Streptobacillus moniliformis*	○	○	
				多杀巴斯德杆菌 *Pasteurella multocida*	●	●	●
				支气管鲍特杆菌 *Bordetella bronchiseptica*	●	●	
				泰泽病原体 Tyzzer's organism	●	●	●
				嗜肺巴斯德杆菌 *Pasteurella pneumotropica*	●	●	●
				肺炎克雷伯杆菌 *Klebsiella pneumoniae*	●	●	●
				金黄色葡萄球菌 *Staphylococcus aureus*	●	●	●
				肺炎链球菌 *Streptococcus pnemoniae*	○	○	○
				乙型溶血性链球菌 β-hemolytic *Streptococcus*	●	○	○
				绿脓杆菌 *Pseudomonas aeruginosa*	●	●	●
				无任何可查到的细菌	●	●	●

注：●必须检测项目，要求阴性；○必要时检查项目，要求阴性。

表 8-5 犬、猴病原菌检测项目(GB 14822.2—2011)

动物等级		病原菌	动物种类 犬	猴
无特定病原体动物	普通动物	沙门氏菌 *Salmonella* spp.	●	●
		皮肤病原真菌 *Pathogenic dermal fungi*	●	●
		布鲁杆菌 *Brucella* spp.	●	
		钩端螺旋体 *Leptospira* spp.	△	
		志贺菌 *Shigella* spp.		●
		结核分枝杆菌 *Mycobacterium tuberculosis*		●
		钩端螺旋体 *Leptospira* spp.	●	
		小肠结肠炎耶尔森菌 *Yesinia enterocolitica*	○	○
		空肠弯曲杆菌 *Campylobaceter jejuni*	○	○

注:●必须检测项目,要求阴性;○必要时检测项目,要求阴性;△必要时检测项目,可以免疫。

表 8-6 小鼠、大鼠病毒检测项目(GB 14822.2—2011)

动物等级			病 毒	动物种类 小鼠	大鼠
无菌动物	无特定病原体动物	清洁动物	淋巴细胞脉络丛脑膜炎 lymphocytic choriomeningitis virus (LCMV)	○	
			汉坦病毒 hantavirus (HV)	○	●
			鼠痘病毒 ectromelia virus (Ect.)	●	
			小鼠肝炎病毒 mouse hepatitis virus (MHV)	●	
			仙台病毒 sendai virus (SV)	●	●
			小鼠肺炎病毒 pneumonia virus of mice (PVM)	●	●
			呼肠孤病毒Ⅲ型 reovirus type Ⅲ (Reo-3)	●	●
			小鼠细小病毒 minute virus of mice (MVM)	●	
			小鼠脑脊髓炎病毒 theiler's mouse encephalomyelitis virus (TMEV)	○	
			小鼠腺病毒 mouse adenovirus (Mad)	○	
			多瘤病毒 polyoma virus (POLY)	○	
			大鼠细小病毒 RV 株 rat parvovirus (KRV)		●
			大鼠细小病毒 H-1 株 rat parvovirus (H-1)		●
			大鼠冠状病毒/大鼠涎泪腺炎病毒 rat coronavirus (RCV)/sialodacryoadenitis virus (SDAV)		●
			无任何可查到的病毒	●	●

注:●必须检测项目,要求阴性;○必要时检查项目,要求阴性。

表 8-7　豚鼠、地鼠、兔病毒检测项目(GB 14822.2—2011)

动物等级	病　　毒	动物种类		
		豚鼠	地鼠	兔
无菌动物 / 无特定病原体动物 / 清洁动物 / 普通动物	淋巴细胞脉络丛脑膜炎病毒 lymphocytic choriomeningitis virus(LCMV)	●	●	
	兔出血症病毒 rabbit hemorrhagic disease virus (RHDV)			▲
无菌动物 / 无特定病原体动物 / 清洁动物	仙台病毒 sendai virus(SV)	●	●	
	兔出血症病毒 rabbit hemorrhagic disease virus (RHDV)			●
无菌动物 / 无特定病原体动物	仙台病毒 sendai virus (SV)			●
	小鼠肺炎病毒 pneumonia virus of mice (PVM)	●	●	
	呼肠孤病毒Ⅲ型 reovirus type Ⅲ (reo-3)	●	●	
	轮状病毒 rotavirus (RRV)			●
无菌动物	无任何可查到的病毒	●	●	●

注:●必须检测项目,要求阴性;▲必须检测项目,可以免疫。

表 8-8　犬、猴病毒检测项目(GB 14822.2—2011)

动物等级	病　　毒	动物种类	
		犬	猴
无特定病原体动物 / 普通级动物	狂犬病病毒 rabies virus (RV)	▲	
	犬细小病毒 canine parvovirus (CPV)	▲	
	犬瘟热病毒 canine distemper virus (CDV)	▲	
	传染性犬肝炎病毒 infectious canine hepatitis virus (ICHV)	▲	
	猕猴疱疹病毒 1 型(B 病毒) cercopithecine herpesvirus type 1(BV)		●
无特定病原体动物	猴逆转 D 型病毒 simian retrovirus D (SRV)		●
	猴免疫缺陷病毒 simian immunodeficiency virus (SIV)		●
	猴 T 细胞趋向性病毒Ⅰ型 simian T lymphotropic virus type 1(STLV-1)		●
	猴痘病毒 simian pox virus (SPV)		●
	上述 4 种犬病毒不免疫	●	

注:●必须检测项目,要求阴性;▲必须检测项目,要求免疫。

4. 检测程序　检测的动物应当日按细菌、真菌、病毒要求联合取样检查。检测程序如图 8-1 所示。

5. 检测方法　按 GB/T 14926.1～14926.64 的规定分项进行。

6. 检测规则

(1)检测频率。普通级动物每 3 个月至少检测动物 1 次。清洁动物每 3 个月至少检测动物 1 次。无特定病原体动物每 3 个月至少检测动物 1 次。无菌动物每年检测动物 1 次。每 2～4 周检查 1 次动物的生活环境标本和粪便标本。

(2)取样要求。选择成年动物用于检测。取样数量：每个小鼠、大鼠、地鼠、豚鼠和兔生产繁殖单元，以及每个犬、猴生产繁殖群体，根据动物多少，取样数量参见表 8-9。应在每一生产繁殖单元的不同方位如四角和中央选取动物。无特殊要求时，兔、犬和猴的活体取样，可在生产繁殖单元进行。

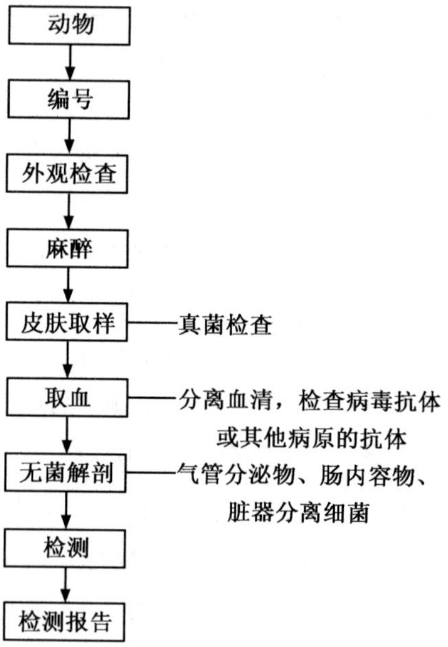

图 8-1　实验动物细菌学检测程序

表 8-9　实验动物不同生产繁殖单元取样数量

群体大小/只	取样数量*/只
<100	≥5
100～500	≥10
>500	≥20

注：* 每个隔离器检测 2 只。

(3)送检。动物送检容器应按动物级别要求编号和标志，包装好，安全送达实验室，并附送检单，写明动物品种品系、级别、数量和检测项目。

(4)检测项目的分类。必须检测项目是指在进行实验动物质量评价时必须检测的项目。必要时检测项目是指从国外引进实验动物时、怀疑有本病流行时、申请实验动物生产许可证和实验动物质量合格证时必须检测的项目。

7. 结果判定　在检测的各等级动物中，如有一只动物的一项指标不符合该等级标准要求，则判为不符合该等级标准。

8. 报告　包括检测结果、检验结论等项内容。

二、实验动物寄生虫学监测要求及标准

1. 外观指标　动物应外观健康，无异常。

2. 寄生虫监测指标　见表 8-10 至表 8-12。

表 8-10 小鼠和大鼠寄生虫学监测指标(GB 14922.1—2001)

动物等级			应排除寄生虫项目	动物种类	
				小鼠	大鼠
无菌动物	无特定病原体动物	清洁动物	体外寄生虫(节肢动物)ectoparasites	●	●
			弓形虫 *Toxoplasma gondii*	●	●
			兔脑原虫 *Encephalitozoon cuniculi*	○	○
			卡氏肺孢子虫 *Pneumocystis carinii*	○	○
			全部蠕虫 all helminths	●	●
			鞭毛虫 *Flagellates*	●	●
			纤毛虫 *Ciliates*	●	●
			无任何可检测到的寄生虫	●	●

注:●必须检测项目,要求阴性;○必要时检测项目,要求阴性。

表 8-11 豚鼠、地鼠和兔寄生虫学检测指标(GB 14922.1—2001)

动物等级				应排除寄生虫项目	动物种类		
					豚鼠	地鼠	兔
无菌动物	无特定病原体	清洁动物	普通动物	体外寄生虫(节肢动物)ectoparasites	●	●	●
				弓形虫 *Toxoplasma gondii*	●	●	●
				兔脑原虫 *Encephalitozoon cuniculi*	○		○
				艾美耳球虫 *Eimaria* spp.		○	○
				卡氏肺孢子虫 *Pneumocystis carinii*			●
				全部蠕虫 all helminths	●	●	●
				鞭毛虫 *Flagellates*	●	●	●
				纤毛虫 *Ciliates*	●		
				无任何可检测到的寄生虫			

注:●必须检测项目,要求阴性;○必要时检测项目,要求阴性。

表 8-12 犬和猴寄生虫学检测指标(GB 14922.1—2001)

动物等级		应排除寄生虫项目	动物种类	
			犬	猴
无特定病原体动物	普通动物	体外寄生虫(节肢动物)ectoparasites	●	●
		弓形虫 *Toxoplasma gondii*	●	●
		全部蠕虫 all helminths	●	●
		溶组织内阿米巴 *Entamoeba* spp.	○	●
		疟原虫 *Plasmodium* spp.		●
		鞭毛虫 *Flagellates*	●	●

注:●必须检测项目,要求阴性;○必要时检测项目,要求阴性。

3. 检测程序　按图 8-2 所示进行。

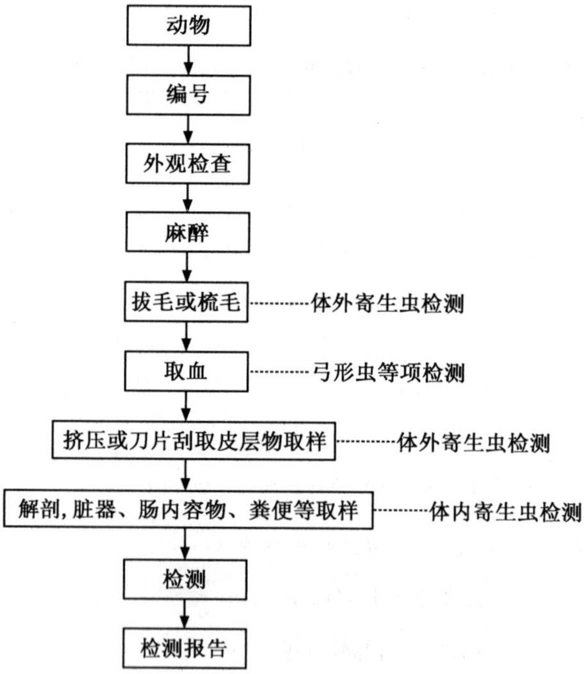

图 8-2 实验动物寄生虫学检测程序

4. 检测方法　按 GB 14922.1—2001 实验动物寄生虫学检测方法的规定分项进行。

5. 检测规则及结果判定　同微生物学检测。

三、SPF 鸡病原微生物监测要求及标准

1. 外观指标　动物应外观健康，无异常。

2. 病原微生物学监测指标　见表 8-13。

表 8-13　SPF 鸡病原微生物监测项目(GB/T 17999.1—2008)

序号	病原微生物	方法	要求
1	鸡白痢沙门氏菌 *Salmonella pullorum*	SPA,IA,TA	●
2	副鸡嗜血杆菌 *Haemophilus paragallinarum*	CO,SPA,IA,ELISA	●
3	多杀性巴氏杆菌 *Pasteurella multocida*	CO,AGP,IA	○
4	鸡毒支原体 *Mycoplasma gallisepticum*	SPA,HI,ELISA	●
5	滑液囊支原体 *Mycoplasma synoviae*	SPA,HI,ELISA	●
6	禽流感病毒 avian influenza virus	AGP,HI,ELISA,RT-PCR	●
7	新城疫病毒 newcastle disease virus	HI,ELISA	●
8	传染性支气管炎病毒 infectious bronchitis virus	ELISA,SN,AGP,HI	●
9	传染性喉气管炎病毒 infectious laryngotracheitis virus	ELISA,AGP,SN	●
10	传染性法氏囊病病毒 infectious bursal disease virus	AGP,ELISA,SN	●
11	淋巴白血病病毒 lymphoid leukosis virus	ELISA	●
12	网状内皮增生症病毒 reticuloendotheliosis virus	ELISA,AGP	●
13	马立克氏病毒 Marek's disease virus	AGP	●
14	鸡传染性贫血病毒 chicken infectious anaemia virus	ELISA,IFA,PCR	●
15	禽呼肠孤病毒(病毒性关节炎) avian reovirus	AGP,ELISA	●
16	禽脑脊髓炎病毒 avian encephalomyelitis virus	ELISA,AGP,EST,SN	●
17	禽腺病毒Ⅰ群 avian adenovirus group Ⅰ	AGP	●
18	禽腺病毒Ⅲ群 (EDS) avian adenovirus group Ⅲ	HI,ELISA	●
19	禽痘病毒 fowl pox virus	CO,AGP	●

注:1. 表中排在第一位的检测方法为首选方法。

2. "●"为必须检测项目，要求阴性；"○"为必要检测项目，要求阴性。

3. SPA—血清平板凝集试验；EST—胚敏感试验；IA—病原体分离；SN—血清中和试验；AGP—琼脂扩散试验；HI—血凝抑制试验；IFA—间接免疫荧光实验；ELISA—酶联免疫吸附试验；TA—试管凝集试验；CO—临床观察；RT-PCR—反转录-聚合酶链式反应；PCR—聚合酶链式反应。

4. 副鸡嗜血杆菌的检测方法见 NY/T 538—2002、多杀性巴氏杆菌的检测方法见 NY/T 563—2002、禽流感病毒 RT-PCR 的检测方法见 NY/T 772—2004、鸡传染性贫血病毒的 PCR 检测方法见 NY/T 1187—2006。

3. 检测方法　按 GB/T 17999.1～17999.9—1999 分项进行。

4. 检测程序　按图 8-3 进行。

5. 检测规则

(1)检测频率。开产前 100%抽样，检测淋巴白血病病毒、鸡毒支原体、滑液囊支原体、鸡白痢沙门氏菌感染。产蛋期，每隔 6～8 周，按 5%～15%抽样，检测本标准规定的所有项目。

(2)取样。送检新鲜鸡蛋进行淋巴白血病病毒和禽脑脊髓炎病毒感染检测。淋巴白血病病毒抗原检测，每群送检 200 枚蛋(少于 200 只的鸡群全群取样)，每只鸡取蛋 1 枚。禽脑脊髓

炎病毒胚敏感试验，每群送检 50 枚蛋(少于 50 只的鸡群应全群采样)，每只鸡取蛋 1 枚。

其他病原微生物感染检测一律送检血清，应随机采取血清样本，产蛋鸡按 5%抽样，少于 200 只的鸡群按 10%～15%抽取血样(图 8-3)。

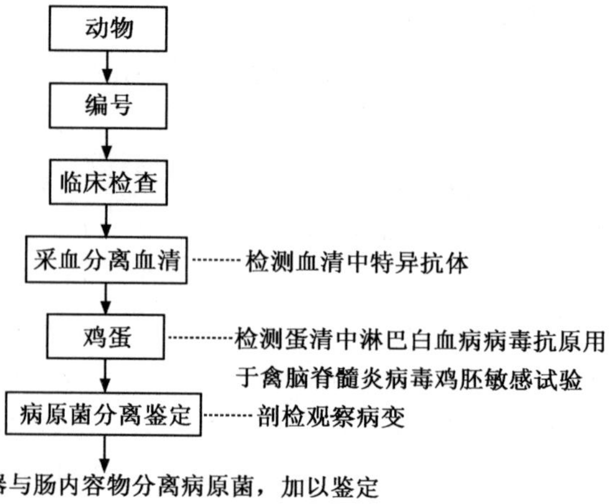

图 8-3　SPF 鸡微生物血检测程序

(3)送检。送检容器应编号标志、包装好，安全送达检测单位，并附送检单，写明鸡群名称、鸡群数量、样品名称及样品数量。

6. 结果判定　检测结果如有一项不符合 SPF 鸡微生物学监测项目，则判为不符合本标准规定的 SPF 鸡微生物学质量。

7. 检测报告　根据结果判定，由检测人员及其负责人签发检测报告。

监测标准是保证实验动物质量的重要前提。有了明确的等级标准，实验动物生产单位才能对实验动物的饲养环境、饲料和设施条件进行要求和改善，制定相应的饲养管理制度。监测单位才能按照标准对实验动物进行相应病原体的检测，及时发现问题，提出净化和改进的建议。对于实验动物的等级划分，以及相应等级的实验动物应排除哪些病原体，不同国家、不同地区间有所不同，存在着差异。应根据不同国家、不同地区实验动物的传染病和寄生虫病的流行概况，在分析对比的基础上达成共识。另外，一个国家的标准也不是永恒不变的，也应根据疾病的流行情况和新的疫病的出现而进行相应的修改，使其日臻完善。

思考题：

1. 按照我国颁布的实验动物管理条例，实验动物分为哪四类？
2. 实验犬和猴子分为哪几类？
3. 危害实验小鼠、大鼠的主要传染病、寄生虫病主要有哪些？
4. 危害实验兔的主要传染病和寄生虫病有哪些？如何控制？
5. 普通级、清洁级实验犬主要监测哪些病原？
6. 普通级、清洁级和 SPF 级微生物学检测时监测频率和抽样要求有哪些？
7. 微生物必须检测项目、必要时检测项目有哪些？

(赵立红)

第九章　影响实验动物和动物实验的因素

内容提要：本章简要介绍了环境因素、动物因素、营养因素、疾病因素和实验动物管理对动物实验的影响，旨在帮助人们了解动物实验过程中可能出现的各种问题，积极采取应对措施，获得正确的实验结果和结论。

关键词：环境因素；动物因素；营养因素；动物疾病；动物实验。

目前，实验动物在生物医学领域已被广泛地应用于动物实验研究和生物检定等各方面。开展动物实验之前，首先应了解干扰实验动物和动物实验结果的各种因素，这样有助于采取有效的措施，保证动物实验结果的准确性、可靠性和可重复性。

第一节　环境因素对动物实验结果的影响

实验动物一生都生活在一个人工控制下的环境中，特别是近交系动物和免疫缺陷动物，它们在一种特殊控制的环境下繁殖培育，已失去了对原有环境的适应能力，需要更为严格的环境条件。影响实验动物的环境因素如气候因素（温度、湿度、气流速度等）、理化因素（照明、声音、气味等）、居住因素（房屋、笼具、垫料等）和同种动物间因素（饲养密度、社会地位、势力范围等），无论哪种因素，都不是孤立的，而是相互联系、相互作用的，因此应尽可能保持环境因素的稳定。

一、温　度

环境温度的变化幅度过大或过快，机体将产生行为和生理等不良反应，如新陈代谢、生殖机能、机体抵抗力或实验反应性等方面产生改变，影响实验动物和动物实验结果。温度的影响可表现在以下几个方面。

（一）动物的新陈代谢

在低温环境下，许多动物的基础代谢率增加，摄食量也增加。如小鼠在低温环境下饲养时，摄食量可增加30%。但是也有些动物在低温环境下新陈代谢减慢，进入冬眠状态，如两栖类、爬行类。

（二）动物的脏器重量

低温环境饲养下，小鼠的心脏、肝脏、肾脏较大，而在高温下较小，这说明环境温度与动物脏器重量存在负相关。在寒冷的地区生长的兔耳较小，大鼠尾巴也比在温暖环境下生长的同胎大鼠短。

（三）动物的生殖机能

高温环境下（超过30℃），可使雄鼠睾丸萎缩、精细胞分化成精子的能力降低。雌鼠性周期紊乱、分泌乳汁能力下降、食欲减退、妊娠率下降，出现拒绝哺乳仔鼠的行为。高温还可使胎儿的初生体重下降，增重缓慢，生长发育受阻，离乳率和存活率降低。豚鼠对温度的剧变最为敏感，高温时孕鼠易死亡或流产。低温环境对动物的生殖机能同样也有影响，低温下饲养或哺乳的动物性周期普遍推迟。

（四）动物机体的抵抗力

温度变化大也将导致动物机体抵抗力下降，容易感染多种疾病。例如大鼠在31℃、鸡在35℃的高温应激作用下，会出现需氧菌群增加；若将BALB/c从22℃环境移到12℃或32℃，其白细胞数将会出现变化，B细胞和T细胞亦出现明显变动，这些免疫功能异常与疾病的发生存在着密切的关系。

（五）动物实验的反应性

环境温度不同，常使动物实验出现不同的结果。用动物实验来研究化学物质的反应时，环境温度不同，动物的毒性反应有较大的差别。不同气温条件下，同一药品的LD_{50}差别可达数倍。例如，在26.7℃和15.5℃下，苯异丙胺、盐酸脱氧麻黄碱、麻黄碱的LD_{50}数值有变化，见表9-1。

表9-1 两种不同温度对药物LD_{50}影响 mg/kg

药物	15.5℃	26.7℃
苯异丙胺	197.0	90.0
盐酸脱氧麻黄碱	111.0	33.2
麻黄碱	477.1	565.0

为提高动物实验结果的准确性、可靠性和可重复性，实验动物的饲养环境和动物实验室气温应控制在要求的范围内。如屏障环境内啮齿类动物实验设施（设备）的温度应控制在20～26℃。

二、湿度

动物适宜在相对湿度为40%～70%的环境中生活，其中以50%±5%为最佳。空气湿度大小对动物的散热有显著影响，高温高湿环境下，动物体表热量蒸发受到抑制，容易引起代谢紊乱，并导致动物抗病力下降，发病率增加。相反，相对湿度低，动物散热量大，产热量增加，从而使摄食量和活动量增加。

高湿条件有利于病原微生物和寄生虫的生长繁殖与发育，也易引起垫料与饲料发生霉变，影响动物的健康，进而影响动物实验结果的准确性。例如，小鼠仙台病毒在高湿下会使动物的发病率增高。脊髓灰质炎病毒、腺病毒4型与第7型病毒在高湿条件下也易大量增殖，容易导致动物感染和发病。

低湿条件下，也可导致动物一些疾病的发生。如温度为27℃，相对湿度40%时，大鼠可发生尾部坏死症，发生率为20%～40%。在相对湿度20%时，几乎所有大鼠都发生尾部坏死症，而相对湿度大于60%时则不会发生此症。此外，湿度过低，哺乳雌鼠易发生吃仔现象。

动物室内相对湿度低，还易导致粉尘飞扬，对动物和人的上呼吸道刺激加强。动物室内空气中变态反应原的含量随着湿度的下降而上升。

三、气流、气流速度及换气次数

实验动物的体表面积与单位体重的比值较大,气流速度过小或过大都会影响动物的健康。气流速度过小,空气流通不良,动物缺氧,室内有害气体浓度升高,散热困难,容易感染疾病,甚至死亡。气流速度过大,动物体表散热量增加,同样危及动物的健康,进而影响实验结果的准确性。风速的大小还会影响动物的采食量。随着风速的增加,动物的采食量将有所增加。

动物室内气流方向也可影响到动物的健康,进而干扰实验结果,因为病原微生物可随空气流动而四处传播。动物设施内各区域的静压分布情况决定了空气的流动方向。在饲养 SPF 动物的屏障设施内,各区域的静压分布情况是从清洁走廊→饲育室→污染走廊,其目的在于使饲育室内处于正压状态,确保病原微生物不能侵入动物室内。而对开展带有生物、化学或放射性污染实验的动物实验室,则要考虑防止病原微生物或放射性物质扩散到外部环境。

在饲育室内换气次数可根据室内饲育动物数量和动物散发的臭气量来进行调整,一般屏障设施以 10～20 次/h 为宜。保持一定的气流速度,不仅可使室内温度、湿度保持一致,而且有利于将污浊气体排出室外。小型实验动物由于体表面积与体重之比(cm^2/kg)比大动物大,环境温度和气流速度的变化常可引起体温的变化。如换气次数过多,则动物要消耗大量能量用于维持体温而出现生育率下降等现象。

四、噪　　声

饲养室内噪声来源于三个方面:外界传入、室内机器产生和动物自身产生(如跑动、争斗、鸣叫等)。人和动物听到的声音频率范围不同,非人灵长类动物和人类只能听到低频率的声音,而啮齿类、猫、犬都能听到人类听不到的声波,受到噪声的干扰更大。环境噪声对实验动物可造成以下几个方面的影响。

(一)影响动物的繁殖生长

噪声可妨碍动物的怀孕、受精卵的着床,或者导致流产,甚至出现食仔现象,从而使动物的繁殖率下降(表 9-2)。

表 9-2　噪声环境下小鼠的产出率与咬仔率(山内忠平,1985)

分类	产出率	咬仔率
阴道栓确认后饲养在普通环境下	10/10(100%)	0/10(0%)
阴道栓确认后当天饲养在噪声环境下	3/5(60%)	1/3(33%)
阴道栓确认 18 d 后饲养在噪声环境下	6/6(100%)	4/6(67%)

(二)影响动物的神经系统

小鼠在持续性噪声的环境中可产生烦躁不安、食欲减退或发生听源性痉挛。表现为耳朵下垂,接着出现洗脸样动作,头部出现轻度痉挛,发生跳跃运动,严重者全身痉挛,甚至四肢僵直伸长而死亡。听源性痉挛的反应强度随音响强度、频率、日龄、品系而改变。豚鼠在 125 dB 下作用 4 h,听神经终末器官的毛样听觉细胞可发生组织学变化。

(三)影响动物其他生理状态

声音刺激会引起动物心跳、呼吸次数及血压增加。噪声能使小鼠白细胞增加,肾上腺皮质激素上升。如在电钻打孔发出的强噪声下，给小鼠抽血检验血糖水平，发现噪声前后小鼠的血糖值有明显差异。

五、照　　明

影响实验动物和动物实验结果的照明因素包括照度、波长和照明时间。照度过强或过暗，照明时间过长或过短，对动物都会产生不利影响。

(一)照度对动物的角膜会产生影响

强光照视网膜会出现退行性变化，白色大鼠在 540～980 lx 照度下，持续 65 d，其角膜会完全变性。照度过强可导致雌性动物母性变差，出现吃仔现象及哺育不良。

(二)照明时间影响动物的繁殖

在 12 h 照明、12 h 黑暗方式下，大鼠可呈现每 4 d 一次的较稳定的发情周期。若按 22 h 照明、2 h 黑暗方式则性周期长短不一，极不规律，或连续发情，或不能繁殖。控制照明时间可使生殖过程的季节性变化消失。持续黑暗可使卵巢和子宫重量降低。持续光照可过度兴奋生殖系统，产生连续发情现象，大、小鼠出现永久性阴道角化，有多数滤泡达到排卵前期，黄体不能形成。照明时间长的鸡，性成熟年龄提早，产蛋多。照明还可影响雄性动物精子生成。突然的明暗变化可引起动物躁动不安，因此明暗的交替最好采用渐暗或渐明的方式。

(三)光的波长也影响动物的生长和繁殖

小鼠的自发行为在蓝、绿、白色光下最低，而在红色与黑暗中最大。若将 ICR 小鼠放在各种灯光(全波长、冷白色、蓝色、粉红色、紫黑色)下饲养 30 d，雄性动物在蓝色和冷白色光照下体重最小。雌性大鼠在蓝光下阴道开口比红光下早 3 d，卵巢和子宫的重量也大，但泌乳能力红光组最强。

六、空气洁净度

动物饲养室空气中颗粒物污染的来源主要有两个途径：其一室外空气未经过滤处理直接进入；其二动物体表被毛、皮屑、饲料和垫料等往往可以被气流或动物活动带起而在空气中悬浮形成颗粒物污染。颗粒物对动物的危害随颗粒的大小不同而不同，颗粒大的在空气中飘浮的时间短，影响程度相对小；颗粒小的在空气中飘浮时间长，影响程度大。颗粒物对动物机体的影响主要是 5 μm 以下的粉尘，这种小颗粒粉尘，经呼吸道吸入后可到达细支气管与肺泡，引起呼吸道疾病。颗粒物除本身对动物产生不良影响外，它还能成为微生物的载体，把各种微生物(细菌、病毒和寄生虫等)带入饲养室或动物体内。因此饲养室的空气环境必须经过有效过滤，使之达到一定洁净度方可。

七、有 害 气 体

实验动物本身产生的许多污染物，如动物的粪尿及垫料如不及时更换清除，将发霉分解产生恶臭味。动物室中的主要有害气体为氨、甲基硫醇、硫化氢、硫化甲基、甲基丁烷、三甲胺、苯乙烯、乙醛和硫化二甲基。根据测定室内恶臭物质的浓度，主要是以前 3 种气体为主，氨是这些污染物中浓度最高的一种。除了这些恶臭气体之外，还有一种气体对动物的繁殖有很大影响，这种气体叫信息素(pheromone)或叫引物信息素(primer pheromone)，这是动物释放的一种性信息素。性信息素对小鼠的繁殖有 3 个方面的效应：①Lee-Boot 效应，是指小鼠群养时常常发生假性妊娠和发情周期混乱的现象。②Whitten 效应，是指由于雄性动物分泌的信息素促使雌性动物的发情周期出现有规律的现象。③Bruce 效应，是指怀孕初期的雌性小鼠与交配对象以外的雄性接近或同居时产生的中止妊娠反应。动物室内信息素含量的异常，会影响动物的生殖内分泌系统，继而影响动物实验反应的结果。

八、动物设施建筑

建筑物之间应保持一定的距离，以防疾病的传播。实验室之间也应注意分开，特别是注意将传染性与放射性实验室分开。对一些不安全或具有污染性的动物实验室应单独设置，并处于下风向及水源末端，应远离非污染的动物实验室、人流与物流主要通道、饲料与器具库房，以避免影响健康动物和干扰动物实验结果。

动物居住的建筑物与周围社会的关系，如与居民的关系、交通运输和电力供应等，也会影响实验结果。动物实验室不宜设在居民区污水排出口，也不宜设在化工厂、屠宰场、制革厂等易产生环境污染的企业的下风向。

九、动物设施设备

空调系统、通风系统、给排水系统、照明系统、清洗消毒系统中的设备也可影响实验动物的质量和动物实验的结果。落后的设施，必然导致动物实验缺乏可重复性，不仅浪费时间，而且浪费人力和财力。例如在没有空调的条件下做热原试验，不同季节或不同时间，结果都可能不同。必备的空调设备、手术器械、检验设备以及消毒设备、焚烧炉是保证实验动物质量和完成动物实验的基础和辅助条件。照明系统中停电或断电，会使正在开展的动物手术或实验中断。若室内通风状况不好，易造成有害气体浓度过高，引起动物疾病的发生。

动物实验室的排水装置，也会影响动物实验的进行。若排水口堵塞，污物无法排出，就会造成实验室的污染。排水口应设有水塞或撬盖，排水管若没有安装回水弯，会造成微生物逆流或恶臭气味返回到实验室或饲养室。另外，没有回水弯，在意外的情况下，动物容易钻进排水管后出逃，造成实验无法继续进行。感染实验的排水，要先用药液消毒，再排入污水贮槽，其后的处理与一般动物的排水相同。

饮水瓶一般用玻璃和无毒塑料制成，且能耐高压灭菌或药液浸泡，非人灵长类用的饮水瓶应安置在不能被其接触的位置。饮水瓶的使用不宜交叉，因为当动物舔饮水嘴时，会有少量唾液和食物细渣进入水嘴，易造成笼具间动物疾病的交叉感染。另外，不要往瓶内补充水，而应定期清洗消毒并灌满水。为使饮水瓶不漏水，要盖紧活塞，以免漏水造成垫料潮湿，影响实验的正常进行。对于有些动物的饮水瓶，除了便于清洗外，还应有足够的底面积和重量，以免被动物推倒。

十、笼具和铺垫物

饲养笼具的材质和构造有时也会对实验动物和动物实验产生影响。在钼的毒理实验中，镀锌铁丝笼具的毒性大于不锈钢笼组。吗啡、戊巴比妥引起大鼠的死亡率，铁丝网底笼具大于木板底笼具。无毛小鼠的采食量，铁丝网笼组要比塑料笼组增加 17%。小鼠放在带托盘的不锈钢丝笼中比放在铺有垫料的塑料笼里饲养，其增重要快。将 Wistar 大鼠分别用金属网底笼与铺有垫料的塑料笼进行饲养，结果表明塑料笼组的死亡率高，肝和肾肿大，血清胆固醇和磷脂质的含量均增高。长时间用铁丝网笼饲养兔时，会出现足跗部疾病。

垫料能使笼具保温，又能吸附粪尿等排泄物，使笼底保持清洁。若垫料使用不当会对动物造成危害，如使用松、杉类树木的垫料会使小鼠、大鼠肝脏微粒体的酶产生变化。在致癌性试验中，实验期动物是否和垫料接触是实验设计中要考虑的因素。垫料中若含有污染物，对动物的生理反应将产生较大的影响，因为木材加工副产品可能含有杀昆虫药、杀真菌药等，这些污物进入动物的微环境会影响实验动物的正常生理功能。再者，垫料的灭菌也是十分必要的，未灭菌的垫料由于有可能被猫粪或野生啮齿动物粪便所污染，从而把病原体带入实验动物群中。

由于笼具和铺垫物会对动物实验的结果产生差异。所以在总结实验结果时，有必要将笼具的材料、构造、有无铺垫物、铺垫物的材质等情况记述清楚。

十一、饲 养 密 度

动物在一定环境条件下（一定的空间、定量的食物）饲养时，群体生长发育的情况呈S形曲线。群体达到一定密度后，生长发育的速度就会受到抑制。可见，密度增大对动物的生长发育不利。2010年版国家标准（GB 14925—2010）新增了各类动物居所密度的项目。通常将密度对动物生活的影响称为密度效应，密度增加可使群体生长和增殖下降，死亡率升高，原因是采食时相互妨碍，采食量减少，交配和分娩行为受妨碍，相互间伤害机会增多。饲养群体密度高的动物比密度低的动物对疾病和感染的抵抗力低，原因是密度大时动物间社会应激多，肾上腺皮质激素分泌增加，诱导了一些非典型感染疾病表现出来。传染病的发生率也随着饲养密度增大而增加，原因可能是皮质酮分泌的增加使隐性的传染病显性化。

十二、社会因素和势力范围

动物一旦有两只以上，就会形成动物社会，产生个体间的优劣关系。动物的社会地位大致分为直线型与专制型。直线型指可用直线表示优劣关系的类型。第1位的为首领，可统治第2位，第2位统治第3位，依此类推。猴、兔、鸡属此类。专制型指一个动物为首领，首领以下的动物之间不发生争斗。这种类型存在于小鼠、大鼠、猫之间。在这类社会地位形成的过程中，要发生激烈的争斗。实验动物饲养和动物实验时要考虑到这一点，避免不必要的干扰。比如，将数只不同来源的成年雄性小鼠饲养于同一笼内，就会发生严重的争斗现象，甚至会咬伤或咬死。因此，性成熟前可将动物饲养在一起或预养一段时间，稳定后再进行实验处理。

动物社会结构中也存有势力范围，所谓势力范围是指某个个体保卫某个地区不允许其他个体侵入。即使是地位低劣的个体，出于保卫自己势力范围的目的，面对最强的个体也有防卫的习性。一只笼子里饲养多只动物时，经常可看到划分势力范围的现象。

第二节　实验动物因素对动物实验的影响

动物实验的主体是实验动物，动物的不同种属、品系、性别、年龄和生理状态都直接影响着实验结果。要想获得正确可靠的动物实验结果，就必须了解影响动物因素对实验效果的影响，排除各种影响实验效果的干扰因素。

一、种　　属

不同种属的哺乳动物生命现象,有一定的共性,这正是在生物学实验中可以应用动物实验的基础。但不同种属的动物,在解剖、生理特征和对各种因素的反应上,又有其自身的不同特点或反应性。

(一)不同种属对同一致病因素的易感性不同

对一种动物是致命的病原体,对另一种动物可能完全无害。

(二)不同种属对药物反应的敏感性不同

醋酸棉酚对雄性动物生殖功能的影响,不同动物的反应不一样,小鼠对醋酸棉酚很不敏感,不宜选用,而大鼠和地鼠就很敏感。家兔和猫是"诱发性排卵动物",即一般情况下只有交配才引起排卵,这一特点可以用来方便地实验各种处理因素的促排卵作用。但这种排卵和人及其他一些哺乳动物的自发性排卵有较大差异,应注意这些实验结果的差别。

(三)不同种属药物代谢动力学不同,获得实验结果不同

如大鼠吸收碘非常快,而兔和豚鼠则吸收得较慢,因而药效就有差异。大鼠体内的巴比妥在 3 d 内可排出 90%以上,而在鸡 7 d 内仅排出 33%。因此,巴比妥对鸡的毒性大于大鼠。

(四)不同种属药物的毒性反应不同

如降胆固醇药氯苯氧异丁酸乙酯对犬的毒性较大,而对大鼠、猴和人的毒性小。猫对眼镜蛇毒的抵抗力较其他动物大,尤其当皮下给毒时更明显。

(五)不同种属基础代谢率不同

常用的实验动物中以小鼠的基础代谢最高,鸽、豚鼠、大鼠次之,猪和牛最低。

二、品　　系

实验动物由于遗传变异和自然的选择作用,即使同一种属动物,也有不同品系。不同品系指采用不同遗传育种方法,使不同个体之间在基因型上存在千差万别,表现型上也同样参差不齐。因此,同一种属不同品系动物,对同一刺激的反应有很大差异,且每个品系均有其独特的品系特征。若使用不当会对动物实验结果造成直接的影响。如 DBA/2 小鼠 100%的可发生听源性癫痫发作,而 C_{57}BL 小鼠不出现这种反应。BALB/cAnN 小鼠对放射线极敏感,C_{57}BR/CdJN 小鼠对放射线却具有抵抗力。C_{57}L/N 小鼠对疟原虫易感,而 C_{58}/LwN、DBA/1JN 小鼠对疟原虫感染有抵抗力。STR/N 小鼠对牙周病易感,而 DBA/2N 对牙周病具有抵抗力。不同品系小鼠对肿瘤的发生率也不相同,如 C_{57}BL 小鼠肺病发生率最低,而 A 系繁殖期雌鼠有 80%的乳腺癌几率。

三、性　　别

不同性别的动物对同一药物的敏感性差异很大,且对各种刺激的反应也不同。如激肽释放酶能增加雄性大鼠血清中的蛋白结合碘,减少胆固醇,而对雌性大鼠,它不能使碘增加,而使之减少。3 月龄的 Wistar 大鼠摄取乙醇量按单位体重计算,雌性比雄性多,排泄量雌性也多。给予 5～6 周龄的雄性大鼠麦角新碱,可起到镇痛效果。如果喂给雌性大鼠,则没有镇痛效果。雄性大鼠对肾上腺素的感受性强于雌性,而对巴比妥酸盐类,雌性大鼠的感受性则高于雄性(表 9-3)。雌性动物还常常受性周期、怀孕和哺乳的影响。因此,科研工作中一般没有特殊说

明，优先选雌雄各半或雄性动物做实验。

表 9-3　药物反应性的性别差异

药物	动物	感受性强的性别	药物	动物	感受性强的性别
肾上腺素	大鼠	雄	印防己毒素	大鼠	雌
乙醇	大鼠	雄	巴比妥酸盐类	大鼠	雌
铅	大鼠	雄	乙基硫氨酸	大鼠	雌
野百合碱	大鼠	雄	氨基蝶呤	小鼠	雄
哇巴因	大鼠	雄	烟碱	小鼠	雄
钾	大鼠	雄	麦角固醇	小鼠	雄
四氯化碳	大鼠	雄	氯仿	小鼠	雄
麦角	大鼠	雄	氨基比林	小鼠	雄
硒	大鼠	雌	叶酸	小鼠	雌
海葱	大鼠	雌	新胂凡钠明	小鼠	雌
固醇类激素	大鼠	雌	四氧嘧啶	小鼠	雌
士的宁	大鼠	雌	苯	家兔	雌
碘胺	大鼠	雌	地辛	犬	雄
乙苯基	大鼠	雌	二硝基苯酚	猫	雌

四、年龄和体重

动物的年龄不同，其体重也不同，解剖生理特征和反应性有明显的变化。一般情况下，幼年动物比成年动物对实验更为敏感。如用乳鼠实验其敏感性要比成年鼠高，这可能与机体发育不健全有关。而对于老龄动物，其代谢功能低下，反应不灵敏，除非特别需要，一般不选用老龄动物用于实验。因此，一般情况下，动物实验设计应选成年动物进行。慢性实验观察时间较长，可选择年幼、体重较小的动物做实验。研究性激素对机体发育影响的实验，一定要用幼年或新生的动物。制备糖尿病模型和进行一些老年医学的研究，相应应选用老年动物。

对毒物反应的年龄差异可能与解毒酶活性有关。胎儿因缺乏这些酶，故对毒物很敏感。新生儿约在出生后 8 周内解毒酶才达到成人水平。大鼠的葡萄糖醛酸转换酶，约在出生后 30 d 才达到成年水平。兔出生 2 周后，肝脏开始有解毒活性，3 周后活性更高，4 周后已与成年接近，而且对毒物的毒性反应随年龄的变化而变化。

实验动物年龄与体重一般呈正相关，小鼠和大鼠可以根据体重推算其年龄。此外，体重和饲养管理有密切关系，动物正确年龄应以其出生日期为准。常用几种成年实验动物的年龄和体重、寿命可参看表 9-4。

表 9-4　成年动物的年龄、体重和寿命比较

	小鼠	大鼠	豚鼠	家兔	犬
成年日龄/d	65～90	85～110	90～120	120～180	250～360
成年体重/g	20～28	200～280	350～600	2 000～3 500	8 000～15 000
平均寿命/年	1～2	2～3	＞2	5～6	13～17
最高寿命/年	＞3	＞4	＞6	＞13	34

五、生理状态

动物处于不同的生理状态如妊娠、哺乳时，对外界环境因素的反应性与非妊娠、非哺乳的动物有较大差异。因此，在一般实验研究中不宜采用处于妊娠和哺乳状态的动物。若研究药物对妊娠及产后的影响时，就必须选用这类动物，大鼠及小鼠是最佳对象。

动物所处的功能状态不同也可能影响对药物的反应，动物在血压高时对降压药比较敏感，在血压低时对降压药敏感性就差，有可能对升压药比较敏感。在体温升高的情况下对解热药比较敏感，而体温不高时对解热药就不敏感。

六、健康状况

动物健康状况与对各种刺激的反应紧密相关。健康动物对药物的耐受量比非健康的动物大，因而患病动物比较容易死于中毒。营养条件差的家兔复制动脉粥样硬化动物模型时就不易成功。若犬采食量不足造成体重减轻10%～20%，麻醉时间会显著延长。如果犬出现饥饿、创伤等情况，有可能在正式实验开始前，动物就出现休克。动物发热一般可使代谢率增加7%左右，体温会升高。维生素C缺乏的豚鼠对麻醉药很敏感。因而在进行动物实验时，正常情况下都是选用健康动物进行实验。

第三节　营养因素对动物实验结果的影响

早期的实验动物营养研究主要目的在于保证动物正常的生长和繁殖，即营养因素对实验动物自身的影响，但近年来，人们越来越认识到动物的营养状况对动物实验的结果也产生很大影响，主要表现在以下几个方面。

一、进行非营养研究时的影响

由于动物的营养状况与其生化指标、免疫反应息息相关，因而会影响动物的实验结果。

（一）对动物采食量的影响

原料组成会影响饲料的能量，必然影响动物的采食量，进而对某些实验的结果产生影响。例如当饲料的营养素成分配比属高能量时，动物的采食量就减少。如果某些药物实验的药物是掺在饲料中给予的，采食量的变化就会影响动物所摄入药量的多少，最终影响实验结果。给药时要考虑到饲料的情况和动物的采食量，以保证动物能够摄入所需的药量，达到实验目的。

（二）对动物生长发育的影响

动物的生长情况与饲料中所含营养素是否全面，是否充足与平衡，有毒有害成分的多少，适口性如何，甚至与饲料的软硬程度等有着直接的关系。动物的生长情况，包括体重增长情况、体型和组织器官的发育等，能够很直观地反映出饲料质量的好坏。

（三）对动物生理生化指标的影响

饲料中的营养成分经过动物的消化、吸收对动物的生理状态产生影响。当饲料中的某种营养成分含量发生改变时，必然导致动物血液、某些脏器及组织中该种营养成分含量的改变，并对与之相关的生理生化指标造成影响。例如，低蛋白日粮导致大鼠血红蛋白、红细胞压积，血清总蛋白、血清白蛋白值均降低。同时，降低血清中促甲状腺激素、胰岛素和皮质类固醇激素的水平。若蛋白质水平过高，引起肝中谷草转氨酶（GPT）和苏氨酸脱氢酶（SDH）的活性增高，这种变化往往不可逆转。目前，采用生化指标作为衡量动物健康的标志越来越多。不仅营养成分的不足或过量影响生化指标，而且营养成分间的平衡与否也有影响。

（四）对动物免疫功能的影响

动物的营养状况的好坏影响动物的健康状况，也必然会对其免疫系统和机能产生影响。饲料中维生素 A、维生素 E 和微量元素（锌、锰、硒等）的含量，对动物的免疫系统和机能有着显著的影响。饲料中维生素 A 不足时动物的免疫功能明显下降，而对动物的生长发育、生化指标还未产生影响。另外，饮用酸化水导致小鼠的网状内皮清除率及脾重均明显降低，对免疫机能也有一定影响。最佳免疫反应的营养需要高于以生长发育、生化指标为反应指标而得到的结果。因此，在进行与免疫反应有关的研究时，对营养因素的影响应予以重视。

（五）对动物疾病的发生、发展和转归的影响

某些营养因素与癌、心血管病等非传染性疾病关系密切。在家兔骨折实验中，使用全价营养颗粒料的家兔的骨骼愈合较快，而饲喂大麦青菜的家兔骨骼愈合速度较慢。用树鼩进行乙型肝炎病毒感染（HBV）动物实验时发现，饲料营养配比不当，树鼩出现消瘦、被毛蓬乱和死亡率较高的现象。

（六）对动物麻醉反应的影响

采食全价营养颗粒料的家兔麻药注射后约 10 min，绝大部分神经反射虽遭到不同程度的抑制，但眼球活动，瞳孔的大小与麻醉前无显著变化，且手术后复苏快。营养失衡的实验兔麻药注射后 10 min 左右，绝大多数都处于深度的抑制状态。

（七）饲料中其他因素的影响

抗营养因子、毒素或农药残留、重金属污染等均可对研究结果产生直接、间接的影响。例如豆饼中的抗营养因子不仅影响蛋白质、氨基酸的利用，而且使体内蛋白质丢失，严重影响实验动物的生长，特别是在生命早期这种影响是不可逆的。

二、进行营养研究时的影响

在进行营养学研究时，饲料中的营养因素及动物的营养状况对研究结果的影响更大、更直接。主要表现在以下几个方面。

（一）营养研究的影响

动物早期的营养对其后期的营养状况有影响。动物妊娠和哺乳阶段的营养水平不仅影响子代断奶前的生长发育，而且对其断奶后的生长发育也有影响，当这种影响较为严重时，即使以后给予充足的营养也无济于事。进行营养研究时，动物早期的营养状况将影响实验结果。在选择实验动物的同时，最好是监测与研究课题有关的营养状况指标。

（二）对所研究营养问题的影响

动物体内各种营养素之间存在着非常复杂的关系，了解它们之间的关系对于营养研究至关重要。不仅要控制除研究因素以外的其他因素，使之保持一致，而且特别要重视与之密切相关的因素。例如维生素 D 和钙、磷之间密切相关，钙与磷之间也有密切关系。研究维生素 D 的需要量时，不仅要控制除维生素 D、钙及磷以外的其他营养素水平，而且特别要注意钙、磷水平及钙、磷比例。

(三)动物日粮对营养研究的影响

动物日粮的控制问题日益受到重视,特别是营养与免疫,营养与癌症,营养与衰老已成为研究热点。进行这方面的研究时,往往涉及的营养因素是多方面的,因此,除研究因素以外的其他因素应加以控制,尤其要注意那些与研究因素相关的因素。如研究维生素 E 与免疫功能的关系时,要注意控制日粮中维生素 A、微量元素硒和锰等的水平。

另外,动物日粮的种类对实验结果也有一定影响。例如,铅在纯养分日粮中比在天然组分日粮中表现出的毒性较强,即使同为天然养分日粮,因其组分不同,也会得到不同的试验结果。因此,应根据试验目的和性质选择实验动物的同时,正确地选择和配合实验动物日粮,以确保试验取得成功。

第四节　病原微生物感染对动物实验的影响

动物实验要选择不同等级微生物控制的实验动物,除无菌动物外,动物体内外存在各种细菌、病毒、寄生虫等生物体,其中一部分是动物生存所必需的,一部分对动物体是有害的,而实验动物所带的一些病原体不但影响动物本身,更重要的是影响了试验的准确性。病原体感染实验动物的形式多种多样,有的可引起动物发病,表现出临床症状和病理变化,甚至死亡;有的在动物体内呈隐性感染,虽不导致动物死亡,但可影响实验动物自身的稳定性和反应性,改变机体的免疫功能,或与其他病原产生协同、继发或拮抗作用,使实验受到干扰。

一、病毒感染对动物实验的影响

(一)鼠痘病毒

感染鼠痘病毒的急性病例的小鼠会突然死亡,导致实验中断。而慢性病例,小鼠会出现全身病状,使实验结果混乱。隐性感染的小鼠无明显临床症状,但许多因素可激活鼠痘病毒而使鼠痘流行,如实验性 X 射线、各种化学毒素、组织移植、肿瘤和运输等。

(二)仙台病毒

它可严重影响体液和细胞介导的免疫应答,引起自发性免疫疾病,发病率明显增高。同时,抑制吞噬能力及在细胞内杀灭、降解被吞噬细菌的能力。对移植免疫研究产生影响,能加速同种异系甚至同系小鼠间皮肤移植排斥反应。

仙台病毒感染后引起肿瘤的组织学改变,酷似浸润性肺癌。妊娠母鼠感染仙台病毒后会影响胎儿的发育,导致新生鼠的死亡率升高。

(三)小鼠肝炎病毒

小鼠肝炎病毒感染使机体的各种免疫应答参数发生改变。如急性感染时可增加或抑制小鼠的抗体应答反应;慢性感染时可显著降低小鼠血清免疫球蛋白水平,还会影响吞噬细胞和杀伤肿瘤细胞活性,诱生干扰素,增强自然杀伤 T 细胞活性。另外也使肝酶的活性产生变化,从而影响动物的正常代谢。肿瘤研究中最常用的裸小鼠,一旦感染此病毒就会出现消耗性疾病,会给肿瘤免疫学的研究造成严重的干扰。

(四)淋巴细胞脉络丛脑膜炎病毒

污染移植肿瘤,促进移植肿瘤在体内的生长,影响肿瘤学研究。这种病毒能在某些品系的小鼠胰腺 E 细胞内长期存在,引起类似糖尿病的代谢病理变化。另外影响 B、T 淋巴细胞和巨噬细胞大量复制，从而抑制体液免疫和细胞免疫应答。

(五)呼肠孤病毒Ⅲ型

感染呼肠孤病毒Ⅲ型会发生肝炎、脑炎、胰腺炎，从而影响有关这些器官的研究。还能使小鼠体内胰淀粉酶、脂肪酶活性降低，胰蛋白酶活性升高。破坏胰岛的E细胞，造成胰岛素的分泌减少，产生类似糖尿病的代谢和病理变化。另外在宿主对环境致癌物的应答中也有重要作用。

(六)乳酸脱氢酶病毒

该病毒是可移植的小鼠肿瘤及其他生物材料中的常见污染物。急性感染的小鼠较易形成肿瘤，而慢性感染则抑制或延缓肿瘤的形成。对免疫系统的影响为无菌小鼠的脾脏和淋巴结生发中心显著增生及免疫球蛋白水平升高，抑制细胞免疫应答，增强抗体应答，刺激干扰素产生和激活自然杀伤细胞的活性，延缓同种异体移植的排斥，抑制移植物对宿主的反应。

(七)鼠巨细胞病毒

可抑制动物抗体形成，抑制同种异体的移植排斥反应，包括跨越弱的H-Ⅰ组织相容性屏障和强的H-Ⅱ组织相容性屏障，使移植皮片的存活期延长。随着感染小鼠的恢复，皮片最终仍将被排斥，抑制干扰素的产生，抑制杀伤性T细胞的功能，抑制脾细胞对非特异性促有丝分裂素的反应能力。

(八)啮齿类动物细小病毒

包括小鼠细小病毒、大鼠细小病毒(包括许多毒株)，这些病毒已被认为是迄今所知的唯一抗癌谱广、具有高度抗癌特异性的微生物。对肝癌、胃癌、肺癌和肉瘤等多种肿瘤均有明显杀伤作用。

啮齿动物的病毒对生物材料、细胞系及可移植肿瘤的污染，已是一个不容忽视的问题。

(九)大鼠冠状病毒和涎泪腺病毒

大鼠冠状病毒和涎泪腺病毒主要引起呼吸道病变，可增加呼吸道条件性致病菌的敏感性，干扰吸入毒理学研究。所引起的眼部病变可使眼科研究受到影响。

(十)犬细小病毒

犬细小病毒感染后，造成犬大批死亡，导致实验中断。肠炎型犬血液中白细胞总数和淋巴细胞总数均有所改变，严重干扰血液学的观察指标。心肌炎型犬表现天冬氨酸转氨酶、乳酸脱氢酶、肌酸酐磷酸酶活性增高。另外犬的免疫功能会受到抑制，使犬对其他病毒疫苗产生耐受性。

(十一)传染性犬肝炎病毒

犬感染传染性犬肝炎病毒可导致犬发病和死亡，严重影响实验的正常进行。此外，还可混淆犬病毒性肝炎和中毒性肝炎损伤的系统标志，改变机体的酶系统的免疫反应，影响实验的正常进行。疾病早期，肾和肝损伤导致蛋白质和胆红素尿。肝实质损伤引起丙氨酸转氨酶、天冬氨酸转氨酶、碱性磷酸酶、乳酸脱氢酶等血清酶活性增高。发病初期白细胞数减少。病毒感染期可见弥漫性血管凝血，血小板数量明显减少，凝血酶原时间、凝血酶时间和激活凝血酶时间延长。Ⅷ因子活性降低，纤维蛋白原降解产物增加。

(十二)猴D型病毒和猴免疫缺陷病毒

此类病毒可引起猴获得性免疫缺陷综合征，即艾滋病。表现发热、贫血、下痢和低蛋白病，淋巴细胞和嗜中性粒细胞和血小板减少，全身淋巴结肿大，体液和细胞免疫功能低下。因此，非人工感染这种疾病的猴不适合于任何实验研究。近年来主要用于人艾滋病的动物模型。

二、细菌感染对动物实验的影响

实验动物感染不同种类细菌可导致不同的临床症状和病理变化，多数都表现精神沉郁、食欲不振、被毛粗乱、体重下降及行动呆滞等全身性症状，而且某一病理的改变可能由多种细菌引起，如泰泽菌、鼠棒状杆菌、沙门氏菌均可引起肝灶性坏死。嗜肺巴氏杆菌、肺炎链球菌、肺霉形体等均可引起肺部疾病。因而实验动物细菌感染对实验动物的影响具有一定共性，归纳起来有以下几个方面。

(一)人、兽共患病原菌和动物致病菌

这类细菌中如沙门氏菌、志贺菌、布鲁氏杆菌、结核分枝杆菌等，不仅可引起实验动物的严重疾病，而且也是人类的重要致病菌。另一些如鼠棒状杆菌、泰泽菌、鼠肺炎霉形体等，可引起实验动物的严重疾病，感染后会造成动物实验中断。

不同品种、品系、性别和年龄的动物对不同细菌的易感性不同。如灵长类动物对志贺菌、结核分枝杆菌敏感。ICR 小鼠要比其品系的小鼠对肺炎霉形体易感，雌性动物生殖器官对鼠肺炎支原体要比雄性动物易感，幼龄动物对各种致病菌的易感性要高于成年动物。

(二)条件性致病菌

动物在某些诱因的作用下机体抵抗力下降，就会导致疾病发生，甚至流行。如使用免疫抑制剂、射线照射、营养失调、潮湿、拥挤、氨浓度过高及动物实验处理等所有能使动物处于应激状态的因素均可成为发病诱因。当动物群遭受致病菌侵袭后，有的动物感染而成为长期带菌者，这些动物不断向外部环境排菌，成为危险的传染源。由于受实验因素的刺激可能发病，发生不规律的死亡，导致实验失败。

(三)正常菌群

微生态学研究表明，许多正常菌群成员受到内外环境变化的影响会发生菌群失调，导致正常菌群的数量变化和位置的改变，使正常菌变成为致病菌。实验证明无菌动物体内植入某些正常菌时，可明显改变动物的生理功能和免疫学参数。所有这些变化又会对动物实验结果产生不同程度的干扰和影响。

(四)真菌感染对动物实验结果的影响

真菌的病原性比其他微生物弱，一般为慢性过程，多呈散发性，病理变化缺少特征性，且多以慢性增生性炎症为主。机体的免疫功能正常时，不易发生真菌感染，一旦免疫功能低下，特别是细胞免疫功能低下时，常发生真菌感染。因此一旦发现实验动物被真菌感染，应立即将饲养单元所有动物一并处死、焚烧，防止隐性感染动物可能造成的对其他动物、饲养人员、实验人员及环境的污染。

三、寄生虫感染对动物实验的影响

实验动物感染寄生虫后，不仅虫体对动物机体造成一定的损害，而且动物机体也对虫体产生反应，使动物机体的生理、生化及免疫学指标发生改变，从而影响实验结果。寄生虫对宿主的影响具体表现在以下几个方面。

(1)掠夺宿主的营养。

(2)体外寄生虫对动物的骚扰。

(3)对宿主机体产生机械性损伤。

(4)对宿主产生毒性作用。寄生虫分泌物、排泄物对宿主都有一定的毒性作用。

(5)对宿主生理、生化和免疫系统的影响。主要表现为宿主免疫系统对虫体的识别及清除作用,包括细胞免疫和体液免疫,降低宿主对外界的抵抗力。

第五节　技术因素对动物实验的影响

为确保动物实验的成功,除去动物因素及环境因素外,实验者选择的动物、操作技术的熟练程度都会影响实验结果的准确性和可靠性。

一、实验动物选择的影响

选择动物时应按照不同实验的要求选择最合适的动物。如进行肿瘤的实验研究时,就必须了解何种动物是高癌系,何种是低癌系,每种动物自发性肿瘤的发生率是多少。犬的甲状旁腺位置固定,故选用其做甲状旁腺摘除实验。相反,家兔的甲状旁腺分布较分散,不适于做甲状旁腺摘除实验,但宜做甲状腺摘除后研究甲状旁腺功能的实验。怎样选择好实验动物进行动物实验可参见实验动物的选择与应用章节。

二、实验不同季节的影响

动物机体的许多功能随季节不同而呈规律性的变化。已有研究证实动物对化学物质作用的反应也受到季节的影响。例如,在春、夏、秋、冬分别给10只大鼠注入一定量的巴比妥钠,发现春季入睡时间最短,秋季最长;睡眠时间则相反,春季最长,秋季最短。

在不同实验的季节,动物机体反应性不一样。家兔的放射敏感性在春、夏两季升高,秋、冬两季降低。在春、夏两季对犬照射后的死亡率比秋、冬要高。冬季和初夏,小鼠对放射敏感性显著升高,而初秋和夏季则降低。大鼠对放射的敏感性则没有明显的季节性波动。因此,在进行跨季度的慢性实验时必须注意动物机体在不同季节的变化。

三、昼夜的影响

动物对照射的敏感性昼夜也有不同变化,这种变化出现在不同性别、种系和年龄的小鼠和大鼠身上。白天放射敏感性降低,夜间升高。同时,在小鼠和大鼠实验中,除了夜间(21～24时)高峰外,白天(小鼠9～12时,大鼠15时)损伤加重,下午和后半夜放射敏感性最低。大鼠与小鼠不同,其放射敏感性虽然也有昼夜的明显波动,但不显著。此外,实验动物的体温、血糖、基础代谢率、内分泌激素的分泌均随昼夜节律性变化。因此这类实验的观察必须设相应的对照,并注意实验中某些处理的时间差别对结果的影响。为了得到具有可比性的实验结果,所有实验组动物应在同一时间内进行照射或其他实验处理。

四、麻醉的影响

不同的麻醉剂有不同的药理作用和副作用,应根据实验要求与动物种类而加以选择,使用合适的麻醉。根据实验设计和手术特点选择麻醉方法、麻醉药物和麻醉深度。

(一)麻醉方法

若手术目的是制作一种病理状态的动物模型供长期观察研究,如小肠造瘘等手术,一般临床常用麻醉方法都可使用。若需要在术中或术后立即观察某些生理病理变化,如肠系膜上动脉钳闭性休克模型制作等,则采用的麻醉方法都会对动物呼吸、循环、肝、肾和内分泌等系统器官有一定影响,所以麻醉应尽可能短暂、轻微。动物实验中每一只动物所用的麻醉方法和麻醉中生理、药理状态,都要保持相对一致,以符合“均衡性原则”。观察并记录麻醉造成的干扰和意外,以便在分析结果或处理数据时予以校正或剔除。

选择麻醉方法,还应考虑手术时间长短、刺激和损伤的范围与程度,以及麻醉对动物生理的干扰等特点。有时实验外科要连续处理多只动物,宜选择诱导快速、简单和术后不需要长时间监护的麻醉。对动物实验时间长的,要能随时补充给药和便于调节麻醉深度。避免长时间的深麻醉,并避免使用在体内易产生蓄积作用的药物。对出血多、创面广和刺激重的手术,在选择麻醉方法时应考虑到对血液动力学、水电解质酸碱平衡等问题造成的影响。

(二)麻醉药

不同品种动物对麻醉药的反应也不相同。兔对阿托品的耐受力极高,术前用药常选用胃长宁而不用阿托品,阿法沙龙/阿法多龙对兔产生浅麻醉。加深麻醉时兔易发生呼吸、心跳骤停。吸入麻醉药常引起兔呼吸抑制,乙醚易刺激、诱发兔喉痉挛并引起唾液腺和支气管大量分泌。适用于灵长类的神经安定镇痛麻醉,对犬很难奏效。戊巴比妥麻醉大鼠、豚鼠、仓鼠、兔和猫,常伴有严重的呼吸抑制导致死亡,应尽量避免在这些动物中应用这类麻醉剂。

与哺乳类动物不同,鸟类解剖上有许多气囊与肺相连,吸入麻醉诱导迅速而且容易过量。麻醉和麻醉苏醒期间,两栖类动物最好保持皮肤湿润,低温可产生良好的麻醉和制动作用。

(三)麻醉深度

如果麻醉过深,动物处于深度抑制甚至濒死状态,动物各种正常反应受到抑制,则很难得出可靠的实验结果。麻醉过浅,在动物身上进行手术或实验,会引起强烈的疼痛刺激,使动物呼吸、循环甚至消化功能发生改变,如疼痛刺激可反射性地抑制胰腺分泌。麻醉深度的较大波动,会使实验结果前后不一致,带来难以分析的误差。

五、手术技巧的影响

动物实验中不仅要选择合适的实验动物、灵敏的仪器和准确的测定指标,还必须要注意手术技巧,即操作技术的熟练。手术熟练,对动物的刺激小,动物受的创伤、出血等就会减少,这将提高实验成功率和实验结果的准确性。要达到动物手术操作熟练,就应该了解各种实验动物的生物学特性,组织、器官的位置,神经、血管的走向特点,通过不断反复实践,才会熟能生巧、操作自如。

六、实验药物的影响

动物实验中,常常需要给动物体内注入各种药物来观察其作用和变化。因此给药的途径、剂型和剂量也是影响动物实验的重要问题。如激素在肝脏内被破坏,那么经口给药就会影响其效果。有些粗制中药通过静脉注射后,可能具有降血压作用,采用口服或由十二指肠给药才可鉴别出来。有些中药含有大量鞣质,体外试验有抗菌作用,但在动物体内它不被消化道吸收,就没有抗菌作用。给药的次数对某些药物也有影响,如雌三醇与细胞核内物质结合的时间非常短，所以，每天一次给药的效果就比较弱，如将 1 d 剂量分为 8 次给药，则效果将大大加强。药物的浓度和剂量也是如此，过高的浓度、过大的剂量都会得出错误的结果。动物实验中常遇到如何进行动物和人的剂量换算的问题。若按体重把人的用量换算给动物，常常剂量太小，做实验会得出无效的结论，或按动物体重换算给人则剂量太大。因而动物和人用药剂量的换算以体表面积计算比以体重来换算要好一些，但仍需要慎重处理。

七、对 照 问 题

动物实验中设对照的问题是非常重要的问题，常有忽视或错误地应用对照的情况，从而造成实验失败的。一般对照的原则是“齐同对比”。对照方法很多，有空白对照、实验对照、有效（或标准）对照、配对对照、组间对照、历史对照以及正常值对照等。

1. 空白对照　在不采取任何措施的情况下观察动物自发变化的规律。如家兔白细胞数目每天上、下午有周期性变化。

2. 实验对照　采用与实验相同操作条件的对照。给药实验中的溶媒、手术、注射以及观察等都可能对动物发生影响。针刺犬人中穴对休克、心脏血液动力学都有改变，但采用空白对照（不针刺）是不够的，应该还设有针刺其他部位或穴部的实验对照。

3. 有效对照　对一新药的疗效可用一已知的有效药或能引起标准反应的药物做对照，这样既可考核实验方法的可靠性，又可通过比较了解新药的疗效和特点。

4. 配对对照　同一个体在前后不同时间比较对照期和实验期的差异，或同一个体的左右两部分做对照处理和实验处理的差异对比，这样可大大减少抽样误差。在实验中也可用一卵双胎或同胎动物来做。

5. 组间对照　将实验对象分成两组或几组比较其差异，这种对照个体差异和抽样误差比较大。组间对照可用交叉对照方法以减少误差。观察某药物的疗效，用两组犬先分别做实验和对照，再互相交换，以原实验组做对照组，原对照组作实验组重复第一次实验所观察的疗效或影响，并且检查的指标和条件等同。

6. 历史对照与正常值对照　采用这种对照要十分慎重，必须要条件、背景、指标、技术方法相同才可进行对比，否则将会得出不恰当的或错误的结论。

7. 实验重复和肯定　选用动物不仅要数量合适，不造成浪费，而且要做必要的重复实验。有些实验单做一种动物还不够，应当重复做几种动物。这不仅可以比较不同动物的差别，而且可以在不同动物实验中发现新问题，提供使用不同指标的线索。此外，把一种动物的实验结果外推到其他动物甚至推论到临床是不正确的，有时是十分危险的。进行动脉粥样硬化的实验时，不同动物在血管的结构、病变、α-和 β-脂蛋白的比例以及胆固醇的水平各有不同，这样不仅可以比较一些不同动物病理变化，也可以根据这些不同的变化寻找生化指标与病变形成的关系，把实际工作推进一步。由于不同种属动物有不同的功能和代谢特点，所以在肯定一个实验结果时最好采用两种以上的动物进行比较观察，其中一种应该是非啮齿类动物。尤其是动物实验结果要外推到人的实验，所选用的动物品种应不少于 3 种，而且其中之一是啮齿类动物。常用的生物序列是小鼠、大鼠、犬（或猴）。

总之，在动物实验操作过程中的技术问题必须加以对待，以免对动物结果产生影响。我们在进行动物实验操作时要按照实验室操作规程（GLP）和标准程序（SOP）严格执行。因为这些法规中对实验动物、实验室条件、工作人员素质、技术水平和操作方法都有明确要求。科研人员必须接受实验动物学的培训，持证上岗。同时在实验的过程中应充分重视精神因素对实验研究的影响，加强动物保护意识，使实验结果更准确可靠。

思考题：

1. 影响动物实验结果主要因素有哪些？
2. 影响动物实验的动物因素有哪些？
3. 简述实验寄生虫感染对实验研究的干扰作用。
4. 简述技术因素对动物实验的影响。

（徐立新）

第十章　动物实验基本技术

内容提要：动物实验是生命科学研究的基本手段，是药物安全性评价的必要途径。熟练的动物实验操作技术和技巧是顺利完成动物实验并取得准确、可靠结果的保证。本章详细介绍了实验动物的保定技术、麻醉方法、给药方法、样本采集方法以及如何人性化处理实验动物等技术措施，旨在为从事动物实验相关人员提供系统良好的操作规范。

关键词：保定；标记；麻醉；采血；安乐死。

动物实验是根据研究目的，恰当地选用标准实验动物品种、品系，进行各种科学实验，观察和记录动物的反应过程或反应结果，以探讨或检验生命科学中未知因素的专门活动。生物医学的每一次重大发展与进步，几乎都与动物实验息息相关。现代医学各领域中许多最重要的进步都是以动物实验研究与探索为基础的。新药进行药效和安全性评价时，需要借助动物实验；新出现的疾病进行确定时，动物实验有时是关键的决定因素。因此动物实验已成为医学、药学、生物学、畜牧学、兽医学等生命科学研究的基本手段之一。尽管在不同领域有不同的目的和应用，但其中所涉及的动物实验基本操作技术和实验方法是相通的。因此掌握基本的动物实验技能是实验成功的前提与保证。

第一节　动物实验前的准备

一、实验动物的编号与标记

编号与标记通常是动物实验开始时需要进行的第一项工作。编号的目的是使个体易于识别，便于实验者观察每个动物的变化，并为下一步进行的分组工作做好准备。无论何种编号方法，良好的标记方法都应满足号码清晰、耐久、简便和适用的要求。

(一)染色法

染色法是使用化学药品在动物明显体位被毛上进行涂染以识别动物的方法。染色法一般适用于白色大鼠、白色小鼠、豚鼠和白色家兔等动物的短期实验。常用的染液有3%～5%的苦味酸溶液(黄色)、2%的硝酸银溶液(咖啡色)和0.5%的中性品红溶液(红色)。标记时，用棉签或卷着纱布的玻璃棒或止血钳等蘸取少量上述溶液，在动物体的相应部位逆毛方向涂上有色斑点。若实验时间较长，动物之间被毛互相摩擦或尿、水浸湿被毛等导致有色斑点颜色变浅甚至消失，需在实验进行当中补涂染液，使编号清晰。

染色法编号的原则是“先左后右，先上后下”。左前腿部记为1号，左侧腰部记为2号，左后腿部记为3号，头部记为4号，腰背部记为5号，尾部记为6号，右前腿部记为7号，右侧腰部记为 8 号，右后腿部记为 9 号，不涂色的为 10 号。用单一颜色可标记 1～10 号。如果动物数量超过 10 只，可用两种颜色共同标记，即一种颜色代表十位，另一种颜色代表个位，这样可标记到 99 号。

另一种染色法也常用于标记动物。此法的编号原则为编号顺序按顺时针旋转，头顶部记为 1 号，右前肢记为 2 号，右侧腰部记为 3 号，右后肢记为 4 号，尾根部记为 5 号，左后肢记为 6 号，左侧腰部记为 7 号，左前肢记为 8 号，背部记为 9 号，不标号记为 10 号；当标记 10 只以上的动物时，后面的数字永远大于前面的数字，如有 23 号、46 号、79 号、123 号等，而没有 32 号、64 号、97 号、321 号等。例如，用苦味酸在右后肢涂上斑点，再在左后肢涂上斑点，即代表 46 号。此种编号方法只需一种染液即可标记数量较多的动物。

(二)穿耳孔法

穿耳孔法是用动物专用耳孔器在耳朵的不同部位打一小孔或打成缺口来表示一定号码的方法。这种编号方法适用于长期实验及体毛颜色较深不易着色的动物。打孔原则为左耳代表十位数，右耳代表个位数，编号方法及耳孔器见图 10-1 和图 10-2。

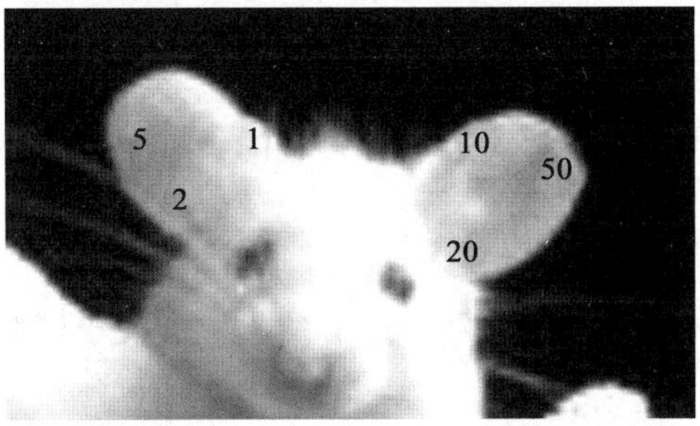

图 10-1　穿耳孔法编号方法

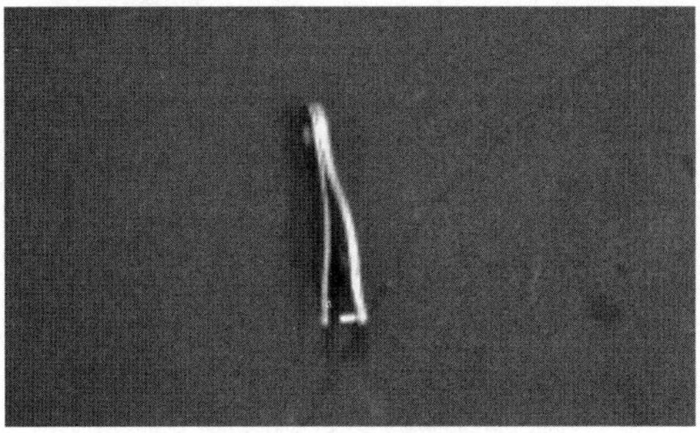

图 10-2　耳孔器

(三)金属耳号法

应用耳钳和金属耳号将带有数字的金属耳号直接打在动物耳朵的编号方法。耳钳和金属耳号见图 10-3。

(四)剪趾法

剪趾法是将小鼠左右前肢或左右后肢脚趾按不同排列方式代表不同的数字进行标记的方法。一般习惯从左向右第一趾为 1 号，第二趾为 2 号，第三趾为 4 号，第四趾为 7 号。若第一、二趾同时剪去为 3 号；若第一、四趾同时剪去则为 8 号，依此类推。右脚表示个位数，左脚表示十位数，可从 1 号编至 99 号。见图 10-4，此法适用于出生 7 日龄以内小鼠。若再配合穿耳孔法，左耳表示千位，右耳表示百位数，可编至 9999 号。

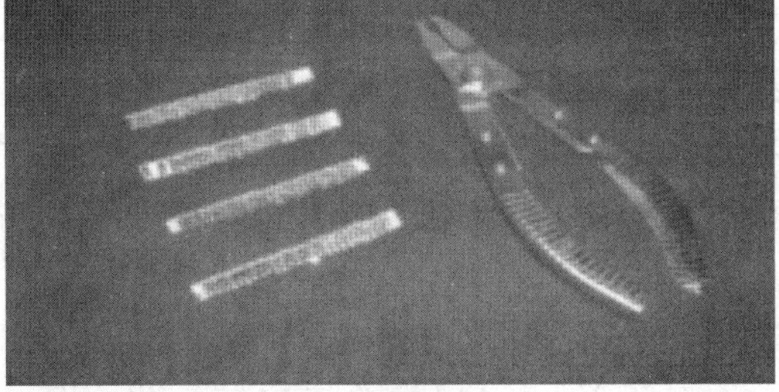

图 10-3　耳钳

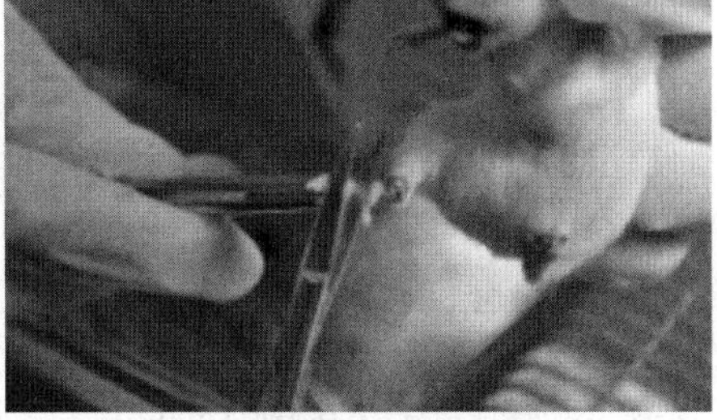

图 10-4　剪趾法

(五)挂牌法

一种挂牌法是指用金属等制作的标牌,将编号挂在实验动物的颈部、耳朵等部位。这种编号方法适用于兔、犬、猪、鸡等大动物的标记。但挂牌可能使动物感到不适,会用前爪搔抓号牌而使耳等部位损伤。另一种挂牌法是指将分组编号写在卡片上,挂在动物饲养笼外。挂牌法简单、易识别,标记动物数量不受限制。

(六)挂腿圈法

挂腿圈法首先将号码冲压在圆形或方形金属牌上,金属牌常用不生锈的铝板制成,或者可使用标记号码的铝制牌。将金属薄片固定在拴腿的皮带圈上,再固定在动物的腿的上部。此法适用于鸡等禽类的编号,简便、实用。

(七)烙印法

烙印法是用烙印钳将号码烙压在大、中型动物无体毛部位或明显部位,如耳、面部、鼻部、四肢等,然后用酒精为溶剂的染料涂布。需要注意使用此法编号时烙号部位的污染问题,应预防感染。

(八)针刺法

针刺法是采用人工针刺号码打号,然后涂以酒精黑墨即可。可用于在家兔、犬等的耳部进行标记。目前有市售动物专用打号器,原理与此相同,带有不同数字和符号的针刺字号可根据需要选择使用。

(九)剪毛法

剪毛法是将动物背部的被毛用剪刀剪去,用于标记,此法编号标记清楚、可靠,便于试验人员观察,常用于大中型动物的编号。

(十)玻璃管动物标签

市售的玻璃管动物标记法的产品包括玻璃管动物标签、注射器及针头和阅读器,见图 10-5 和图 10-6。玻璃管动物标签编码规则为 3 位国家代码+3 位地区代码+12 位动物标签编码。

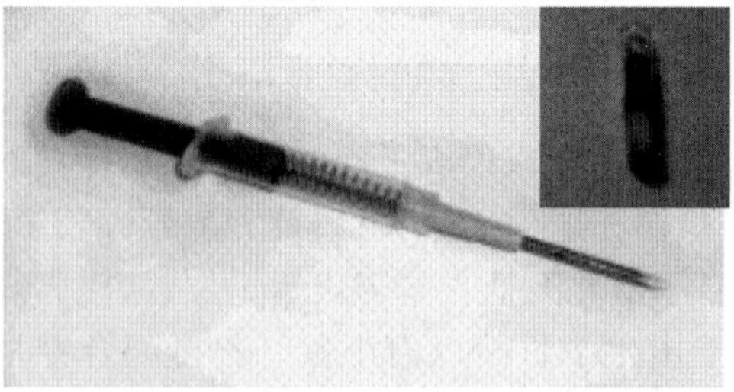

图 10-5 玻璃管动物标签注射器

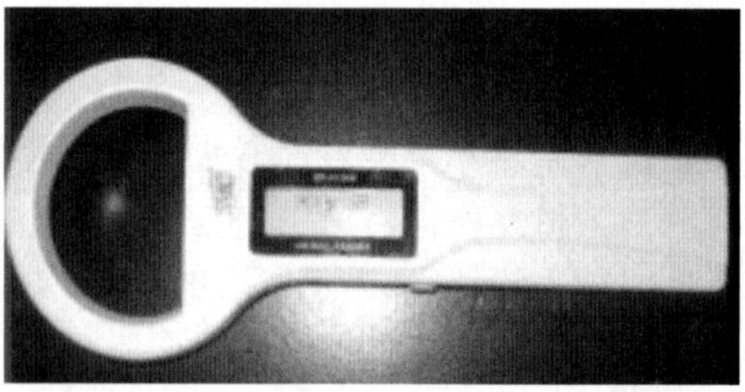

图 10-6 阅读器

如国码:720,区域:899,序号:075733300002。

使用玻璃管动物标签应注意注射标签前一定要保证消毒到位,以避免不必要的感染,注射标签时应以 15~45°角注射,方便阅读器与之发生电磁感应,敏捷地读出数据。玻璃管动物标签阅读器的最佳阅读距离为 7~12 cm,不要太近或太远。

玻璃管动物标签法的优点在于可以标记的动物种类多;为体内标签,不易破坏;使用寿命长,达到 20 年,可循环使用;准确率高,读错率为 10 万分之一;可以准确标记每一个动物。

动物的编号方法虽然有一定的原则及规范，但在实际工作中需灵活应用，有时常常两种编号方法互相配合使用，如运用染色法对每只动物进行编号后，再用挂牌法标记分组情况，挂在笼子外面。而编号也不仅仅局限于上述10种方法，在确保编号清晰、简便、耐久、适用的前提下，根据具体实验的特点，实验者可因地制宜地给动物编号。

二、实验动物的分组

(一)随机分组的原则及方法

动物编号后，通常需要根据实验要求进行分组。动物随机分组一般使用随机数字表或用计算器产生随机数字来进行。随机数字表的使用方法如下：如从某群体中需要抽取10个个体作为样本，可以随机在随机数字表上定一点。假定落在16行17列的数字76上，那么可以向上或向下或向左或向右，依次找到42、22、98、14、76、52、51、86，把包括76在内的这10个号的个体按号作为样本，作为研究总体的依据。使用计算器产生随机数时，当按下RND键时，随机数产生。产生的随机数值是0.000～0.999。显示的数前两个小数位用作一个样本个体，如产生的随机数是0.288，表明第28个数据作为一个样本个体，重复按键操作，直至产生所需的样本大小。

产生随机数字后，随机分组根据所分组数来确定，以分3组为例，介绍分组方法。如现有新西兰雄性家兔12只，按体重从小到大依次编为1，2，3，……，12号，分为一、二、三共3个组。假设所定的点是随机数字表第40行17列的08，则从08开始，自左向右写12个随机数字：

家兔编号：	1	2	3	4	5	6	7	8	9	10	11	12
随机数字：	08	27	01	50	15	29	39	39	43	79	69	10
除3余数：	2	0	1	2	0	2	0	0	1	1	0	1
组别：	二	三	一	二	三	二	三	三	一	一	三	一
调整组别：	二											

以3除各随机数字，若余数为1，则该兔归一组；余数为2，归入二组；余数为0，归入三组。结果一组为4只，二组为3只，三组为5只。三组多一只调入二组，方法同上。仍采用随机方法，从10后面接着写，为61，除以5，余数为1，则将第一个三组的兔，即第2号兔调入二组，调整后各组兔的编号为：

组别	兔的编号			
一	3	9	10	12
二	1	2	4	6
三	5	7	8	11

若将动物随机分为四组或更多的组，分组原则基本一致。

(二)分组的注意事项

随机分组目的在于使实验中的某主要指标平均分配到各个组中，如某减肥茶的减肥效果实验，动物的体重是此实验中主要的观察指标，因此随机分组后，各组的平均体重应趋于一致。

为确保实验结果具有统计学意义，实验分组时应注意各组动物的数量不可太少，若再考虑到实验过程中出现意外等情况，动物数量还需适当增加。

实验分组时还应考虑到动物性别的影响。如果条件允许，尽可能选择雌雄各半进行实验，同时应保证雌雄动物的实验数据均应具有统计学意义。若条件不允许，考虑到雌性动物的生理因素，选择雄性动物进行实验为好，但必须使用雌性动物进行的实验除外。

三、实验动物被毛的去除

(一)剪毛法

剪毛法是动物实验中被毛去除最常用的方法。如犬前肢内侧头静脉取血时需剪毛。剪毛时，用剪毛剪紧贴皮肤依次将毛剪去。剪毛时不可用手提着皮毛剪，否则易剪破皮肤，而且剪毛前剪毛部位不可消毒。剪下的毛应放入一盛有清水的固定容器中，以免剪下的毛飘落各处。

(二)剃毛法

大动物做慢性手术，豚鼠等做皮肤过敏实验时常会采用剃毛法。剃毛前，可先用温肥皂水将毛发浸湿，再用剃毛刀剃毛。目前一般采用电动剃毛刀，需逆被毛方向剃毛。剃下的毛也应放入盛有水的固定容器中。

(三)拔毛法

拔毛法是用拇指、食指将所需部位被毛拔去，家兔进行耳缘静脉注射时常用此法。

(四)脱毛法

脱毛法指采用化学脱毛剂将动物需进行实验的部位的毛脱去。脱毛剂一般主要由硫化钠或硫化钡加滑石粉等配制而成，另外也可使用市售的脱毛剂。脱毛时，脱毛部位的被毛先用剪刀剪短，用大小适中的棉球或纱布块蘸脱毛剂在脱毛部位涂成薄层，2～3 min 后，用镊子轻轻刮除脱毛剂，用温水洗去该部位脱下的毛，然后用纱布将水擦干，涂抹一层甘油。若脱毛剂在皮肤上停留时间过长，脱毛后可能导致皮肤红肿。

常用的脱毛剂配方：

(1)硫化钠 3 g、肥皂粉 1 g、淀粉 7 g，加水适量调成糊状。

(2)硫化钠 8 g、淀粉 7 g、糖 4 g、甘油 5 g、硼砂 1 g，加水 75 mL。

(3)硫化钠 8 g、溶于 100 mL 水中。

以上 3 种脱毛剂配方适用于家兔、大鼠和小鼠等小动物的脱毛。

(4)硫化钠 10 g、生石灰 15 g，溶于 100 mL 水中，此配方适用于犬等大动物的脱毛。

四、实验动物的抓取和固定

进行动物实验时，必须以正确和适宜的方式抓取动物，禁止对动物采取突然、粗暴的抓取方法，以免被动物咬伤或造成动物呼吸困难、体温升高、组织损伤甚至死亡。抓取与固定动物应充分了解动物的生活习性并选择相应的抓取固定方法。抓取操作时先慢慢友好地接近动物，注意观察其状况，待动物安静下来时方可抓取。抓取过程中应小心仔细、大胆敏捷，不可犹豫不决，动作应准确、熟练、温柔，以正确的方法抓取和固定动物。必要时实验人员可戴上手套等防护用具。不正确的抓取和固定方法可能导致动物体内某些生理、生化指标的改变。

(一)小鼠的捉取与固定

小鼠性情比较温顺，一般不会主动咬人。在小鼠较安静时打开鼠笼盖，一般情况下用左手在靠近鼠尾尾根部捏住并将其提起，放在较粗糙的平面或鼠笼盖上，轻轻地向后拉鼠尾，当其向前爬行时，用右手拇指和食指捏住小鼠颈部皮肤和两耳。捏住的皮肤要适量，太紧小鼠会窒息，太松小鼠会回头咬伤实验者。捏住后翻转右手，掌心向上，将鼠体置于右手掌心中，左手拉住小鼠尾部，用右手无名指或小指压紧尾根，使小鼠身体成一条直线（图 10-7）。此种抓取固定方法适用于肌肉注射、腹腔注射和灌胃等操作。

取尾血或进行尾静脉注射等操作需使用特定的固定装置（图 10-8），即将小鼠的身体固定，而尾部充分暴露出来。

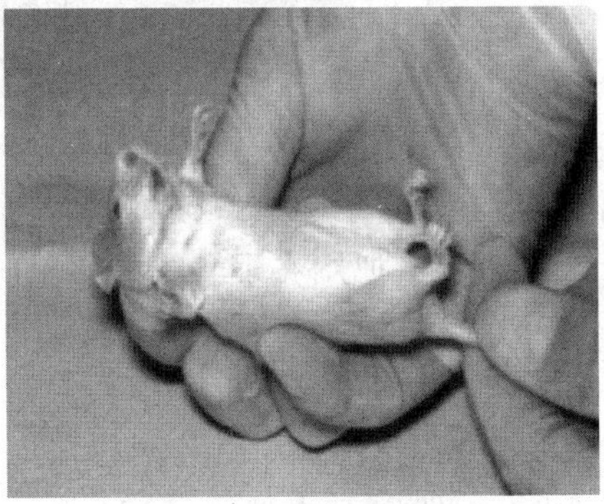

图 10-7　小鼠的抓取及固定

图 10-8　小鼠固定器

如进行外科手术、心脏采血、解剖等操作，需使用固定板进行固定。固定板可以是根据实际情况自制的泡沫板、木质板和蜡板等。

（二）大鼠的抓取与固定

大鼠牙齿较为尖锐，抓取时要小心，不可粗暴，防止被其咬伤。在抓取大鼠时，可戴帆布或硬皮质手套作为防护，但徒手操作时手掌的温暖可使大鼠变得温顺，很快停止挣扎。从鼠笼中取出大鼠时，需抓住大鼠尾根部，不能抓尾尖，也不能让大鼠悬在空中的时间过长，否则易导致尾部皮肤脱落，并易使实验者被大鼠翻转咬伤。将取出的大鼠放在鼠笼盖上，轻轻向后拉鼠尾，当大鼠向前爬行时，一般情况下，张开左手，迅速将拇指和食指插入大鼠的腋下，不要过紧，其余三指及掌心握住大鼠身体中段，见图 10-9，将其拿起，翻转为仰卧位，然后调整左手拇指的位置，紧抵在下颌骨上，右手可进行腹腔注射等操作。进行腹腔注射或肌肉注射时还可借助卵圆钳进行固定，即用有齿卵圆钳夹住大鼠头颈后部皮肤，持钳手同时抓住鼠尾，将鼠尾向钳柄部拉，使钳与鼠背平直，将鼠一侧后肢同样用持钳手抓住，即可进行操作。

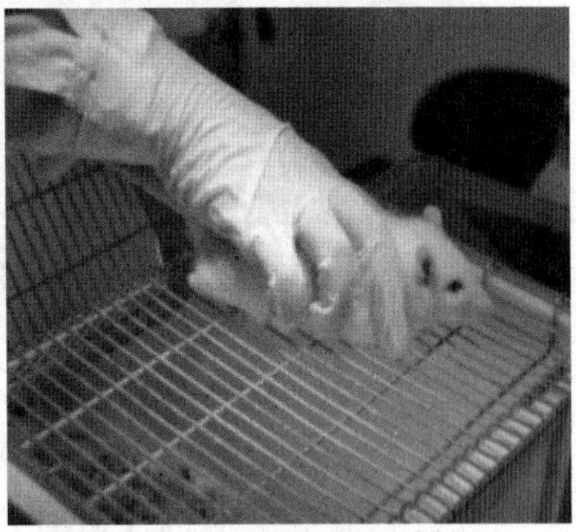

图 10-9　大鼠的抓取

若取尾血或进行尾静脉注射操作时，将大鼠固定在特定的固定器中，固定装置与小鼠相似。进行外科手术或解剖等操作时，须使用固定板，固定板的制作方法同小鼠，但固定板面积应加大。除此之外，根据实验的需要，如进行颅脑部位的实验操作，可用立体定位仪进行固定。

（三）豚鼠的抓取与固定

豚鼠性情温顺，一般不咬人。抓取时，不能粗暴，更不能抓腰腹部，这样易造成肝破裂而引起死亡。抓取幼小的豚鼠时,可用双手捧起。抓取较大的豚鼠时,可将手轻轻地伸进笼子,先用手掌扣住豚鼠的背部,抓住其肩胛上方,将左手张开,用手指抓住颈部慢慢将其提起。怀孕或体重较大的豚鼠,应用右手托起臀部(图 10-10)。在实验过程中,豚鼠会不停地挣扎,过度用力,易导致动物呼吸困难,甚至死亡。如果用纱布将豚鼠头部轻轻包起,或把豚鼠置于实验台上,操作人员轻轻扶住豚鼠,让其头钻到实验人员腋下,然后进行实验操作,效果更好。

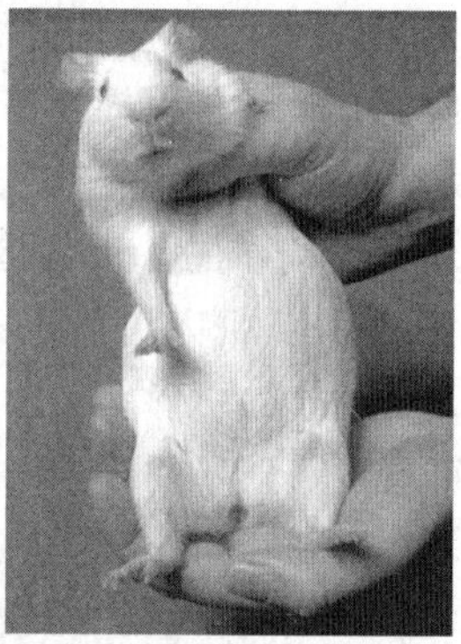

图 10-10 豚鼠的抓取及固定

另一种抓取豚鼠的方法是把左手的食指和中指放在颈背部的两侧,拇指和无名指放在肋部,分别用手指夹住左右前肢,抓起来。然后翻转左手,用右手的拇指和食指夹住右后肢,用中指和无名指夹住左后肢,使鼠体伸直成一条直线。也可坐下来,把用右手拿着的豚鼠的后肢夹在大腿处,用大腿代替右手夹住。用固定器固定豚鼠方法与大鼠相同。

(四)家兔的抓取与固定

家兔一般不会咬人,但爪较锐利。抓取时,家兔会使劲挣扎,要特别注意其四肢,防止被其抓伤。抓取家兔时,应轻轻打开兔笼门,待其呈安静状态时,一般以右手伸入笼内(图 10-11),抓住颈部的被毛和皮肤,轻轻把动物提起,把兔轻拉至笼门口,左手托起兔的臀部,把兔子从笼子里拿出来(图 10-12)。应特别注意不可只抓提兔的双耳、双腿、腰部或背部皮毛,以防造成耳、肾、腰的损伤及皮下出血。

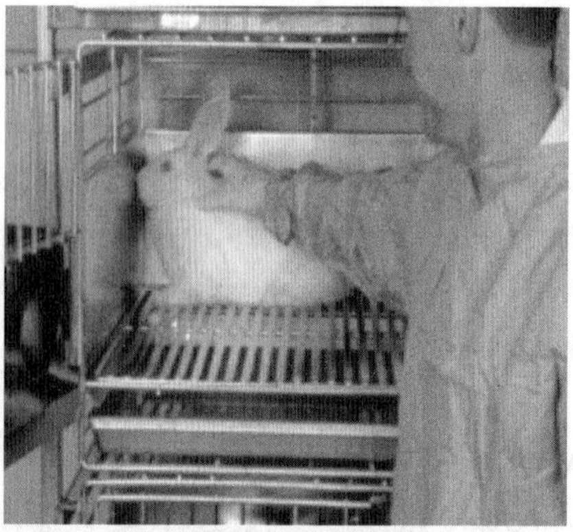

图 10-11 兔抓取

图 10-12 兔保定

在进行腹腔或肌肉注射时,可由助手用一只手抓住兔颈背部皮肤,另一只手抓住兔的两后肢,将兔固定于实验台上,操作者可进行注射操作。若进行兔耳缘静脉给药或采血时使用兔盒式固定器,此种固定器,将兔身体牢牢固定住,而耳朵充分暴露出来,便于操作者操作。若进行心脏采血、测量血压、手术等操作,可用兔固定板固定,即四肢拉直固定在台四周的固定夹上,头也以固定夹固定。

(五)犬的抓取与固定

犬性情凶猛、咬人,但通人性。如果犬在动物实验前曾与实验人员有接触,受过驯养调教,抓取保定就比较容易。受过驯养的犬或实验用比格犬的抓取保定有犬站立、犬蹲位或侧卧位等不同的保定方法。犬站立保定时,保定者将一只胳膊置于犬颈下,以使前臂能安全固定住犬的头部,将另一只胳膊置于犬腹下或胸下,保定时将犬向实验人员胸部拉近(图 10-13)。犬蹲位保定时,保定者同样将一只胳膊置于犬颈下,将另一只胳膊绕在犬的后躯固定(图 10-14)。犬侧卧保定时,当犬站立时,从其背部一只手抓住两前肢,另一只手抓住两后肢。保定者前臂靠近犬头部并用力压犬头部的一侧,以限制犬头部的活动(图 10-15)。如可能,在近腕骨和跗骨处抓住犬腿。

图 10-13 犬的站立保定

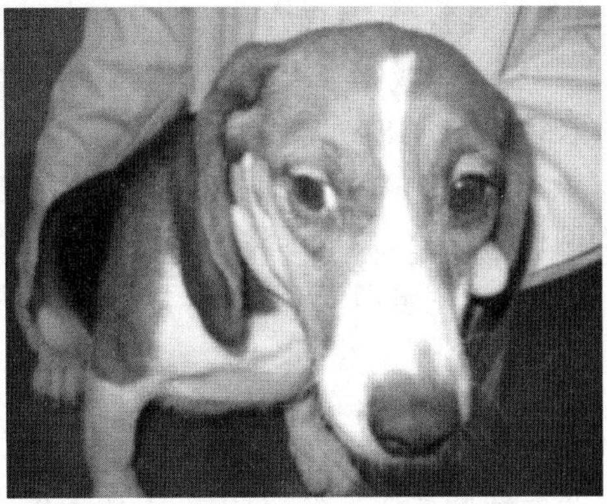

图 10-14 犬的蹲式保定

抓取保定比较凶猛的犬时,应使用特制的长柄犬头钳夹住犬颈部,注意不要夹伤嘴或其他部位。夹住犬颈后,迅速用链绳从犬夹下面圈套住犬颈部,立即拉紧犬颈部链绳使犬头固定。再用 1 m 长的绷带打一活套,从犬的背面或侧面将活套套在其嘴面部,迅速拉紧活套结,将结打在颌上,然后绕到下颌打一个结,最后将绷带引至颈后部打结固定(图 10-16)。麻醉后用绷带捆住犬的四肢,固定在实验台上。头部用犬头固定器固定好后,就可解去嘴上的绷带,以利犬呼吸和实验人员观察,这时可以进行手术等实验操作。

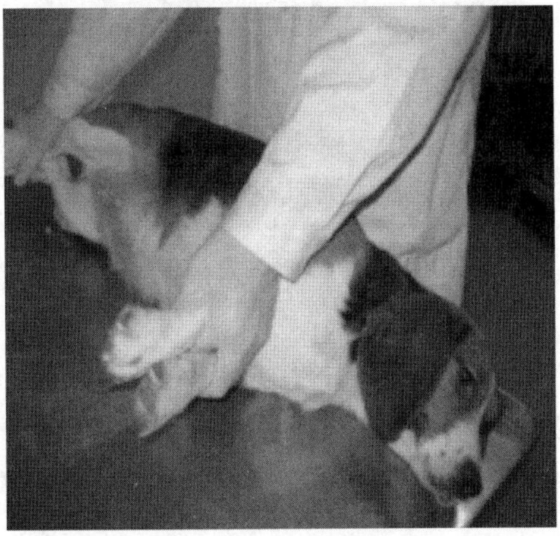

图 10-15 犬的侧卧保定

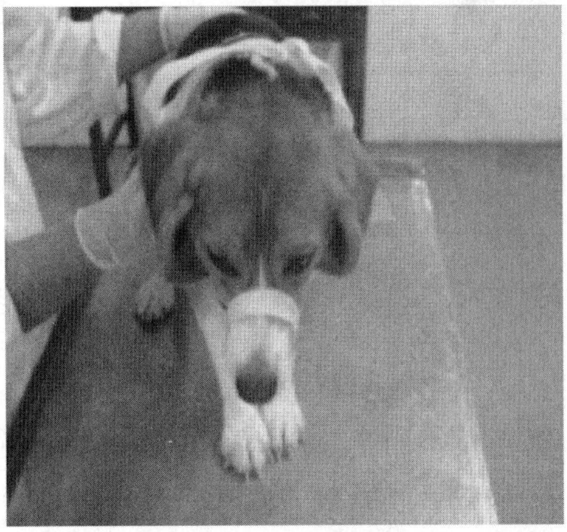

图 10-16 犬嘴打结法

若进行灌胃等操作,可将已驯服的犬拉上固定架,将犬头和四肢绑住,再用粗棉带吊起犬的胸部和下腹部,固定在架的横梁上。

(六)猫的抓取与固定

抓取未经驯服的猫时应谨慎,打开猫笼后,可先用一只手由头至颈部轻轻抚摸,抓住肩背部皮肤,将猫从笼中拖出来,用另一只手抓住腰背部皮肤即可。抓取已驯服的猫时,伸手入笼抓猫肩背部的皮肤将其提出,另一只手抓住其前肢并托住猫,然后将其夹在腋下。无论是未经驯服的还是已经驯服的猫都应注意猫爪较为锐利,可能会伤及操作者。实验操作需用固定器固定猫时,方法基本同兔。

(七)猴的抓取与固定

(1)猴房内或露天大笼内捕捉采用捕猴网进行捕捉。捕猴网是用尼龙绳编织成的网袋,网孔直径以不超过 3 cm 为宜,网口系在直径 50 cm 大小的钢筋圈上(钢筋直径约 1 cm),捕猴网连有 1.5 m 长的木柄。捕捉时动作要迅速准确,不要损伤头部及其他要害部位。猴入网后,将圈网按在地上,紧紧压住猴头或抓住颈后部(以防回头咬人),再将猴双前肢反背于猴的身后,捉住后将猴由网中取出(图 10-17)。捕捉凶猛的雄猴时应戴上防护皮手套,并需 2~3 个人紧密配合。

(2)猴笼捕捉法。捕捉时拉动杠杆,使笼的后壁向前滑动,将猴夹在笼的前后壁之间,随即将猴的双前肢从笼隙拉出笼外并紧紧握住。另一人戴上防护手套推开笼门,抓住猴头,然后小心地将双前肢反背于猴的身后,由笼中提出猴子。

(3)固定椅固定。猴固定椅基本上是由头枷和坐椅构成,坐椅可升降,头枷可固定猴头。固定椅外形与尺寸见图 10-18。固定椅可根据猴体型的大小随意旋转升降杠调整椅子的高低;猴头枷上颈孔的大小可根据猴脖子的粗细作调整。固定后猴的头部与身体以枷板分开,操作者可避免被咬伤和抓伤,枷板同时又是工作台,可放少量器械。

图 10-17 绒猴的抓取固定

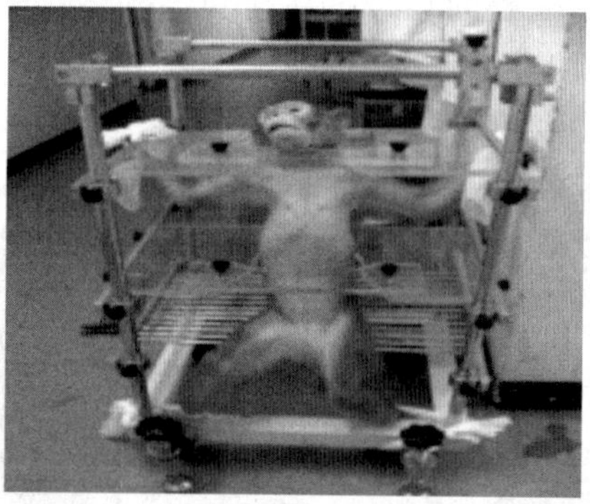

图 10-18 猴固定椅保定

(八)小型猪的抓取与固定

体型较小的猪采用抱住胸部或双手捉起两后肢的方法捉拿(图 10-19)。体型较大的猪,则一人从背后紧抓猪的两耳将其提起,使其臀部着地,两腿膝部合拢将其躯干夹住,也可以使用布固定架(图 10-20)和木头固定架。

(九)鸡的抓取与固定

4 周龄的鸡用手轻轻抓住背部便可保定。保定成年鸡时左手经胸前伸到腹下,拇指、食指和中指分别夹住两脚,手掌贴住胸部,右手经后方伸至背部,保定两翼。还可用毛巾将动物裹住固定,将鸡放于实验台上即可进行操作。若由助手一手握着两翼根部,一手握着两爪将动物固定好，操作者可进行注射、采血等操作。

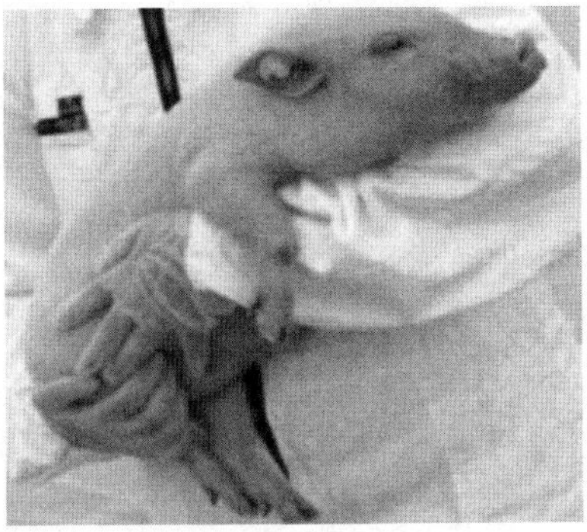

图 10-19　小型猪的保定

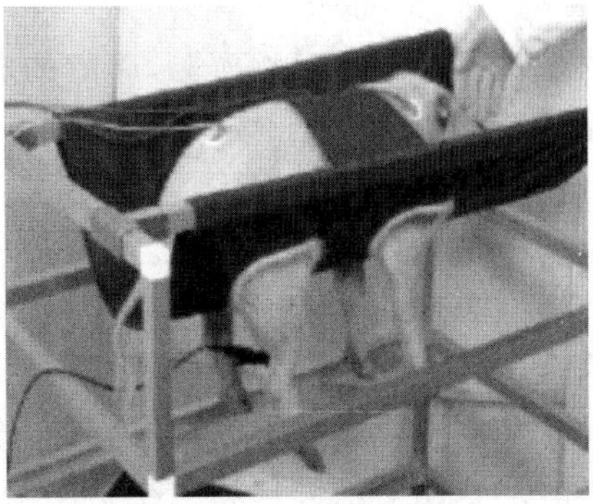

图 10-20　小型猪固定架

(十)羊的抓取和固定

1. 站立保定　保定时双手抓住羊两角，骑跨羊身，以大腿内侧夹住胸壁即可保定(图 10-21)。如当羊后退时，可利用堵墙或墙角阻止。

2. 卧位保定　保定者俯身从对侧一手抓住两前肢系部或抓住一前肢臂部，另一手抓住腹肋部膝襞处扳倒羊体，然后改抓两后肢系部，前后一起按住，如需要可用粗棉绳捆绑四肢(图 10-22)。

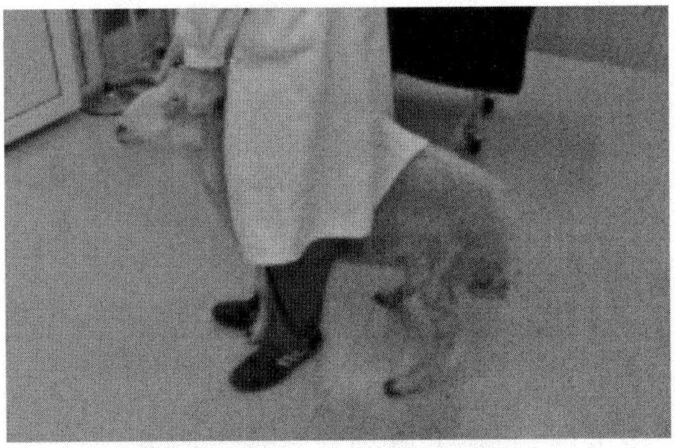

图 10-21　羊的站立保定

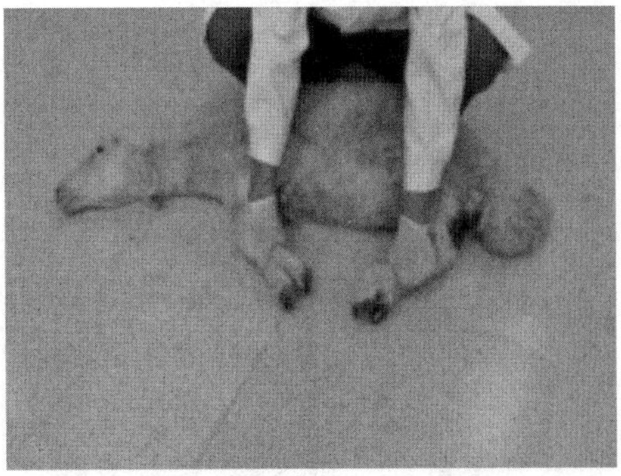

图 10-22　羊的卧位保定

第二节　实验动物的麻醉

实验动物的麻醉是指用物理或化学的方法，使动物全身或局部暂时痛觉消失或痛觉迟钝，以便进行实验。麻醉的目的是使动物产生制动、镇静和镇痛作用，并保证实验动物的安全，满足动物实验研究的需要。同时，因某些实验动物性情较粗暴，易伤及实验者，也需实施麻醉处理。此外，从遵循实验动物的"3R"原则的角度出发，动物麻醉是应采取的必要措施。

实验动物种类繁多、体格相差悬殊，解剖生理各异，实验目的不同，因此麻醉方法和麻醉用药各不相同。

一、麻醉前的准备

对于需要麻醉的动物实验，麻醉的成功与否是至关重要的，麻醉前的准备工作是必不可少的一个环节。

(一)动物的准备

动物应禁食，大动物需禁食10～12 h。在麻醉之前应准确称量动物体重。

(二)麻醉剂的准备

检查所选用的麻醉剂的质量、数量、浓度，以及预防麻醉过深所选用的急救器材、药品是否准备齐全。需考虑麻醉剂的纯度问题，相同麻醉剂不同纯度，其麻醉效果往往差别较大。寒冷冬季麻醉剂在注射前应预热至动物体温水平。

(三)麻醉剂量和麻醉方法的准备

麻醉的剂量应准确计算。由于动物个体之间的差异，对药物的耐受性不同，体重与所需剂量并不成正比，一般说衰弱和过胖的动物，其单位体重所需剂量较小。故文献等资料提供的剂量仅供参考，切记不可盲目照搬。最好做预实验以确定麻醉剂量。

二、常用麻醉药

(一)挥发性麻醉药

挥发性麻醉药包括氧化亚氮、氟烷、甲氧氟烷、安氟醚、异氟醚、地氟醚、乙醚和氯仿等。

(二)非挥发性麻醉药

非挥发性麻醉药包括全身麻醉药和局部麻醉药。

1. 全身麻醉药

(1)静脉麻醉药。硫喷妥钠、安定、咪唑安定、氯胺酮、普尔安、羟丁酸钠和安泰酮等。

(2)肌肉松弛药。琥珀胆碱、管箭毒、爱肌松和卡肌松等。

(3)镇痛药。吗啡、哌替啶、芬太尼、纳洛酮和杜冷丁等。

(4)镇静催眠药。苯巴比妥钠、异戊巴比妥钠、戊巴比妥钠和速可巴比妥(速可眠)等。

(5)神经安定药。氯丙嗪、异丙嗪、乙酰丙嗪和利血平等。

2. 局部麻醉药　可卡因、普鲁卡因、丁卡因、利多卡因、布比卡因和氯普鲁卡因等。

(三)常备急救药

1. 抗副交感神经药　阿托品、东莨菪碱等。

2. 升压药　肾上腺素、去甲肾上腺素、异丙肾上腺素、麻黄素和多巴胺等。

3. 中枢兴奋药　可拉明、咖啡因和回苏灵等。

三、常用的麻醉方法

(一)全身麻醉方法

1. 吸入麻醉　是将乙醚、氯仿等挥发性麻醉剂经呼吸道吸入体内而产生麻醉效果。吸入麻醉适用于麻醉时间较短的动物实验，或用作基础麻醉或注射麻醉的辅助麻醉。

(1)大鼠、小鼠、豚鼠的吸入麻醉。吸入麻醉一般需借助麻醉罐进行。常用的麻醉罐大多为透明带盖的容器，大小根据动物体积而定。将动物放入含有吸附乙醚等挥发性麻醉剂的棉球或纱布的麻醉罐中，盖好盖子，观察动物的行为。动物出现兴奋，继而出现抑制，随即自行倒下(图 10-23 和图 10-24)。当动物角膜反射迟钝、肌肉紧张度降低时,即可取出动物。

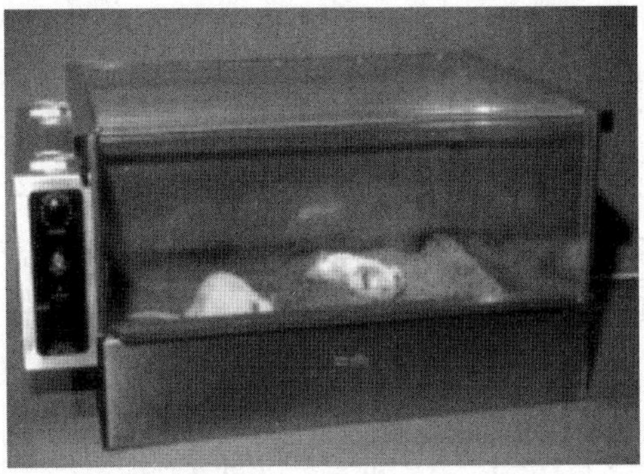

图 10-23　小鼠的吸入麻醉

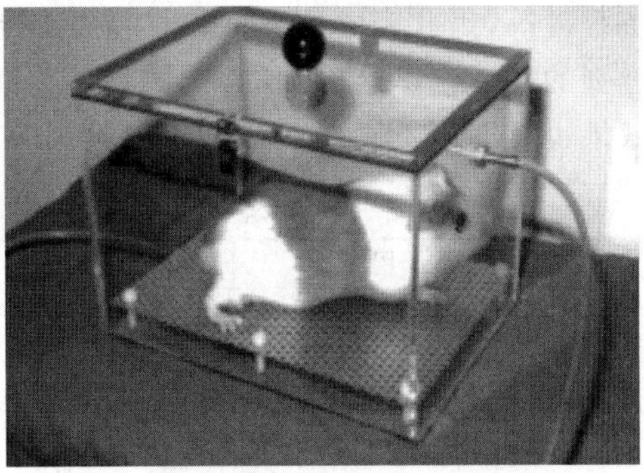

图 10-24　豚鼠的吸入麻醉

(2)家兔、猫的吸入麻醉。麻醉方法基本同大、小鼠。将动物投入麻醉罐中后 1～2 min,从动物后腿依次出现麻痹现象,随后失去运动能力,这表明动物已进入麻醉状态,4～6 min 可将动物麻醉。

(3)猪、犬的吸入麻醉。首先将猪、犬嘴用绳绑牢固,然后根据动物的大小,选择合适的麻醉口罩,将纱布置入口罩内,加上乙醚等挥发性麻醉剂。如麻醉犬,一人用手固定犬的前肢及后肢,另外一人用膝顶住犬的胸颈部,一手捏住头颈,一手将麻醉口罩套在犬嘴上。开始麻醉时,麻醉剂的用量可以多些,之后逐渐减少。动物吸入乙醚等挥发性麻醉剂后,开始处于兴奋状态,出现挣扎,呼吸不规则,随后动物的呼吸逐渐平稳,肌肉紧张度逐渐消失,角膜反射迟钝,对皮肤刺激无反应,这说明猪、犬已进入麻醉状态,去除猪、犬嘴绑绳,开始实验(图 10-25 和图 10-26)。

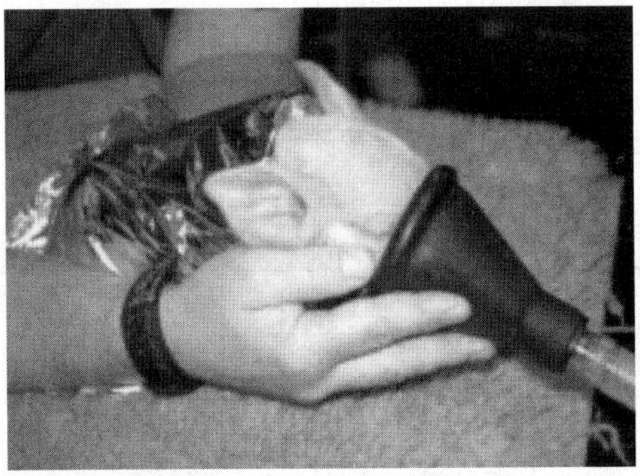

图 10-25　小型猪吸入麻醉

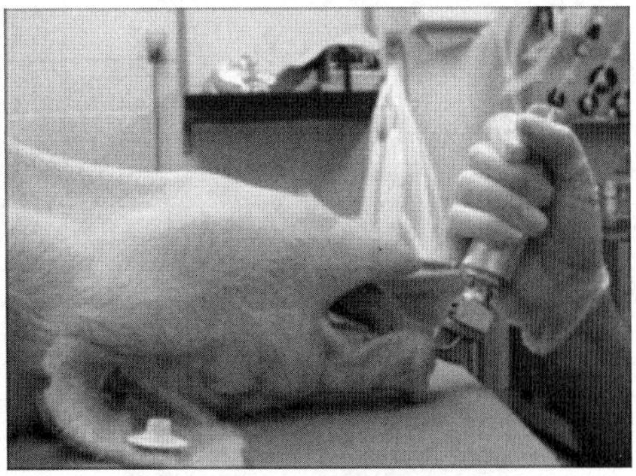

图 10-26　小型猪气管麻醉

最常用的吸入麻醉剂为乙醚,但动物吸入乙醚后可能发生窒息。若发生窒息,应暂停吸入乙醚,待呼吸恢复正常后再实施吸入麻醉。

2. *注射麻醉*　是使用非挥发性全身麻醉药进行麻醉的方法。注射麻醉方法简便,麻醉时间较长,适用于需长时间麻醉的动物实验。一般采用静脉注射、腹腔注射和肌肉注射等方法进行麻醉。兔、猫、犬、猪等大动物常采用静脉注射、肌肉注射的方法进行麻醉;小鼠、大鼠、豚鼠等小动物常采用腹腔注射的方法。常用麻醉药的剂量及注射途径见表 10-1。但实际工作中影响麻醉效果的因素很多，包括动物的品系、年龄、环境条件、麻醉剂的纯度、操作人员的技术熟练程度等，因此表中的数据仅供借鉴参考，不可盲目照搬。例如同种动物的不同品系对同一麻醉剂的耐受性是有区别的，而同种动物同种品系在不同的环境条件下使用同一麻醉剂的麻醉效果也可能是不同的。

表 10-1　实验动物常用麻醉药的剂量及注射途径

种类	戊巴比妥		硫喷妥钠		盐酸氯胺酮		水合氯醛		乌拉坦	
	/(mg/kg)	途径	/(mg/kg)	途径	/(mg/kg)	途径	/(mg/kg)	途径	/(mg/kg)	途径
小鼠	35	I. V.	25	I. V.						
	50	I. P.	50	I. P.	22～44	I. M.	400	I. P.	—	—
大鼠	25	I. V.	20	I. V.						
	50	I. P.	40	I. P.	22～44	I. M.	300	I. P.	0.75	I. P
豚鼠	30	I. V.	20	I. V.						
	40	I. P.	55	I. P.	22～44	I. M.	200～300	I. P.	1.50	I. P
家兔	30	I. V.	—	—	—		—		—	—
	40	I. P.	20	I. V.	22～44	I. M.	—		1.0	I. V
仓鼠	20	I. V.	—	—	—		—		—	—
	35	I. P.	40	I. P.	—		200～300	I. P.	—	—
犬	30	I. V.	25	I. V.	—		125	I. V.	1.0	I. V
猪	20～30	I. V.	9～10	I. V.	10～15	I. M.	—		—	—
	15	I. V.	5	I. V.	10～15	I. M.	—		—	—
猫	25	I. V.	28	I. V.	15～30	I. M.	300	I. V.	1.25～1.50	I. V
猴	35	I. V.	25	I. V.	—	—	—		—	—
	60	I. P.	15～40	I. M.	—	—	—			
牛犊	—		—		—	—	—		163～275	I. V
成年牛	—		—		—	—	90～140	I. V	—	—
山羊(绵羊)	30	I. V.	—		—	—	—	—	—	—

注：I. V. 为静脉内注射；I. P. 为腹膜内注射；I. M. 为肌肉注射；S. C. 为皮下注射。

注射麻醉法给予麻醉药后，动物即倒下，全身无力，反应消失，表明已达到适宜的麻醉效果，是进行手术的最佳时期。若动物四肢开始抖动，表明接近苏醒，若手术尚未完成，需及时将含有乙醚等挥发性麻醉剂的麻醉瓶放在动物口、鼻处，给予辅助吸入麻醉，直至手术完成。若实验过程中，动物发生抽搐等症状，说明麻醉过深，可能是死亡的前兆，需立刻进行急救处理。

3. 气管内插管麻醉　是将一特制的导管置入动物的气管内，建立一人工的通气管，通过气管内导管进行麻醉的方法。此麻醉方法的优点在于无论任何手术体位都可使动物保持呼吸道通畅，可防止异物进入呼吸道，清除气管内的分泌物，便于给氧吸入和辅助呼吸，能主动地对动物重要的生理功能指标进行监测、调整和控制，为实验创造最佳工作条件。

气管内插管麻醉动物，不同的实验动物，气管内插管也不相同。犬使用的是 1～4 号

Macintosh 或 Soper 喉镜片，猫使用的是 1 号，绵羊为 2～4 号，家兔使用 0～1 号的 Macintosh 喉镜片。虽然体重较大的猪的麻醉喉镜片需要特制，但一般使用的型号是 1～3 号的 Soper 喉镜片或 1～4 号的 Macintosh 喉镜片。

气管插管前，应事先了解动物咽喉部结构，熟悉这一区域的解剖关系，特别是软腭和会厌。此外，气管导管的大小、长短要合适。由于市售导管太长，应裁剪至鼻孔到胸骨上凹的距离。使用外径小于 4 mm 的细管，最好使用不带气囊的管子，这样就可以插入尽可能粗的导管。插管时气管导管外壁可涂上少许利多卡因凝胶。动物的麻醉诱导深度应足够消除咳嗽和吞咽反射。有时要求浅麻醉插管，但插管技术必须熟练。

(1)猪的气管插管麻醉。猪的插管难度在于暴露喉部困难。于仰卧位固定动物，充分伸展头颈部。拉出舌头，但要防止被牙齿损伤，特别是雄猪的犬牙。如果使用导丝，插管会容易些。导丝是一种放在导管内的铜管丝，作用是强化导管并使之更容易直接抵达喉部。使用市售的导丝，它的前端软且无创。紧急情况下，也可由一端长短合适的铜线代替，但这样可能增加喉损伤的可能性。

喉镜在舌面上向前推进，必要时用导丝的末端向下推软腭，使其和会厌分开。到达喉部时，喷洒利多卡因。将导管和导丝轻柔地插至喉部，拔除导丝。导管继续前进，这时喉壁常会阻挡导管的前进。当这种情况发生时，微退导管，旋转 90°角重新进入，这一过程应反复多次直至无阻力感。任何情况下均不应将导管强行推入喉部，可能导致严重的创伤、出血以及继发窒息。

(2)羊、犬、猫的气管插管麻醉。动物斜卧位固定，由助手将下颌尽量拉开。拉出舌头，喉镜在舌面上向喉部推进。喉部通常被会厌盖住，用喉镜片末端向上轻提软腭，使会厌前移暴露喉部。插管时喉部应喷局麻药，以防喉痉挛。喉部暴露完毕，将导管插入气管内，连接上麻醉机，导管气囊充气后，用 1 cm 宽的胶布将导管固定至动物的下颌。此时最好用手控通气，观察两侧胸壁的呼吸活动度，防止导管深入至一侧支气管，同时了解气道的阻力。阻力增加提示导管打折或者靠近气管分叉而引起的部分阻塞。如果定位不太确定，应听诊两肺呼吸音是否对称。

(3)家兔的气管插管麻醉。将兔侧卧、抓紧并伸展头部，同时将头部上提至前肢刚好触及台面。此时将导管从舌面上轻轻地推进至喉部，从导管后端辨听呼吸音，如果使用的是聚乙烯导管，还可观察导管内壁有无呼出冷凝雾。呼吸音强或者有冷凝气雾均提示导管接近喉部。当兔吸气时，将导管轻柔地推进。没有进入喉部的标志是：呼吸音消失，无冷凝气雾。这时应退出导管，重新操作。该方法无法向声带喷洒局麻药防止喉痉挛，但技术较易掌握，特别是对于 3 kg 以上的家兔。

(4)鸡的气管插管麻醉。鸡的插管相对容易，因为鸡的气道开口比哺乳类靠前。打开鸡嘴，气道的开口在舌根部，将舌头拉出以辅助插管。鸡的导管可用婴儿导管，导管应是无气囊型的，因为鸡有完整的气管软骨环，气囊的使用可使气管黏膜受压后坏死。

(5)大鼠、小鼠的气管插管麻醉。大鼠、小鼠进行气管插管相对较为困难，特别是小鼠。需借助特制的喉镜或耳镜进行，而且需要专门的技巧。

(二)局部麻醉方法

局部麻醉是用局部麻醉药阻滞周围神经末梢或神经干、神经节、神经丛的冲动传导，产生局限性麻醉区。局部麻醉的特点是动物可保持清醒状态，对重要器官功能干扰轻微，麻醉并发症少，是一种比较安全的麻醉方法。

局部麻醉药按化学结构分类，可划分为酯类和酰胺类两种局部麻醉药。酯类局部麻醉药有可卡因、普鲁卡因、丁卡因和氯普鲁卡因；酰胺类局部麻醉药有利多卡因、布比卡因、卡博卡因和地布卡因等。常用的局部麻醉药的使用方法见表 10-2 。局部麻醉常用的方法是表面麻醉、浸润麻醉、区域阻滞麻醉以及传导麻醉等。

表 10-2 常用局部麻醉药的统一使用方法

药名	麻醉强度（普鲁卡因=1）	组织通透性	开始作用	毒性（普鲁卡因=1）	主要用途	表面麻醉	浸润麻醉	传导麻醉	脊髓麻醉	维持时间/min
普鲁卡因	1	差	慢	1	浸润传导脊髓	—	0.5%	2%	2%～5%	30～90
利多卡因	1.5～2	好	快	1.0～1.4	浸润传导脊髓	2%～4%	0.5%～1%	1%～2%	1%～2%	75～3 h
丁卡因	10～20	强	慢	8	表面	0.5%～2%	0.1%	0.2%～0.5%	0.2%～0.5%	

表面麻醉：将穿透力强的局部麻醉药直接作用于黏膜表面，使黏膜下神经末梢麻醉。可将药物配成不同浓度的溶液、凝胶和糊剂，通过滴入、喷雾、涂布和灌注等方法将其应用到眼、口腔、鼻腔、喉、外耳道或尿道等黏膜处，产生麻醉。多用丁卡因和利多卡因。丁卡因常用于眼部手术，利多卡因常用于猫气管插管前的咽喉表面麻醉。

浸润麻醉和区域阻滞麻醉：沿手术切口线逐层注射局部麻醉药，或在手术区周围部位注射药物，阻滞神经纤维传导，达到麻醉作用，前者称为浸润麻醉，后者称为区域麻醉。适用于犬、猫皮肤撕裂窗缝合、皮肤疣及皮肤肿瘤的切除、幼犬截尾术和皮肤活组织的采集等。也可用于一些大的手术如剖腹产，并配合应用安定镇痛术，可避免因全身麻醉造成对胎儿的抑制。常用普鲁卡因和利多卡因。为减慢药物的吸收和延长麻醉效力，常于局麻药中加入 1∶50 000 或 1∶100 000 浓度的肾上腺素。

四、麻醉监测和麻醉意外的抢救

（一）麻醉监测

麻醉过程中，静脉注射的速度必须缓慢，同时需时刻观察肌肉紧张性、角膜反射和动物对皮肤疼痛的反应。当这些活动明显减弱或消失时，立即停止注射。动物在麻醉期体温容易下降，要采取保温措施，尤其在冬季更应注意观察体温变化，可在动物肛门插入体温计（正常的肛门温度参考值：大鼠 37.5℃，小鼠 37.5℃，家兔 39.5℃，豚鼠 39.5℃，犬 38.5℃，猪 39.0℃，羊 39.5℃，猴 39.0℃）。

（二）麻醉意外的抢救措施

当实验进行中因麻醉过量、大失血、过强的创伤或窒息等各种原因，导致动物血压急剧下降甚至为零，出现呼吸极慢且不规则甚至呼吸停止、角膜反射消失等临床死亡症状时，应立即进行急救。急救的方法可根据动物情况而定。对犬、兔、猫常用的急救措施有下面几种。

1. 针刺　针刺人中穴对抢救家兔效果较好。每分钟几百次频率的脉冲电刺激膈神经对抢救犬效果最好。

2.注射强心剂　静脉注射0.1%肾上腺素1 mL,必要时直接做心脏内注射。肾上腺素具有增强心肌收缩力、使心肌收缩幅度增大、加速房室传导速度、扩张冠状动脉、增强心肌供血、供氧及改善心肌代谢等作用。当动物注射肾上腺素后,如心脏已搏动但搏动无力时,可从静脉或心腔内注射1%氯化钙5 mL,使心肌收缩加强,血压上升。

3.注射呼吸中枢兴奋药　静脉注射山梗菜碱或尼可刹米。给药剂量和药理作用如下:

尼可刹米:每只动物1次注射25%尼可刹米1 mL,此药可直接兴奋延髓呼吸中枢,使呼吸加快加深,对血管运动中枢的兴奋作用较弱。

山梗菜碱:每只动物1次可注入1%山梗菜碱0.5 mL。此药可刺激颈动脉体的化学感受器,反射性地兴奋呼吸中枢;同时此药对呼吸中枢还有轻微的直接兴奋作用。作为呼吸兴奋药,它比其他药作用迅速而显著。呼吸可迅速加深加快,血压亦同时升高。

4.快速注射高渗葡萄糖液　经动物股动脉逆血流加压、快速、冲击式的注入40%的葡萄糖溶液。注射量视动物而定,如犬可按2～3 mL/kg体重计算。这样可刺激动物血管内感受器反射性地引起血压和呼吸的改善。

5.动物快速输血、输液　常用于失血性休克或死亡复活等实验。其方法是在动物股动脉插一软塑料套管,连接加压输液装置(血压计连接输液瓶上口,下口通过胶皮管连接塑料套管)。当动物发生临床死亡时,即可加压快速从股动脉输血和输低分子右旋糖苷。如实验前动物曾用肝素抗凝,由于微循环血管中始终保持通畅,不出现血管中血液凝固现象,因此当动物出现临床死亡后数分钟,采用此种急救措施也容易救活。

6.人工呼吸　可采用双手压迫动物胸廓进行人工呼吸。如有电动人工呼吸器,可在气管分离插管后,再连接人工呼吸器进行人工呼吸。一旦见到动物自主呼吸恢复,即可停止人工呼吸。当动物呼吸停止,而心搏极弱或刚停止时,可用5%CO_2和60%O_2的混合气体进行人工呼吸,效果更好。采用人工呼吸器时应调整其容量。大鼠为50次/min,每次8 mL/kg[即400 mL/(kg·min)];兔和猫为30次/min,每次10 mL/kg[即300 mL/(kg·min)];犬为20次/min,每次100 mL/kg[即2 000 mL/(kg·min)]。

五、麻醉对动物实验的影响

实验动物麻醉目的是满足手术需要和保证实验动物安全,使动物产生制动、镇静和镇痛作用,保证实验取得精确可靠的结果。在选择麻醉药物和麻醉方法时,除了满足手术要求和保证动物安全外,还应考虑麻醉本身及其不良反应对观察指标和实验结果的影响。当麻醉的影响不可避免时,应了解和控制影响的程度和范围,并提供校正和分析实验结果的资料。在上述原则下,应该根据实验设计和手术特点选择麻醉方法和麻醉药物,并注意麻醉深度对实验的影响。

(一)麻醉方法的影响

如果实验手术目的在于制作一种病理状态的动物模型供长期观察研究,如小肠造瘘等手术,一般临床常用麻醉方法都可使用。若需要在术中或术后立即观察某些生理病理变化,如肠系膜上动脉钳闭性休克模型制作等,麻醉对动物的呼吸、循环、肝、肾和内分泌等有关系统器官有一定影响,则选用的麻醉方法应尽可能短暂、轻微。动物实验所要求的麻醉,一方面能有效地抑制有害应激反应,另一方面要求对动物的血液酸碱度、氧和二氧化碳等生化指标、血液动力学以及其他生理功能造成的干扰降低到最小。实验的每一只动物所用麻醉方法和麻醉中生理、药理状态,都要保持相对一致,以符合“均衡性原则”。观察并记录麻醉造成的干扰和意外,以便在分析观察结果或处理所得数据时予以校正或剔除。实验课题设计要充分考虑麻醉方法与实验动物各自的特点,以寻求最佳配合。例如用一次静脉注射硫喷妥钠的方法麻醉犬,苏醒后 2 h 仍可见犬呼吸和循环系统抑制现象。

选择麻醉方法还应考虑手术时间长短、刺激和损伤的范围与程度,以及麻醉对动物生理干扰的情况等特点。有时实验外科要连续处理多只动物,宜选择诱导快速、简单和术后不需要长时间监护的麻醉。长时间的动物实验要求能随时补充给药和便于调节麻醉深度,以避免长时间的深麻醉。对出血多、创面广和刺激重的手术,常造成血液动力学、水电解质酸碱平衡等方面的问题,选择麻醉时应考虑周到。其他如手术要求的特殊体位、开胸手术、循环暂停、降温和降压等,都是麻醉方法的选择依据。

(二)麻醉药物的影响

手术中需要切取肝组织活检,若使用某些脂溶性强或组织毒性大的麻醉药物如巴比妥类药物,常使组织出现超微结构变化,会干扰实验结果。

不同种属的动物对麻醉药的反应也不相同。家兔的肝脏中降解阿托品的酶水平较高,家兔对阿托品的耐受力极高,术前用药常选用胃长宁而不用阿托品,但兔对巴比妥类呼吸抑制作用十分敏感。阿法沙龙/阿法多龙对兔产生浅麻醉,加深麻醉时兔易发生呼吸、心跳骤停。吸入麻醉药常引起兔呼吸抑制,乙醚易刺激、诱发兔喉痉挛并引起唾液腺和支气管分泌大量液体。适用于灵长类的神经安定镇痛麻醉,对犬很难奏效。戊巴比妥麻醉大鼠、豚鼠、仓鼠、兔和猫,常伴有严重的呼吸抑制并可能导致死亡,应尽量避免用于这些动物。

氯胺酮用于幼猪,麻醉作用不明显,需加大用药量。美托咪定和赛拉嗪对多数种属猪无效。少数猪吸入氟烷麻醉后可出现恶性高热。阿托品用于减少绵羊唾液腺分泌时,用药量大而且效果差。与哺乳类动物不同,鸟类解剖上有许多气囊与肺相连,吸入麻醉诱导迅速而且容易过量。麻醉和麻醉苏醒期间,两栖类动物最好保持皮肤湿润,低温可产生良好的麻醉和制动作用。肌松药箭毒有促组胺释放作用,犬对之非常敏感,应列为禁忌。

(三)麻醉深度的影响

动物实验要求麻醉深度要适度,而且在整个实验过程中要保持稳定。如果麻醉过深,动物处于深度抑制甚至濒死状态,动物各种正常反应受到抑制,则很难得出可靠的实验结果。麻醉过浅,会引起强烈的疼痛刺激,使动物呼吸、循环甚至消化功能发生改变,如疼痛刺激可反射性地抑制胰腺分泌。麻醉深度的较大波动,会使实验结果产生前后不一的变化,给实验结果带来难以分析的误差。

总之,给动物实施麻醉时,由于不同动物对同一麻醉药物的敏感性、同一动物对不同的麻醉药物的敏感性存在差异。同时,不同的麻醉药物有不同的使用途径,同一药物在以不同的途径对动物进行麻醉时,效果也不同,因此实验动物的麻醉技术,需在实际工作中不断积累经验,灵活运用麻醉方法。

第三节　实验动物给药途径与方法

实验动物的给药途径与方法不尽相同,需根据不同的实验目的、动物种类、药物剂型和临床给药情况等决定动物的给药方法,同时不同给药方法的难易程度不同,除考虑上述因素外,还应考虑技术熟练程度。实验动物常用的给药方法大致有经口给药、注射给药、吸入给药等方法。

一、经口给药

(一)口服给药

将药物添加到饲料或饮水中,让动物自由采食的方法。这种方法简单易操作,但由于动物的状态和嗜好不同,饮水和饲料的摄取量不同,药量难以控制。对于猫、犬等大动物的固体药物的给药方法,如片剂、丸剂等可徒手经口给予。具体方法为掰开动物上下颌,将药物置于其舌根,让其自动吞咽。

(二)灌胃给药

借助器械将药物直接灌入动物胃内。这种方法可准确控制给药量,但操作时应注意不要损伤动物。

1. 大鼠、小鼠和豚鼠的灌胃　应使用灌胃针头,其特点是针头处焊有金属圆突,使消化道免受锋利针头的损伤,同时针头端弯曲呈大约30°的角度,以适应大鼠、小鼠的生理弯曲,灌胃针接上注射器即成灌胃器。大鼠灌胃针一般长6～8 cm,小鼠灌胃针长5～7 cm(图10-27)。灌胃操作时左手固定大鼠、小鼠,使动物呈垂直体位,右手持灌胃器。先测量一下从口角到最后肋骨之间的距离,作为灌胃针插入的长度。然后沿右口角插入口腔,与食管成一直线,再将灌胃针沿上腭壁缓慢插入食管,如动物无挣扎等症状,方可注入药液(图10-28)。若针头插入时遇到阻力或动物挣扎厉害,应抽出灌胃针重新插入,切记不可强行插入,否则易造成动物损伤。若误插入气管,动物会立刻死亡。但有一种情况需特别注意,由于注射针插入时倾斜可能使灌胃针插入动物对侧腋下部,虽然注入药物后，动物不会立刻死亡,但一两天后动物会出现异常症状。

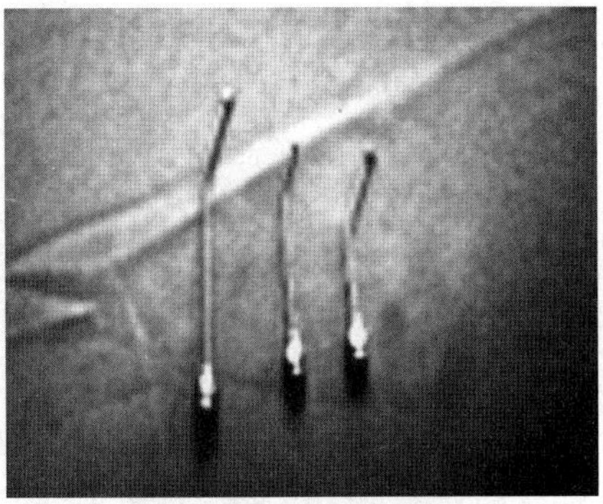

图10-27　灌胃针头

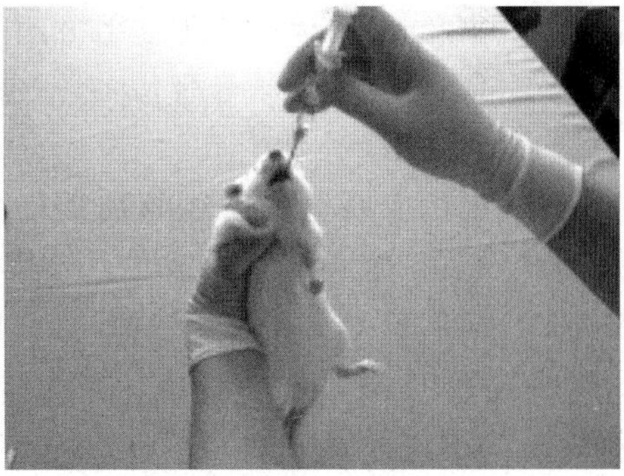

图10-28　大鼠灌胃

2. 兔、犬、猫灌胃　灌胃需一个竹制或木制的开口器、一杯清水和一根用于灌胃的12号或14号导尿管(图10-29)。灌胃时将开口器放在动物上下门齿之间,固定于舌之上,然后用导尿管经开口器的中央孔,沿上腭慢慢插入食管,插好后,将导尿管外口端放入盛有清水的杯中,若有气泡产生,需抽出重新插入;若无气泡产生,说明导尿管已在胃中,外口端接上注射器可注入药液(图10-30)。为保证管内药液全部进入胃内,药液注入完后再注入5 mL清水,方可抽出导尿管,取出开口器。

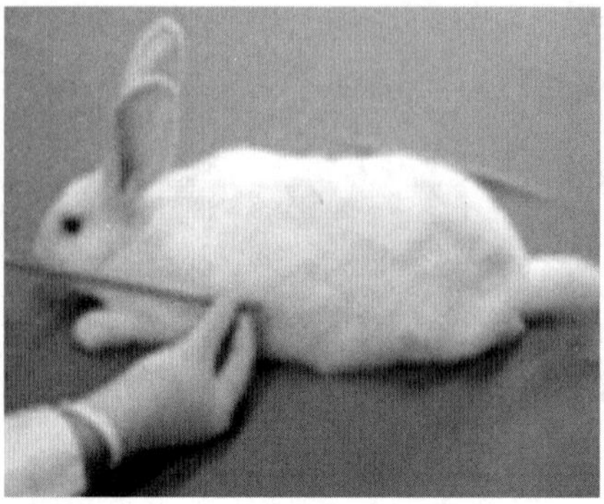

图 10-29 家兔灌胃前的导管测定

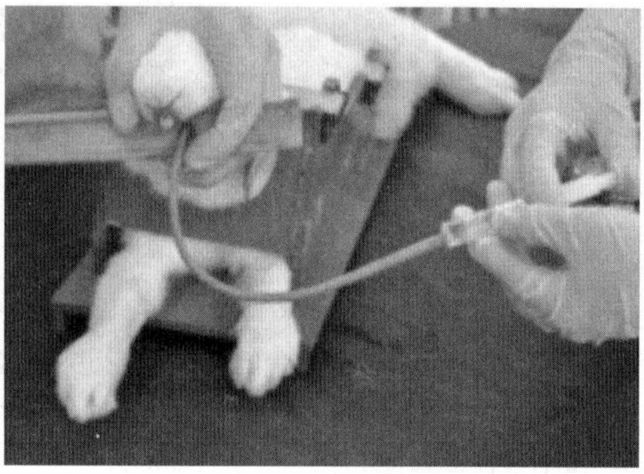

图 10-30 家兔的灌胃

3. 鸡的灌胃 由助手将其身体用毛巾裹住固定，实验者用左手将动物头部向后拉，使其颈部倾斜，用左手拇指和食指将动物嘴撬开，其他 3 个手指固定好动物头部，右手持带有灌胃针头的注射器，将灌胃针头由动物舌后插入食道，如动物无异常症状，即可缓慢注入药液。

二、注射法给药

(一)皮下注射

皮下注射一般选择皮下组织比较疏松的部位，大鼠、小鼠、家兔、犬等常用注射部位有颈背、腋下、侧腹和后肢，猪的皮下注射部位为耳根部皮下，鸡的皮下注射部位为翼下部位。先用酒精棉球消毒需注射部位的皮肤，再将皮肤提起，进针时，从头部方向刺入皮下，再沿体轴方向将注射针推进 5～10 mm。若针尖易左右摆动，表明已刺入皮下。然后轻轻抽吸，如无回流物可缓慢注射药液。注射完毕，缓慢拔出注射针，用干棉球压针刺部位，以防止药液外漏。大鼠、小鼠、豚鼠、家兔、猫和犬等皮下注射方法基本相同。需注意不同动物皮下注射所用的针头号不同，如小鼠需用 4 号或 4 号半针头，家兔、猫等需用 6 号针头进行皮下注射。

(二)皮内注射

皮内注射用于观察皮肤血管通透性变化或皮肤反应。大鼠、小鼠、豚鼠、家兔等动物皮内注射常选择背部脊柱两侧的皮肤。猪的皮内注射一般选取耳壳外面或腹侧皮肤注射。猫、犬等较少进行皮内给药。操作时需先将动物注射部位脱毛，酒精棉球消毒局部，用左手将皮肤捏成皱襞，右手持注射针，将针头与皮肤大约呈 30°角刺入皮下，然后使针头向上挑起并稍刺入，即可注射(图 10-31)。注射后，皮肤表面可见鼓起一小丘，停留片刻拔出针头。大鼠、小鼠、豚鼠、家兔的皮内注射方法大致相似，同样需注意针头号的选择，针头过小，不易注射，针头过大，药液易漏出。

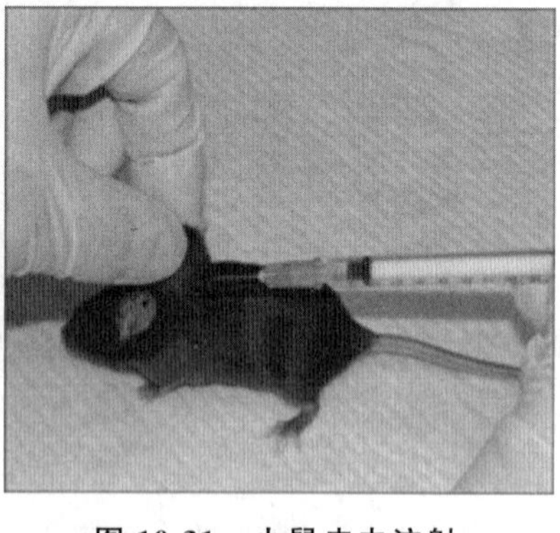

图 10-31 小鼠皮内注射

(三)肌肉注射

一般选择肌肉丰满而无大血管通过的臀部或大腿外侧或内侧肌肉。鸡的肌肉注射选取胸肌或腓肠肌注射。肌肉注射时，注射部位先用酒精棉球消毒，持注射针刺入肌肉，回抽无回血方可进行注射。大鼠、小鼠大腿肌肉注射时一般选用5号针头，同时应避开坐骨神经的位置，若注射到坐骨神经会导致后肢瘫痪（图10-32）。家兔、猫、犬肌肉注射一般选用6号针头，使注射针与肌肉约呈60°角，迅速刺入肌肉。家兔、猫、犬在肌肉注射时需由助手固定好动物后进行注射。家兔、猫也可由实验者自行操作。

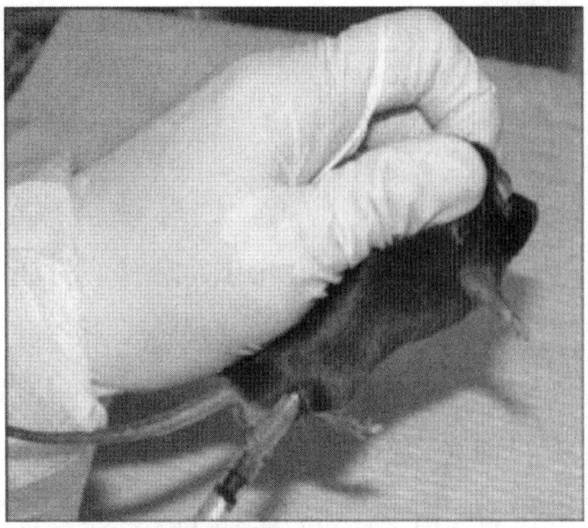

图10-32　小鼠肌肉注射

（四）腹腔注射

腹腔注射的部位为下腹部腹中线左右两侧1 cm处，为避免伤及内脏，抓取固定动物时应使头稍向后低，使内脏移向上腹（图10-33）。腹腔注射时，注射部位消毒后，右手持注射器在注射位置将针头刺入皮肤，针头到达皮下后，再稍向前进针，以约45°刺入腹腔，针尖通过腹腔后抵抗力消失，回抽针栓，如无回血或液体方可注入药液。腹腔注射通常均选取5号针头。大、小鼠、豚鼠腹腔注射时一般以左手固定动物，右手注射即可。对体重较大的大鼠或豚鼠，可由一人固定动物，暴露腹部，另一人进行注射操作。家兔、猫、犬等大动物，需固定好动物再行注射。

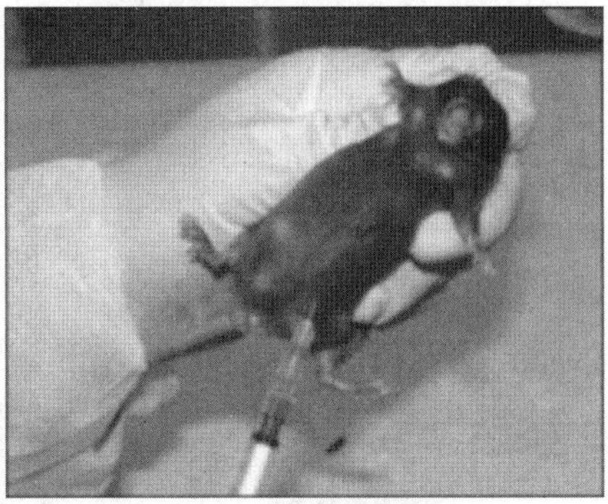

图10-33　小鼠腹腔注射

（五）静脉注射

1. *大鼠、小鼠尾静脉注射*　大鼠、小鼠的尾部有四根明显的血管，其中腹侧的一根为动脉，背部的一根为静脉，两侧还各有一根静脉。由于两侧的静脉比较容易固定，常作为静脉注射的部位。操作时，先将动物固定在固定器中，动物身体被固定住，而尾部充分暴露出来。尾部用45～50℃的温水浸泡半分钟或用酒精棉球反复擦拭使血管扩张，并可使表皮角质软化，用左手无名指从下面托起尾巴，以拇指和小拇指夹住尾巴的末梢，右手持4号或4号半注射针，沿与静脉平行方向，从尾下1/4处进针，针头刺入后，轻推药液，若无阻力，表示针头已在静脉中，可继续缓缓推入药液。若轻推药液后阻力较大，而且有白色隆起，说明注射到皮下，需拔出针重新刺入。注射完毕后以干棉球按压止血或把尾巴向注射侧弯曲以止血。如需反复注射，应从尾末端开始进针，逐渐向尾根部方向移动（图10-34）。

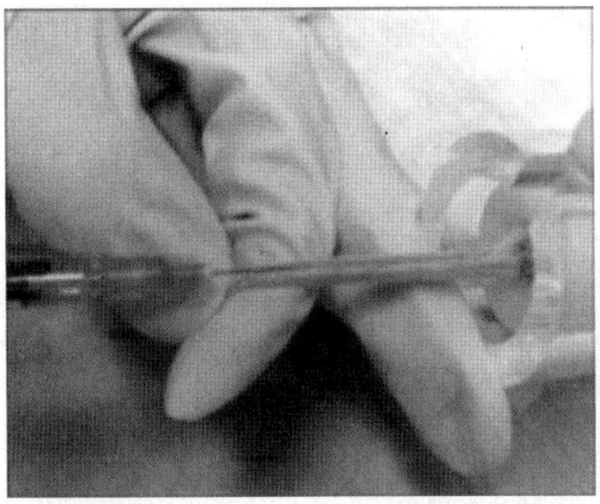

图10-34　小鼠尾静脉注射

2. *豚鼠后肢浅背侧足中静脉注射*　由助手固定动物，操作者左手捏住后肢，使腿呈伸展状态，找到足中静脉，剪去注射部位的毛，甚至可剪破皮肤。右手持4号针沿向心方向刺入血管，回抽如有回血即可注射，注射后干棉球压迫止血，胶布包裹伤口。

豚鼠的耳缘静脉较细而且耳朵较小，给注射带来一定的困难。操作者用酒精棉球涂擦耳部边缘静脉，并用手指轻弹耳部，使静脉充盈，用左手食指和中指夹住静脉近心端，拇指和小指夹住耳边缘部分，无名指和小指在耳下做垫，右手持带有 4 号针头的注射器尽量从静脉末端顺血管平行方向刺入，回抽如有回血，放松对耳根部血管的压迫，固定针头缓慢注入药液。注射后干棉球压迫止血。因豚鼠耳缘静脉血管较薄，可能因豚鼠固定不好，动物挣扎，针头轻刺血管即会出血，因此注射时要特别注意固定好动物。

3. 家兔耳缘静脉注射　将兔固定在兔盒内，露出头部，找到耳缘静脉，拔去耳缘部被毛，用酒精擦拭使血管充盈。注射方法与止血方法与豚鼠基本相同。若注射时推针有阻力，而且皮肤隆起发白，表明针头在皮下，未在血管内，需拔出重新刺入。若注射成功，注射器针栓可轻松推动，可见药液在血管内流动(图 10-35)。

4. 犬、猫静脉注射　前肢内侧头静脉比较容易固定，作静脉注射时常用此静脉。将动物固定，去除注射部位被毛，消毒。助手将注射部位用手握紧，使静脉充盈。操作者右手持 6 号针头的注射器与血管平行刺入静脉，回抽见血后放开压迫，操作者一手固定针头，一手慢慢推注射器注入药液注射(图 10-36)。

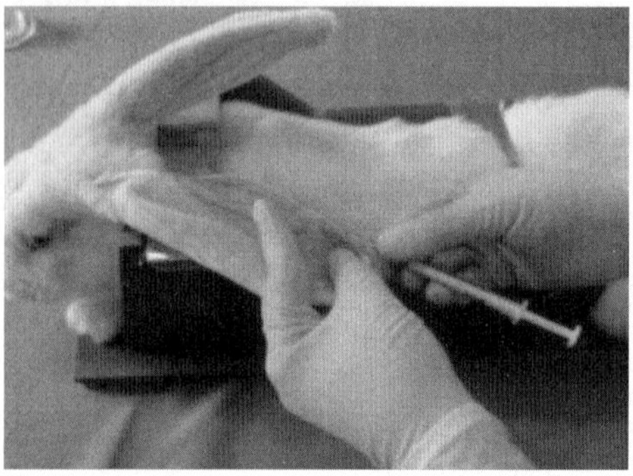

图 10-35　家兔耳缘静脉注射

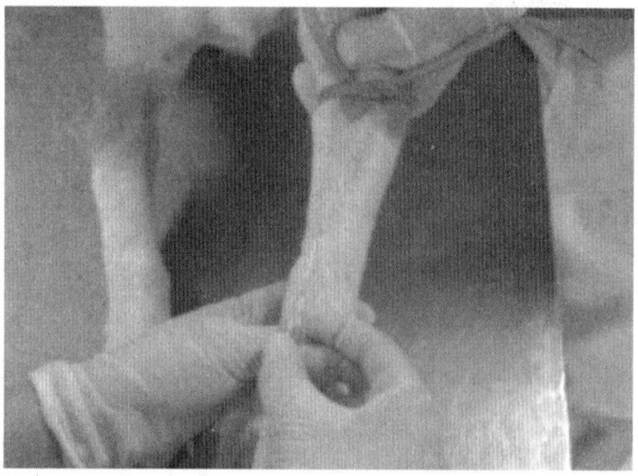

图 10-36　犬前肢头静脉注射

犬、猫还可用后肢外侧小隐静脉进行注射，此静脉在后肢胫部下 1/3 的外侧浅表的皮下，由前侧方向后行走。注射方法与前肢内侧头静脉注射方法相同。

5. 猴静脉注射　常选用前肢桡静脉或后肢隐静脉进行注射，注射方法同犬。

6. 猪的静脉注射　常选用耳大静脉和颈部进行，见图 10-37 和图 10-38。

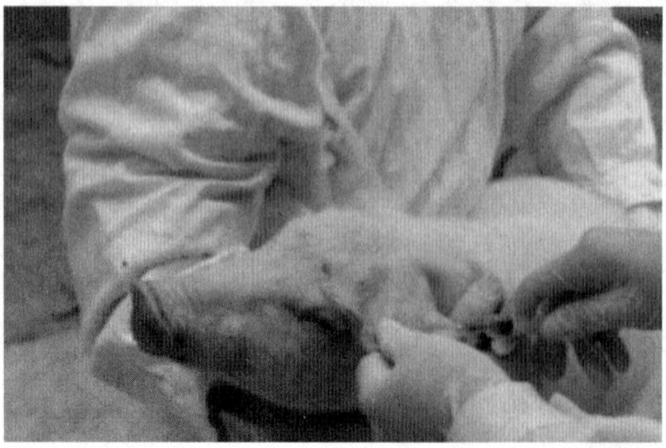

图 10-37　猪耳大静脉注射

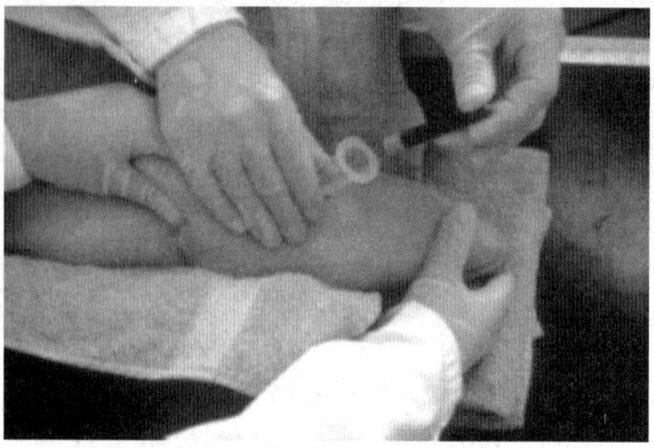

图 10-38　小型猪颈部注射

7. 鸡的静脉注射　选取翼下静脉进行注射。

(六)脑内注射

脑内给药常用于将病原体接种于动物脑内,观察接种后的各种变化。将鼠额部消毒,操作者左手固定好头部,右手持套有塑料管、露出针尖的针头,直接由额部正中刺入脑内,即可注入药液。或者将动物轻度麻醉后,使注射器和额顶颅骨大约保持 45°角,在中线稍向外侧刺入注射针即可注射。

豚鼠、家兔、犬的脑内给药是将动物以乙醚麻醉,剪去额部注射部位的毛并消毒皮肤,将皮肤拉紧,用手术刀切开长度 1～2 mm 的切口,用穿颅钢针在头盖骨的注射部位开一小孔,再用 7 号针头垂直刺入,缓慢注入药液。特别注意,注射速度一定要慢,避免引起颅内压急剧升高。

(七)涂布给药

1. 大鼠、小鼠的涂布给药　大鼠、小鼠常采用浸尾方式经尾皮给药,从而定性地判定药物或毒物经皮肤的吸收作用。给药前将鼠放在能将身体固定而尾巴暴露出来的固定盒中。将鼠尾穿过试管软木塞小孔,插入盛有液体受试物的试管中,根据受试物作用效果确定浸泡时间,并观察症状。需要注意的是若受试物有毒性,要防止中毒。

2. 豚鼠、家兔的涂布给药　豚鼠和家兔涂布给药的部位通常为脊柱两侧的背部皮肤,给药部位需按前述脱毛方法进行处理,脱毛后 24 h 方可给药。次日给药前务必检查脱毛部位是否有损伤、炎症、过敏等现象,若存在这些症状,则该动物不可使用。若脱毛后背部皮肤合乎实验要求,将动物固定好后,可用硫酸纸蘸取受试液平铺在背部,后用纱布及胶布固定,固定时间根据药物性质和实验要求而定。若化妆品或膏剂可直接涂在皮肤上。

(八)呼吸道给药

粉尘、气体或烟雾等状态的受试物需通过呼吸道给药。动物给药时,动物放入大小适中的具磨口瓶塞的广口瓶中,然后在瓶中悬挂一由三层滤纸串在一起的滴药装置,在第一层滤纸上滴上实验所需的受试物,迅速盖上瓶盖,摇匀。接触约 2 h 后,观察动物的反应症状。

(九)阴茎静脉注射给药

对于雄性大鼠此法是较为常用的给药方法。将雄性大鼠麻醉后仰卧或侧卧,翻开包皮,拉出阴茎,背侧阴茎静脉非常粗大,直接刺入静脉注射即可。

(十)椎管内注射给药

主要用于家兔的椎管麻醉或抽取脑脊液。将动物麻醉后俯卧位保定,尽量使其尾向腹侧屈曲,将第 7 腰椎周围被毛剪去,消毒。摸到第 7 腰椎间隙,插入腰椎穿刺针头。当穿刺针到达椎管内时,可见动物后肢颤动,即证明针头已进入椎管。此时不可再向下刺,以免损伤脊髓。若没有刺中,不必拔出针头,以针尖不离脊柱中线为原则,将针头稍稍拔出一点,换个方向再刺,当证实针头在椎骨内,固定好针头即可注射。

(十一)关节腔内注射给药

此法适用于家兔给药。将动物麻醉后仰卧位保定,除去关节部位被毛,消毒。在膑韧带附近着点处上方约 0.5 cm 处进针,针头从前上方向后下方倾斜刺入,至针头阻力变小,然后稍退针,以垂直方向推到关节腔中,感到刺破薄膜时即已到关节腔,即可注入药物。

（十二）椎动脉注射给药

此法适用于家兔和猫。给药时，先将动物麻醉，在其剑突上约 6 cm 位置从胸骨左缘向外作横切口 4～5 cm，分别切断胸大肌、胸小肌，找出锁骨下静脉后进行双线结扎，于两线间剪断静脉。分离出锁骨下动脉，沿其走向分离出内乳动脉、椎动脉、颈深支、肌皮支动脉。除椎动脉外，分别结扎锁骨下动脉分支及其近心端。于椎动脉上方结扎锁骨下动脉远心端，在结扎前选择适当位置剪一小口，以腰穿针穿刺直至椎动脉分支前，结扎，固定，给药。

（十三）颈外静脉注射给药

此法适用于犬的静脉给药。给药时，将犬固定好，用左手大拇指使静脉怒张，注射部位剪毛、消毒，然后右手将注射针头朝头的方向刺入，回抽针头如有回血，说明已插入血管，此时需松开左手拇指，缓慢注射给药，给药后干棉球压迫止血。

三、实验动物给药量及计算方法

（一）确定给药剂量的方法及影响给药剂量的因素

观察某种药物对动物的作用时，给药剂量的准确与否是个很重要的问题。剂量太小，作用不明显，剂量太大，又可能导致动物中毒死亡。推荐使用下述方法确定剂量：

（1）先用少量小鼠粗略的摸索中毒剂量或致死剂量，然后用中毒剂量或致死剂量的若干分之一作为应用剂量，一般可取 1/10～1/5。高剂量用 1/2LD_{50}，中剂量用 1/4LD_{50}，小剂量用 1/8 LD_{50}。

（2）确定剂量后，如第一次实验的作用不明显，动物也没有中毒的表现（体重下降、精神不振、活动减少或其他症状），可以加大剂量再次实验。如出现中毒现象，作用也明显，则应减少剂量再次实验。在一般情况下，在适宜剂量范围内，药物的作用常随剂量的加大而增强。所以有条件时，最好同时用几个剂量做实验，以便迅速获得关于药物作用的较完整的资料。如实验结果出现剂量与作用强度之间毫无规律时，则更应慎重分析。

（3）用大动物进行实验时，开始剂量参照鼠类剂量的 1/15～1/2 给药，以后可根据动物的反应调整剂量。

（4）确定动物的给药剂量时，要考虑给药动物的年龄大小和体质强弱。确定的给药剂量是指成年动物的，如是幼小动物，剂量应减小。以犬为例，6 个月以上的犬给药量为 1 份时，3～6 个月的给 1/2 份，45～89 日的给 1/4 份，10～19 日的给 1/16 份。

（5）确定动物的给药量时，要考虑给药途径不同，所用剂量也不同。若口服量为 100，灌胃量应为 100～200，皮下注射量为 30～50，肌肉注射量为 25～30，静脉注射量为 25。

（6）天然药物粗制剂的剂量一般按生药折算。

（7）化学药品可参考化学结构相似的已知药物，特别是化学结构和作用都相似的药物的剂量。

（8）药效学试验剂量，一般情况下，药效试验的剂量不应该高于毒理试验剂量。药效试验的高剂量应该低于长期毒性试验的中剂量或低剂量。特殊情况如抗癌试验，药效试验剂量可适当提高，但不应该超过长期毒性试验的高剂量组。

（9）通过预试验估计剂量。不论何种方法选择的给药剂量均应该通过预备试验，进一步确定合理的剂量范围，并按照等比级数分为两个以上剂量组。特殊情况下，可用等差级数分组。

一般情况下，各试验组至少设定两个以上给药剂量组。药效学试验应该具有明确的量效关系。为确定有无明显的量效关系，至少应设定 3 个或更多剂量组。中药提取的化学纯品、有效部位或注射剂型的药效试验，至少应设 3 个剂量组。

（二）实验动物给药量的计算方法

动物实验所用的药物剂量一般按毫克/千克体重或克/千克体重计算，应用时需从已知药液的浓度换算出相当于每千克体重应注射的药液量，以便给药。

（三）人与动物的给药量换算方法

人与动物对同一药物的耐受性相差很大。一般情况下，动物的耐受性比人大，也就是单位体重动物的用药量比人要大。人的各种药物的用量在许多书上均可查到，但动物用药可供参考的书籍相对较少。因此必须将人的用药量换算成动物的用药量。一般可按下列比例换算：人用药量为 1；小鼠、大鼠为 25～50；豚鼠、家兔为 15～20；犬、猫为 5～10。以上是按单位体重口服给药量换算的。如给药途径为静脉、皮下、腹腔注射，换算比例应适当减小。

药效研究中也可以用下列公式计算给药剂量：

$$D_2 = D_1 \times K_2 / K_1 \times \sqrt[3]{W_1 / W_2}$$

式中，D 为药物剂量，K 为常数，W 为动物体重(kg)（一般 1 指人；2 指动物）。此公式是一种理论上的计算方法，实际工作中下表可作为给药依据的参考。

人及不同种类动物的 K 值不同，人 10.6、猴 11.2、兔 10.1、大鼠 9.1、小鼠 9.1、豚鼠 9.8、猫 9.8。如一例体重为 70 kg 的人，某药剂量为 20 μg/(kg · d)，一只 5 kg 重的猴为 53.6 μg/(kg · d)，一只 10 kg 重的犬为 40.4 μg/(kg · d)，而一只 20 g 重的小鼠则为 260.6 μg/(kg · d)（表 10-3）。

表 10-3　人用剂量与不同种类动物间剂量的关系　　μg/(kg · d)

人/kg				猴/kg			犬/kg			小鼠/kg
50*	60	70	80	4	5	6	10	12	15	0.02
11.2	10.5	10	9.6	28.9	26.8	25.2	20.2	19.0	17.7	130.3
22.4	21.0	20	19.2	57.8	53.6	50.4	40.4	38.0	35.4	260.6
33.6	31.5	30	28.8	86.7	80.4	75.6	60.6	57.0	53.1	390.9
44.8	42.0	40	38.4	115.6	107.2	100.8	80.8	76.0	70.8	521.2
56.0	52.5	50	48.0	144.5	134.0	126.0	101.0	95.0	88.5	651.5
112.0	105.0	100	96.0	289.0	268.0	252.0	202.0	190.0	177.0	1 303

注：* 表示人与动物的不同体重，以 kg 表示。

四、实验动物一次给药的耐受量

不同种类的实验动物同一种给药方法一次给药耐受的最大容量是不同的，同种实验动物不同给药方法一次给药能耐受的最大容量也是不同的。不同种类实验动物不同给药方法一次给药能耐受的最大容量如表 10-4 所示。特别注意一次给予药物的最大容量不可超过表中剂量，否则动物可能发生意外，导致实验失败。

表 10-4 不同种类实验动物不同给药方法一次给药能耐受的最大容量 mL

动物名称	灌胃给药	皮内注射	皮下注射	肌肉注射	腹腔注射	静脉注射
小鼠	0.9	0.1	1.5	0.2	1	0.8
大鼠	5.0	0.1	5.0	0.5	2	4.0
家兔	200	0.2	10	2.0	5	10
猫	250	0.2	10	2.0	5	10
猴	300	0.3	50	3.0	10	20
犬	500	0.3	100	4.0	—	100

第四节 实验动物的采血和体液的采集

给予动物测定物，除观察其外观表征外，常常需要采集血液和尿液以进一步观察动物体内的生理、生化指标的变化。实验动物采血的方法很多，不同种系动物的采血方法也不同。选择何种采血方法，需根据动物种类、实验要求和所需血量而定（表 10-5）。取血时最好不要造成溶血，若有溶血现象可能会使一些实验结果不准确。另外，一次采血过多或连续多次采血都可能影响动物的健康，甚至导致贫血或死亡，因此采血时应注意采血量的问题。同种动物因体重、健康状况等不同，一次采血所能耐受的最大失血量是不同的。常用实验动物最大安全采血量和最小致死采血量见表 10-6。

表 10-5 不同动物采血部位与采血量

采血量	采血部位	动物种类
少量	尾静脉	大鼠、小鼠
	耳缘静脉	兔、犬、猫、猪、羊
	眼底静脉丛	兔、大鼠、小鼠
	舌下静脉	犬
	冠、脚蹼皮下静脉	鸡、鸭
中量	后肢外侧皮下小隐静脉	犬、猴、猫
	前肢内侧皮下头静脉	犬、猴、猫
	耳中央动脉	兔
	颈静脉	犬、猫、兔
	心脏	豚鼠、大鼠、小鼠
大量	断头	大鼠、小鼠
	翼下静脉	鸡、鸭、鸽
	颈动脉	鸡、鸭、鸽
	股动脉、颈动脉	犬、猫、猴、兔
	心脏	犬、猫、猴、兔
	颈动脉、颈静脉	羊、马、牛
	摘眼球眶动脉和静脉	大鼠、小鼠

表 10-6　常用实验动物最大安全采血量和最小致死采血量　mL

动物种类	最大安全采血量	最小致死采血量
小鼠	0.1	0.3
大鼠	1	2
豚鼠	5	10
家兔	10	40
犬	50	300
猴	15	60

一、采血方法

(一)大鼠、小鼠的采血方法

1. 尾尖采血　此种采血方法血量很少，1～2 滴，可以做血涂片、试纸检测血糖等实验。动物固定后，用酒精擦拭尾尖，使血管扩张，然后剪去尾尖 1～2 mm(小鼠)或 3～5 mm(大鼠)，见图 10-39，血液即可流出。若剪尾后，未见血，可用手沿尾根部至尾尖部捋尾巴，血液即可流出，取血后用干棉球压迫止血。

2. 眼眶后静脉丛采血　以采血管刺破后眼眶静脉丛进行采血的方法。操作者一手固定小鼠或大鼠，食指和拇指轻轻压迫颈部两侧，使眶后动静脉充血，另一只手持玻璃制的毛细采血管(小鼠采血管直径约 1 mm，大鼠采血管直径约 2 mm)以大约 45°角从内眼角刺入(图 10-39)，并向下旋转，感觉刺入血管后，再向外边退边吸，使血液顺取血管自由流入小管中，当得到所需血量后，放松颈部的压力，并拔出采血器，以防穿刺孔出血。采血后，用消毒纱布压迫眼球止血 30 s(图 10-40)。若技术熟练，此方法在短期内可重复采血，小鼠一次可取血 0.2～0.3 mL 左右，大鼠可取血 0.5～1 mL。

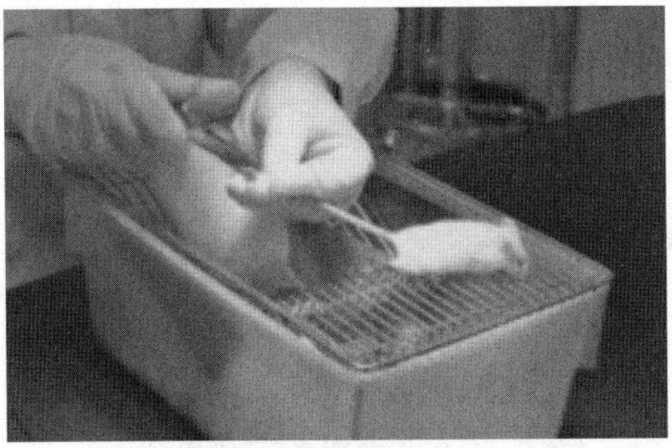
图 10-39　剪尾采血

图 10-40　眼眶后静脉丛采血

3. 摘眼球采血　若一次性采血可选择摘眼球法从眶动脉或眶静脉采血。取血时左手固定动物，将动物头部皮肤绷紧，眼球突出，右手持眼科弯镊夹住眼球根部，将眼球迅速摘出，并立即将鼠倒置，头朝下使眼眶内动静脉血液流入容器。大鼠摘眼球取血时可由一助手固定好动物，操作者直接摘眼球即可。

4. 腹主动脉采血　先将动物麻醉，仰卧位固定，打开腹腔。尽可能减少出血，将肠管推向一侧，然后用手指轻轻分开脊柱前的脂肪，暴露出腹主动脉，用针管在腹主动脉分叉处，与血管平行刺入，回抽采血。此方法可采集大量的血液，不易造成溶血现象。采血时应保持动物安静，若动物挣扎躁动，需停止采血，追加麻醉后再进行采血，但追加麻醉药剂量一定要适中，切不可造成麻醉过深动物死亡。

5. 颈动静脉或股动静脉或腋下动静脉采血　需采集大量血液时选择此种。首先实施麻醉将动物固定，然后作动静脉分离手术，使血管暴露，用注射器沿大血管平行方向刺入，抽取所需血量。也可在小鼠取血时，操作者一手固定动物，一手持剪刀，直接剪断上述血管取血。大鼠取血时，剪断血管，收集血液即可，但应注意防止血液喷溅。采血时，最好用剪刀剪去采血部位的被毛，消毒，一是防止污染，二是防止溶血。

6. 心脏采血　大鼠、小鼠的心脏搏动较快，而且心腔较小，位置较难固定，因此活体时较少采用心脏采血的方法。但常采用解剖后从心脏取血。

(二)豚鼠、家兔的采血方法

1. 耳缘静脉采血　家兔常采用耳缘静脉采血的方法，同大鼠、小鼠眼眶后静脉丛采血一样，可反复采血。采血方法与耳缘静脉注射方法相同(图 10-41)。另外，还可以用刀片在血管上切一小口，让血液自然流到容器中即可。取血后，用棉球压迫止血。此法一次可取血 5～10 mL。

2. 耳中央动脉采血　家兔耳中央为一条颜色较深、较粗的中央动脉，采血时，固定好家兔，消毒，左手捏住兔耳，右手持注射器在中央动脉末端，沿着与动脉平行的方向刺入动脉采血。注意不可在近耳根部进针，取血完毕需立刻止血。此法一次可采血 10～15 mL。

3. 心脏采血　采血时，将动物仰卧固定，在胸部左侧心脏部位去毛，消毒。用左手触摸左侧第 3～4 肋间，选择心跳最明显处穿刺。一般由胸骨左缘外 3 mm 处将注射针头插入第 3～4 肋间隙，当针头刺入心脏时，由于心脏搏动，血会自然流入注射器中(图 10-42)。心脏穿刺时若一次采血不成功，针头不要在胸腔中乱动，需拔出重新刺入。当采血中回血不好或动物躁动挣扎时也应拔出注射器，重新穿刺抽血。动物经过 1 周左右的时间恢复便可再次进行抽血。心脏采血技术若能熟练掌握，是家兔、豚鼠较佳的采血方法。

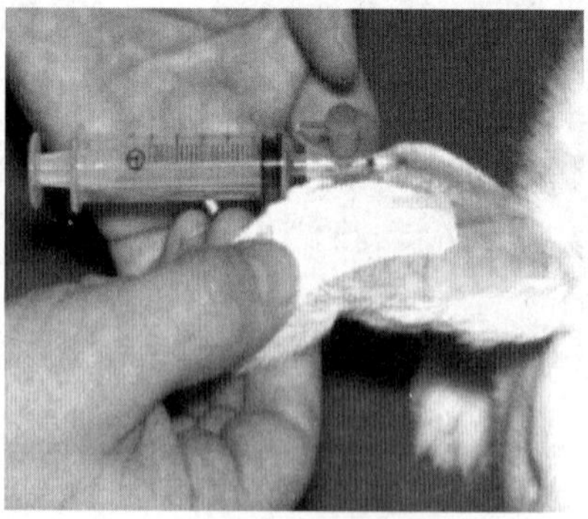

图 10-41　兔耳缘静脉采血

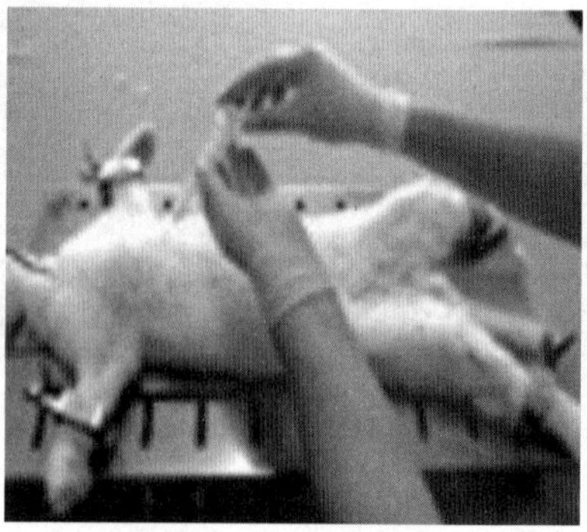

图 10-42　兔心脏采血

4. 颈动脉采血　家兔等动物大量采血时采用颈动脉采血。操作时，动物麻醉后仰卧位固定，将兔颈部去毛，消毒，解剖暴露颈动脉，先结扎动脉的远心端并在近心端放一缝合线，在缝线处用动脉夹阻断颈动脉，在结扎线和近心端缝线之间剪开血管成“V”字形，将导管向心脏方向插入，用缝线将导管与血管结扎，导管另一端放入采血容器，缓慢松开动脉夹，血液便回流出。颈动脉采血对技术要求较高。

5. 背跖静脉采血　此法主要用于豚鼠，背跖静脉有两根：外侧跖静脉和内侧跖静脉，均可用于采血。操作时，将其后肢膝关节伸直到操作者面前，操作者将豚鼠脚面消毒，并找出外侧跖静脉或内侧跖静脉后，以左手拇指和食指拉住豚鼠的趾端，右手持注射器刺入静脉采血。拔针后立即出血，并可见刺入部位呈半球隆起，压迫止血。

（三）犬、猫的采血方法

1. 犬后肢外侧小隐静脉和前肢内侧皮下头静脉采血　采用侧卧保定或固定在手术台上，将抽血部位的毛剪去，消毒。左手拇指和食指握紧剪毛区上部，使下肢静脉充盈，右手持针迅速刺入静脉，左手放松将针固定，抽血。每只犬一般采血 10～20 mL。

2. 颈静脉采血　将犬固定，取侧卧位，剪去颈部一侧被毛，消毒。将犬颈部拉直，使头部尽量向后方，左手拇指压住颈静脉入胸部的皮肤，使颈静脉充盈，右手持连有 7 号针头的注射器，向头部平行刺入血管。由于此血管不易固定，固定好血管是颈静脉采血的关键，取血后需压迫止血。

3. 股动脉采血　此种方法可采取大量血液。将动物卧位固定，伸展后肢向外拉直，暴露腹股沟，在此处动脉搏动的部位去毛，消毒，左手中指、食指探摸股动脉，在跳动部位固定好血管，右手持注射器，针头直接由跳动处刺入血管，回抽针栓即可抽取血液。取血后压迫止血。

4. 心脏采血　犬、猫采血也可用此法。采血方法基本同家兔。

（四）猴的采血方法

猴可在指尖、足跟、后肢皮下静脉、颈静脉等处采血。颈静脉采血时，猴侧位保定，头部略低于台面，剪去颈部被毛，消毒，静脉怒张，用左手拇指按住静脉，右手持针取血。

（五）小型猪的采血方法

1. 耳大静脉采血　可采取较少量的血液。猪的耳大静脉采血方法基本同家兔的耳缘采血法，见图 10-43。但需特别注意的是由于猪耳皮肤较厚，应选择较为锐利的针头进行采血。采血后注意压迫止血。

2. 颈静脉采血　将猪仰卧保定，两前肢张开使其和胸骨柄前端的左右侧形成三角形的凹陷部，消毒，针头从三角形底边向正中线斜后方刺入采血，见图 10-43。

3. 心脏采血　心脏采血方法基本同家兔心脏采血法。需注意的是因猪的胸部肌肉较厚，应使用心脏穿刺针方可进行采血。

4. 改良的眼眶静脉窦采血　固定猪时，应事先做一长 1 800 mm，宽 600 mm 的单人床样铁制框架，并用粗 15 mm 左右的麻绳纵横交织成网状固定在（相当于放床板的地方）框架上，网孔直径约 150 mm。并另备 2 根长约 1 000 mm，粗约 10 mm 的绳子备用。采血前，将猪四肢悬空固定于网床的中间略后的部位。取一根备用绳固定前肢端：绳的一端固定在网绳上，另一端从猪一侧耳的后方经另一侧耳的后方固定在网绳上，这样猪的前肢端即被固定。取另一根备用绳固定后肢端：绳的一端固定在靠近后肢的网绳上，另一端经背部固定在对侧网绳上。猪固定好后，令猪嘴咬住麻绳，以方便采血。助手抬高网床使网床呈约 60°倾斜，令猪头部低下。无论猪大猪小，均可用此法固定。

采血时用碘酒、酒精消毒需采血一侧的眼部，手持采血腰穿针，在内眼角侧令针尖沿瞬膜内侧与眼球之间的缝隙刺入。穿刺针位于瞬膜中部，针尖指向咽部，进针深度约 2～4 cm，进针时应暗暗用力缓慢刺入。当针尖进入眼眶静脉窦时有突破感，此时血液流出。1 min 左右即可获得约 10 mL 血液。有时进针较深抵达眶骨，此时万不可继续进针，而应将针退回 0.5 cm 左右。若进针部位正确，则血液流出，可获得满意采血效果。采血完毕，迅速将采血针退出，用消毒棉球压迫内眼角数秒钟止血。然后给猪解除固定，恢复自由。

(六)羊的采血方法

由颈静脉进行采血可采取较大量的血。颈静脉采血时，先将羊蹄捆绑，按倒在地，侧卧位固定，由助手握住羊下颌部，在颈部一侧外缘剪毛，碘酒、酒精消毒。用胶皮管扎紧颈部近心端，使颈静脉充盈。右手持连有 16 号针头的注射器沿静脉一侧以 30°倾斜刺入血管，回抽如有回血，放松对近心端的压迫，缓缓抽取血液，见图 10-44。若针头刺入血管后，回抽无回血，可将针头向前或向后稍作移动后再回抽针栓尝试是否有回血。取血完毕，拔出针头，采血部位用干棉球压迫止血。

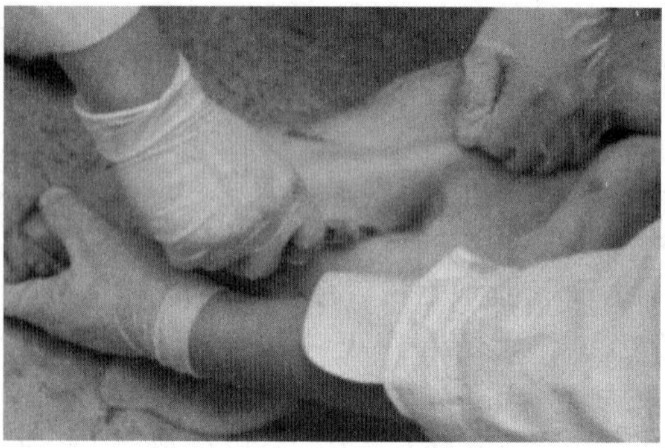

图 10-43 猪的静脉采血

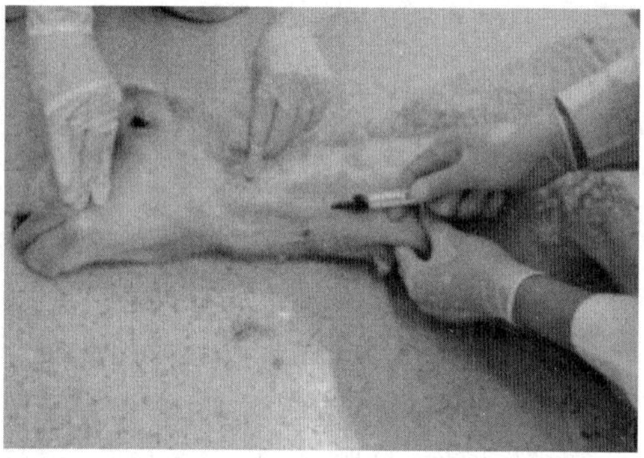

图 10-44 羊的静脉采血

(七)鸡的采血方法

1. *翼下静脉采血* 此种采血方法是鸡常用的采血法。将鸡翅展开，露出腋窝部，将羽毛拔去，可见到明显的翼根静脉，用碘酒、酒精消毒皮肤。抽血时用左手拇指压迫静脉的近心端，使血管充盈。右手持连有 6 号针头的注射器，针头由翅根向翅膀方向沿静脉平行刺入血管内，回抽即可采血。采血完毕压迫止血。

2. *颈动脉采血* 需血量较多时用此法采血。操作时暴露出颈动脉，直接放血或用注射针抽取均可。

3. *鸡冠或鸡脚蹼采血* 需血量较少时用此法采血，用针头刺破静脉采取即可。

(八)血液标本保存注意事项

血液标本应避光保存，保存容器以玻璃、聚氯乙烯和聚四氟乙烯制品为宜。若需将低温下保存的血液标本溶解，不能在室温下缓慢溶解，应放在 25～37℃水浴中短时间快速溶解。血液标本必须避免重复的冻结溶解，这样会使血液成分改变。

血清标本通常在 4～6℃冰箱存放或冻存数日，多数成分比较稳定。全血切勿冰冻，因红细胞在冰点下受到物理作用的改变不可逆，将会溶血，对测定结果产生影响。需用全血或血浆的检验项目，血液标本必须用抗凝容器保存，于 4～6℃冰箱中存放。

血液中酸性磷酸酶、同工酶、氨、胆红素、CO_2 等特别不稳定的成分，应在采血后立即进行检验。血液中具有生物活性的酶在不同温度下保存，活性时间也不尽相同。多数酶保存时间越长，活性降低的可能性越大。

（九）影响血液检测结果的因素

1. *采血时间*　动物实验中，检测血糖、肝功能、肾功能、血脂、游离脂肪酸等生化指标时，采血应在禁食（不禁水）4～12 h后进行，进食可影响血液生化指标。有些重复检查指标需在同一时间采血检查，如ACTH、血浆皮质醇、血清Cu、Zn、血清胆红素、白细胞等，因为这些指标在1 d之内的不同时间有生理性的高低波动。

2. *采血血管*　动物血液可由静脉、毛细血管、动脉等采集。由不同血管采集的血液对多数检查指标影响不大，但对血糖、血清乳酸及丙酮酸等指标静脉血和毛细血管血测定的结果有一定差异。血氧饱和度、二氧化碳分压动脉血和静脉血测定结果也不尽相同。

3. *密闭方式*　血液暴露于空气后，二氧化碳会迅速逸出并吸收氧气提高血氧饱和度，从而引起血液pH值和细胞内外一系列成分的改变，所以测定pH值及气体的血液样品要求以密闭方式采血。

二、体液的采集

除了采取血样进行检验分析，还常常采取体液进行实验相关指标的检测。体液的采集同样是不同动物有不同的采集方法，根据实验要求和自身实际情况选择恰当的采集方法。

（一）胸水的采集

实验动物的胸水采集主要利用胸膜腔穿刺术。先准备好普通注射针头、穿胸套管针和注射器等器械。大、中型动物应麻醉，小动物应侧卧保定。术部剪毛消毒后，左手将术部皮肤向侧方移动，右手持穿刺套管针，在紧靠肋骨前缘处垂直刺入，穿刺肋间肌时有一定阻力，当阻力消失针有落空感，表明已刺入胸腔，即可抽取胸水。犬在左侧第8肋间或右侧第7肋间，羊在左侧第6肋间或第7肋间或在右侧第5肋间或第6肋间。穿刺时应避免损伤肋间血管和神经。

（二）腹水的采集

腹水的采集主要利用腹腔穿刺术。动物取立位保定。穿刺点在腹下剑状软骨后方，旁开正中线，小动物正中线侧方1～21 cm。穿刺时，先将穿刺部位剪毛消毒，再将皮肤稍向一侧移动，用注射器或穿刺套管针与腹壁垂直刺入。针尖有落空感后，腹水将自行流出。若腹水量较大，应缓慢间歇地抽出，以免腹内压突然下降使动物发生循环功能障碍。采完腹水后用碘酊棉球涂布。

（三）消化液的采集

1. *唾液的采集*　动物的唾液采集一般采用刺激法。通过食物的颜色、气味等刺激动物的视觉、嗅觉使动物唾液分泌增加，再引入导管采集。唾液的采集一般指大动物而言。如采集犬、猪的颌下腺的唾液，需将动物进行中长效麻醉后，在颌下腺排泄管管壁上作一切口，放置聚乙烯管，插管到达腺体内部附近进行结扎，当刺激舌神经外周末端时，腺体受到刺激，唾液流出，用容器收集。由于唾液腺共有3对，故采取不同腺体的唾液放置聚乙烯管的位置不同。

2. *胃液的采集*　胃液的采集同样通过刺激，使胃液分泌增加，采用插胃管的办法抽取胃液。胃液的采集一般指大动物而言。采取胃液较少时可用灌胃管经动物口中插入胃内，在灌胃管外出口连接注射器，轻轻由注射器抽吸。若需大量胃液时，需要通过手术装置瘘管，然后通过刺激方法采集。

3. *胆汁的采集*　将动物麻醉仰卧于实验台，在剑突下正中线做一3～5 cm的切口，切开腹膜，暴露腹腔，将肝脏向上翻起，找出胆囊，在十二指肠与胃交界处，有一暗绿色的囊(注意大鼠没有胆囊而由几根肝管汇集成肝总管和胰管一起汇成胆总管，开口于十二指肠)，并分离出胆囊或胆总管，再用注射器抽取胆汁。

4. 胰液的采集　基本方法同胆汁的采集。在胆总管和十二指肠交界处分离出胆总管，小心操作勿刺激胰腺分泌。分离后在靠肠端结扎，作为牵引线，用眼科剪在管壁上斜开一小口，插入准备好的胰液收集管(一般用聚乙烯塑料软管，内径 2 mm，长 10 mm，并将其拉成内径 0.05 mm 的细管，剪成一端斜口，在粗细交界处绕 3～4 圈，用 0 号缝合线)，收集容器内。

(四)尿液的采集

采集的方法较多，一般在实验前需给动物灌服一定量的水。

1. 代谢笼法　适用于大鼠、小鼠尿液的采集。代谢笼是将尿液和粪便分开而达到收集动物尿液目的的一种特殊装置。代谢笼主要包括三角漏斗(大鼠用 21 cm，小鼠用 14 cm)、粪尿分离器、带孔的玻璃板，动物饮水及采食玻璃管等组成。采尿时将动物放在代谢笼内，动物排便时，通过笼子底部的大小便分离漏斗将尿液与粪便分开，即可收集尿液。

由于大鼠、小鼠尿量较少，操作中损失和蒸发，各鼠膀胱排空不一致等原因，都可造成较大的误差，因此一般需收集 5 h 以上的尿液，最后取平均值。成熟小鼠尿量为 1～3 mL/24 h，大鼠为 55～75 mL/24 h。

2. 膀胱导尿法　此法是直接从动物尿道插管到膀胱的方法来收集尿液，根据动物大小，取适当粗细的塑料管，头端用酒精灯烧圆滑，尾端用一个粗针头备接尿液。常用于雄性兔、犬等动物的采尿。先以液体石蜡湿润导尿管头端，然后由尿道口徐徐插入，一般没有阻力感，插入深度视动物大小而定，当导尿管插入膀胱后，尿液立即从管中流出，将导尿管固定好，并把导尿管尾端放入容器中，即可以采到没有污染的尿液。

3. 压迫膀胱法　在实验研究中，收集一次尿液，以观察药物的排泄情况。动物轻度麻醉后，在动物下腹部加压，手要轻柔而有力。当加的压力足以使动物膀胱括约肌松弛时，尿液会自动排出。此法适用于兔、猫、犬等较大动物。

4. 输尿管插管法　在兔、猫、犬等动物急性实验中，可在动物输尿管内插一根塑料套管收集尿液。动物麻醉后，固定于实验台上。剪毛、消毒，在耻骨联合上缘之上正中线做皮肤切口(长 3～4 cm)，沿腹白线切开腹壁及腹膜，找到膀胱。辨认清楚输尿管进入膀胱背侧的部位(即膀胱三角)后，细心地分离出两侧输尿管，分别在靠近膀胱处穿线结扎，在离此结扎点约 2 cm 处的输尿管近肾端下方分别穿一根丝线。用眼科剪在管壁上剪一斜向肾侧的小切口，分别插入充满生理盐水的细塑料管(插入端剪成斜面)，用留置线结扎固定。可见到尿滴从插管中流出(头几滴是生理盐水)，塑料管的另一端与带刻度的容器相连或接在记滴器上，以便记录尿量。在实验过程中应经常活动一下输尿管插入管，以防阻塞。在切口和膀胱处应盖上温湿的生理盐水纱布。

5. 膀胱插管法　腹部手术同输尿管插管。将膀胱翻出腹外后，用丝线结扎膀胱颈部，阻断尿道。然后在膀胱顶部避开血管剪一小口，插入膀胱漏斗，用丝线结扎固定。漏斗最好正对着输尿管在膀胱的入口处。注意不要紧贴膀胱后壁而堵塞输尿管。下端接橡皮管插入带刻度的容器内以收集尿液。

6. 膀胱穿刺法　犬、猪、兔的实验中常用此法采集尿液。动物麻醉后固定于实验台上，在耻骨联合之上腹正中线剪毛，消毒后进行穿刺，入皮后针头应稍改变一下角度，以避免穿刺后漏尿。刺入时应慢慢深入，边进边抽吸，以抽出尿液为适度，抽到尿液后左手固定针头，取下针筒，再用5号导胃管经针头管道插入膀胱内，直到尿液从导管流出，然后轻轻拔出针头，留置导管并固定，即可收集尿液。

7. 剖腹采尿法　剖腹暴露膀胱，操作者的左手用无齿镊夹住一小部分膀胱壁，右手持针在小镊夹住的膀胱部位直接穿刺抽取尿液。可避免针头贴在膀胱壁上而抽不出尿液。

8. 反射排尿法　小鼠被人抓住尾巴提起时排尿反射比较明显。采少量尿液时，可提起小鼠，将排出的尿液接到带刻度的容器内。

(五)骨髓液的采集

大动物骨髓液的采集通常用活体穿刺法，多为胸骨、肋骨、股骨等骨的骨髓。小动物因骨骼较小，不易穿刺采集，多采用处死后采集的办法，一般采集胸骨和股骨骨髓。

(六)动物精液采集

动物精液的采集常用假阴道采精法，适用于家兔、山羊、绵羊、猪、犬等动物。小动物则常在雌雄交配后24 h内，可收集到透明的阴道栓，可通过阴道涂片染色观察凝固的精液。采集精液是动物生产和科研工作常用的方法。常用的精液采集方法有假阴道法、徒手法和电刺激法等。

1. 假阴道法

(1)器材。假阴道由内外胎和集精瓶组成。外壳用塑质管制成，内径为2 cm，管长6 cm。内胎可选用指套(使用前应消毒)，集精瓶可用青霉素瓶代替。装配时先将指套的前端剪去放入外壳内，并将其在外壳边缘上固定，再将青霉素瓶插入外壳一端。

(2)采精方法。以家兔为例，采精时先装好假阴道，将45℃左右的热水通过外壳旁的小孔灌入假阴道，使内胎膨胀，套内保持一定温度和弹性，假阴道口涂上凡士林做润滑剂。采精时，一只手握住假阴道，另一只手伸向雄性兔生殖器，此时应注意假阴道的进口高度，使雄兔阴茎正好插入。一旦雄兔阴茎插入阴道后发出"咕咕"叫声并倒下，证明兔射精完毕。应马上拆下采精瓶，并将精液倒入有刻度的干燥离心管内，迅速做有关检查。

2. 电刺激法　可用于大鼠、小鼠、豚鼠、家兔等精液采集。此法采精时需借助电刺激采精器进行。采精时，让雄性动物站立或侧卧固定，剪去包皮周围的被毛，用生理盐水冲洗并拭干。将电极棒插入直肠，靠近输精管壶腹部的直肠底壁，家兔约5 cm，然后调节控制器，选择好频率，开通电源，调节电压由低到高，直至雄性动物伸出阴茎，勃起射精。

(七)阴道内液的采集

采取阴道内液一般进行涂片检查，检查雌性动物的生理周期等特征，阴道内液的采集一般指大动物而言。

1. 冲洗法　将装有消毒液的生理盐水点滴管轻轻插入动物阴道内，按压点滴管橡皮头，将生理盐水打入阴道后再吸出，重复2～3次，最后将滴管中的阴道冲洗液滴在载玻片上，显微镜下可观察涂片细胞。

2. 蘸取法　将消毒的细棉签用生理盐水湿润，轻轻插入动物阴道内，慢慢转动两下取出，把带有阴道内含物的棉签在载玻片上均匀转动，作成涂片可以进行细胞学检查。

3. 刮取法　用光滑的小勺或小刮片慢慢插入阴道中，在阴道壁轻轻刮取一点阴道内含物，进行检查。

(八)乳汁的采集

1.按摩法　用手抚摸哺乳期的乳头,可使乳汁自动流出。也可朝乳头方向加压按摩动物乳房,可挤出乳汁。

2.吸乳器法　采用吸乳器吸在动物乳头上,造成负压而使乳汁被动吸出。

(九)采粪

大鼠、小鼠使用代谢笼采集粪便。另外动物仰卧固定时,会排出少量粪便。兔采集少量新鲜粪便时,兔仰卧,用手托住臀部,大拇指压迫肛门部,可采集数个粪球。若大量采集粪便,需使用代谢笼。犬、猴、小型猪采集自然排出的新鲜粪便或用棉签插入肛门采取少量粪便。

第五节　实验动物的处死方法

实验动物的处死必须遵循实验动物的伦理要求和动物福利法,按照人道主义原则处死实验动物,即以安乐死的方法处死动物。常用的方法有:颈椎脱臼法、空气栓塞法、放血法、断头法和药物法等。处死实验动物时应注意,首先要保证实验人员的安全,尽量减少动物的痛苦;其次要确认实验动物是否已经死亡,通过对呼吸、心跳、瞳孔、神经反射等指征的观察,对死亡作出综合判断;最后要注意环保,避免污染环境,还要妥善处理好尸体。

一、化学药物致死法

此法适用于各种动物。可采用吸入二氧化碳、乙醚、三氯甲烷等致死,因乙醚易引起火灾,三氯甲烷对人的肝、肾及心脏有较大毒性,而二氧化碳不燃,无气味,对人较安全并且处死动物效果确切,故最好使用二氧化碳。小动物可将动物装入鼠盒中,然后放入透明塑料袋内,把塑料袋封好,并且将输送二氧化碳的胶管末端放入塑料袋内,塑料袋内充满气体后,动物很快即会倒下,继续充气十几秒钟,将胶管拔出,封好袋口,放置一段时间动物即死亡。较大动物,可直接放在密闭容器内,通入二氧化碳,动物即死亡。也可使用固体二氧化碳,方法基本同气体。

较大的动物,如家兔、猫、犬等可用静脉注射氯化钾溶液,使动物心肌失去收缩能力,心脏急性扩张,导致心脏迟缓性停跳而死。家兔和犬的用量为10%氯化钾5～10 mL和20～30 mL。也可皮下注射的士宁溶液,豚鼠致死量为3.0～4.4 mg/kg,家兔为0.5～1.0 mg/kg,犬为0.3～0.42 mg/kg。还可使用过量的麻醉剂处死动物,如注射过量戊巴比妥钠致死,用药量一般为深麻醉剂量的25倍左右,但由于目前麻醉剂的使用控制比较严格,故此法广泛应用有一定的困难。

二、断　髓　法

断髓法是将动物的颈椎脱臼,切断脊髓与脑髓的联系,使动物迅速死亡。体重小于125 g的啮齿类动物常用此法。将动物放在鼠笼盖或粗糙的表面上,用左手拇指和食指用力向下按住鼠头,右手将鼠尾用力向后拉,使颈椎脱臼,鼠立即死亡。

三、空气栓塞法

向动物静脉内注入一定量的空气使之发生栓塞而死。家兔和犬致死的空气剂量分别为20～40 mL和80～150 mL,使用空气栓塞法处死动物应先将动物麻醉。

四、急性失血法

急性出血法是一次性放出大量血液，使动物死亡的方法。由于此法处死动物对脏器无损伤，若采集组织标本制作病理切片时可用此法。小鼠等小动物可采用颈总动脉大量失血而致死的方法。犬等大型动物要先麻醉后放血，要使放血的切口保持通畅，一般在股三角区横切约10 cm的切口，切断股动脉、静脉，使其大量失血而死。

五、断　头　法

断头法是用剪刀或断头器在动物颈部将其头剪掉，大量失血而死。断头法处死动物时间短，脏器含血量少，适合新鲜脏器标本的采集。断头法适用于鼠类等小动物。常用实验动物安乐死方法见表10-7。

表10-7　常用实验动物安乐死方法

方法	小于125 g啮齿动物	125 g至1 kg啮齿动物/兔	1～5 kg啮齿动物/兔	犬	猫	非人灵长类	反刍动物、猪
二氧化碳	O	O	O	N	N	N	NX
巴比妥注射液，静脉注射	O	O	O	O	O	O	O
巴比妥注射液，腹腔注射	O	O	O	N	O	N	O
先麻醉，后放血致死	O	O	O	O	O	O	O
先麻醉，后静脉注射KCl（2 mmol/kg）	O	O	O	O	O	O	O
先麻醉，后断头	O	O	M	N	N	N	N
先麻醉，后颈椎脱臼	O	O	N	N	N	N	N
动物清醒中直接断头	M	M	M	N	N	N	N
动物清醒中直接颈椎脱臼	M	N	N	N	N	N	N
电昏后放血致死	N	N	N	N	N	N	O

O：建议使用方法；N：不得使用方法；M：一般情况不推荐使用，除非实验需要。

第六节　尸体检查、脏器标本采集及检查方法

实验过程中需要对动物进行病理解剖观察，对死亡原因进行分析，采集脏器标本做进一步检测。剖检动物时需对所见病理状况作客观描述，并进行详细的记录。动物尸检的基本原则是尽可能保持各脏器之间的原有状态，以便对病变部位及其他脏器进行正确分析。动物尸检可按以下顺序进行。

一、外部检查方法

动物实施安乐死后，立即进行尸体的外部检查，包括对动物毛色、营养状态、皮肤和可视黏膜等的观察。

(一)营养状态

根据肌肉和皮下脂肪的蓄积、被毛的光泽整洁程度来判断。

(二)可视黏膜及天然孔的检查

检查眼结膜、鼻腔、口腔、肛门和生殖器等黏膜,观察有无贫血、淤血、出血、黄疸、溃疡和外伤等。检查各天然孔的开闭状态、有无分泌物、排泄物及其性状等。

(三)皮肤及全身性水肿发生情况的检查

注意检查皮肤有无外伤、皮肤病,皮下(尤其是下腹部)是否有水肿等。四肢和尾部是否正常。

(四)尸僵

动物死后,从头部开始,各关节不能屈伸,尸体固定于一定的形状,此现象称为尸僵。尸僵一般在动物死亡后 1.5～6 h 开始发生,10～24 h 发展完全,24～43 h 按原来顺序开始缓解,肌肉变软。根据尸体的僵硬程度可以推断动物死亡的大致时间。尸僵从头部开始,然后从颈部、前肢、身躯到后肢逐渐地发生,检查尸僵是否发生,可根据下颌骨的可动性和四肢能否屈伸来判断。

(五)尸冷

动物死亡,体内产热停止,尸体温度逐渐下降。温度下降的快慢,与外界环境的温度有密切关系。尸体的温度降到与周围环境的温度相等,不再下降。尸冷也是判断动物死亡时间的一个依据。患某些传染病时,动物死亡后的一段时间内体温可能升高。例如患破伤风的动物,死亡后尸温可升高到 42℃以上。

(六)尸腐

尸体经过一定时间后,由于肠内腐败菌繁殖,发生腐败分解,产生气体,故尸体的腹部膨大,肠管呈强度膨胀,血液带有泡沫,各组织器官,特别是与肠管接触的器官呈污绿色,放出恶臭气体。动物死后,应尽早地剖检,以免尸体腐败后影响检查结果。防止把死后的腐败变化误认为是生前的病理变化。

二、尸体内脏器官采集方法

经过外表尸检后,需要采出脏器进行全面系统的检查。剖检时,通常取背卧位固定动物。对患有传染病的实验动物通常不剥皮。虽然动物品种品系不尽相同,解剖结构也不尽相同,但剖检顺序需按常规要求进行。一般先切断肩胛骨内侧和髋关节周围肌肉,使四肢摊开(仅以部分皮肤与体躯相连),然后沿腹中线由剑状软骨到肛门切开腹壁,再沿左右最后肋骨切开腹壁到脊柱部。这样腹腔器官全部暴露,此时检查腹腔液的数量和性状,腹膜是否光滑,有无充血、淤血、出血、破裂、脓肿、粘连、肿瘤和寄生虫,脏器的位置是否正常,肠管有无变化、破裂,膈的紧张程度及有无破裂,大网膜脂肪的含量等。一般先取腹腔脏器,后取胸腔脏器。

(一)腹腔脏器的采集

可由膈处切断食管,由盆腔处切断直肠,将胃、肠、肝、胰、脾一起采出,分别检查。常按脾、胰、胃、肠、肾、肝、膀胱和生殖器的次序分别采出。

1. 脾脏　腹腔剖开后,左侧很容易见到脾脏,一手用镊子将脾脏提起,另一手持剪剪断韧带,取出脾脏。

2. 胰脏　胰脏靠近胃大弯和十二指肠,在胰脏的周围有很多脂肪组织,由于胰脏与脂肪组织相似，不易区别，采出时应特别注意。

3.胃肠　在食道与贲门部做双层结扎，中间剪断，再用镊子提起贲门部，一边牵拉，一边切断周围韧带，使胃同周围组织分离，然后按十二指肠、空肠、回肠的顺序，切断这些肠管的肠系膜根部，将胃肠从腹腔中一起采出。动作要轻，避免拉断肠管。

4.肾脏　用镊子剥离肾脏周围脂肪，然后将肾脏采出。

5.肝脏　用镊子夹住门静脉的根部，切断血管和韧带。注意不要用镊子夹肝脏以免造成人为损伤。肝脏其中一叶常常压在胃下面，取出肝脏时应注意肝脏的完整性。

6.膀胱与生殖器　采出膀胱时注意不要造成损伤，以免尿液外溢。采取雌性动物的子宫和卵巢时也应小心，不可损伤子宫。

(二)胸腔脏器的采集

用镊子夹住胸骨剑状突，剪断横膈膜与胸骨的连接，然后提起胸骨，在靠近胸椎基部，剪断左右胸壁的肋骨，将整个胸壁取下。打开胸腔后，注意检查胸腔液的数量和性状，胸膜的色泽，有无出血、充血或粘连等。检查心包时，注意心包的光泽度及包内的液体数量、色泽、性质、透明度。

1.胸腺　采取胸部器官时，首先要采出胸腺，然后采出心脏和肺脏。胸腺易被破坏，应特别小心。

2.心脏　在心包左侧中央作十字形切口，用镊子夹住心尖，提出心脏，可沿心脏左侧的左纵沟切开左右心室，检查血液及其性状，然后用镊子轻轻牵引，切断心基部的血管，取出心脏。

3.肺脏　用镊子夹住气管向上提起，剪断肺脏与胸膜的连接韧带，将肺脏取出。

(三)盆脏脏器的采集

先切离直肠与盆腔上壁的结缔组织，还要切离子宫与卵巢，再由骨盆腔下壁切离膀胱颈、阴道及生殖腺，最后将肛门、阴门作圆形切离，即可取出骨盆腔脏器。

(四)口腔器官的采集

剥去下颌部皮肤，颈部气管、食道及腺体便明显可见，用刀切断两下颌支内侧和舌边的肌肉，再用镊子夹住，拉出外面，将咽、喉、气管、食道及周围组织切离，直至胸腔入口处一并取出。

(五)颅腔器官的采集

沿环枕关节横断颈部，使头颈分离，再去掉头盖骨，用镊子提起脑膜，用剪刀剪开，检查颅腔液体数量、颜色、透明度。用镊子钝性剥离大脑与周围的连接，然后将大脑从颅腔内撬出。

上述各体腔的打开和脏器的采出是进行尸体系统剖检的程序。但程序的规定和选择，应服从于检查的目的。视具体情况可适当改变或取舍某些剖检步骤。

三、尸体内脏脏器检查方法

动物尸体系统剖检不应局限于脏器的取出，还应熟悉各主要脏器的正常及异常的病理变化，由此就涉及脏器的检查技术。

(一)胃的检查

首先检查胃的大小、胃浆膜面的色泽，有无粘连和胃壁有无破裂和穿孔。活体动物胃破裂的特点是裂缝肿胀，附有暗红色血液凝块，腹腔内有较多胃内容物。动物死后胃破裂的特点是裂缘不肿胀无血液凝块附着，从裂口可见有较多胃内容物。然后用肠剪由贲门沿胃大弯剪至幽门，检查胃内容物的数量、性状(如含水量、饲料、异物，中毒的物质)气体和寄生虫等。最后检查胃黏膜色泽，有无水肿，出血、炎症和溃疡等。

（二）小肠和大肠检查

首先检查肠管浆膜的色泽，有无粘连、肿瘤、寄生虫结节，同时检查淋巴结性状等。然后打开肠管，由十二指肠开始，沿肠系膜附着部向后剪开，各部肠管剪开时，要做好边剪开边检查肠内容物的数量、性状、气体、有无血液、异物、寄生虫等。去掉内容物后，检查肠黏膜的性状，看不清时，可用水清洗后检查。注意肠黏膜的色泽、厚度和淋巴组织的性状及有无炎症等。

（三）脾脏检查

首先检查脾脏大小、硬度、边缘的厚度以及脾淋巴结的性状。然后检查脾脏的性状（肥厚、破裂等）和色泽。最后作切面检查，从脾头切至脾尾，切面要平整，检查脾髓的色泽，脾小梁的性状，并用刀背轻轻刮脾髓，检查出血量的多少。

（四）肝脏检查

首先检查肝脏的大小、被膜的性状、边缘的厚薄、实质的硬度和色泽，以及肝淋巴结、血管、肝管等的性状。然后作切面，检查切面的出血量、色泽、肝小叶的景象，有无脓肿，肝坏死等变化。

（五）胰脏检查

首先检查胰脏的色泽和硬度，然后沿胰脏的长径和切面，检查有无出血和寄生虫。

（六）肾脏检查

首先检查肾脏大小、硬度、被膜是否容易剥离，肾表面的色泽、平滑度，有无疤痕、出血等变化。然后检查切面皮质和髓质的色泽，有无淤血、出血、化脓和梗死，切面是否隆突，以及肾盂、输尿管、肾淋巴结的性状，有无肿瘤及寄生虫等。

（七）肾上腺检查

首先检查其外形、大小、色泽和硬度，然后作纵切和横切，检查皮质、髓质的色泽及有无出血。

（八）心脏检查

首先检查心脏纵沟、冠状沟的脂肪量和性状。然后检查心脏大小、心肌色泽、心外膜有无出血和炎性渗出物与寄生虫等。剪开心腔，检查心内膜色泽和有无出血，瓣膜是否肥厚，再检查心肌的色泽、硬度，有无出血和变性等。

（九）肺脏检查

首先检查肺脏的大小、肺胸膜的色泽以及有无出血和炎性渗出物等。然后检查有无硬块、结节和气肿。可将肺脏放入一杯清水中，观察其浮力状况，若浮在水面，则表明肺功能正常。而后剪开气管和支气管，检查黏膜性状，有无出血和渗出物等。最后检查左右肺叶横切面的色泽和血液数量，有无炎性病变，寄生虫结节等。

（十）口腔检查

检查牙齿的变化和口腔黏膜的色泽、溃疡、烂斑，黏膜有无出血，外伤和舌苔的情况。

（十一）咽喉检查

检查黏膜色泽、淋巴结的性状及喉囊有无蓄脓。

（十二）鼻腔检查

检查鼻黏膜的色泽，有无出血，炎性水肿、结节、糜烂、溃疡、穿孔及疤痕等。

(十三)颌及颈淋巴结检查

检查下颌及颈淋巴结的大小、硬度、有无出血和化脓等。

(十四)脑的检查

打开颅腔后,检查硬脑膜和软脑膜有无充血、淤血及有无寄生虫。切开大脑,检查脉络丛的性状及脑室有无积水,然后横切脑组织,检查有无出血及坏死等。

(十五)膀胱检查

检查膀胱的大小、尿量及色泽、黏膜有无出血、炎症和结石等。

(十六)子宫检查

沿子宫体背侧剪开子宫角,检查子宫内膜的色泽,有无充血、出血及炎症等。

四、尸体剖检记录与剖检报告的书写

剖检记录是死亡报告的主要依据,是进行综合分析的原始材料,记录应详细完整。对病变的形态、位置、色彩、硬度、性质、切面的结构变化等要客观地描述说明。

一个完整的尸体剖检记录如表10-8所示,主要包括3项内容:①概况:首先记录死亡时间、剖检时间、地点、剖检者姓名、动物品种(品系)、编号、性别、年龄、特征等内容。然后再记录临床病历摘要及临床诊断。②剖检变化:记录外部检查及内部检查肉眼所见到的变化。组织学检查、血液学检查、微生学和寄生虫学检查。③结论:是根据病理解剖学诊断,结合动物生前临床症状及相关资料,找出各病变之间的内在关系,做出判断,阐明动物发病与致死的原因,最后对疾病提出诊断病名并判定死亡原因。

表10-8　动物尸体剖检报告

剖检号:

死亡时间:	剖检地点:		剖检时间:		剖检者:
项目	品种(品系)	编号	毛色	年龄	性别
临床摘要					
病理剖检变化					
实验室诊断					
结论					

第七节　动物实验手术基本操作技术

外科手术技术是动物实验中一项基本技术,在畜牧兽医工作中更有着较为广泛的应用。如猪、犬的胃造瘘术,犬、猫的睾丸、卵巢切除术等。动物实验中外科手术是建立实验动物疾病模型常见的方法,如通过外科手术建立肝移植、胰腺炎等动物模型。这里仅介绍一些实验动物中常用的基本外科技术。

一、动物实验手术前的准备

(一)手术室的要求与设备

(1)手术室的位置应与动物饲养间、动物观察室相邻,便于动物样本的运送、观察。

(2)手术室的设计应符合清洁与污染路线不相混杂的原则,严格区分有菌区和无菌区。有菌区设有换鞋间、更衣室、洗手室和器械洗涤室。无菌区设有手术间。

(3)手术室的设备。室内应安装紫外线灯、手术无影灯、动物手术台、动物麻醉机、呼吸机、吸引器、高频电刀和心电监护仪等。

(二)动物的准备

1. 清洁级动物　将运送清洁级动物的外包装进行消毒,方可进入清洁级动物手术间。

2. 普通级动物　(犬、小型猪)隔离检疫(1 周),经洗浴、消毒后方可进入普通级动物手术室。

无论是清洁级动物还是普通级动物应在手术前 3～7 d 在单独的饲养笼内饲养,使其适应新环境,并进一步观察其精神状况。

猫、犬、猪等大动物术前应禁食 8～24 h,术前 6 h 应禁水。大鼠、小鼠和家兔等术前不需禁食、禁水,但若实施胃肠道手术时应禁食 24 h。草食动物手术前应禁食 24～36 h,术前 6 h 禁水。对于时间较长的手术或创伤较大的手术,在禁食后和禁水前可提供一定量的 5%葡萄糖和 0.3%～0.5%氯化钠溶液饮用,以补充能量。反刍动物手术前是否需要禁食,目前有不同的观点。虽然禁食无助于减少瘤胃内食物,但可能会减少瘤胃气鼓气的发生。如果发生瘤胃鼓气,可以留置胃管。

(三)手术器械、物品、敷料的准备

1. 手术器械的准备　常用的手术器械包括手术刀、手术剪、手术镊、止血钳、持针器、拉钩、三通、血管夹、动脉夹、缝合针、缝合线等。手术器械需打包消毒灭菌。

2. 物品的准备　包括手术衣、手套、口罩、帽子、治疗巾的准备,消毒剂、麻醉药、急救药的准备。

3. 敷料的准备　将纱布、纱布垫、绷带和棉花球等,打包高压灭菌。

二、外科手术的基本操作技术

(一)外科手术中常用手术器械的使用

手术器械是实验外科手术操作必须具备的物品,正确掌握和熟练运用这些手术器械是实验外科手术操作的基础。

1. 手术刀　手术刀由刀柄、刀片两部分组成,刀柄根据长短及大小分型。安装刀片时,用持针钳夹持刀片的前 1/3,然后持刀片的手平行向后稍用力拉,将刀片之长孔嵌入刀柄的槽内。使用毕,用持针钳夹持刀片的尾端,稍提起向前推即可取下。常用执刀方法有 3 种方式:执弓式执刀法常用于较长皮肤切口和腹直肌前鞘的切开;执笔式执刀法用作较小的切口或细微的切割;握持式执刀法用于切割范围广、组织坚厚、用力较大的切开。

2. 手术剪　手术剪可用于剪线、剪敷料、剪组织,剪刃必须锋利。手术剪又有直剪、弯剪、尖头剪、钝头剪等不同类型,大小不一。

3. 手术镊　手术镊可用于夹持各种组织、缝针、敷料等。分为有齿镊(组织镊)和无齿镊

（平镊、敷料镊）。

4. 血管钳 常用的有直、弯血管钳和蚊式血管钳等数种。血管钳主要用于止血，故也称止血钳。

5. 持针钳 持针钳也叫持针器，其基本结构与血管钳类似，钳叶内有交叉齿纹，使夹持缝针稳定，不易滑脱，主要用于夹持缝针做缝合用。缝针应夹在靠近钳头端，以夹住缝针的中、后1/3交界处为宜，且将缝线重叠部分也放于针嘴内。若夹在齿槽床中间，则容易将针折断。

6. 缝针 缝针是用于各种组织缝合的器械。根据针尖与针尾两点间有无弧度，将缝针分为直针、半弯针和弯针；根据针尖横断面的形状分为角针和圆针。

7. 其他器械

(1)缝合线。缝合线用于组织、器官的缝合，血管的结扎止血等用途。手术用线分为可吸收线和不可吸收线两大类。

(2)巾钳。用于固定手术巾，一并夹住皮肤，以防手术巾移动和暴露不必要的皮肤。

(3)持物钳(卵圆钳)。主要用于夹持、传递已消毒的器械、缝线、缝针、纱布、敷料等。

(4)拉勾。用以拉开切口，显露内层组织，有利于手术的顺利进行。

(二)外科手术的技术要求

外科手术的操作技术要求是稳、准、轻、快。

1. 稳 即平稳，包括动物麻醉的稳定和操作上的稳。

2. 准 动物的大体解剖必须掌握，所要找组织、器官必须准确。

3. 轻 做外科手术时要轻巧，否则手术中用力猛、操作粗暴，特别容易引起严重的组织损伤。

4. 快 主要是指反应灵敏和手术进程快。术中出现某些意外情况时，必须当机立断，迅速作出决策，从容不迫地处理各种棘手的问题。

(三)动物手术的基本操作技术

在动物手术区的准备基础上进行实验外科的技术操作。

1. 无菌 用四块无菌治疗巾(或孔巾)，遮住除切口以外四周皮肤，用巾钳固定。手术野的区域已是无菌区，手术人员必须遵守无菌操作规则，穿戴好无菌的帽子、口罩、手术衣、手套，保持已完成的无菌环境。

2. 切开 根据实验要求确定手术切口的部位及大小。用手术刀切开皮肤时，先绷紧皮肤，将刀刃与皮肤垂直，用力要得当，一般将切开皮肤全层，切口整齐不偏斜。切开皮及皮下组织时，一定要求按解剖层次逐层切开，注意止血，避免损伤深层的重要组织器官。

3. 止血 止血是手术操作中的重要环节。手术过程中止血完美与否，不仅直接影响手术部位的显露和手术操作，而且关系到手术后动物的安全、切口愈合的好坏以及是否造成并发症等。术中止血必须准确、迅速、可靠。

预防性止血：术前1～2 h内使用一些能提高血液凝固性的药物，以减少术中出血。

常用的预防性止血剂有10%氯化钙溶液、10%氯化钠溶液。局部麻醉时，配合应用肾上腺素，即在1 000 mL普鲁卡因溶液中加入0.1%肾上腺素2 mL，利用其收缩血管的作用，达到减少手术部位出血的目的。在四肢末梢、尾部手术时，为避免出血过多，可在手术部位的上方缠以止血带，待手术部位完全止血后松开。

术中止血：

(1)压迫止血。如果是微血管出血，可用无菌纱布或拧干温热盐水(不得超过 40℃)纱布按压片刻，切勿用纱布擦拭，以减少组织损伤。

(2)钳夹止血。用止血钳与血流方向垂直夹住血管断端，停留一段时间后取下止血钳。

(3)结扎止血。常用于压迫止血无效或较大血管的出血。出血点用纱布压迫蘸吸后，用止血钳夹住血管断端，要夹准，夹牢，但应尽量少夹周围组织，再用丝线结扎止血。结扎时，先竖起止血钳，将结扎线绕过钳夹点之下，再将止血钳放平后钳尖稍翘起，打第一个结时，边扎紧边轻轻松开止血钳，再打第二个结。

(4)电凝止血。高频电流可以凝结小血管而止血，实际上是电热作用使血液凝固。电凝止血时，止血钳应准确地夹住出血点或血管口处，然后通电止血。也可用单极或双极电凝镊子直接夹住出血点，这种方法止血效果好。

(5)药物止血。当内脏出血时，可用纱布吸净积血，然后将止血粉、明胶海绵、云南白药等涂撒在创面上，稍后压 5～10 min 即可止血。

4. 结扎　结扎是实验外科手术最常用、最基本的操作之一，因此，打结的速度和质量不仅与手术时间的长短有关，也影响整个手术的质量。因此，结扎要准确、可靠，并力求迅速。结扎的线结有方结，用于各种结扎和缝合；三叠方结较牢固，结扎较大的血管；外科结，用于结扎大血管和缝合张力较大的组织。打结方法，可用器械或手打结。结扎线常用丝线、肠线等。

5. 剥离、暴露　剥离与暴露是相统一的，良好的暴露有利于解剖剥离，而解剖剥离的顺利进行，又增加了暴露的范围，二者相辅相成。

(1)剥离。按解剖剥离的形式，可分为锐性剥离和钝性剥离，但在实验外科手术应用时，往往将二者结合应用。

①锐性剥离。一般用刀或剪作为主要剥离器械，但这种剥离必须在直视下进行，以防锐器误伤组织。

②钝性剥离。多用于疏松组织的解剖，可用刀柄、血管钳、闭合的组织剪、镊柄、手指等。较大血管剥离时，切忌强行分离，以免造成意外。

(2)暴露。手术野的暴露(也叫显露)是指将手术部位采取一定的措施进行有效、良好、充分的暴露，是手术能够顺利进行的重要保证。成功的手术，手术部位必须得到充分的暴露。一旦暴露欠佳，不仅增加手术的难度，还会造成实验失败。

6. 缝合　缝合是将已切开、切断的组织或器官进行对合或重建其通道，恢复其功能。缝合是重要的实验外科手术基本操作技术之一。不同部位的组织、器官，需采用不同的方式、方法进行缝合。良好的组织缝合，能使创口顺利地愈合。不适当的或错误的缝合，常致愈合不良，导致实验失败。缝合需要持针钳、镊子、缝合针和缝合线。

(1)间断缝合法。每缝一针单独打结，各缝线间距离 0.2～2.0 cm 不等。优点是组织有感染或缝线脱落、断裂时，不影响邻近缝线，尤其适用于有感染的创口缝合。多用于皮肤、皮下组织、肌肉和腱膜的缝合。

(2)连续缝合法。在第一针缝合后打结，继而用该缝线缝完整个创口，结束前的一针将重线尾拉长留在对侧，形成双线与重线尾打结。优点是操作省事，缝合迅速，打结少，止血效果较好。缺点是一旦缝线一针不紧，则造成全创口松动，甚至裂开。

(3)连续锁边缝合法。操作省时，止血效果好。缝合过程中，每次将线交错。多用于胃肠道断端的关闭、皮肤移植时的缝合等。

三、动物实验术后动物的护理与观察

(一)术后护理

1. *一般护理*　动物在麻醉期尚未苏醒，要注意动物的保暖，术后护理观察室温度与手术室均要恒温和达标，两室的温差不可超过 3℃。注意摆正动物头颈部位置以保持呼吸畅通，及时清除口腔鼻腔的呕吐物和分泌物，以防误入气管。经常地、定期地观察记录动物的呼吸、脉搏、体温的变化，并做好护理记录。

2. *创口处理*　手术创口一般用纱布或绷带固定在皮肤上，纱布或绷带的内面可涂布软膏，有助于防止细菌感染。引流管套管或瘘管要定时清洁。一般术后 7～8 d 拆线，有感染可提前清创、更换纱布和绷带并详细记录。

3. *饮食及输液*　术后动物未完全清醒时不给任何饮食，清醒后可以先喂水，然后给予食物。如果消化道手术，手术要禁食 3 d 并补液。恢复期内要饲喂高蛋白高能量饲料。若术中出血较多、术后较虚弱的动物也必须给予补液。但对于个体较小的大、小鼠的脱水，当动物静脉补液难以进行时，也可采用腹腔补液。

4. *并发症的预防和处理*　按照国家标准严格控制动物饲养观察室的环境条件，加强消毒防疫。要仔细观察实验动物术后有无并发症的异常表现，进行记录。清洁级以上动物的实验原则上不允许使用其他药物，以防影响实验结果观测。清洁级以上动物在实验后如发现发烧、腹泻、呕吐或死亡等非正常表现时，应立即请兽医检查诊断，找出原因，处理病死动物，彻底消毒环境并重新进行该项实验。

5. *特殊处理*　如果器官移植实验，受体动物术后要使用必要的免疫抑制剂。在膀胱结石生成实验研究中动物在术后饮水中要加 1%乙二醇才能在膀胱的异物上形成草酸结石。

6. *大动物术后护理中继续强化驯服*　术后动物处于虚弱状态，护理人员精心护理，容易与动物建立较为亲近的关系，借此可以强化驯服，以使动物康复后配合实验研究，减少动物的应激反应，同时也有利实验操作人员的安全。

(二)动物护理记录和实验档案

动物护理记录是实验研究的原始文字材料的组成部分，与 X 线照片、病理切片、各种实验描记图与录像等共同构成完整的实验记录，最后集中归为实验档案。实验研究人员要做到及时、客观、准确、真实、完整、简明扼要地填写。一般实验要按组分别填写记录。当实验动物数量不多或用大中型动物进行实验时，应建立单只动物的护理记录。实验记录主要包括以下 3 个方面。

(1)标准动物、饲料的相关资料、凭证、试剂、消耗物品、仪器设备购入或维修记录。

(2)设施等动物实验条件的实际运行状态的记录。

(3)完整、真实的实验操作及结果记录。

具体的实验记录分为：

(1)实验计划排表。

(2)实验或手术方案。

(3)动物健康检查单或等级证明资料。

(4)动物体温记录。

(5)麻醉、手术、实验操作及结果记录。

(6)各种化验或检测原始报告装贴单。

(7)尸体剖检记录。

(8)动物手术及实验饲养环境的温度、湿度、噪声、菌落数记录。

(9)动物实验护理记录。

所有的实验记录都要有记录人及更改人的亲笔签名和签名时间,并对此负责。

第八节　药物研究的动物实验方法

一、急性毒性实验

(一)概述

急性毒性试验(单次给药毒性试验)主要观察对实验动物一次给药后所产生的毒性症状及其程度、出现和消失的时间、死亡率,并计算出其最大耐受量、最大给药量、最小致死量和半数致死量(LD_{50})等。

由于各种因素造成急性毒性试验结果(症状和致死量)在不同实验室可能有较大差异,而且需要耗费大量动物,所取得的动物毒性的信息量却相对较少。因此各国目前都在修订急性毒性试验的技术要求,希望能利用尽可能少的动物数量而取得有价值的信息,同样达到急性毒性试验的目的。

(二)急性毒性试验对实验动物的要求

1. 种属　不同种属的动物各有其特点,对同一药物的反应会有所不同。啮齿类动物和非啮齿类动物急性毒性试验所得的结果,无论在质量上还是数量上均会存在差别。从充分暴露受试物毒性的角度考虑,应从啮齿类动物和非啮齿类动物中获得较为充分的安全性信息。因此,急性毒性试验应采用至少两种哺乳动物。一般应选用一种啮齿类动物和一种非啮齿类动物进行急性毒性试验。若未采用非啮齿类动物进行急性毒性实验,应阐明其合理性。

2. 年龄、性别及体重　急性毒性通常受到动物的健康状态、年龄、性别、遗传因素、体重、药物吸收、分布、代谢、排泄和内分泌激素等的影响。未成年的动物药酶活性一般较低,对于经代谢后减毒的药物表现毒性较强。而且,年幼动物药物代谢功能和敏感度较易发生变化,性别间的特性也尚未确立,因此口服毒性实验通常使用刚性成熟的动物。小鼠年龄为 6～8 周龄,体重 18～22 g(同次试验体重相差不超过 2 g),雌雄各半;大鼠 6～8 周龄,体重 120～150 g(同次试验体重相差不超过 10 g),雌雄各半。

3. 动物数量　动物数量应根据动物的种属和研究的目的确定。动物数量应符合试验方法及其结果分析评价的需要。应在获得尽量多信息的前提下,使用尽量少的动物。

(三)给药方法

1. 动物禁食　动物购入后应在动物实验室适应 3～7 d,口服给药前,为减少吸收差异和大容量给药造成胃急性扩张,小鼠和大鼠至少应禁食 4～6 h,但不禁水,给予药物后应再禁食 3～4 h。

2. 给药途径　中药新药除应用临床给药途径外,一、二类新药还需要应用其他给药途径。水溶性药物应同时采用静脉给药途径,油剂、混悬剂之类的药物可采用皮下注射给药途径。

各种给药途径的容量一般为小鼠0.4～0.5 mL/20 g(体重)，大鼠1 mL/100 g(体重)。小鼠口服最大容量不超过0.8 mL/20 g(体重)，其他途径不超过0.5 mL/20 g(体重)。大鼠口服最大容量不超过2 mL/100 g(体重)，其他途径不超过1 mL/100 g(体重)。

(四)观察指标

获得致死剂量不是急性毒性实验的唯一要求。发现毒性症状及毒性反应的靶器官同样是急毒实验重要的目的。给药前后应观察体重、进食、进水的状况，特别是给药后的一二天内应密切观察异常毒性症状，以后每日至少观察1次，连续观察14 d。

观察症状包括：①行动：不安定、多动、发声；②神经系统反应：举尾、震颤、痉挛、运动失调、姿态异常；③自主神经系统反应：眼球突出、流涎、流泪、排尿、下泻、竖毛、皮肤变色、呼吸；④死亡。应每日记录体重、毒性反应和死亡情况，濒死动物应单独饲养，死后及时解剖进行肉眼观察和病理组织学观察。试验结束存活动物也应进行解剖，如有病变需进行组织学观察。

(五)急性毒性试验涉及的名词含义

1. 最大无毒性反应剂量　未见毒性反应剂量，指受试物在一定时间内，按一定方式与机体接触，用灵敏的现代检测方法和观察指标未发现损害作用的最高剂量。

2. 最小毒性反应剂量　动物出现毒性反应的最小剂量。

3. 最大耐受量　不引起受试动物死亡的最高剂量。

4. 最小致死剂量　引起个别动物出现死亡的剂量。

5. 半数致死量　在一定试验条件下引起50%受试动物死亡的剂量。数值是经统计学处理所得的结果。

二、亚慢性毒性试验

(一)概述

在估计和评价药品的毒性时，获得受试物急性毒性资料后，还需进行亚慢性毒性试验。通过该试验可获得一定时期内反复接触受试物后引起的健康效应、受试物作用靶器官和受试物体内蓄积能力资料。亚慢性毒性试验是指在实验动物部分生存期内，每日反复经口接触受试物后所引起的不良反应。

亚慢性毒性试验的基本原则是以不同剂量受试物每日经口给予各组实验动物，连续染毒90 d，每组采用一个染毒剂量。染毒期间每日观察动物的毒性反应。在染毒期间死亡的动物要进行尸检。染毒结束后所有存活的动物均要处死，并进行尸检以及适当的病理组织学检查。

(二)亚慢性毒性试验对实验动物的要求

1. 种属　一般选择啮齿类动物，首选为大鼠。动物体重的变动范围不应超出平均动物体重的10%。若该试验为慢性试验的预备试验，则在两个试验中所用的动物种系应当相同。

2. 年龄、性别及动物数量　通常选用6～8周龄的大鼠。每一剂量组实验动物至少应有20只，雌雄各半，但是考虑到亚慢性试验的重要性，应适当增加每组雌雄动物数。若计划在试验过程中处死动物，则应增加计划处死的动物数。试验结束时的动物数需达到能够有效评价受试物毒性作用的数量。此外，可另设一追踪观察组，选用20只动物，雌雄各半，给予最高剂量受试物，染毒90 d。全程染毒结束后继续观察一段时间(一般不少于28 d)，以了解毒性作用的持续性、可逆性或迟发毒作用。

(三)给药方法

动物购入后应在动物实验室适应3～7 d。受试物可通过混入饲料或饮水、直接喂饲以及灌胃给予。动物最好每周7 d染毒，但考虑到可行性，每周可染毒5 d。试验期间所有动物染毒的方式应完全相同。若为染毒目的加入其他溶剂或添加剂，这些溶剂或添加剂不应影响测试物的吸收或引起毒性作用。

(四)观察指标

1.临床观察 观察时间应至少为90 d。追踪观察组还要增加28 d，但不作任何处理，以了解毒性作用的可逆性、持续性及迟发毒作用。

观察期间对动物的任何毒性表现均应记录，包括发生时间、程度和持续时间。观察应至少包括如下内容：皮肤、被毛的改变，眼和黏膜变化，呼吸、循环、植物神经和中枢神经系统、肢体运动和行为活动等的改变。应计算每周饲料消耗量(或当通过饮水染毒时的饮水消耗量)，记录每周体重变化。

2.临床检查

(1)眼科检查。动物染毒前和染毒后，使用眼科镜或其他有关设备对最高剂量组和对照组动物进行眼科检查。若发现动物有眼科变化则应对所有动物进行检查。

(2)血液细胞学指标测定。染毒前、染毒中期、染毒结束及追踪观察结束时应测定血球容积、血红蛋白浓度、红细胞数、白细胞总数和分类，必要时测定凝血功能如凝血时间、凝血酶原时间、凝血激酶时间或血小板数等指标。

(3)血液生化指标测定。染毒前、染毒中期、染毒结束及追踪观察结束时进行，检查指标包括电解质平衡、碳水化合物代谢、肝、肾功能。推荐的指标包括：钙、磷、氯、钠、钾、禁食血糖(不同动物品系采用不同的禁食期)、血清谷丙转氨酶、血清谷草转氨酶、鸟氨酸脱羧酶、γ-谷氨酰转肽酶、尿素氮、白蛋白、血液肌酐、总胆红素及总血清蛋白。必要时可进行脂肪、激素、酸碱平衡、正铁血红蛋白、胆碱酯酶活性的分析测定。此外，根据所观察到的毒性作用进行其他更大范围的生化检查指标，以便进行全面的毒性评价。

(4)病理检查。

①大体尸检：试验结束时，所有动物均应进行全面的大体尸检，内容包括动物的外观、所有孔道、胸腔、腹腔及其内容物。肝、肾、肾上腺和睾丸应在分离后尽快称重以防水分丢失。应将下列组织和器官保存在固定液中，以进行病理组织学检查：所有大体解剖呈现异常的器官、脑(包括延髓/脑桥、小脑和大脑皮层、脑垂体)、甲状腺/甲状旁腺、胸腺、肺/气管、心脏、主动脉、唾液腺*、肝、脾、肾、肾上腺、胰、性腺、子宫、生殖附属器官*、皮肤*、食管、胃、十二指肠、空肠、回肠、盲肠、结肠、直肠、膀胱、有代表性的淋巴结、雌性乳腺*、大腿肌肉*、周围神经、胸骨(包括骨髓)、眼*、股骨(包括关节面)*、脊髓(包括颈部、胸部、腰部)*和泪腺*。

* 只有当毒性作用提示或作为被研究的靶器官时才需要检查这些器官。

②病理组织学检查：应对下述器官和组织进行检查：最高剂量组和对照组动物可能受到损伤的器官或组织；各剂量组大体解剖见有异常的器官或组织；其他剂量组动物的靶器官。在追踪观察组，应对那些在染毒组呈现毒性作用的组织和器官进行检查。

三、生殖毒性试验

（一）概述

生殖毒性试验是通过动物试验反映受试物对哺乳动物生殖功能和发育过程的影响，预测其可能产生的对生殖细胞、受孕、妊娠、分娩、哺乳等亲代生殖机能的不良影响，以及对子代胚胎—胎儿发育、出生后发育的不良影响。

（二）试验方法

对大多数药物而言，三段试验方案是常用的试验方法，指生育力和早期胚胎发育、胚胎—胎仔发育、围产期发育，相当于对3个阶段影响的连续观察，能够识别有可能发生损害的生殖发育阶段。

受试药物至少应有2～3种剂量组，并设对照组。高剂量可产生轻度毒性反应，低剂量应为治疗量的某些倍量。给药途径原则上与推荐临床应用的给药途径相同，口服制剂应用灌胃法。

1.生育力和早期胚胎发育试验（Ⅰ段）

（1）实验动物。至少应采用一种动物，推荐使用大鼠。动物数量应满足数据分析的需要，通常情况下每组大鼠每一性别不少于20只。

（2）给药期。一般情况下，交配前给药期可定为雄性动物为4～10周，雌性动物为2周；雄性动物给药期应持续整个交配期直至被处死，雌性动物至少应持续至胚胎着床，即妊娠期第6～7天。

（3）动物处理。建议雌雄动物按1∶1交配，一般情况下，雌性动物在妊娠第13～15天处死，雄性动物在交配成功后处死。

（4）观察指标。试验期间，每天至少1次观察动物体征和死亡情况；每周至少2次测定体重变化；每周除交配期外至少1次测定摄食量；交配期间至少每日进行阴道涂片检查，检查受试物是否对交配有影响以及其他指标。

试验结束时，剖检所有亲代动物；保存肉眼观察出现异常的器官，必要时进行组织学检查，同时保留足够的对照组动物的相应器官以便比较；保存所有动物的睾丸、附睾或卵巢、子宫，必要时进行组织学检查，根据具体情况进行评价；建议计数附睾中的精子数并进行精子活力检查；计数黄体数，活胎、死胎、吸收胎并计算着床数。

2.胚胎—胎仔发育（Ⅱ段）

（1）实验动物。通常采用两种动物，一种为啮齿类动物，推荐使用大鼠；另一种为非啮齿类动物，推荐用家兔。妊娠动物数量应满足数据分析的需要，通常情况下每组孕大鼠不少于20只，每组孕家兔不少于12只。

（2）给药期。由胚胎着床到硬腭闭合期给药。通常大鼠为妊娠第6～15天给药，家兔为妊娠第6～18天给药。

（3）动物处理。分娩前处死并检查雌性动物，正常情况下大鼠约为妊娠第20天或第21天，家兔约为妊娠第28天或第29天。检查所有胎仔的存活和畸形情况。

（4）观察指标。试验期间，每天至少1次观察动物体征和死亡情况；每周至少2次测定体重变化；每周除交配期外至少1次测定摄食量；在其他毒性试验中已证明有意义的指标。

试验结束时剖检所有成年动物，保存肉眼观察出现异常的器官，必要时进行组织学检查，同时保留足够的对照组动物的相应器官以便比较；计数黄体数，活胎、死胎、吸收胎并计算着床数；测定胎仔体重和胎仔顶臀长；观察胎盘变化。

3. 围产期发育（Ⅲ段）

（1）实验动物。至少采用一种动物，推荐使用大鼠。妊娠动物数量应满足数据分析的需要，通常情况下每组孕大鼠不少于 20 只。

（2）给药期。雌性动物给药期应从胚胎硬腭闭合至哺乳结束，通常为大鼠妊娠第 15 天至离乳，即出生后第 21 天。

（3）动物处理。雌性动物分娩并饲养其子代至断乳，每窝选择雌、雄代各 1 只，饲养至成年，然后进行交配检测其生殖能力。

（4）观察指标。试验期间，每天至少 1 次观察母体动物体征和死亡情况；每周至少 2 次测定体重变化；每周除交配期外至少 1 次测定摄食量；观察其他特征性指标以及妊娠期及分娩情况。

试验结束时剖检所有成年动物，保存肉眼观察出现异常的器官，必要时进行组织学检查，同时保留足够的对照组动物的相应器官以便比较。观察出生时存活的子代，出生时死亡的子代情况。称量子代出生时的体重，观察离乳前后的存活率和生长/体重，性成熟程度和生育力。观察体格发育情况、感觉功能和反射情况及行为情况。

第九节　动物实验后废弃物的无害化处理

动物实验后的废弃物是指实验动物解剖后的内脏、血液、组织液及擦拭的污物。实验动物尸体是指教学、科研实验后死亡的动物及因病死亡的动物。废弃物及尸体应按照无害化的标准进行处理。无害化处理是指用物理、化学及其他方法消除染疫动物和动物产品有害因子的强制措施。实验动物废弃物及尸体不仅造成环境污染，还可能引发疫病的暴发和流行。因此，必须牢固树立和践行绿水青山就是金山银山的理念，站在人与自然和谐共生的高度谋划发展。实验动物管理机构及从业人员应贯彻落实国家及地方实验动物管理规范，进一步规范实验动物废弃物无害化处理途径，加强人员对实验动物废弃物处理要求和技术方法标准的培训，坚持精准、科学、依法处理污物。

一、废弃物处理的管理工作

为防止实验动物尸体及废弃物引发疾病流行，造成环境污染，保障动物实验相关人员的生命安全与健康，应根据实际情况，对废弃物的无害化实行专人领导和专人负责制，并制定相应的规章制度，强化动物实验中的废弃物的无害化处理的管理。

二、污物的无害化处理

（一）分类收集

（1）污物应分类收集，实验动物废垫料与实验废弃品要分开，不得混放。

（2）实验后收集的污物不得直接向垃圾道内倾倒，污物要用污物处理容器进行盛装。然后汇总于专用污物袋中进行一次性封闭处理。

（3）有机垃圾盛装器应密封有盖，防渗漏、防蝇、防鼠，并便于搬运及消毒。

(二)无害化处理

(1)一次性口罩、帽子等使用后应装入专用垃圾袋回收焚烧处理。

(2)一次性使用的注射器、针头、手套等物品使用后经消毒剂浸泡清洗,毁形后按要求统一进行无害化处理。绝不可自行处理和随意扔掉。

(3)用过的废垫料要装入垃圾袋中或专用的垫料容器内,注意防蝇、防渗漏,并及时焚烧处理。

(4)放射性实验所产生的废弃物,如果属于半衰期短且放射性较低的物品,放置6～10个半衰期后可以焚化处理。其他放射性废弃物包装后送放射性废物处理站处理。

三、动物尸体无害化处理

实验结束后,受试动物尚未死亡,应对其实施安乐死,并将动物尸体装入专用尸体袋中存放冰柜待统一焚烧。冰柜内不得放置其他物品。在冰柜显著位置应标示“实验动物尸体及废弃物专用”字样并粘贴“动物尸体及废弃物存放登记表”,登记内容包括处理的动物尸体种类、数量、死亡原因、处死日期。若动物意外死亡,疑是因传染病而死亡的,应查明原因,再做进一步处理。不得将未死亡的实验动物放入冰柜,不得随意丢弃实验动物尸体,严禁食用和出售。大动物尸体需经过适当肢解后再进行焚烧,焚烧标准应以污物全部化为灰烬为标准。

思考题:

1. 实验动物麻醉应注意哪些事项?
2. 举例说明3种动物实验注射给药方法。
3. 举例说明3种动物实验采血方法。
4. 简述实施动物安乐死常用的方法。
5. 简述动物实验后废弃物的无害化处理。

(田　枫,张　阔)

第十一章　动物实验的管理

内容提要：动物实验的管理是动物实验成功的保障措施。本章主要介绍了动物实验的质量管理、实验动物选择原则、动物实验的设计和实施，动物实验的数据管理和处理以及动物实验的伦理审查内容，目的在于规范管理动物实验，确保动物实验的科学性、可靠性及可重复性。
关键词：动物实验；管理；动物选择；试验设计；数据管理；伦理审查。

第一节　动物实验的质量管理

关于动物实验质量的管理，首先要了解国家、各行业部门以及地方政府颁布与实施的有关实验动物和动物实验以及涉及具体实验环节的法律、法规及质量标准。按照相关规定，动物实验必须在已经获得国家或地方实验动物管理机构颁发的实验动物使用许可证的单位进行实验，然后依据实验目的，制定切实可行的质量管理办法，在实验过程中必须认真、严格执行质量管理办法，以保证动物实验的质量达到规定的标准。

按照国际通用标准，动物实验工作需要达到实验室操作规范（good laboratory practice，GLP）和标准操作程序（standard operating procedure，SOP）。这些规范和操作程序对实验动物、实验室条件、工作人员素质、技术水平和操作方法都要求标准化。

一、动物实验质量管理的标准

动物实验质量管理是指在动物实验过程中由第三方，即质量监督人员对动物实验全过程是否达到标准所实施的监督活动。在动物实验过程中，质量监督人员应对操作程序、方法、环境条件、受试对象、施加因素和实施途径的标准化实施连续记录和分析。动物实验质量管理参照的标准包括：

（一）国家、行业部门和地方政府已颁布的有关标准

如化学试剂的标准、药典、实验动物的质量标准、实验环境条件的标准、仪器设备的标准、饲料饮水标准等法规性标准。有关实验动物质量的标准请参见相关章节中的内容。

（二）动物实验室自行制订的各种标准

如灭菌净化标准、灭菌物品的贮存期标准以及国家、行业部门和地方政府已经颁布的标准或在此基础上本实验室自定的（高于这些标准）内部标准。

（三）内部质量标准

由动物实验机构会同有关技术、管理部门专家共同制定的动物实验质量管理的暂定依据，批准公布后，与国家、行业部门或地方颁布的标准一起执行。

二、质量管理的基本内容和职责

(1)收集、保存有关动物实验的原始资料、实验方案和总结报告的副本。

(2)根据有关实验动物的法律、法规，对动物实验全过程进行全面审核。主要内容有实验记录、总结报告、项目实施条件、检测方法和实验进度。对实验的软、硬条件按照规范要求进行管理，实施实验档案管理，落实检查制度。

(3)对每项动物实验实施检查与监督，并制定检查计划，详细记录检查的内容、存在问题、采取解决问题的方法，并在记录上签名，保存备查。

(4)定期对检查动物实验设施、仪器设备和动物实验室管理等情况进行现场检查。

(5)及时向单位负责人和项目负责人报告出现的问题，并提出解决问题的建议和措施。

三、质量管理的组织实施

质量监督方案由质量管理负责人主持起草，经过单位批准后，由质量监督机构组织实施，负责收集、整理、核对有关数据，并起草阶段性和最终结论性的质量监督管理报告。动物实验质量监督管理报告主要包括以下内容：

(1)动物实验环境的运行管理状况；

(2)实验动物饲养人员、管理人员的上岗证件；

(3)仪器、设备完好运行的确认记录情况；

(4)对项目计划书、实验方案、标准操作程序与执行情况的核对；

(5)对实验报告中原始资料、标本、样品数据与实验报告书的核对；

(6)对实验方法、测试、分析、统计方法等与实验报告的核对；

(7)对实验中所有动物死亡、剖检记录的核对；

(8)对实验过程中对影响实验因素的纠正方法与实验报告的核对；

(9)对实验动物及饲料合格证及项目计划书要求的核对；

(10)国家或地方实验动物管理机构半年或一年对动物实验室最近一次的检测结果；

(11)动物实验质量监督的综合评价。

四、实验动物质量管理具体要求

1. 实验动物环境的控制要求　设施应避开自然疫源地和污染源；内部应避免人流、物流、气流的交叉污染，并需要安装防鼠挡板、灭蝇灯等，此外还设有消防安全设备及通道。

2. 动物实验中仪器的控制要求　按国家计量部门的法规标准，对仪器、设备进行定期的检查和校验。

3. 实验动物的质量管理　应从具有实验动物生产许可证单位购买符合相应等级要求的实验动物。研究生毕业论文以及省部级科学实验和生物制品必须应用清洁级或以上级别的实验动物，国家级课题和国际合作项目必须使用 SPF 级或以上级别的实验动物。有实验动物质量合格证，并保存备查。动物实验设施必须与相应的设施配套。

4. 实验动物用饲料、饮水的质量管理　应该根据实验动物种类、级别和不同生理阶段，饲喂与其营养水平相适应的饲料。生产饲料必须取得实验动物饲料生产许可证。购买饲料也必须到有上述设施合格证的单位去购买。严格控制饮水的质量标准。在普通环境饲养的实验动物使用人的饮水标准，在屏障环境、隔离环境，应使用灭菌水或酸化水。

5. *人员管理* 从事动物实验的饲养人员必须取得属地或相关部门的实验动物管理委员会颁发的饲养技术人员资格认可证。从事动物实验的科技人员必须取得属地或相关部门的实验动物管理委员会颁发的实验动物技术人员资格认可证。

五、动物实验室文件、资料的管理

文件资料管理是动物实验结果可靠性保证体系的重要部分，旨在保证洁净动物实验全过程按文件规定进行。

1. *文件资料管理系统* 文件分为两部分，即标准和记录(凭证)。标准主要指技术标准、管理标准和工作标准。

(1)技术标准。是指动物实验过程中由国家、地方实验动物管理部门颁布的技术性规范、细则、标准和规程等书面文件。

(2)管理标准。是指动物实验管理部门为行使其管理职能所制定的标准化、规范化的制度、规定及办法等书面文件。

(3)工作标准。是指对动物实验室各部门的工作范围、职责、权限、工作内容等的标准规定，岗位 SOP 等文字要求。

资料中的记录(凭证)包括记录(实验操作记录，结果记录)、凭证(物品、动物、设备、设施等的状态的单、卡牌等)和实验动物设施运行状态的记录。动物实验管理的文件系统见图 11-1。

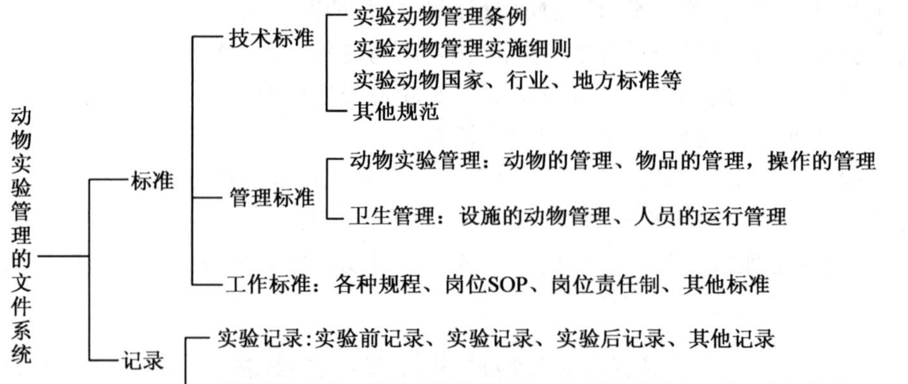

图 11-1 动物实验管理的文件系统

2. *文件系统的管理要求* 实验工作结束或终止后，专题负责人应将实验方案、标本、原始资料、文字记录和总结报告的原件以及与实验有关的各种书面文件、质量保证部门的检查报告等按照标准操作规范要求进行整理和存档。

(1)标准文件资料应精心设计和准备，以便有效、正确地使用。记录(凭证)文件应认真、详细、准确无误地反映实验结果。文件的标题、内容，文字应简练，条理清楚，用专业术语准确表达。各动物实验部门应统一文件格式、编号，便于检阅。存档文件不应用手抄，实验记录、图表也应尽量保存打印件。

(2)实验记录内容要求真实，记录及时，字迹清楚，不得用铅笔记录，不能任意撕毁或涂改。

若更改实验记录(凭证),必须填写改正人姓名、日期,但不能使用涂改液,应划去后在旁边重写。

(3)对于各种表格内容应详细填写,不能简化,留有空格,如若无内容填写应用"——"表示。内容与上述项目相同时应重复抄写,不能用"　"或"同上"字样表示。

(4)填写记录(凭证)者应填写姓名,不能简化、潦草,填写日期不能简写。

(5)对于记录(凭证)应有质量监督人员负责复核,并及时纠正不规范的记录。

(6)对于文件、凭证的保管与归档应有专人负责,并应符合国家有关法规要求。

(7)各种文件、资料应保存3年以上。

3. 实验结果的报告要求　每项洁净动物实验结束后,都应由项目责任人写出实验报告书,原则上必须记载下述事项:

(1)标题和实验意义。

(2)实验设施的名称和所在地以及实验条件的级别等。

(3)实验的起止日期。

(4)施加实验因素的名称、方法、批号、含量、效价及纯度等。

(5)受试动物的名称、种(品)系、年龄、体重范围、来源、级别、饲养条件和级别等。

(6)给药途径、方法、给予量、次数和时间等。

(7)观察的次数、测定分析的种类和方法等。

(8)完成各部分工作责任人的姓名。

(9)对实验过程中不可预测和影响实验结果因素的纠正办法。

(10)数据分析的统计方法。

(11)项目责任人的签名,报告日期。

(12)该报告法律责任人签名。

(13)质量监督人员的签名。

(14)该报告的去向和份数。

第二节　实验动物选择的原则

一、实验动物选择的重要性

科学实验结果的可靠性,在很大程度上取决于实验动物选择的合理性。如果选择不当,不但会造成人力、物力、财力的浪费,更重要的是浪费了重要的实验时机和时间,甚至可能因此而失去某些重大发现。如果选择得当,可充分利用实验动物的解剖、生理特点,节约人力、动物和时间,以最小的代价,最大限度地获得可靠的实验结果。

二、实验动物选择的原则

1. 标准化原则　指动物实验中选择和使用与研究内容相匹配的标准化的实验动物。选择的实验动物应具有满足科学实验的4项基本要求:即对实验处理表现出极高的敏感性;对实验处理的个体反应表现出很好的均一性;动物模型在遗传上表现具有稳定性;动物来源具有易获得性。

要根据实验目的不同，选择不同微生物学控制质量等级的实验动物。

使用无菌动物(germ free animals,GF 动物)可以排除普通动物带有各种微生物和寄生虫对实验结果的干扰，使实验结果准确可靠，常用于微生物学和免疫学方面的研究。

悉生动物(gnotobiotics animals, GN 动物)是指完全明确在动物体内外所带微生物的动物，选用此种动物进行实验时，结果的准确性较高，常用于研究微生物和宿主动物之间的关系，抗体制备等研究。

无特定病原体动物(specific pathogen free animals, SPF 动物)适用于所有的科研实验、生物制品生产与鉴定。涉及国际交流的重大课题，最好使用 SPF 级动物。

清洁级动物(clean animals, CL 动物)是目前国内科研工作一般要求的标准实验动物，也适用于大多数科研实验。

选择何种遗传群动物，应该根据不同的课题内容而定。近交系动物由于遗传纯合度高，个体差异小，特征稳定，对实验反应一致性好，实验结果精确和可靠。不同的品系具有各自的独特特性，可以适合不同研究课题的需要。另外，许多突变品系动物具有与人类相似的疾病或缺陷，如裸鼠、癫痫大鼠等，具有实验模型性状显著且稳定的特征，是研究人类相关疾病的重要实验动物模型。

2. 相似性原则　指利用动物与人类某些机能、代谢、结构及疾病特点的相似性选择实验动物。生物医学的目的在于更准确地揭示生命活动的规律，探求人类疾病的病因、病机，寻找防治人类疾病的有效方法。

(1)选择在整体上与人类相近似的动物。从进化角度来看，灵长类与人最近似，如猴、长臂猿、猩猩、狒狒等。但这些大型灵长类动物数量少，有些还是珍稀的保护动物，价格昂贵，不易获得，所以一般科研单位无条件选用。

(2)根据不同种属的实验动物生物学特性，针对不同的实验目的选择实验动物。这些实验动物虽然从整体上与人类生物学特性并不十分相似，但某些方面却与人类非常近似。例如猪的皮肤组织结构与人类相似，如猪的上皮再生特性、皮下脂肪层结构，烧伤后的内分泌变化及代谢特性也类似人类，故选用小型猪作烧伤研究是较为理想的实验动物；突变系 SHR 大鼠自发性高血压的变化规律与人类相似，并伴有高血压性心血管病变特征，如脑血栓、梗塞、出血、肾动脉硬化等症状，是研究高血压病的很好的实验动物；鸡、鸽的脂质代谢与人类相似，故可用鸡、鸽研究人的高脂血症。

3. 差异性原则　指利用不同种系实验动物机体存在的特殊构造或某些特殊反应特性，选择在解剖、生理特点上符合实验目的和要求的动物。恰当地使用具有某些解剖、生理特点的实验动物，可以大大减少实验准备方面的麻烦，降低操作难度。如大鼠垂体—肾上腺系统功能发达，应激反应灵敏，且各种内分泌腺体如垂体、肾上腺、卵巢易于摘除，适于做应激反应和内分泌方面的实验研究，也适宜于研究心理疾病的发病机理(如惊恐伤肾的研究)。兔对体温变化十分敏感，易产生发热反应，且反应典型、恒定，适于进行发热、解热和检查致热源方面的研究工作。大多数实验动物，如猴、犬、大鼠、小鼠等是周期性排卵动物，而兔和猫属典型的刺激性排卵动物，只有经过交配刺激才能使其排卵，因此兔和猫是避孕药研究的常用动物。

4. 相容或相匹配原则　指在设计动物实验时所选用的动物质量等级要与实验设计、实验条件、实验技术与方法、试剂纯度等相匹配。应避免高精度仪器、先进的技术方法、高纯度的试剂与低质量、非标准化、反应性能低的动物相匹配，更应避免低性能的测试手段、非标准化的实验设施与高质量、高反应性的实验动物相匹配，如花费大量资金购买的无菌动物或SPF动物，饲养在普通环境中进行实验，这无疑是一种浪费。

5.易化性原则　在动物实验过程中，使用进化程度高、结构功能复杂的实验动物，有时会给实验条件控制和实验结果分析带来难以预料的困难。所以，在确保研究目标的前提下，可选择结构、功能较简单的实验动物。如选择两栖类动物进行神经反射弧实验；利用果蝇寿命短、染色体数目少等特点进行遗传学研究等。

6.可行性原则　在大多数情况下，研究者在进行选择实验动物时还必须考虑课题经费、实验场地、饲养动物的条件、实验者的技术水平、测试手段等诸多因素。必须顾及诸多因素的限制，不宜盲目追求高等级动物(如无菌动物)，或者猴、猿、狒狒、猩猩等非人灵长类动物。相反许多啮齿类实验动物如小鼠、大鼠、豚鼠、地鼠等繁殖周期短，具有多胎性，饲养容易，遗传及微生物学控制方便，而且这些动物的年龄、性别、体重可任意选择，量大价廉，来源充足。

7.规格化原则　指选择与实验要求一致的规格动物。由于不同动物对外界刺激的反应存在个体差异，选择时，除了注意动物的种类及品系外，还应该考虑到动物的年龄、体重、性别、生理和健康状况等是否符合规定要求。

(1)年龄和体重。实验动物的寿命各不相同，在发育上，有的以日龄计，有的以月龄计，有的以年龄计算。若对狗和小鼠均观察一年，所反映的生命过程是很不同的。即使同样是狗，不同的年龄段所反映的生命过程也有不同。所以在选择实验动物年龄时，应注意到各种实验动物与人之间的对应关系，以便进行分析和比较。

(2)性别。不同性别的动物对毒物的敏感性不同，有时雌性动物的敏感性较雄性为高，如给大鼠麻醉时(戊巴比妥钠)，雌性动物的敏感性是雄性动物的2.5～3.8倍。又如雌雄小鼠对实验急性毒性与慢性毒性的敏感性并不一致，急性毒性雌鼠较雄鼠敏感，而慢性毒性雄鼠较雌鼠敏感。一般来说，实验若对动物性别无特殊要求，则宜选雌雄各半。

(3)生理状态。动物的生理状态如怀孕、哺乳等对实验结果影响很大，因此实验不宜采用处于特殊生理状态的动物进行。如在实验过程中发现动物怀孕，则体重及某些生理生化指标均会受到严重影响，有时应将怀孕动物剔除。

(4)健康状况。动物的健康状况对实验结果正确与否有直接的影响。健康的动物体型丰满、发育正常、被毛浓密有光泽且紧贴身体、眼睛明亮活泼、行动迅速、反应灵敏、食欲良好。对于慢性实验所用的动物，尤其是大动物，除了上述一般观察外，应对每只动物做仔细的全身健康检查。一般在实验前，对选好的动物需有7～10 d的预检和观察，此阶段也可使动物适应新的饲养条件。

(5)品系、等级。品系和等级分别表示实验动物按遗传学控制和微生物学控制的标准化条件。一般情况下，近交系动物的生物反应稳定性和试验重复性都较封闭群好；杂交一代(F1代)动物生活力强，带有两个亲代品系的特性，虽然遗传型是杂合的，但个体间的遗传型和表现型都是一致的，应用时能获得可靠的实验结果。封闭群动物和杂种动物在实验结果的重现性上有一定的偏差。无菌动物、无特定病原体动物和普通动物的特点比较见表11-1。

表 11-1 无菌动物、无特定病原体动物和普通动物特点比较

实验项目	无菌动物	无特定病原体动物	普通动物
传染病	无	无	有或可能有
寄生虫	无	无	有或可能有
实验结果	明确	明确	有疑问
应用动物数	少数	少数	多(大量)
统计价值	好	可能好	不准确
长期实验	可能好	可能好	困难
自然死亡率	很低	低	高
长期实验存活率	约 100%	约 90%	约 40%
实验的准确设计	可能	可能	不可能
实验结果的讨论价值	很高	高	低

急性实验在确信无障碍时,可选用微生物级别较低但无疾病的动物,而慢性实验应选用级别较高的动物。移植、接种等实验,供体和受体应选用级别高、无感染的动物。生命科学各研究领域应用不同类型动物的选择见表 11-2。

表 11-2 生命科学各研究领域应用不同类型动物的选择

研究领域	无菌动物		悉生和无特殊病原体动物		无传染病和寄生虫病		普通动物
	短期实验	长期实验	短期实验	长期实验	短期实验	长期实验	
老年学	—	+	—	+	—	—	×
微生物学	+	+	+	+	—	—	×
病理学	+	+	—	—	—		×
肿瘤学	+	+	+	+	—	—	×
免疫学	+	+	—	—	—	—	×
药理学	—	+	+	+	+	—	×
生物化学	+	+	+	+	+	+	—
生理学	+	+	+	+	+		×
营养生理学	+	+	+	+	—		×
遗传学		+		+	+		
病理学器官移植	+	+	+	+	+		
实验外科学		+	+	+	+	—	

注:+可以做;—不可以做;×不允许做。

第三节 动物实验的设计和实施

进行动物实验之前,必须做好一系列的准备工作,包括基本知识的掌握、实验条件的准备,进行必要的预备实验等,然后再组织实施动物实验。首先要了解动物实验的基础理论知识,明确选题立项,制订详细的研究计划和实施方案,清楚知晓实验方法的选择、试验数据的采集、处理方法，充分查阅参考文献等。其次了解仪器设备的状况、药品的配制、器械准备、实验动物的购入、实验场所消毒与器具配套等情况。在正式实验开始前一定要做好预备实验，及时发现问题，调整实验设计，以便节约动物资源和研究费用。

一、实验人员的素质要求

动物实验人员首先要了解国内外有关实验动物和动物实验的相关法规和管理制度，依照法规实施动物实验。其次，从事动物实验的相关人员必须了解实验动物学的基础理论知识，特别要熟悉实验动物的生物学特性和解剖生理学特点，学习、掌握有关动物实验方法学方面的基础知识和基本操作技能。掌握了前述的知识和技能之后，使用标准的实验动物和规范的技术方法进行实验，研究实验过程中动物反应、表现及其发生、发展规律，解决实验中的问题，获得新的知识，发现新的规律，为生命科学和人类服务。

所有参与动物实验的相关人员，必须获得省市实验动物管理部门颁发的上岗证书，从事感染实验的人员，必须获得相应生物安全级别的特殊培训证书。在取得动物实验许可证的单位，不得让未取得动物实验上岗证书的人员进入动物实验室进行动物实验操作。

二、动物实验设计

实验设计和实验方案是对整个动物实验进行宏观把握的依据，是对研究中涉及动物实验的各项具体事项的合理安排方案。实验设计是否周密、合理，将直接影响实验研究结果的可靠性。无论是有现行操作规范或标准可参照进行的动物实验，如参照新药审批办法进行的药物毒性实验；还是无现行的规范或标准可参照的动物实验，如因科研需要进行的某些带有创新性的动物实验，都要求研究者在实验前认真查阅相关资料，作好实验设计，制定切实可行的实验方案。一个设计优良的实验方案必须考虑人力、物力和时间，最大限度地获得丰富而翔实的实验结果资料；用科学、规范的数据收集和处理方法，精确地控制和估计误差的大小，得出准确而可靠的实验结果，从而得出科学的结论。

在实验设计中，应明确以下内容：重点要考察哪些实验因素及各因素的哪些水平；用什么方法来控制或避免非实验因素对实验结果的干扰；实验单位，即受试对象接受处理的基本单位（如动物个体、动物的某一部位等）是什么；通过观测哪些指标来考察实验效应：如何根据指标性质来合理收集实验数据；用什么统计学方法处理实验数据。由此可见实验因素、实验单位和实验效应是实验设计的三要素，应倍加注意。在进行具体设计时，最好有实验动物学和统计学专家的参与，以确保实验设计的科学、节俭和高效。进行实验设计时，要严格遵从以下5个基本原则。

（一）动物实验设计的一般原则

在开展动物实验前，应在熟悉有关实验动物理论知识和动物实验技能的基础上，进行周密的逻辑思维，结合实际条件，提出创新性课题和符合科学规律的假说。良好的选题和周密的设计应遵守3R原则及科学性、创造性和可行性原则。

1.*3R原则*　目前，欧洲和美国等国家的实验动物法规要求科学家从事有关脊椎动物实验时，必须考虑伦理道德和3R原则。

2.*科学性原则*　即所设计的实验方案必须有科学依据，要以前人或自己的实验结果为基础，研究目标明确，内容清楚，技术路线、实验方法等科学、严谨，而且可行性强。

3. 创新性原则　即实验研究选题对科学发展和经济发展具有重要意义；技术路线、实验方法具有特色，能够用最快的研究进度，消耗最少的人力、物力、财力，达到预期的研究目标。

4. 对照性原则　要求在实验中设立可与试验组比较，用以消除各种非实验因素影响的对照组。试验组与对照组具有同等意义，设置对照组是为了消除或减少非实验因素的干扰所造成的误差，是保证实验结果科学性的有效措施。没有对照组的实验结果往往是难以使人信服的。对照设立有两种方式，即自体对照和组间对照。自体对照是在同一个体身上观察实验处理前后某种指标的变化，或用同一个体不同部位的对比。自体对照可以减少个体差异对实验处理反应的影响。组间对照是将若干个动物以随机抽样的方法，将其分成若干个平行组，随机挑选一组做实验组，另一组作为对照组，进行实验比较。

对照各组除了不施加实验因素外，其他条件均应相同，否则失去对照意义。组间对照适用于需要多次进行实验观察的实验，有利于随时观察实验条件的变化，判断试验反应强弱及显著性等。实验组与对照组个数相等时，统计效果最好。

5. 重复性原则　指同一处理需要设置多个样本个数。重复的主要作用是估计误差的大小、降低试验误差率和增强代表性，提高实验结果的精确度。同时也为了体现实验结果的真实性，保证实验结果能在同一个体或不同个体中稳定地重复出来。样本数量过少，实验处理效应不能充分显示；样本数量过大，又会增加实际工作的难度。因此在进行实验前必须确定最少的样本例数。能源分析和资源平衡是确定样本数量大小常用的方法。一般小动物（小鼠、大鼠、鱼）每组 10～30 例；中等动物（豚鼠、家兔）每组 8～20 例；大动物（犬、猫、猪和羊）每组 6～20 例。

6. 一致性原则　指实验组与对照组除了处理因素不同外，非处理因素要保证均衡一致。进行动物实验时应该选择合理的设计方案，以保证各干扰因素基本一致。在实验过程中保证实验组与对照组之间除被研究的实验处理因素不同外，实验对象、实验条件、实验环境、实验时间、药品操作人员等均要保持一致。

7. 随机化原则　按照机遇均等的原则来进行分组。其目的在于尽量减少一切干扰因素造成的实验误差，而不受实验者主观因素或其他误差的影响。随机化的手段可用编号卡片抽签法、随机数字表法或计算器随机数字键法进行。

8. 客观性原则　选择观察指标时，不用或少用带主观成分的指标。判断结果应客观，绝对不能以主观的意愿对结果或数据做随意地改动和取舍。

（二）动物实验设计的程序

设计是否周密、合理，直接影响动物实验研究结果的准确性与可靠性。没有动物实验设计经验的科研工作者，在试验前应把实验目的和计划交给生物统计学家，或具有统计经验的同事，请求他们帮助进行设计。

1. 合理的假设　动物实验研究的目的就是验证假说是否正确。假说是实验研究设计的前提，若没有假说，实验和观察就失去了目标。它关系到实验研究的目的性、计划性和预见性。同时在对假说加以验证的过程中也应适时地对假说加以抛弃，重新建立新的假说，再加以验证，使合理的假说上升为结论、原理和学说。

2. 实验对象和独立的重复　选择合适的实验动物或动物组织细胞作为实验对象，实验对象就是随机处理中能被复制的单位。原则上不同试验对象需要不同的处理，常常试验对象就是一个动物个体。如果试验涉及比较不同饲料营养水平，试验对象就是试验笼中整体动物。

如果一个动物经过不同处理，然后分别取出淋巴细胞，在不同细胞培养板观察淋巴细胞的发育，试验的对象就是单个的细胞培养板。

3. 控制变量 控制变量可以通过选择使用遗传均一性的实验动物，同时保证动物没有亚临床和临床症状。良好饲养环境条件下的动物比饲养环境差的动物更容易获得一致性的结果。试验设计中尽可能考虑动物体重和年龄的均一性。所有动物处理都要达到均一性。如果测定误差在所难免，必须使用多个测定指标。

4. 选择处理 保证试验组合理的处理，通常在实验中设置一组或多组未处理、假处理或使用安慰剂处理作为对照组。如果试验需要重复多次，由于许多无法控制的因素如季节、采食量变化、微生物群体变化和个人测定方法不同，无法保证同一组比较对象都一致，因此每次试验中必须设置对照组来估测时间的变化对实验结果的影响。

5. 选择设计 随机试验设计适用于大多数的动物实验，它包括一定数量的处理组，不受每组不同数量处理的影响，设计简便，结果容易分析。但是如果试验材料不同，或材料具有本身自然特点，试验设计的结果也会受到影响。此时，使用随机板块设计，或利用多因子设计来增加试验设计的精确性。例如检验一块皮肤粒对兔背部皮肤炎症的反应，试验中涉及多只兔子，因此兔子代表了试验对象块。当出现两个无法控制的变量，应当使用拉丁平方设计，例如天一天变量、分钟一分钟变量。

6. 样本数量 在试验中要求有足够的样本数量来获得较好的组间标准误差估计，但是较多的样本意味着浪费资源和动物。如果处理组较多，每个处理组中动物数量可以适当减少。研究工作者尽量克服每组使用 6 只实验动物的习惯。

7. 统计分析 在实验开始前研究工作者必须清楚知晓如何进行数据分析。如果没有统计分析意识，整个试验可能意味着不正确、无意义，或实验结果无法分析。

8. 预备试验 也称预实验、初试实验，是在进行正式动物实验前进行的初步试验。一项大的试验计划中遭遇多个技术障碍，意味着浪费实验动物和科学资源。因此，如果一项实验研究涉及技术困难或逻辑推理困难，预备试验可以检验试验设计的可行性，为正式试验提供更多的设计信息和使用动物数量的依据。预试验目的在于检查各项准备工作是否完善，实施方法和步骤是否可行，测试指标是否稳定、可靠；初步了解实验结果与预期结果的差距，从而为正式实验提供补充、修正的意见和经验，是动物实验必不可少的重要环节。

9. 标准操作程序 一旦确定了实验计划，必须与相关参与试验的人员进行周密讨论，准备试验程序，特别需要向动物饲养室工作者介绍研究的目的和操作方法。工作日记必须记录任何出现意外的试验现象。动物损失和损失的原因必须记录在案。最后分析实验数据，必须认真罗列出来数据终点，以鉴别结果是否可靠。

10. 结果分析 统计分析的目的就是分析在不同处理中所观察的结果。结果不同不是来源于偶然性，而是通过估计差异的可信区间值获得的重要结论。

11. 论文撰写 动物实验报告是描述动物实验过程，记录动物实验结果的材料，是表达研究成果的一种形式。实验结果应具备真实性、可重复性和可操作性。

科学论文一般包括实验目的、实验材料和方法(如完全随机、随机板块、分离设计等)、统计学方法、实验结果和实验结论。如果研究中采用非常规方法，必须列出相应的参考文献。文章的图表和图片必须清楚表达实验结果。

有时统计结果出现差异不显著，这种结果本身具有探讨价值。例如一项实验结果显示在假定的水平上,测试的化学物无毒性作用。尽管这个很重要,但编辑不情愿让这篇文章发表。无显著性差异可能与确实无作用有关,也可能由于试验样本太小,无法检测到生物学重要的差别。

第四节 动物实验的数据管理和处理

一、实验数据的分类

1. 计数资料 此类资料对于每一观察个体而言,没有量的差异,只存在质的区别,故称为质反应资料。它指某一特定反应出现或不出现(例如死亡或存活、有效或无效、呕吐或不呕吐、惊厥或不惊厥等)的个数,如成活数、死亡数、产仔数等。这种指标值的大小是以各组受试中阳性反应(或阴性反应)的出现例数来表示,故又称为计数资料。

2. 计量资料 计量资料是药效统计分析中最常用的资料类型。它通过直接计量而得来的以数量为特征的资料,是用度量衡等计量工具直接测定的,如血压、体重、血糖、尿量、血细胞数等。常用于计量资料的统计方法(如 t 检验)都基于测量数据符合"常态分布"这一前提,故作统计学处理之前应进行资料是否符合常态(或正态)分布的检验。

3. 计时资料(时反应资料) 计时资料是以时间为指标的特殊计量资料。因都以时间为指标,故特称为计时(或时反应)资料。观察指标是某种质反应出现所需的时间或持续时间,这类资料称计时资料。计时资料的概率分布不如量反应的概率分布对称,其特点是常不符合常态分布,而呈右偏态,因而计时资料的数据处理不同于一般计量资料。

4. 等级资料(半定量资料) 当观察指标有等级关系的称为等级资料,如用药后疾病的变化可分为痊愈、显效、改善、无效和恶化;组织的病变程度可分为+++、++、+、±、-;疼痛的缓解可分为高度、中度、轻度、无效等。等级资料介于计量资料和计数资料之间,可比计数资料获得更多的信息,但不如计量资料及计时资料准确,且常偏离正态,因而需要应用非参数方法进行统计分析。

二、实验数据的搜集

1. 实验数据的来源 在搜集资料的时候,一定要确保原始数据准确可靠。通过查阅有关文献,如统计报表、工作记录、专题调查以及相关的统计年鉴而获得。此外,还包括用生物、物理、化学方法处理获取的原始资料等。

2. 实验数据的记录 收集数据时,应根据实验设计的要求编制出用于记录原始实验数据的表格,以便于以后的识别、归类、处理和分析。在记录的过程中要力求真实,尽量与设计要求一致,还要书写清楚,避免引起误解,记录到的数据应有较高的精确度和准确度。

3. 实验数据的保存 原始实验数据一般记录在实验专用记录本或者是计算机的软盘、硬盘、光盘等多媒体介质上。不论采取何种保存方式,应便于数据的再利用、汇总交流、查询及补充、修改,同时还应做好必要的数据备份,以免因为不慎将珍贵的原始资料丢失而引起不必要的损失。

三、实验数据的整理

(一)原始数据的检查与核对

数据的检查与核对一般指检查数据本身是否有错误、取样是否有差错以及对不合理数据进行修正等确认性工作。只有在统计分析前进行了检查与核对,才能提高数据的完整性和准确性,从而真实、可靠地反映出实验的客观情况。故对原始实验数据进行检查与核对,是统计处理中一项必不可少的重要工作。

1.专业检查 是指从专业角度来发现和纠正错误。对于一些不可能发生的数据应予以作废。

2.统计检查 是指根据数据的统计学规律和要求进行检查。例如对某一项数值的有效数字是否一致的检查。

3.人工检查和计算机检查 人工检查是人工地对某一项数据进行检查和核对,其优点是可以利用人的专业知识和各方面的知识对数据做全面检查,但工作量大,尤其当数据量较大时,难免会出错。计算机检查是将要检查的内容编成计算机程序,由计算机来完成对全部数据的检查,计算机检查一般只能检查出逻辑性错误。

(二)实验数据的分类

进行检查和核对试验数据后,应将杂乱无章的数据条理化,以便于进行统计分析。整理数据时应先区别原始数据是数量性状资料(包括连续性资料即计量资料、不连续性或间断性资料即计数资料),还是质量性状资料。不同类型的数据采用不同的整理方法。

1.计量资料 又称定量资料或数值变量资料,指为测定每个观察单位某项指标的大小而获得的资料,系用度量衡等计量工具直接测定的,如产奶量、体长、肺活量、体重等。

2.计数资料 又称定性资料或无序分类变量资料,指用计数方式而获得的资料。这类资料每个变量(variable)必须以整数表示,在两个相邻的整数间不允许有带小数的数值存在。如产子数、成活数、乳头数、鸡产蛋数等。

3.质量性状资料 指一些能观察到而不能直接测量的性状资料,又称属性性状资料(attribute data),如毛色、性别、生死等。对于质量性状资料的分析,必须将质量性状数量化,其方法如下。

(1)统计次数法。根据动物的某一质量性状的类别统计其次数,以次数作为质量性状数据。在分组统计时,可按质量性状的类别进行分组,再统计各组出现的次数。

(2)评分法。对某一质量性状,因类别不同,分别给予评分或用数字划分等级,如动物对某一病原的感染程度,可分为0(免疫)、1(一过性感染)、2(顿挫性感染)、3(致死性感染);家畜精液品质可以评为3级,好的评10分,较好的评8分,差的评5分。这样就可将质量性状资料数量化,以利进一步统计处理与分析。

(三)实验数据的分组

实验数据经检查和核对后,可根据所得数据中所含变数的多少确定是否分组。当变数不多时(在30个以下的小样本),不必分组,可直接进行统计分析。当变数较多时(一般在30个变数以上的大样本),需要将变数分成若干组,以利于统计分析。数据经过分组归类后,制成较有规则的次数分布表(图),就可以初步看出数据的集中和变异情况,从而对数据有一个初步概念。对于不同类型的数据有不同的分类方法,现介绍如下。

1. 连续性数据整理分组　连续性数据的分组是采用组距式分组法。在分组前先确定集差、组数、组距和组限等，然后将每个变数纳入组内。

2. 首先确定级差　找出所有计量数据中的最大值和最小值，最大值减最小值即为级差。即 $R = \mathrm{Max}(x) - \mathrm{Min}(x)$

3. 确定组数和组距　组数是根据样本观测数的多少及组距的大小来确定的，同时也要考虑到对资料需求的精确度及进一步计算是否方便。

组距可以相等，也可不等。如果数据变动比较均匀，可采用等距分组，等距分组最大优点是各组的频数(frequence)不受组距大小影响，一般均采用等距分组。当数据过分集中于一端，且相距甚远(或出于描述事物特征的需要以及保密的需要时)，可采用不等距分组。

4. 确定组限　组限是指每个组数值的起始点(下限值)和终止点(上限值)，组内最大值为组上限，组内最小值为组下限。组上限＝组下限＋组距，如8～16、6～24、24～32、……。假定理论上分组时计入下限值，不计入上限值，则用这种方法分组后遇到16这样的数可采用：各组上限为整数时减去0.1，小数一位时减去0.01，……，写为8～15.9、6～23.9、24～31.9、……。对各组上限不记载，而用一短线表示，如8～、16～、24～、32～、……。

5. 间断性数据的整理分组　间断性数据的整理分组基本采用单项式分组法，它是用样本变数的自然值(或几个变数值列为一组)进行分组，每组用一个变数值表示。分组时，将变数归于相应的组内，然后制成次数分布表。通过对次数分布表的观察以了解数据的集中和变异情况，便于进一步统计分析。

四、动物实验数据的统计与分析方法

1. 概率与概率分布　概率和概率分布是统计推断的基础。根据大数定律，当样本容量 n 充分大时，可用样本统计数对总数参数作出估计。常见的理论分布主要有离散型随机变量的二项分布、泊松分布和连续型随机变量的正态分布。当 n 值较大或 p 与 q 基本接近时，二项分布趋近于正态分布；当 λ 较大时，泊松分布也接近于正态分布。从总体中进行抽样必须符合随机的原则进行放回或非放回抽样，所抽取样本的统计数分布主要有平均数的分布、平均数差数的分布、t 分布、χ^2 分布和 F 分布等。

2. 统计推断　统计推断是根据总体理论分布，从样本的统计数对总体参数的推断。统计推断包括假设检验和参数估计。假设检验是在总体理论分布和小概率原理基础上，通过提出假设、确定显著水平、计算统计数、作出推断等步骤来完成的在一定概率意义上的推断。假设检验会出现两类错误。根据检验对象不同，假设检验又分为参数检验和非参数检验。常见的参数检验有一个样本和两个样本的平均数、频率、方差的检验等。根据条件不同应用不同的检验方法，如 u 检验、t 检验、χ^2 检验和 F 检验等。总体参数估计又分为区间估计和点估计，与假设检验比较，二者只是表示结果的形式不同，其本质是一样的。

3. χ^2 检验　χ^2 检验主要有3种用途：一个样本方差的同质性检验、适合性检验和独立性检验。后两者都适用于离散性资料的假设检验，其基本原理是通过 χ^2 值的大小来检验实际观测值与理论值之间的偏离程度。适合性检验是比较观测值与理论值是否符合的假设检验，而独立性检验是判断两个或两个以上因素之间是否具有关联关系的假设检验。

4. 方差分析　方差分析是对两个或多个样本平均数差异显著性检验的方法。它是将测量数据的总变异按照变异来源分解为处理效应和试验误差，并作出其数量估计。方差分析可用于多个样本平均数的比较、分析多个因素间的交互作用、回归方程的假设检验、方差的同质性检验等。按因素划分，有单因素方差分析、二因素方差分析和多因素方差分析。单因素方差分析主要是对因素的主效应和交互作用进行分析。方差分析的基本步骤包括平方和与自由度的分解、F 检验和多重比较。

5. *抽样原理与方法*　抽样是从所研究的总体中抽取一定量的个体构成样本，通过对样本特征的研究和计算，对总体特征作出推断。抽样误差的估计和样本容量的确定是抽样调查中必须重点考虑的两个问题。常用的抽样方法主要有：随机抽样、顺序抽样和典型抽样等，这些抽样调查方法的正确与否直接关系到由样本所得估计值的准确性。因此，在进行抽样调查之前，必须制订切实可行的抽样方案。

五、常用数据分析系统和软件

动物实验数据的统计处理涉及动物学专业知识、统计学专业知识、处理数据的经验和技巧等几个方面的知识。在实际数据处理的过程中，要注意原始数据的采集和录入、数据的管理、统计方法的选用以及统计软件的使用等。对大量的动物实验数据进行统计分析的过程中，可以采用先进的计算机技术，快速、准确地对数据进行处理。下面简要介绍两种最常用的专业统计分析软件。

1. SPSS　SPSS(statistical package for social science，社会科学统计软件包)是国际上最流行并具有权威性的统计分析软件之一。SPSS 是最早由美国斯坦福大学的三位学生于 1968 年开发出来的统计软件系统，基于这一系统，于 1975 年在芝加哥成立了 SPSS 公司，此后 SPSS 逐渐成为国际上知名的统计软件。随着 Windows 操作平台的面市，SPSS 从 1992 年开始由 DOS 版升级为 Windows 版，即为最初的 4.0 版。之后经过不断地更新，迄今为止最新的版本为 18.0 版。与其他国际权威软件相比，SPSS 最显著的特点是基于窗口的菜单和对话框操作方式，绝大多数操作过程仅靠点击鼠标即可完成。因此，它易于操作而成为非统计专业人员应用最多的统计软件。

2. SAS　SAS(statistical analysis system，统计分析系统)是当今国际上著名的数据分析软件系统。由美国北卡罗莱纳州立大学的 A. J. Barr 和 J. H. Goodnight 两位教授于 1966 年开始研制，1976 年创建了美国 SAS 软件研究所，并正式推出 SAS 系统。SAS 系统可以完成数据管理、统计分析和运筹决策等工作。

第五节　动物实验的伦理审查

实验动物伦理是指在实验动物生产、使用活动中，人对实验动物的伦理态度和伦理行为规范，主要包括尊重实验动物生命价值、权利及福利，在动物实验中审慎考虑平衡实验目的、公众利益和实验动物生命价值权利三者之间的关系。

一、有关实验动物伦理问题

实验动物的伦理问题，主要涉及动物的权利、动物的福利及人类对动物的道德关怀。美国哲学家汤姆雷根(Tom Regan)在《论证动物权利》一书中提出一套理论，尝试用以下论据去证明动物拥有权利：

(1)所有属于“生命主体”的动物均拥有相同的“内在价值”;

(2)所有拥有“内在价值”的生物都拥有生存以及不受伤害的权利;

(3)很多动物都符合“生命主体”的定义;

(4)故很多动物应拥有生存以及不受伤害的权利。

1975年澳大利亚哲学家辛格(Peter Singer)在《动物解放》一书中指出,道德理念中的一个基本规律是公平原则。它是指所有能够感受到痛苦或快乐的生命均应该得到公平的对待。公平的对待并非表示我们要给予动物所有人类所享有的权利,例如宗教自由的权利动物便根本无从运用。公平原则要求的是相同的利益必须得到同等的重视和考虑。辛格还认为生存以及避免痛苦对所有动物来说都是极为重要的利益,但人类为了满足自己的欲望却剥夺其他动物的生命。这正代表人类没有对其他动物生存和免受痛苦的权利给予同等的重视,是歧视动物的行为。这和种族歧视以及性别歧视一样都是不可接受的。

甚至有些人怀疑动物实验在医学发展上的应用价值,他们认为动物实验的本质是让动物替代人类承担风险,而很多研究者无法提供动物实验的准确风险评估。于是很多动物权利论者认为,人类应该自己承担风险,而不是转嫁给动物。也就是说,病人在选择未经动物实验的新药时,有冒不冒风险的选择,这种选择是人类的权利,但人类不应该用没有能力说“不”的动物作实验。同样,用人作实验也应该尽量避免,因为人没有为他人承担风险的义务。

二、动物实验伦理审查的具体要求

国际上对动物实验伦理有五大要求,这也是实验动物应有的“福利”:动物居住空间应符合标准,注意日常饲育管理,动物应免受饥饿、缺水和疾病;尽可能地采用替代方法,最少地使用和牺牲动物;必须使用犬、猫和猴进行实验时,在实验前应进行训练,尽可能减少动物的恐惧和不安;在实验结束后和在动物不可能恢复的情况下,应采取安乐死措施;要爱护动物并对由于实验而死亡的动物持有怜悯和感谢之情。

三、伦理审查的基本原则

1.*科学伦理统一原则*　动物实验是医学研究的需要,科学性和科学利益容易成为其首先考虑因素,但现代动物实验必须将科学和伦理有机统一起来。动物实验既要促进科学研究、满足社会发展,又要考虑到实验动物的福利;动物实验设计既要符合公认的科学原理,又要符合国内外的伦理常规;各类实验动物的应用或处置必须有充分的理由;以当代社会公认的伦理价值观,兼顾实验动物和人类的利益;全面、客观地评估动物所受的伤害和应用者由此可能获取的利益,倡导对待实验动物要有尊重与感谢的心态。

2.*保护实验动物原则*　实验动物的保护和管理,既应当保障动物实验的质量,适应科学研究和社会发展的需要,也应当防止实验动物遭受不必要的痛苦和伤害。审查动物实验的必要性在于对实验目的、预期利益与造成动物的伤害、死亡进行综合的评估。

实验动物的繁殖、运输、利用和处理措施应当人道,禁止戏弄、骚扰、遗弃与虐待实验动物,禁止开展动物争斗的实验。禁止无意义滥养、滥用与滥杀实验动物;制止没有科学意义和社会价值的不必要的动物实验;应当通过统计方法的改进,减少动物的使用量;应当优化动物实验方案,减少不必要的动物使用数量;应当在不影响实验结果的科学性、可比性情况下,采取替代方法,使用低等级动物替代高等级动物;用非脊椎动物替代脊椎动物;用组织细胞替代整体动物;用分子生物学、人工合成材料或计算机模拟等非动物实验方法替代动物实验。

进行科学或其他方面的研究,有不同的备选方法时,应当选择那些使用动物数量最少、使动物产生最小疼痛、痛苦、忧伤、持续伤害并且可以提供满意结果的实验方法。

3. 实验动物福利原则　善待生存期间的实验动物,使其免受饥渴,生活舒适、自由,保证良好的饲养和标准化的生活环境,各类实验动物管理应当符合该类实验动物的操作技术规程。

实验动物的生存环境应当合理布局,其空间容量、空间组合、内外环境条件、设备设施等,均应当符合科学要求及相关标准,并且每天都应当进行检查。

在进行实验动物的繁殖、运输、利用和处理之前,应当建立完善的实验动物管理规章和制度。

饲喂实验动物时,应当使用清洁的饮水和质量合格、营养健康的饲料,并根据实验动物的习性,确定实验动物饲喂的次数和数量。

实验动物的生活和健康状况应当得到经常和仔细地观察。一旦实验动物生病或出现异常症状,应当立即隔离,并进行全面医学检查和相应人道处理。

在同一个试验周期内不得多次、重复对同一实验动物进行实验。实验给动物带来剧烈疼痛的,应当使用麻醉剂、无痛方法或者其他免除动物的疼痛、痛苦、忧伤或者持续伤害的方法。如基于特殊实验目的不能使用或者无法使用麻醉剂的,应当按照动物实验指导原则或者操作指南的要求,接受动物伦理组织机构的特别审查。

实验结束后,应当立即检查实验动物的健康状况。如实验动物因失去部分肢体、器官或受伤,继续生存要承受持续的疼痛、痛苦的,在符合动物实验指导原则或者操作指南要求的前提下,可立即采用人道的方式处死。

四、实验动物伦理审查委员会

为确保以上原则的实施,应建立实验伦理审查委员会,对动物实验进行指导和监督。

实验伦理审查委员会依据上述原则,对动物实验的设计、实验过程以及有关研究进行监督,开展动物实验伦理的宣传教育,并对实施中遇到的伦理问题进行审查、咨询、论证和建议。

审查工作应当保持独立、公正、科学、民主、透明、不泄密,不受政治、商业和自身利益的影响。

设立实验动物伦理委员会的目的是维护实验动物福利、规范实验动物伦理审查和实验动物从业人员的职业行为。各类实验动物的饲养和动物实验必须获得伦理委员会的批准,并经过有关培训后方能进行。伦理委员会的成立意味着今后有关动物实验的所有行为将依据动物保护、动物福利、动物伦理和综合性科学评估五大原则对动物实验者进行审查,对严重违反实验动物伦理的部门或个人,该委员会有权要求其限期整改,并将此作为警示信息记录到信用信息管理系统,予以公示。以此达到维护实验动物福利、规范行业行为的目的。

(一)实验动物伦理委员会的职责与组成

从事实验动物相关工作的单位,应成立由管理人员、科技人员、实验动物专业人员和本单位以外人士组成的实验动物福利伦理委员会,具体负责本单位有关实验动物的福利伦理审查和监督管理工作。不具备成立伦理委员会条件的单位和个人,可以委托其他单位的伦理委员会审查有关项目。任何其他组织不能代替实验动物伦理委员会的职责。

伦理委员会应独立开展工作,履行以下职责:审查和监督本单位开展的有关实验动物的研究、繁育、饲养、生产、经营、运输以及各类动物实验的设计、实施过程是否符合动物福利和伦理原则。伦理委员会对批准的动物实验项目应进行日常的福利伦理监督、检查，发现问题时提出整改意见或做出暂停动物实验项目的决议。

伦理委员会至少由 5 人组成，设主席 1 名，副主席、委员若干名。主席应由实验动物专业人员(最好是兽医专业)担任。每届任期 3～4 年，由单位负责聘任、岗前培训、解聘，并及时补充成员。所有委员要承诺维护实验动物福利、伦理。伦理委员会要制定章程、审查程序、监督制度、例会制度、报告制度、工作纪律及专业培训计划等。

(二)实验动物伦理委员会章程

国内外有关单位的实验动物伦理审查委员会，是在医学研究伦理委员会的基础上成立的，目前仍有部分医疗、卫生机构，采取在医学伦理委员会中设置动物实验伦理审查小组的做法。章程是伦理委员会工作的基本依据和要求。

1. 总体要求

(1)本单位所有动物实验的操作和管理，必须在实验动物设施内进行，并按照动物设施的管理制度执行；

(2)在特殊情况下，如需要在动物设施外饲养，必须向伦理委员会报告，并依据动物级别，构建动物所需的环境条件；

(3)动物、饲料、垫料等应由科研人员提出建议，由动物设施管理部门负责统一订购；

(4)参与动物实验的所有人员，应当取得省级实验动物从业人员上岗证。

2. 动物实验方案

(1)遵循 3R 原则，即 replacement(替代)、reduction(减少)、refinement(优化)原则；

(2)实验动物的饲育条件必须完备；

(3)在实验中尽量减少动物痛苦与紧张；

(4)使用野生动物时，应遵守野生动物保护公约。

3. 实验动物引入

(1)不得引入有传染病的动物；

(2)正确运输，争取在最短时间、适宜环境下将动物运到，观察(保证)动物有无异常；

(3)在引进动物的运输途中，要给料、给水，注意环境卫生，防止交叉感染。此外，应避免动物的逃逸；

(4)在动物进入实验设施前要进行隔离、检疫，而且应尽量保持其生物学特性；

(5)动物实验地点由实验动物设施负责选择安排。

4. 饲养管理

(1)应为动物提供适宜的环境，注意其生理表现、习性、生物学特性、饲养密度等；

(2)适时给料、给水，按时清扫；

(3)对饲育区要定时消毒；

(4)必须避免温度、湿度、排气、噪声、采光等对动物造成影响；

(5)防止动物的逃逸，防止野外动物的侵入；

(6)饲育区内不得有动物尸体、昆虫或恶臭气体，以防污染；

(7)平时要仔细观察、分析动物行为，对表现异常的动物应迅速处理，并及时报告相关管理人员；

(8)为使以上各条顺利实施，实验、饲养管理等人员应经常进行沟通。

5. 处置动物

(1)对动物进行器官移植等操作时，必须防止交叉感染；

(2)实验完成后，须及时对所用动物、房间进行清扫、消毒；

(3)处置动物时，方法要得当，尽量减少动物痛苦；

(4)麻醉处置动物时，尽量用最短的时间取得最好的效果；

(5)进行特殊处理时，所采取的方法需上报实验动物伦理委员会。

6. 清洁卫生　实验完成后，要清扫干净，并进行消毒(动物尸体、内脏、血、污物及附着于机器上的污物)，防止感染，防止动物逃逸。

7. 对具有危险的动物实验、转基因动物实验的管理

(1)在进行对人或其他动物有危害和可能引起感染的实验时，必须有相应的条件、设备，操作人员要熟悉操作规程；

(2)在本中心以外进行以上实验时，必须向实验动物伦理委员会提出申请。在本设施内进行以上实验时，参照感染、毒性实验细则进行；

(3)由实验动物伦理委员会负责对微生物、化学物危险程度进行判定；

(4)转基因操作须遵循本单位实验管理委员会的内部规定；

(5)进行放射性实验时应遵守单位实验管理制度的规定；

(6)管理人员、实验人员与辅助人员之间要经常沟通，防止发生危险。

思考题：

1. 动物实验质量管理的基本内容是什么？
2. 动物实验中动物选择的原则是什么？
3. 动物实验中要做预备实验的原因是什么？
4. 动物实验设计的一般原则是什么？
5. 试述动物实验数据整理常用的方法。
6. 简述动物实验伦理审查的一般原则。

(任晓明，徐立新，郭　玮)

附录一　中英文专业对照

A

AALAC (Association for Assessment and Accreditation of Laboratory Animal Care)国际实验动物评估和认可管理委员会

AALAS (American Association for Laboratory Animal Science) 美国实验动物学会

AAALAC (American Association for Accreditation of Laboratory Animal Care)美国实验动物饲养管理认可委员会

ABSL (Animal Biosafety Levels) 动物生物安全级别

Adjuvant 佐剂

AFSTAL (French Association of Laboratory Animal Sciences and Techniques) 法国实验动物科学和技术协会

Air cleanliness level 空气洁净度

Allergy (to animals) 过敏

Alternatives 替代

Anesthesia 麻醉

Animal experiment technique 动物实验技术

Animal research ethics 动物实验伦理学

Antibody production 产生抗体

ANZCCART (Australian and New Zealand Council for the Care of Animals in Research and Teaching) 澳大利亚和新西兰研究、教学用动物管理委员会

ANZLAS (Australian and New Zealand Society for Laboratory Animal Science) 澳大利亚和新西兰实验动物管理委员会

ASLAP (American Society of Laboratory Animal Practitioners) 美国实验动物临床学会

Autoclave 高压锅

B

Barrier facility 屏障设施

Beagle dog 比格犬

Bedding 垫料

Biological safety cabinet 生物安全柜

Biological species 生物种

Biohazard containment 有害生物污染

Biosteel 生物钢

C

CAAT (Center for Alternatives to Animal Testing) 动物替代测试研究中心
Cage 笼具
Chance mating system 随选交配法
CALAM (Canadian Association for Laboratory Animal Medicine)加拿大实验动物医学委员会
CALAS /ACSAL (Canadian Association for Laboratory Animal Science) 加拿大实验动物科学委员会
CALAS (Chinese Society for Laboratory Animal Science) 中国实验动物学会
Carbohydrates 碳水化合物
Cardiac assessment 心功能测定
Cardiovascular assessment 心血管测定
Catheter 插管
CCAC/CCPA (Canadian Council on Animal Care) 加拿大动物管理委员会
Chimetric mice 嵌合体小鼠
Chinese hamster 中国地鼠
Chimpanzee Hepatitis Research 灵长类肝炎研究
Clean animal 清洁动物
Clone animals 克隆动物
Closed colony 封闭群
Coisogenic inbred strain 同源突变近交系
Comparative medicine 比较医学
Confocal microscopy 激光共聚焦
Congenic inbred strain 同源导入近交系
Convention for the Protection of Veterbrate Animals used for Experimental and other Scientific Purposes 保护脊椎动物用于科学实验和其他科学研究目的协议
Conventional animal 普通动物
Containment housing 圈养
Cross-intercross 杂交-互交

D

Design 设计
Dog 犬
Dystress 除应激
Dystrophia muscularis 肌萎缩症
Donor strain 供系

E

Ear punch 耳号
ECLAM (European College of Laboratory Animal Medicine) 欧洲实验动物医学院
ECVAM (European Centre for the Validation of Alternative Methods) 欧洲替代方法验证中心
Egg yolk IgY 卵黄囊 IgY
Electrocardiogram 心电图
Electroencephalogram 脑电图
Embryonic stem (EC) cell 胚胎干细胞
Embryo transfer 胚胎移植
ESLAV (European Society of Laboratory Animal Veterinarians) 欧洲实验动物兽医学会
Ethical theory 伦理学
Euthanasia 安乐死
Experimental procedure 实验程序

F

F1-hybrid F1 代杂交
Face mask 面具
Feces collection 收集粪便
FELASA (Federation of European Laboratory Animal Science Organizations) 欧洲实验动物科学组织联盟
Ferret 雪貂
FESSACAL (Federation of South American Societies and Associations of Laboratory Animal Science Specialists) 南美洲实验动物科学学会联盟
FinLAS (Finland Laboratory Animal Science) 芬兰实验动物科学
Five freedoms 五项自由
FRAME (Fund for the Replacement of Animals in Medical Research)医学实验动物替代研究基金
Foundation stock 基础群
Freund,s adjuvant 弗氏佐剂
Fruit fly 果蝇
Fungi 真菌

G

Gas anesthesia 气体麻醉
Gene farming 基因农场
Genetic defined animal 遗传限定的动物
Genetically engineered mouse 遗传工程小鼠

Genetic fingerprint 遗传指纹图

Genetically heterogeneous stocks 遗传变异群

Germ free animal 无菌动物

GLP (Good Laboratory Practice) 良好实验室操作规范

Gnotobiotic animal 悉生动物

Golden hamster 金黄地鼠

Guinea pig 豚鼠

GV-SOLAS (German Society for Laboratory Animal Science) 德国实验动物学会

H

Halothane 氟烷

Hamster 仓鼠(地鼠)

HEPA (High-Efficiency Particulate Air) filtration 高效过滤膜

Hepatitis 肝炎

HSUS (Humane Society of Biomedical and Laboratory Animal Science) 生物医学和实验动物科学人性化学会

Humane endpoint 人性化终点

Humane killing 人性化处死

Hybrid strain 杂交群

Hypnotics 催眠

I

Laboratory Animal Science 实验动物科学

IACUC (Institutional Animal Care and Use Committee)研究机构实验动物饲养管理和使用委员会

IAT (Institute of Animal Technology) 动物实验技术研究所

ICLAS (International Council for Laboratory Animal Science) 国际实验动物科学委员会

ICCVAM (Interagency Coordinating Committee on the Validation of Alternative Methods) 替代方法认证协调委员会

ILAR (Institute for Laboratory Animal Research) 实验动物研究所

Immunization protocol 免疫程序

Immunofluorescence flow cytometer 免疫荧光流式细胞计数

Immunomodulation 免疫调节

Inbred strains 近交品种

Inbreeding coefficient 近交系数

Inhalation 吸入

Injection 注射

International Committee on Standardized Genetic Nomenclature for Mice 国际标准化遗传命名委员会

InterNICHE（International Network for Humane Education ）国际人性化教育网络
Intrabronchial instillation 气管内吸入
In Vitro assays 活体试验
In Vitro research 活体研究
ISCOM（Immunostimulatory Complexes）免疫刺激复合物
ISO（International Organization for Standardization）国际标准组织
Isogenic strains 同源突变近交系
Isolators 隔离器
IVC（Individually Ventilated Cage）systems 独立通风笼具系统

J

JZLAS（Japanese Association for Laboratory Animal Science）日本实验科学学会
JCLAM（Japanese Association for Laboratory Animal Medicine）日本实验动物医学学会

K

Knockout mouse 基因敲除小鼠

L

LAMA（Laboratory Animal Management Association）实验动物管理协会
LASA（Laboratory Animal Science Association）实验动物科学学会
LAWTE（Laboratory Animal Welfare Training Exchange）实验动物福利培训交流协会
Lidocaine 利多卡因
Limulus assay,LAL test 鲎试验

M

Maximum avoidance of inbreeding system 最佳避免近交法
Microbiological eradication methods 微生物杀灭法
Microchip（marking）微芯片
Microsatellite markers 微卫星标记
Molecular farming 分子农场
Morphological species 形态学种
Monophosphoryl lipid A 单磷酰酯 A
MRI（Magnetic Resonance Imaging）核磁共振图像

N

Necropsy 坏死
NIH（National Institutes of Health）国家卫生研究院
Nitrous oxide 二氧化氮

Nonhuman primate 非人灵长类
NSAID (Nonsteroidal anti-inflammatory drugs) 非固醇类抗炎症药物
NVP (Dutch Association for Laboratory Animal Science)荷兰实验动物科学学会

O

Obesity 肥胖
OECD (Organization for Economic Cooperation and Development) 经济合作和发展组织
OLAW (PHS) (Office of Laboratory Animal Welfare) 实验动物福利办公室
Outbred stocks 远交系(群)

P

Pedigree expansion stock 血缘扩大群
Passenger gene 乘客基因
Partner strain 配系
Phenotyping 表现型
Polyclonal antibody 多克隆抗体
Polymerase chain reaction,PCR 多聚酶链反应技术
Postmortem examination 尸检
Primate 灵长类
Production stock 生产群
Progenitor strains 祖系
Progenomics 蛋白基因组学
Purified diets 纯合日粮

Q

Quarantine 检疫

R

Recombinant congenic strains 重组同类系
Recombinant Inbred Strains 重组近交系
Reproductive barrier 生殖屏障
Reptiles 爬行类
RFLP(Restriction fragment length polymorphism)限制性片断长度多态性
Robert Koch 罗伯特 库彻
Rodents 啮齿动物
Rotational mating system 循环交配法
RSPCA (Royal Society for the Prevention of Cruelty to Animals) 皇家反虐待学会

S

Segregating inbred strain 分离近交系
SPF（Specified Pathogen Free）无特定病原体
Staples 主要成分
Stock 品种
Subline 支系
Supreovulation 超排卵
Sterilization 消毒

T

Tasonomic species 分类学种
Traffic-light system 交通信号灯方式
Transgenic animal 转基因动物
Three Rs 3R
Tranquilizers 镇静剂
Tumor assessment 肿瘤评价

U

UFAW（Universities Federation for Animal Welfare）动物福利大学

V

Ventilation 通风
Vermin control 体外寄生虫控制
Volatile anesthetics 吸入麻醉

X

Xenopus 有爪蟾蜍

W

Welfare（animal）福利
WHO（World Health Organization）世界卫生组织

Z

Zebrafish 斑马鱼

附录二　国内外实验动物网站

一、国际实验动物组织机构网站

国际实验动物科学协会(ICLAS，International Council for Laboratory Animal Science)
http:// www. iclas. org
国际实验动物评估和认可管理委员会(AAALAC，Assessment and Accreditation of Laboratory Animal Care Internation)
http://www. aaalac. org
实验动物管理协会(LAMA，Laboratory Animal Management Association)
http://www. animalvillage. com/lama
欧洲实验动物科学委员会联盟(FELASA，federation of European Laboratory Animal Science Associations)
http://www. felasa. org
澳大利亚和新西兰研究、教学用动物管理委员会(ANZCCART，Australian and New Zealand Council for the Care of Animals in Research and Teaching)
http://www. adelaide. edu. au/ANZCCART/
加拿大动物管理委员会(CCAC，Canadian Council on Animal Care)
http://www. ccac. ca
英国实验动物科学协会(LASA，The laboratory Animal Science Association of the United Kingdom)
http://www. mandm. ncl. ac. uk
日本实验动物医学委员会(JALAM，Japanese Association for Laboratory Animal Medicine)
hayato. med. osak-u. ac. jp/index/societies/jalam. html
日本实验动物医学学院(JCLAM，Japanese College of laboratory Animal Medicine)
hayato. med. osak-u. ac. jp/index/societies/jalam. html
中国境内研究机构：
中国实验动物学会(CALAS，Chiness Association for Laboratory Animal Science) http://www. lascn. net
中国食品药品检定研究院
http://www. nicpbp. org. cn
广东省实验动物信息网
http://www. labanimals. com
北京市实验动物管理办公室
http://www. baola. org/

中国医学科学院实验动物研究所
http://www.imicams.ac.cn
国家啮齿类实验动物种子中心上海分中心
http://www.slaccas.com

二、著名实验研发机构

杰克逊实验室(Jax, The Jackson Laboratory)
http://www.jax.org
美国查士利实验室(Charles River Laboratories)
http://www.criver.com
丹麦葛廷根小型猪
www.minipigs.dk
美国 Mattek 公司
http://mattek.com
法国 Skinethic 公司
http://www.skinethic.com

三、3R 研究网站和动物福利

减少
http://altweb.jhsph.edu/publications/ECVAM/ecvam29.htm
优化
http://www.vetmed.ucdavis.edu/Animal_Alternatives/REFINE.htm
代替
http://bionome.sdsc.edu/
医学实验中动物替代基金会(Frame Fund for the Replacement of Animals in Medical Experiments)
http://www.frame.org.uk/
皇家反虐待动物学会
http://www.rspca.org.uk/
动物福利大学联合会(UFAW The Universities federation for Animal Welfare)
http://www.ufaw.org.uk/
实验动物福利培训交流(LAWTE, Laboratory Animal Welfare training Exchange)
http:// www.lawte.org

四、实验动物在科学研究中的争论

研究防卫社团
http://www.rds-online.org.uk/
英国生命科学委员会(动物科学组织)
http://www.lifesci.org/asg/default.htm

医学研究用动物信息中心

http://www.lifesci.org/asg/default.htm

五、反活体解剖动物组织、极端组织和团体

声援动物组织 http://www.advocatesforanimals.org.uk/

英国废除活体解剖联盟

http://www.buav.org/

国家反活体解剖社团

http://www.navs.org.uk/

动物解放阵线

http://www.animalliberationfront.com/

六、信息服务组织结构

实验动物资源研究所(ILAR, Institute for Laboratory Animal Research)

http://www4.nas.edu/cls/ilarhome.nsf

动物福利信息中心(AWIC)

http://www.nalusda.gov/awic/

动物替代检测研究中心(CAAT)

http://altweb.jhsph.edu/

实验动物技术研究所(IAT)

http://www.iat.org.uk/

实验动物科学学会(LASA)

http://www.lasa.co.uk/

实验动物兽医学会

http://www.lava.uk.net/

七、生物医学研究中人性化动物处死终点

http://www.lal.org.uk/endpoints1.html

八、实验动物应用

鼠类目录大全

http://www.muridae.com/wmc/

啮齿类生理学

http://www.mousephysio.com/

基因敲除数据库

http://www.bioscience.org/knockout/knochome.htm

小鼠、大鼠品种

http://www.informatics.jax.org/external/festing/search_form.cgi

大鼠解剖进展

http://www.utm.edu/~rirwin/RatAnat.htm

转基因和目的基因突变信息

http://tbase.jax.org/

英国医药工业协会(ABPI)

http://www.abpi.org.uk/

葛兰素史密斯在线

http://www.gsk.com/

参 考 文 献

1. 钟品仁. 哺乳类实验动物. 北京:人民卫生出版社,1983.
2. 施新猷. 医用实验动物学. 西安:陕西科学出版社,1989.
3. Singer Peter. Animal Liberation. 2nd edition. New York: Random House, 1990.
4. 卢耀增. 实验动物学. 北京:北京医科大学. 北京:中国协和医科大学联合出版社,1996.
5. 朱愉. 实验动物的疾病模型. 天津:天津科技翻译出版公司,1997.
6. 刘福英,吕占军. 实验动物学. 北京:中国农业科技出版社,1997.
7. 魏泓. 医学实验动物学. 成都:四川科学技术出版社,1998.
8. Sarah Wolfensohn and Maggie Lloyd. Handbook of laboratory animal management and welfare. 2nd edition. Blackwell Science,1998.
9. Trevor Poole, Pauline English. The UFAW handbook on the care and management of laboratory animals (7th edition). London: Blackwell Science Ltd, 1999.
10. Michael FW, Festing, Philip Overend, Rose Gaines Das, Mario Cortina Borja and Manuel Berdoy. The design of animal experiment. Oxford shire: The Royal Society of Medicine Press Limited,2000.
11. 孙敬方. 动物试验方法学. 北京:人民卫生出版社,2001.
12. 罗满林,顾为望. 实验动物学. 北京:中国农业出版社,2002.
13. 郝光荣. 实验动物学. 上海:第二军医大学出版社,2002.
14. 杨萍. 简明实验动物学. 上海:复旦大学出版社,2003.
15. 李厚达. 实验动物学. 北京:中国农业科学出版社,2003.
16. 贺争鸣,李冠民. 动物实验替代方法概论. 北京:学苑出版社,2003.
17. 邵义祥. 医用实验动物学教程. 南京:东南大学出版社,2003.
18. 孙靖. 实验动物学基础. 北京:北京科学技术出版社,2005.
19. 郑振钰. 最新实验动物实验技术操作规范、手术创新与评价及实验动物全面质量管理实用手册. 北京:中国医药科技电子出版社,2006.
20. 汤宏斌,孔利佳. 实验动物学. 武汉:湖北人民出版社,2006.
21. 吴端生,张健. 现代实验动物学技术. 北京:化学工业出版社,2007.
22. 秦川. 医学实验动物学. 北京:人民卫生出版社,2008.
23. 李根平,邵军石,李学勇,等. 实验动物管理与使用手册. 北京:中国农业出版社,2010.
24. 孙德明,李根平,陈振文,等. 实验动物从业人员上岗培训教材. 北京:中国农业大学出版社,2011.
25. Jann Hau and Gerald L. Van Hoosier, Jr. Handbook of laboratory animal science,3rd edition. Boca Raton: CRC Press,2011.
26. 史瀛仙. 爪蟾蜍(*Xenopus laevis* daudin)的习性和饲养. 动物学杂志,1959,2.

27. 陈文根，柳启沛. 核黄素缺乏对大鼠体内铁的影响. 上海医科大学学报，1991，18(1)：9-12.
28. 大成清. 兔的饲料营养和饲养标准(连载). 朱钦龙译. 中国养兔杂志，1996，7：34-36.
29. 大成清. 兔的饲料营养和饲养标准(连载). 朱钦龙译. 中国养兔杂志，1996，5：30-33.
30. 梁永利，窦如海，石天虹，等. ^{60}Co-γ 射线辐照实验动物饲料灭菌效果的观察. 中国实验动物学杂志，2000，10(4)：230-232.
31. 史钧，徐汉涛. 粗纤维在家兔营养中的作用. 中国养兔杂志，2001，1：25-26.
32. 徐宏伟，刘颖，马爱国，等. 维生素 A 缺乏对大鼠体格生长及生殖器官发育的影响. 青岛大学医学院学报，2001，37(4)：306-308.
33. Jan Buer, Rudi Balling. Mice, Microbes and Models of Infection, Nature Reviews, 2003 (40)：195-205.
34. 霍金龙，张娟，罗古月，等. 近交系实验动物在生物医学等领域中的研究和应用. 动物医学进展，2003，20(12)：59-60.
35. 张德富，刘东. 国内外小型猪实验动物化研究. 生物学通报，2004，39(10)：14-16.
36. 罗刚，张乐，刘连生，等. 我国实验用小型猪的应用研究前景. 实验动物科学与管理，2004，21(2)：37-38.
37. 郑继奎，岳秉飞. 日本动物实验替代法研究. 中国比较医学杂志，2005，15(3)：193-194.
38. 陈公平. 动物实验的科学伦理思考. 湖南科技学院学报，2006，27(9)：143-145.
39. 江千秋，刘冬娥，田智，等. 鱼类实验动物的生物学特性及应用. 湖南环境生物职业技术学院学报，2006，12(2)：129-132.
40. 郭帮逵，张宇，帅晓宏，等. 不同生理状况下犬的营养需要. 养犬，2007，3：20-21.
41. 商海涛，魏泓. 我国小型猪品系资源状况初浅分析. 中国实验动物学报，2007，15(1)：70-75.
42. 徐小磊，王朝旭，苏畅，等. 维生素 A 缺乏对大鼠铁代谢影响. 中国公共卫生，2008，24(10) 1225-1226.
43. 高青松，刘源. 实验用小型猪营养需要研究进展. 中国比较医学杂志，2009，19(2)：74-78.
44. 顾宪红，杨红军. 小型猪营养需要量研究(1)体重、采食量、体组成及营养需要相关资料分析. 中国比较医学杂志，2009，19(2)：53-56.
45. 中华人民共和国国家标准. 实验动物. 配合饲料. 氨基酸的测定 GB/T 14924. 10—2008.
46. 中华人民共和国国家标准. 实验动物设施建筑技术规范 GB 50447—2008.
47. 中华人民共和国国家标准. 实验室生物安全通用要求 GB 19489—2008.
48. 中华人民共和国国家标准. SPF 鸡病原微生物监测项目 GB/T17999. 1—2008.
49. 中华人民共和国国家标准. 实验动物 哺乳类实验动物的遗传质量控制 GB 14923—2010.
50. 中华人民共和国国家标准. 实验动物环境及设施 GB14925—2010.
51. 中华人民共和国国家标准. 实验动物 配合饲料营养成分 GB 14924. 3—2010.
52. 中华人民共和国国家标准. 实验动物. 微生物学等级及监测 GB 14922. 2—2011.
53. 中华人民共和国国家标准. 实验动物微生物学等级及监测 GB14922. 2—2011.